理解

·

现实

·

困惑

积极心理学的邀请

幸福科学与实践工具

INVITATION TO POSITIVE PSYCHOLOGY

RESEARCH AND TOOLS FOR THE PROFESSIONAL

[美] 罗伯特 · 比斯瓦斯–迪纳 (Robert Biswas-Diener) / 著

安妮 (Annie R. Liu) / 主编　　胡修银 虞嘉葳 / 译

中国纺织出版社有限公司

推荐序

让积极心理学好用起来的幸福课

心理工作者、教师与家长必备的工具包

樊富珉 / 文

积极心理学是一门研究人类幸福与优势的科学，它既是一门基础科学，也是一门应用科学。积极心理干预（Positive Psychology Intervention，PPI）也称幸福干预，是一系列以积极心理学理论为依据、以提升幸福感为目的，促进改变和成长的策略、方法和行动。积极心理干预的实施路径可以是个体干预，也可以是家庭干预、团体干预、课堂干预、社区干预等。积极心理干预不仅可以让本来就健康的个人通过干预练习变得更加幸福，还可以在整个心理健康的领域起到预防心理问题的作用，产生“上医治未病”的效果。

积极心理干预在促进身心健康，增强积极认知、积极情绪、积极行为和积极关系，提升成就和幸福感方面的效果已经被大量实证研究所证明。

- 一项对51个积极心理干预研究的元分析发现，积极心理干预可以有效地减轻抑郁症状，增加幸福感（Sin & Lyubomirsky, 2009）；
- 积极心理学创始人塞利格曼教授等人的研究也发现，提供一些积极心理干预可以持久地增加人们的幸福感并减少抑郁症状（Seligman et al., 2006）；
- 积极心理干预还有疗愈作用，如识别和运用品格优势的干预可以增强心理韧性，帮助人们从创伤中恢复（Hamby et al., 2018）；
- 积极心理干预对成就也有促进作用，比如一项对高中生的研究发现，积极心理干预通过增强学生的学习动机，提高了他们的学习成绩（Muro et al., 2018）。

最近二十多年，我国陆续翻译和引进了不少积极心理学的著作，也有本土的心理学家出版了多本积极心理学相关书籍，为向大众普及积极心理学、推广积极心理学发挥了积极作用。但总体上看，专门介绍积极心理干预的原理和方法，且以实践练习为主的书籍尚付阙如。我和我的团队十多年来致力于积极心理团体辅导的研究，积累了不少经验，发表了不少论文，但也还没有成书。看到由安妮主编和组织翻译的“积极心理干预书系”的出版，我的眼前一亮，有一种及时雨的感觉。无论是对于专业的心理学工作者，还是对于学校教师、家长，以及寻求成长的个人，书中介绍的提升积极认知、积极情绪、积极行动的方法，以及各种增进身心健康和幸福的策略都是深为社会所需要的。

基于我对这套书的认识和了解，以及作为一名国内积极心理干预的推动者和实践者，我非常愿意向心理咨询师、精神科医生、企业培训师、个人成长教练、学校教师、社会工作者、家长，以及每一位希望预防和减轻焦虑和抑郁、提升生活满意度和幸福感的人推荐这套书，相信这套书中介绍的理论和方法能够让我们的生活更美好、人生更丰盛、社会更和谐！

樊富珉　教授

北京师范大学心理学部临床与咨询心理学院院长

教育部普通高等学校学生心理健康教育专家指导委员会委员

中国心理学会积极心理学专业委员会副主任

清华大学心理学系副主任，博士生导师（荣休）

清华大学社会科学学院积极心理学研究中心主任（荣休）

推荐序

从积极心理学理论到积极心理干预

孙沛 / 文

非常高兴安妮主编并领衔翻译的“积极心理干预书系”问世，我也很高兴借此机会，写下我对积极心理学的一些看法和对积极心理干预实践的期待。

一、时代需要科学的积极心理干预

每年的 3 月 20 日是国际幸福日。我们看到，无论地区与文化差异，人们都把幸福作为人生追求的终极目标，人人都想拥有一个幸福的人生。但在实际的学习、工作和生活中，很多人并不知道幸福是什么以及如何获得幸福。中国科学院心理研究所 2023 年发布的《2022 年国民心理健康调查报告》显示，中国人抑郁风险的检出率为 10.6%，焦虑风险的检出率为 15.8%，而 18~24 岁青年抑郁风险的检出率则高达 24.1%。如何治疗人们已经存在的心理问题，预防心理问题的进一步发生，提高全民心理健康水平，是我们亟待解决的重大社会问题。

积极心理学是一门关于幸福的科学，以科学的理论和方法来研究人类积极的心理力量，这些心理力量包括乐观、善良、感恩、热忱、和谐、自律、意义、创造等，如果我们能将所有这些力量挖掘出来并积极运用，每一个个体、每一个家庭和组织，甚至整个社会都将更加繁荣昌盛、快乐幸福。

积极心理学也是一门注重幸福实践的科学。我们不仅需要从事积极心理学的理论研究，还需要研发一系列实用的方法，以此来预防和解决不同个体和组织面临的具体问题。因此，积极心理学从诞生开始就将科学理论和具体实践紧密结合，发展出了多种积极心理干预方法，在心理测评、个人成长、儿童青少年优势培养、组织培训以及抑郁症治疗等领域，都取得了明显的成效，得到了心理学界和社会大众的广泛认可。

在积极心理学诞生前，鲜有经过科学验证的提升幸福感的干预方法。进入 21 世纪后，伴随积极心理学的蓬勃发展，已经出现了数百种积极心理干预方法。本书系重点介绍了那些经过科学验证的积极心理干预方法，相信能够对大家的生活和工作有所助益。

二、积极心理干预的开创之作

所有的个人、家庭和组织机构都面临着一些不可回避的问题：美好的人生、幸福的家庭、积极的组织是什么样的？如何才能提升我们获得健康、快乐、成功和意义的能力？是什么帮助个人和组织蓬勃发展并发挥最大潜能？

“积极心理干预书系”从不同的角度回答了上述问题。我认为本书系有以下几个鲜明的特点。

第一，内容全面。主题包括积极自我、积极情绪、积极动机、积极关系、积极正念、乐观、希望、福流、品格优势与美德等。作为一套积极心理干预的开创之作，本书系涵盖了心理学中的知、情、意、行等主要领域。

第二，有道有术。一方面，这套书虽然是实践手册，但高屋建瓴，对每一种主要的干预方法都用简明的语言介绍了背后的科学原理和已有的研究结论，让读者知其然，也知其所以然，正如中国古人所言：“有道无术，术尚可求；有术无道，止于术。”另一方面，本书系的重点不在于阐述理论，而是介绍了众多实用的积极心理干预方法和工具，因此可以说，本书系是既有道、又有术，由于“术”是建立在科学的“道”的基础上的，所以读者们能够举一反三、活学活用。

第三，知行合一。积极心理干预的特点决定了它是以行动和实践为导向的，就是从知到行、知行合一，最后落实到让读者从实际生活中获益。本书系架起了学术与实践的桥梁，将心理学界最新的研究成果与真实世界的具体问题相关联，并指导读者在自己的生活中思考和运用这些基于证据的方法。为了强化实践与行动，每本书都包含了很多的思考、练习和行动指南。

第四，应用广泛。积极心理干预非常适合心理学专业人士，这些理念和方法可以提升非临床服务对象的积极状态以及多方面的能力。目前，积极心理干预也越来越多地应用于临床环境，比如作为治疗精神疾病的辅助干预措施并取得了显著的效果；积极心理干预也可以很方便地被企事业单位所采用，以此来建立积极的组织并提升业绩；本书系也适合个人成长的需求，每一个寻求发展的人都可以从中学到很多提升身心健康水平与收获成功的具体技巧；当然，家长和老师们也完全可以用这些工具来帮助自己的孩子和学生。

三、名家云集的大成之作

本书系是国际上最早的一套积极心理学实用学习手册，也是迄今为止唯一一套系统介绍积极心理干预方法的书籍。

中文版主编和主要译者安妮也是一位资深的积极心理学者。安妮在哈佛大学受过严格的传统心理学训练，此后又在宾夕法尼亚大学学习积极心理学，师从积极心理学的创始人马丁·塞利格曼教授。从 2012 年起，安妮就在中国推广积极心理学，是最早在社会上进行大规模积极心理学培训的学者之一，主题涵盖个人成长、积极教育、积极父母、积极组织等，为积极心理学在中国的普及和发展作出了突出的贡献。此外，在清华大学积极心理学指导师项目尚处于雏形时，安妮便参与课程设计并担任主讲教师，目前这个项目已成为清华大学社会科学学院积极心理学推广的著名品牌。除此之外，安妮还是一位笔耕不辍的作者和译者，原创、主编和翻译的心理学著作已有10余本。现在我很欣慰地看到她主编并领衔翻译的“积极心理干预书系”问世，相信这套书能够为中国的积极心理干预作出开拓性的贡献。

综上，我认为本书系是一套科学、实用，而且可读性很强的工具书。我很高兴安妮为读者们奉献了这样一套高质量的书籍。让我们一起努力，每个人都发挥出自己的品格优势，让自己的人生更加丰富多彩、让家庭更加幸福、让社会更加和谐进步。

孙沛

清华大学心理学系副教授，博士生导师

清华大学社会科学学院积极心理学研究中心主任

推荐序

积极心理学，重在行动

赵昱鲲 / 文

祝贺安妮主编并领衔翻译的“积极心理干预书系”出版！

安妮和我是宾夕法尼亚大学应用积极心理学硕士的同门。这个项目是由“积极心理学之父”马丁·塞利格曼创建的，英文叫 Master of Applied Positive Psychology，简称 MAPP。我还记得我们班毕业时，塞利格曼问我们：“M、A、P、P，这 4 个字母，哪一个最重要？”

大家都回答说：“第一个 P，Positive，也就是积极，最重要！”

因为我们都知道，塞利格曼发起“积极心理学运动”，初衷就是为了平衡传统心理学过于重视负面、过多强调治疗的倾向，因此提出也需要看到人类的正面心理，也需要用严谨的科学方法研究如何帮助人度过更加蓬勃、充实的一生。那么，“积极”当然就应该是我们这些应用积极心理学硕士们最需要记住的关键词。

但是塞利格曼说："不对，应该是A，Applied，应用。"

为什么呢？他解释说：积极心理学是一门科学，因此必须有严谨的科学研究做支撑。但是，积极心理学不同于其他学科的是，它与每个人的生活都紧密相连。因此，仅仅发表学术论文是不够的，更重要的是把它应用出去，让每个人都能从中获益。

所以，他经常说："积极心理学，至少有一半是在脖子以下。"也就是说，积极心理学要以行动为主。

无独有偶，积极心理学的奠基人之一克里斯托弗·彼得森也在他编写的世界上第一本积极心理学教材里说："积极心理学不是一项观赏运动。"他在来宾夕法尼亚大学给我们应用积极心理学硕士授课时解释说，积极心理学并不是让大家拿来阅读、欣赏的，而是要靠大家亲自下场，在自己身上实践的。

安妮主编的这一套书正体现了老师们的这一精神。安妮在哈佛大学获得了心理学硕士学位，学习期间受到积极心理学的感召，又到宾夕法尼亚大学完成了应用积极心理学的硕士学位，过去十几年，她在从事学术研究的同时，始终把重心放在实践上。

这一点在中国也特别重要。由于"积极心理学"这个名字听上去和心灵鸡汤、成功学太像，甚至一些人在宣讲积极心理学时也会有意无意地向心灵鸡汤、成功学靠拢，或者有些心灵鸡汤、成功学领域的人给自己套上积极心理学的包装，因此，确实很多人对积极心理学有很大的误解，觉得积极心理学就是忽悠，就是给人打鸡血，其实没有什么用。

因此，“积极心理干预书系”的出版就特别有必要。这个系列涵盖了积极心理学常用的主要干预方法。作者都是在该领域中深耕多年的专家，内容既有理论深度，值得读者思考，又饶有趣味，中间还有很多个人故事和用户案例，可读性很强。当然，最重要的是，它们提出了针对人生各个方面的可以操作的方法，共同构成了一套拿来就可以用的积极心理干预体系。这套书出版过程中，安妮带领团队几易其稿，精心翻译和编辑，使其没有译著常见的语言磕磕绊绊甚至难以理解的现象，让读者有良好的阅读体验。此外，安妮还为每本书的每一周都撰写了导读，将书籍内容深化、通俗化、中国化、落地化，更加贴近中国读者需求。“积极心理干预书系”今后还会有更多优秀的书籍充实进来，相信这个书系会成为一个响亮的品牌，为中国积极心理学的推广作出贡献。

所以，我也很高兴在这里推荐这个书系，希望大家可以把这套书拿去，用在自己身上、用在其他人身上。相信这套书将帮助我们共同提升人类福祉，建设一个更美好的世界。

赵昱鲲

清华大学社会科学学院积极心理学研究中心副主任

主编序

人人都可获益的幸福实践课

安妮（Annie R. Liu）/ 文

为什么在众多心理学和积极心理学的书籍中，我们需要这套“积极心理干预书系”？

最近二十多年，中国掀起了积极心理学的热潮。但也有人对积极心理学持保留态度，认为积极心理学不实用，不能解决已经出现的问题。如果你对积极心理学持有这种看法，那你更需要阅读这套书，因为积极心理干预就是预防和解决问题的一套实用方法。

一、什么是积极心理干预

积极心理干预的英文是 Positive Psychology Interventions，简称 PPI。到目前为止，并没有一个“唯一”的对积极心理干预的定义。帕克和比斯瓦斯–迪纳将积极心理干预定义为“一种成功地增加了一些积极变量的活动，并能够合理且合乎伦理地应用于任何情境中”（Parks & Biswas-Diener, 2013）。他们认为，积极心理干预要有 3 个特征：第一，关注积极的话题；第二，以积极的机制来运作，或以积极的结果变量为目标；第三，旨在促进福祉，而非修复弱点。辛和柳博米尔斯基指出，积极心理干预“旨在培养积极的情绪、积极的行为或积极的认知”（Sin & Lyubomirski, 2009）。纳维尔则认为，积极心理干预是基于理论和证据的技术或活动，旨在积极地改变个人、团体或组织成员的思想、情绪和行为，以提高他们的快乐和幸福水平（Nevill, 2014）。

综合学者们的定义，我为积极心理干预做了一个操作化的定义：积极心理干预是一些基于科学理论和证据而有目的地设计和实施的方法与活动，旨在促进个人、群体或组织在认知、情绪与行为等方面发生积极的改变，以提升人的身心健康、生活质量与幸福感。

二、积极心理学的新范式：从理论到干预

从积极心理学到积极心理干预，是一个从理论到实践的范式转变。有哪些干预方法是科学的、有效的，如何在实践中进行可行并有效的操作，这是全世界的积极心理学人正在探索的课题，也是中国心理学界需要回答的问题。

目前，世界各国的心理和精神健康从业人员、教练和培训师们都在大量地运用积极心理干预。比如在美国，心理学家、心理咨询师、心理治疗师以及临床社会工作者们，都在运用积极心理干预帮助人们提升心理状态和生活质量；生活和职场教练们更是以积极心理学为理论和技术背景，帮助人们在生活或职场中取得成功；在组织和管理领域，无论是

建立积极学校、幸福企业，还是培训政府机构、军队、运动队，人们都在大量运用各种积极心理干预方法；精神科医生、心理健康执业护士以及其他领域的健康工作者们也在采用积极心理干预治疗病人；在其他致力于提升身心健康、生活质量和幸福感的领域，比如家庭、社区组织、养老机构、孩子的校外活动等，人们也都在运用积极心理干预。

因此，积极心理干预不仅具备前沿性和社会需求性，也能引领职业发展。如果你的职业与上述任何领域相关，这套书籍和课程应该能够强化你的知识、提升你的技能，让你保持在职业发展的前沿状态。当然，从理论到干预方法的范式转变仅靠一套图书显然是远远不够的。不过这是一个良好的开端，我们希望这套书不仅能够普及积极心理干预的知识，也能作为一套课程搭建起中国积极心理干预的培训体系。

三、为什么积极心理干预适用于每个人

1. 科学、循证：对别人有效，对你同样有效

与随意想出的“成功的四大原则”“幸福的五个方法”之类的自助教程不同，“积极心理干预书系”中的方法基本上均来自科学的循证研究，研究过程和结果通常可以被其他人复制和验证，也就是说，如果这些干预的步骤和方法对别人有效，对你所在的人群也应该是有效的。书系介绍的干预策略、方法、活动和练习都是有科学依据的，因此是值得信赖的。

2. 应用更广泛：面向大众和日常生活，亦可作为临床治疗的补充

所谓干预，就是非自然的、有意进行的、希望带来改变的行为。比如，孩子如野草般自然成长不叫干预，送他们到学校学知识和文化、对他们的攻击性行为进行批评教育时，才是实施了干预。

积极心理干预就是有目的地设计和实施的、旨在给个人和团体带来积极改变的实用方法。从这个角度来看，积极心理干预包括了积极的教育、辅导、咨询以及治疗。也就是说，积极心理干预既包括对非临床的“正常人”的教育和辅导，也包括对出现了一定心理困扰的人的咨询，还包括对已经出现了心理问题的群体的积极心理治疗。

本书系主要是针对非临床人员以及有一些心理困扰者的教育、辅导和咨询。这套书主要帮助大众在日常生活中进行自我提升，以及帮助“正常人”和亚健康人群在出现问题和处于情绪低潮期时进行心理调整。当然，对于需要医疗介入的临床人员，也可以将本书系中的方法作为心理治疗的补充。本书系还有另一本书《生活质量疗法》，其中的理论和方法则既适用于非临床人员的辅导和咨询，也可对临床人员进行积极心理治疗，是积极心理干预的另一条新路径。

3. 适用于多种情境：可运用于个人、群体或组织

积极心理学是使个人和团体蓬勃发展的关于优势与幸福的科学。积极心理学最初关注的就是三个核心问题：积极的情绪、积极的个人特质和积极的组织（Seligman, 2002），前两者是有关个人的，后者是有关组

织的。同样，积极心理干预既可以用于个人，可以用于家庭、社群等群体，也可以用于学校、企事业单位等组织机构，具体的实施情境可以是个人成长、身心健康、家庭关系、夫妻关系、亲子关系、学校建设、企业和组织机构建设，以及社区建设等。

本书系适用于与上述各种情境相关的人群，例如：

- 心理咨询师、辅导师、培训师、教练、心理医生等专业的助人者；
- 教师、家长、管理者等需要教育、管理和指导他人的人；
- 追求身心健康、个人成长与幸福的人士。

4. 积极正面的导向：旨在提升幸福，而非修复弱点

积极心理干预更多地聚焦在积极的方面并带来正向的成长，而不是聚焦在消极方面，仅仅修复弱点和减少问题。“去除负面”和“提升正面”是既有联系又相对独立的过程。消除了心理疾病，不见得就拥有了健康有活力的身心状态；改正了缺点，不等于就自动拥有了长处和美德；减少了问题，不意味着拥有了幸福感。

本次出版的 5 本书，着力点不在于治疗疾病和改变缺点，而是提升个人、群体与组织的身心健康、生活质量和幸福感。比如，《快乐有方法》通过 12 个积极干预策略来提高人的积极情绪和幸福感；《积极的自我》通过叙事疗法帮助人们理解与提升自我，从而变得更自信、充实；《积极的动机》通过帮助人们建立积极的、自我协调的内在动机，充满活力地投入生活，获得成功和幸福；《积极的正念》则分享感受世界的正念方法以及一系列身心调节的技术，让身心变得更健康、生活更有质量、幸福感更强。因此，无论你目前处在什么样的状态，只要你希望获得正向的成长，只要你是一个追求身心健康、生活质量和幸福感的人，这套书都适合你。

5. 简约可行，随时随地可学可用：为期 6 周的幸福提升课

本书系虽然由名家撰写，却不是故作高深之作，也不是知识高度浓缩的心理学教科书，而是一套高质量的“幸福提升课程”。本书系中的理论部分讲得“简约而清淡”，很容易理解和消化，更侧重方法的介绍和实践的引领。读者们在书中会看到大量的方法和练习，可以学到很多具体的“怎么办”。重点是，这些方法实操性很强，随时随地都可以用起来。

本书系中的 5 本书，每一本书都是 6 堂课，咨询师、辅导师、培训师等专业人士可以直接将这些课程转化为培训内容和教材；管理者可以将这些课程作为企业文化建设或者组织团建的内容；教师几乎可以直接将本书作为讲义，加上贴合自己学生情况的案例即可；家长们也可以用这些课程辅导自己的孩子，并跟孩子一起成长；当然，每一个追求成长的个人都可以将这套书作为自助练习，循序渐进地自我提升。如果每周认真学习一堂课，那么 6 周之后、30 周之后，您或您的客户、来访者、员工、学生或孩子，将会发生明显的积极改变。

四、幸福的遇见与分享

我在哈佛读研究生时，通过选修泰勒·本－沙哈尔（Tal Ben-Shahar）的积极心理学课（著名的“哈佛幸福课”）而了解了马丁·塞利格曼（Martin Seligman）、埃德·迪纳（Ed Diner）、索尼娅·柳博米尔斯基（Sonja Lyubomirsky）等积极心理学大师，并受到他们的感召而赴积极心理学的大本营宾夕法尼亚大学修读应用积极心理学硕士。本书的多位作者都是我经常在积极心理学课堂和会议中遇见的学者，后来我得知罗伯特·比斯瓦斯－迪纳（Robert Biswas-Diener）组织出版了这套书，于是非常欣喜地将这套书（也是全球唯一的一套积极心理学工作手册）引进中国。

我非常珍惜这套书。在这套书的翻译过程中，我和翻译团队先后四易其稿。在出版之前，编辑们对本套书又进行了细致的校对和编辑。翻译是无止境的，由于水平所限，本书一定存在不足之处，但希望读者们能够感受到我们在“信、达、雅”方面所做的努力。

在编辑此书的过程中，我们也努力做到用心。文中的每一个典故我们都去认真查证；特别不符合国情之处，我们在不影响原意的情况下，进行了少量的删改；鉴于积极心理学的发展日新月异，一些已经过时的信息，包括作者的信息，我们都进行了更新；除此之外，在每本书的每周开头，我都撰写了主编导读，目的是：

- 帮助读者更加了解作者及本书创作的背景；
- 补充最新的知识，保持这套书的前沿性；

- 从更广泛的意义上解读某些概念、理论或方法，让读者能够超越某一周的内容，在更大的背景中理解知识，获得整体感；
- 联系社会现实，对接中国文化，比如将书中的内容与攀比、焦虑、内卷、躺平等当下热议的话题相关联；
- 澄清可能的模糊之处，或以更加符合中国人思维的方式来解读那些可能会让读者感到困惑的重要理论或方法。

由于本人水平有限，加之时间紧迫，导读中有任何不妥或不准确之处，敬请各位同行及读者批评指正。

先后带领几班人马数度翻译和修订这套书，对我的坚毅力是一种考验；出版之前，在诸多生活事件发生的同时，我需要在较短的时间内完成书籍的再次校对并撰写导读，这对我的心理韧性也构成了挑战。不过，这套书助力我在压力下保持积极乐观的心态，我也深深地享受阅读和修订这套书的过程。希望你和我一样享受这套书，从阅读和实践中学到让自己的人生充实和幸福的方法，并亲身体验到积极心理学和积极心理干预带给你的精神力量。

安妮（Annie R. Liu）

哈佛大学心理学硕士，宾夕法尼亚大学应用积极心理学硕士

师从积极心理学创始人马丁·塞利格曼

积极心理学教育研究院副院长

邮箱：yxxy_edu@163.com

目录 CONTENTS

INVITATION TO POSITIVE PSYCHOLOGY

第 1 周

积极心理学的邀请

主编导读

正如书名所表达的那样，本书邀请你进入积极心理学的世界。

在这本实用学习手册中，作者对积极心理学的核心概念和方法进行了介绍，并对如何学习积极心理学、如何运用积极心理干预提升幸福感提出了可行的建议。通过 6 周的学习，您将对积极心理学的重要内容有深入的了解，包括：怎样的干预是有效的，如何提升希望感、增加幸福感，如何发现个人优势、找到生命的意义。

本书作者罗伯特·比斯瓦斯－迪纳博士被称为“积极心理学界的印第安纳·琼斯”。跟影视、小说中的印第安纳·琼斯一样，罗伯特也拥有博士学位，在学术生涯中有着令人钦佩的传奇经历。为了对不同的人群进行研究，他曾去过格陵兰、印度和肯尼亚等文化和生活方式迥异的地方；还曾深入生活在原始状态的部落，甚至为了赢得当地人的信任，做过一些很酷、很狂野的事。

值得一提的是，罗伯特的父亲埃德·迪纳教授是世界顶级的积极心理学家，被称为“幸福博士”，获得了美国心理学会杰出科学家奖、终身职业奖等很多重大奖项。他提出了“主观幸福感”概念，研发了《主观幸福感量表》等测量工具，开展了大量幸福研究，对全世界的心理学研究以及人类对幸福的理解产生了极其重要的影响。作为积极心理学创始人马丁·塞利格曼教授的好友，埃德·迪纳教授也是积极心理学的奠基者之一。

虎父无犬子。在父亲的影响下，罗伯特也成为一位著名的学者和积极心理学家。罗伯特是优势、文化、勇气和幸福等领域的专家，并因在教练领域中开创性地应用积极心理学而闻名。罗伯特尤其重视积极心理学的应用，特别是在积极心理干预和积极心理教练方面，他被公认为世界级的权威。

我曾有幸多次在学术会议上见过积极心理学界最著名的这对父子，并聆听他们的演讲，也曾在宾夕法尼亚大学的应用积极心理学硕士项目中受教于埃德·迪纳教授。现在，我很荣幸地将罗伯特的作品介绍给中国的读者们，相信大家在接下来 6 周的学习中，一定会有很大的收获。

在本书里，罗伯特分别介绍了积极心理学的 What（是什么）、Why（为什么）和 How（怎么做）。在第 1 周，他重点介绍了 What——什么是积极心理学、积极心理学的概念和背景，以及 Why——为什么积极状态很重要、为什么我们需要学习积极心理学。需要说明的是，本书介绍了一些积极心理学的资源（如研修项目、期刊、组织机构等），对专业人士或有需求者是非常有用的资源，对此没有需求的读者完全可以跳过这部分内容，并不影响对本书的理解。

接下来，就让我们跟随这位心理学界“印第安纳·琼斯”的引领，一起进入神奇、美妙的积极心理学世界吧。

欢迎来到积极心理学的课堂！

你来参加这门课程的原因可能有很多，也许你正在寻找能让你在工作中获得优势的新工具；或者你认为，关注人类心理的积极方面可以从一个全新的视角帮助你了解抑郁或其他心理问题；也许你是因为朋友的推荐而来；也许你是因为阅读了某本关于幸福的畅销书而对此产生了兴趣，或是在人生中有所受益。不管出于什么原因，我很高兴地告诉大家，积极心理学会让每个人受益。积极心理学不是一场自助运动，也不是对“积极思考的力量”的重新包装，它不是一门美国式的“幸福学”，也不是一股一时兴起的热潮，学习和了解这门激动人心的新学科也不需要你拥有心理学的博士学位。

积极心理学是一门研究人类繁荣昌盛的科学，也是一门帮助人类实现最佳状态的应用科学。有关积极心理学的课程和应用对所有人都是适用的，是的，我说的是**每一个人**。那些为积极心理学奠定基础的研究，其研究对象包括青少年、老年人、企业高管、社区居民等各类人群。组成积极心理学工具箱的测量方法和实际应用方法可以被应用到人类活动的所有领域。无论你是一名教育工作者、心理咨询师、治疗师、教练、管理者、人力资源工作者，还是一名医疗项目评估员，你来到这个课堂的目的或许都是希望获得可以应用到自己专业领域中的知识和技能。如果是这样，总的来说，积极心理学（尤其是这门课）一定会对你有所帮助。而且，很重要的一点是，这门课的很多理念和方法不仅可以应用到专业领域，还可以应用到个人生活和家庭中。在过去的几十年里，对于人类何时以及如何达到最佳状态，积极心理学的研究获得了许多新的洞见，其中许多观点与发现证明：我们的直觉并不可靠。在这门课里，我会向你介绍积极心理学的基础研究以及最新的理论和干预方法。

本质上，积极心理学是一种全新的观念。如果你像我一样，你也许每天都会花一部分时间担心可能会出现的问题，抱怨已经出现的问题，为错失的机会捶胸顿足，或者为生活中的挫折和失意感到沮丧，这些都是可以理解的。我们有许多需要担心和抱怨的事情，比如，房价很高，每天上下班让人疲倦，企业的文化令人感到懊恼，客户、员工、同事和上司对我们而言都是一大挑战。事实上，有大量研究证明，人们“天生”会把注意力放在凶兆和问题上。从进化的角度来看，对一切可能会出错的事物保持警觉，是合乎情理的。凶兆和问题通常需要人的及时应对——至少从历史角度来看——越是能够迅速适应环境和应对危机的人，越能够生存和生活下去。保持警觉可以帮助人分辨地上的物体哪个是棍棒，哪个是青蛇；或是在看到外敌逼近时，争取宝贵的逃亡时间。

从长期进化的历史来看，这些行为都是合乎逻辑的。但是，以古人担忧毒蛇或剑齿虎的心态来面对当代人司空见惯的那些事情，很可能并不适用于你目前的生活与职业生涯。比如，没有按时完成任务、与人沟通有困难、工作生产效率不高等问题，尽管也是很紧迫的事情，但还算不上生死攸关的大事。保持警觉对人烟寥寥的前工业化社会的部落居民来说非常重要，但对当代普通的上班族来说并非如此。因此，我们应该退一步问问自己：我对问题的警觉性对我有什么帮助？或许更为重要的是，把注意力放在那些已经出错或可能会出错的地方，是不是有利于我实现目标？

“积极心理学是一门研究人类繁荣昌盛的科学，也是一门帮助人类实现最佳状态的应用科学。”

1.1 思考

请花几分钟的时间思考上述内容，并回答下列重要问题。

- 我经常会注意哪些类型的问题？在生活中有哪些问题？在工作中有哪些问题？

- 密切留意那些可能会出错的地方，有哪些益处？这种倾向对我准备或应对问题的能力会产生怎样的影响？

- 把注意力放在问题上会付出什么代价？当我习惯性地将注意力放在可能会出现的问题上时，我可能会错失什么？

积极心理学对最后一个问题给出了一个革命性的答案：**试着着眼于积极的方面**，即关注那些可能会做得很好的事情以及看到这个新的方法能够给你带来什么。积极心理学提出，在生活中，关注机会、成果和优势可能比计划和处理“问题”更有益处。请不要误以为我（或是其他的积极心理学家）仅仅提倡用积极的方式对待生活。恰恰相反，我认为，准确地预测问题和在早期就对问题有充分的洞察，是重要的人生智慧。然而，负面的风险、挫折和缺陷常常占据了人们的大部分注意力。积极心理学只是建议你将注意力拓展开，既关注到问题，也关注到生活中更好的方面，这样会让你受益匪浅。这不仅是一个通过乐观的视角看待世界的哲学方法，同时也有强有力的实证支持——以关注优势的视角解决问题是非常有效的。我们将在下面详细讨论这些内容。

什么是积极心理学？

从许多方面来说，积极心理学并不是一个全新的概念。哲学系的同学应该了解，古往今来，伟大的哲学家们一直在讨论各种关于美好人生及人类生活的真善美的议题。比如，古希腊时期的哲学家亚里士多德曾在《尼各马可伦理学》中概括了对于美好个人生活及美好社会生活的观点。他指出，幸福包含物质充裕的生活条件、愉悦的感觉以及遵循个人道德的生活方式。亚里士多德也强调公民责任，他认为这是个人成功的一个组成部分。其他古希腊时期的哲学家则强调将个人自由、对快乐的追求以及培养自我控制能力视作美好人生的关键因素。

同样，大量历史典籍都强调了美好生活和积极品质的重要性，某些个人美德，比如宽恕、自我牺牲、信仰和忠诚，都被视作最宝贵的特质，并且很有可能引领人走向成功。近代，人本主义运动的领袖人物则强调个人发展的可能性。亚伯拉罕·马斯洛（Abraham Maslow）等人本主义学者指出，人类的基本需求，如食物、住所和人际关系，是人类致力于自我决定和自我实现这类更伟大努力的基础。在上述的各个例子中，哲学和人本主义心理学都有一个基本的假设，那就是人类有“为善”的能力，并且能够变得更好。这些前辈的智慧和精神为现代积极心理学的创立铺平了道路。积极心理学强调细致的实证研究，这将它与其他方法或自助类书籍区别开来。不同于依赖推理、直觉或民间智慧的做法，实证研究者面向的是可观察的世界，致力于可检验的理论和可证明的解释。**从许多方面来说，积极心理学代表的是从信念到证据的转变。**

积极心理学不是一门关于世界的哲学。积极心理学是一门科学，并且具备了许多严肃科学的特质，如重复试验、有对照组的因果研究、同行评议、典型抽样等，以这样的客观数据研究，来讨论人们在什么时候、如何达成自我实现。20 世纪 90 年代末期，后来当选美国心理学会主席的心理学家马丁·塞利格曼指出，绝大部分心理学研究关注的都是问题，特别是第二次世界大战结束后的几年里，迫切需要解决的创伤和抑郁问题得到了大量的关注，因此，这一时期对确立现代心理学的一些焦点问题起到了极大的推动作用。延续这一趋势，20 世纪下半叶，大部分心理学研究和调查的目标都是解决焦虑、抑郁、精神分裂、自杀和药物滥用等重要问题。塞利格曼表示，这种心理学更多关注的是心理疾病，而不是心理健康，这仅是心理学的一半内容。塞利格曼学识相当渊博，他在哲学与文学领域造诣颇深，这些传统的人文学科提出了美德、美好人生、道德行为及生活中其他积极方面等重要议题。受到这些传统的影响，塞利格曼提出，在研究人类问题的同时，我们也要开始研究人类美好的方面，这是他竞选美国心理学会主席的纲领之一。他借助自己的专业地位，开创了心理学领域一个科学的新分支——**积极心理学**（**Positive Psychology**）。

在早期，积极心理学只是将少数观点独特但研究成果丰富的学者的研究组合在一起。这些传统心理学领域的学者恰好都在另辟蹊径地研究关于积极的话题，包括希望、幸福感、快乐、创造力、智慧和感恩等。塞利格曼通过自己的重要影响力，将这些先驱人物召集起来，将那些论述人类巅峰状态的研究文献集合起来。当然，正如塞利格曼并不是历史上第一个将这个领域推向繁荣的人，他也不是第一个创造“积极心理学”这个词汇的人。早在 1954 年，甚至可能更早，马斯洛就在纸质出版物上使用过这个词。事实上，由于现代积极心理学在初期很大程度上是一个基于社会心理学、人格心理学和临床心理学组成的社会网络，许多其他领域的重要学者并没有收到“研究邀请函”。

这些学者包括人本主义心理学研究者、哲学家、教练、运动心理学家、发展心理学家，以及许多其他为积极心理学的进化和发展作出过重要贡献的人。不过，从积极心理学正式创立开始，塞利格曼和具有开拓精神的积极心理学同事们就希望在实证研究的基础上提出全新的见解，在美好人生探索史中占据一席之地。他们成功了。由于各种原因——包括实证研究的进展、对积极性的强调，塞利格曼的积极普及以及“9·11”恐怖袭击事件之后的心理学思潮——从 21 世纪初开始，积极心理学开始流行起来。这场积极心理学运动为那些想要研究生命意义、品格优势和各种与最佳状态相关话题的学者提供了一个阵地。同样地，由于积极心理学的模式有可能为动机、生产力和高绩效提供有价值的分析，它吸引了商业领域的关注；教育工作者也从中看到了利用学生的优势来促进学习与成长的价值；咨询师也意识到了利用优势来克服心理问题的效果；甚至普通大众也参与到这个话题中。对于大众来说，积极心理学提供了一种建立在前沿科学基础上的自助和自我成长的全新方式。尽管一些概念或说法听起来像是基本常识或是关于心理自助的老生常谈，但积极心理学赖以建立的科学基础为我们提供了可以信赖的方法，从而**将那些有益和无益的建议区分开来，将有效和无效的方法区分开来**。

如今积极心理学已经从一个狭隘的研究主题、一群组织杂乱的美国学者，迅速发展为全世界专业人士都参与其中的运动。这点很重要，因为人们很容易将这一领域局限在美国。那些关注积极心理学的文化适应性的人们如果得知这一领域的专家和丰富的研究成果已经遍布世界各地——英国、以色列、荷兰、印度、中国、新加坡、韩国等——他们应该会备感欣慰。应用积极心理学中心（CAPP）于 2007 年 4 月在英国华威大学主办了“第一届应用积极心理学大会”，证明了积极心理学拥有广泛的国际魅力。这次会议有来自 24 个国家的 230 位代表参加，包括澳大利亚、巴西、冰岛和日本等。此后还成立了国际积极心理学协会（International Positive Psychology Association, IPPA），这个组织的目标是促进积极心理学在全球的合作与协同。与早期相比，积极心理学的方法更加成熟，更加实用，并有了凝聚力更强的组织。**现在，积极心理学已经被普遍定义为“一项关于人类最佳状态的科学研究”**。有时，你也会看到一些其他的定义，比如“积极心理学是一门关于优势、乐观和幸福的科学”，或者“积极心理学是一门关于生活中美好事物的科学”。你可以清楚地看出，各种定义指的都是同一个主题，每个定义都强调：**这些研究以科学为基础，关注点是积极的、非临床的**。这一领域的先驱者之一，密歇根大学心理学家克里斯托弗·彼得森（Christopher Peterson），曾形容积极心理学有 3 个主要的关注点：[1]

---

[1] 这几个大类明确了积极心理学研究和应用的主体，尽管这可能并非全部。在积极心理学学科的进化过程中，最有趣的趋势之一是它从一门基础科学转化为一门应用科学。如果说积极心理学的初期是探索，也就是开展关于优势、乐观、幸福等方面的研究，那么现在的积极心理学则是关于如何更好地利用这些研究结果培养优势、增强乐观和增进幸福，并促使人们达到最佳状态。简言之，它已经从一门描述性的学科变成了一门更加规范的学科。现在，我们充分了解了积极心理学的主题和应用方法，比如基于积极情绪和品格优势可以建立有效的干预措施，并应用于各个领域，从公司文化建设到团队建设，再到治疗以及更有效的教育课程设计等。

1. 关注积极的主观状态，如幸福感；

2. 关注积极的特质，如品格优势；

3. 关注积极的组织，如学校和企业。

好消息是，积极心理学是有用的！ 大量的研究证据显示了关注优势视角的前景和积极情绪的力量：那些发挥自己优势的学生比注重弥补缺点的学生取得的成就更大；注重解决方案的心理治疗比精神分析等长期咨询技术更加简洁；注意员工的优秀品质并加以利用更能让企业从中获益。积极心理学通过在观点中加入必要的实证证据，超越了简单的自助知识或常识智慧。正如盖洛普调查机构的首席执行官吉姆·克里夫顿（Jim Clifton）曾经说过的："我将积极心理学应用到我的组织管理中，是因为研究表明它是有作用的。如果研究表明它比我对着员工大呼小叫的效果更好，那我就会那样做。"他的言论表明，积极心理学不但受到教练、治疗师和教育工作者的关注，还得到了商界领袖的关注。应用积极心理学中心与联合利华集团、诺维奇联合保险公司等顶尖国际组织的合作也反映了这一点：积极心理学是有用的。在这门课上，你将学会如何让它发挥作用。

为什么要关注积极性？

可能有些人对积极心理学的方法还持有怀疑的态度。大多数人都很容易理解这样的观点："应该更注意那些表现欠佳的员工，或是解决客户的问题。”可是，如果所有事情都进行得很顺利呢？于是他们的潜台词就是：“为什么要刻意找麻烦？”如果通过弥补弱势就可以解决问题，为什么要浪费时间去发挥优势呢？我不久前在波特兰州立大学与一个学生的交流就可以很好地阐释这个观点。

我给学生们布置了一个任务，要求他们选择一个自己最突出的优势，并在这一周里集中运用这个优势。也就是说，当学生们遇到困难，或者必须要作出重要决定，或是需要表现良好的时候，都要想到这个优势，并问问自己：“在这种情况下，我如何利用这个优势帮助自己？”这一周结束的时候，学生们提交了一篇简短的论文，论述这项优势实验的结果。我看到的第一份论文是这么写的：

“这周，我决定选择我的一个弱势，并改变它。我知道，这份作业是让我们选择一个优势，但我认为，我的优势是与生俱来的，因此，运用它并没有什么意义。”

这篇文章接着描述了他自己与拖延症作斗争的经历，但这位学生漏掉了一个基本的观点：尽管对一些人来说可能是违背直觉的，但事实证明，利用优势和开发积极性比改正缺点、关注问题更加让人受益。接下来，让我分享一些激动人心的证据。

企业和组织是积极心理学研究者最关注的领域之一。积极心理学的研究表明了积极性在工作中带来的巨大收益。盖洛普的报告显示，“工作不投入的员工”导致全美国的公司在客户流失、医疗保健和周转成本上付出的代价每年高达10亿美元。相反，快乐的员工则更容易受到上司和客户的好评、请病假的情况更少、上班更准时、更会帮助同事、能赚到更多的钱，并且在解决问题方面更有创造力。也就是说，幸福感不仅让你感觉良好，它确实对你（以及你的客户、你的工作单位）有好处。盖洛普的研究还表明，最优秀的管理者会将宝贵的时间花在与最优秀的员工在一起，并尽量明确地将员工的优势与工作项目匹配起来；而员工在从事“每天做我最擅长的事情”时，业绩会提高。

当然，职场并不是积极心理学唯一的用武之地。教育工作者已经将热切的目光转向了挖掘学生的优势，同时思考如何更好地规划学校建设、促进学生学业。教学项目转向了与年轻人发展有关的方面，从性格到领导力，从韧性到感恩。人们越来越意识到，学生会以良好的表现回报人们对他们的积极期望，拥有发挥优势的机会可以提高他们的自尊。在美国中西部开展的一项研究中，教师将一种快速阅读的方法教给阅读能力各异的学生。尽管传统的“弥补弱势”的视角认为，那些阅读能力较差的学生会在特殊的教育项目中获益良多，然而，实际的结果是那些阅读能力最好的学生反而进步最快，平均阅读速度从每分钟300字增长到了2 900字！在澳大利亚和北美，越来越多的顶级私立学校纷纷将积极心理学纳入课程的各个模块，增强学生的竞争力。在应用积极心理学中心，我的同事珍妮·福克斯·伊兹（Jenny Fox Eades）正在与英国的学校合作，提高学生在学习中的天然优势。

近年来得益于积极心理学而迅猛发展的另外两个领域是**教练**和**治疗**。虽然这两个专业领域有很大的不同，但这两个行业的从业人员在帮助来访者（客户）的过程中，都采用了积极干预的方法和测评手段。教练强调的是积极的改变和最佳状态，因此是积极心理学的天然盟友，教练从业者可以从研究文献中找到许多与自己的实践相关的内容。同样，心理治疗师和咨询师也开始意识到，以解决方案为取向的方法给他们的工作带来诸多益处。像迈克尔·弗里希（Michael Frisch）的**生活质量疗法**（Quality Therapy of Life）这样全新的、积极的教练方式和治疗模式的有效性正在得到越来越多的实证支持。

积极心理学的最大优势之一就是它本身带有科学的认可。对于那些不敢尝试未经检验的新方法的咨询师、教师、家长或公司主管来说，积极心理学是一个完美的选择。此外，在面对将信将疑的来访者（客户）时，积极心理学的科学视角也是有效和有说服力的。最后，如果你还质疑积极心理学的优势和前景的话，你可以在同行评议的出版物中找出确凿的证据。

如果你正在寻找关于积极心理学是否可持续发展的证据，建议去看看积极心理学相关机构的蓬勃发展。幸运的是，这里有很多的例子：

- 2005 年，宾夕法尼亚大学设立了应用积极心理学的硕士学位；

- 随后，在大西洋的对岸，英国东伦敦大学设立了相同的学位；
- 此后，位于加利福尼亚州的克莱蒙特研究生大学授予世界上第一个积极心理学博士学位；
- 目前，世界各地的许多大学都开设了积极心理学的课程。

此外，现在还有一些期刊致力于积极心理学的研究，如：

- 《积极心理学》(*Journal of Positive Psychology*)；
- 《幸福研究杂志》(*Journal of Happiness Studies*)。

还有关于积极心理学的权威组织，包括：

- 国际积极心理学协会（*International Positive Psychology Association*）；
- 欧洲积极心理学网站（*European Network for Positive Psychology*）；
- 国际生活质量研究协会（*International Society for Quality of Life Studies*）。

此外，还有一些机构专业致力于传播和应用积极心理学，如：

- 应用积极心理学中心（*Center for Applied Positive Psychology*，CAPP）；
- 自信和幸福研究中心（*Center for Confidence and Well-Being*）。

现在，有大量的研究奖金、研究经费以及丰厚的企业赞助用于积极心理学领域。此外，还有众多的国际级和地区级组织与会议，由于这些专业组织、会议和科学期刊很活跃且不断在更新，我建议你主动去搜索那些新资料。所有这些更新传达的关键信息都很清晰：积极心理学正在崛起，并且将长期存在。

我希望且相信，尤其是从长远发展来看，积极心理学这门学科应该跨地区、跨文化地应用。来自世界各地的研究者、管理者和从业者应当可以为积极心理学的话题提供重要的跨文化视角，否则这个话题就会有所局限。积极心理学热衷者建立的联结网络正在蓬勃发展，这个学科正在发展壮大，同时，各种大小不一但充满活力的组织已遍布欧洲、澳大利亚、亚洲、南美洲、非洲。这些跨文化的话题有助于确保积极心理学不是一门局限于美国的学科，它能够适用于各种迥然不同的文化。

积极心理学最具有活力的一个方面就在于，这个学科讨论的话题是激动人心的。对于许多亲眼目睹积极心理学效果的人来说，它犹如一股新鲜空气。遗憾的是，在远程课程的学习中，你无法被安排在一定规模的群体中，与他人一起分享你在这个主题中获得的乐趣。我希望你理解，积极心理学是一个广泛的话题，希望你在人生更大的范围内去体验它。因此，我建议你在第 1 周里花一些时间上网，亲自去搜索、阅读和理解积极心理学的博大和迷人之处。

1.2 练习

请你本周上网浏览，访问积极心理学研究中心，加入积极心理学网上论坛，访问积极心理学网站，或者阅读积极心理学日常新闻。简要地记录下你在各个网站上看到的让你印象深刻的内容。

上述每一个在线资源都会让你感受到，世界上还有跟我一样（希望也和你一样）热衷于积极心理学的人。诚挚地希望，在我、其他研究者和将这些内容运用到每天工作中的专业人士身上看到的热情能够让你受到鼓舞。希望你能将热情带到接下来几周的学习里。

第 1 周要点回顾

1. 积极心理学是一门关于心理健康、优势、积极情绪、积极组织和最佳状态的新兴科学。
2. 积极心理学是一门科学，因此，它建立在严谨的研究和实证基础上。
3. 研究表明，与试图克服缺点相比，注重优势和积极性让人得到的收获并没有更少，而是更多。这一发现适用于从商业到教育等许多领域。
4. 积极心理学不仅仅是一时的热门浪潮。许多持久存在的组织，如研究生教育项目、研究基金和专业期刊都表明，积极心理学是可以持续发展的。

你能够从这门课中获得什么？

这门课将会为你介绍大量积极心理学的基本话题。

第 2 周，我们将谈到幸福的情绪宝典，并讨论怎样得到幸福以及为什么积极情绪是你的客户和老板容易忽视的重要资源。

第 3 周，我们将学习积极干预的方法，你将学到经过实证检验的干预方法，并了解它们在什么情况下使用效果最好。

第 4 周，我们将探讨优势，并学习一种令人激动的评估个人标志性优势的新方法，以及如何在工作中最好地运用这些优势。

第 5 周，我们会谈到希望和乐观，了解它们会给我们带来哪些好处，并学习如何提升它们。

最后，在第 6 周，我们将把所有这些激动人心的内容综合起来，并评估你的学习水平。你会感到惊讶的是，你在如此短的时间内学到了这么多知识！

你将从这门课程中学到的知识和技能包括：

- 怎样使用研究证据为积极心理学提出例证；
- 如何以及何时能够最好地应用那些得到实证支持的积极干预方法；
- 积极情绪的许多优点；
- 怎样运用一种新的优势评估来指导工作；
- 如何增加希望以及为什么应该增加希望；
- 如何紧跟积极心理学的新进展。

1.3 未来展望

由于需要准备接下来几周的学习，你有必要花一点时间为自己设定一些学习目标，这样，你才有努力的方向，并能够衡量你的进步。请花一点时间思考并回答下列问题。

- 是什么吸引你来学习积极心理学的？你想解决什么问题？

- 具体来说，与积极心理学相关的哪些内容令你感到好奇？也就是说，你想要学到什么东西？

- **对于积极心理学，你有没有什么怀疑或担忧？**

- **请你为自己在这门课程中的收获设立一个具体的目标。**

参考文献

Baumeister, R. F., Bratslavsky, E., Finkenaeur, C., & Vohs, K. (2001). Bad is stronger than good. *Genral Review of Psychology*, *5*, 323-370.

Clifton, D., & Harter, J. K. (2003). Investing in strengths. In K. S. Cameron, J. S. Dutton, & R. E. Quinn, (Eds), *Positive organizational scholarship: Foundations of a new discipline*, (pp. 111-121). San Franisco, CA: Berrett-Koeahler Publishers.

Frisch, M. (2006). *Quality of life therapy: Applying a life satisfaction approach to positive psychology and cognitive therapy*. Hoboken, NJ: Wiley.

Kim Berg, I. & Szabo, P. (2005). *Brief coaching for lasting solutions*. New York: Norton.

Linley, A. & Page, N. (2007). Playing to one's strengths. HR Director (April).

Lyubomirsky, S., King, L., & Diener, E. (2005). The benefits of frequent positive affect: Does happiness lead to success? *Psychological Bulletin*, *131*, 803-855.

Maslow, A. (1954). *Motivation and personality*. New York: Harper.

INVITATION TO POSITIVE PSYCHOLOGY

第 2 周

积极情绪的力量

主编导读

从本周起，迪纳博士向我们逐步展开积极心理学的实践方法，也就是 How——如何学习和提高幸福感。

作者集中介绍了幸福的情绪宝典——积极情绪，并讨论了积极情绪的价值以及提升积极情绪的方法。

在这里，我要提醒大家的第一个问题是：虽然积极情绪很重要，但我们也不要将消极情绪视为无用的坏情绪。学者们将情绪分为积极或消极，是指我们对情绪的主观感受，也就是说，“积极情绪”是一些让我们感觉“愉快”的情绪，而“消极情绪”则是一些让我们感觉“不愉快”的情绪。

但是，感觉愉快的积极情绪未必总是“好”情绪，比如沉迷游戏等导致的高度欣快感，虽然主观感觉“很嗨”，但不等于是正面的、有建设性的好事；而恐惧、羞愧等消极情绪也未必总是“坏”情绪，这些情绪虽然让我们感觉很不好，但能让我们远离危险、改正错误等，对我们的生存和发展有正面和建设性意义。总之，无论是积极的还是消极的情绪，每种基本情绪对人类都是有价值的，以下是一些举例：

- 愤怒：帮助我们应对问题；
- 恐惧：提醒我们远离危险；
- 厌恶：让我们拒绝不健康的事物；
- 悲伤：将我们与爱的人联系起来；

- 喜悦：提醒我们什么是重要的；
- 期待：让我们展望和计划未来；
- 惊喜：让我们关注新异的情况；
- 信任：有助于我们与他人建立稳固的联系。

不过，无论是心理学研究还是干预实践，鉴于我们对消极情绪的关注远远超过对积极情绪的关注，积极心理学正在做一个纠偏的工作，即重视对积极情绪的研究，正如本书作者所指出的那样，积极情绪是被人类忽视已久的一个重要资源。

我需要提醒大家的一个要点是，本书（以及本书系）中的一个词语"积极性"（positivity）与我们通常所说的"调动大家的积极性""这个人做事很有积极性"等语境中的"积极性"不是一个意思。我们通常所说的"积极性"更多是与动机相关的，是一种自觉主动做事的内在动力。而本书所说的"积极性"（positivity），是"积极的"（positive）这个形容词的名词形态。从广义上来讲，指的是一种积极乐观的态度或倾向，可以理解成"积极状态"或"正向态度"，它包括积极的思维、积极的情绪、积极的动机和积极的行为，这时，我们将其翻译为"积极性"或"积极状态"；从狭义上讲，"positivity"指的是积极情绪（positive emotion）。本书原文在讨论积极情绪的内容时，经常会把"positive emotions"和"positivity"交叉使用，这时，我们将其翻译为"积极情绪"。本书系均如此，因此，在其他书中不再另行说明。

本周我要提醒大家的另外一个要点是，作者在本周反复强调积极情绪的重要性，可能有部分读者会对此不以为意，认为人们理所当然地知道积极情绪的重要性，并希望获得积极情绪。其实不尽然。我在大学时代就在“应该做一只快乐的猪，还是做一个痛苦的哲学家”之间苦恼，认为愤怒出诗人、痛苦出哲学家，而快乐的是浅薄的、庸俗的。但与此同时，内心又渴望快乐、不希望承受痛苦，为此颇为纠结和挣扎。因此，请相信我，强调积极情绪的意义对很多人是有价值的，我们也是可以成为一个“快乐的哲学家”的。了解了本周的内容并做了深入的思考，今后你再遇到如大学时代的我一样的人，你就有科学的话题可以与他们分享了。

好，接下来我们就一起来学习关于积极情绪的知识，希望这些理论和方法不仅能让你和你所关心的人感觉良好，还能帮助你们提升积极的功能。

上周，你了解了积极心理学的基本概念。我们探讨了积极心理学赖以建立的历史传统，并谈到了它在现代社会中是如何发展的。上周的重点内容是：

- 积极心理学探讨的是幸福、乐观、优势和其他与人们日常生活息息相关的话题，因此，它是传统心理学的必要补充；
- 积极心理学是一门科学，并以强调高质量的研究而著称；
- 有证据表明，关注优势、注重积极性能够给个体的教育、商业和个人生活带来重大收获。

情绪的力量

请花一点时间，回忆你最近一次有过强烈情绪体验的经历。也许是在伴侣面前大发雷霆，也许是被困在高峰的车流中逐渐抓狂，也许是为孩子的成就感到非常骄傲，也许是观看体育赛事时感到兴奋和狂热，也许是在周末午后的花园里感到无比安宁……我们的情绪范围之大是惊人的，而且，情绪似乎有一些堪称神奇的属性。比如，情绪具有感染力——你或许能想到这样的例子，当你的朋友受到惊吓时，他们的反应也会吓到你；或者小组中的一个人被一个有趣的想法逗笑后，紧接着所有人都笑了起来。情绪似乎还和记忆有关——例如老照片等物品可以唤起我们的情绪。事实证明，在日常生活中，情绪似乎扮演了一个非常重要却经常被忽视的角色。其实，情绪具有强大的作用，而且对我们有益。简而言之，我们非常有必要了解情绪——尤其是了解积极情绪的力量——因为我们可以利用它，在人生的各个方面取得成功。事实上，我可以告诉你：积极情绪是你、你的来访者（客户）、同事或学生在当下忽视的最重要的资源之一。

“积极情绪是你在当下忽视的最重要的资源之一。”

2.1 练习：情绪与记忆

请拿出一本很久没有翻看过的相册，可以是童年的相册、婚礼的相册或者是假期旅行的相册。花一点时间看看照片，并注意你自己的感受，注意你的生理反应：你有没有在微笑？你有没有放松下来？你有没有坐直？同样，还要注意你的情绪转变方式：转变很快吗？还是相对保持不变？这些情绪很容易分辨出来，还是一种交织的感觉？你可以自由地写下你对这些情绪的认识。

情绪是普遍且强大的，但是它们并不总是拥有最好的名声。对于古希腊人，尤其是斯多葛派哲学家而言，**感觉**（feelings）代表了较低的、人类天性中动物性的一面。根据这些伟大思想家的观点，正是自我控制能力和情感控制能力将人类与其他物种区分开。理性思考和情感克制被认为是一种美德，而且这种观念至今在许多人的脑海中仍占据主导地位。道德过程本身被视为一种认知过程，在这个过程中，人们在作决定或采取行动之前会预先在头脑中权衡规则、规范和价值。他们的智慧成果体现在我们的日常生活中——你可能会劝朋友“把问题想清楚”“保持头脑清醒”“理智一点儿”以及避免“把事情搞砸”。这些常见的短语暴露了背后的假设：对于许多人来说，感觉会阻碍人们作出一个好的决策，并使人误入歧途——理性得 1 分，感性得 0 分。

在积极情绪方面，也有满怀质疑的观点，积极的情绪常被认为是幼稚、肤浅或自私的。古斯塔夫·福楼拜（Gustave Flaubert）曾经说过：“愚蠢、自私、身体健康是快乐的 3 个要素；不过，如果没有愚蠢，就什么快乐也没有了。”著名的悲观主义者马塞尔·普鲁斯特（Marcel Proust）同样对“好感觉”持怀疑态度。他写道：“快乐除了为不快乐提供条件，几乎别无他用。”

情绪还在另一个领域拥有坏名声，那就是在抑郁、焦虑等情绪性心理障碍方面。抑郁和其他类似的疾病经常会被公开讨论并出现在媒体上。大多数人都知道抑郁症患者的人数正在上升，也知道使用抗抑郁药物。

虽然心理疾病非常痛苦并且应该得到治疗，但它们背后隐藏的潜台词是：情绪是会失去控制的。许多人错误地认为，抑郁和焦虑情绪会像滚雪球一样越滚越庞大。所以，不难理解，人们认为情绪——尤其是内疚、愤怒等消极情绪——是必须要加以预防的。我们大多数人都曾经有过对情绪产生偏见的经历，认为**感觉**（feelings）仿佛是潘多拉的魔盒，一大波无法控制的**情绪**（emotion）从中涌出，并破坏我们的生活。

> “情绪，普遍且强大，
> 但它们并不总是拥有好名声。”

2.2 思考

你是怎样看待情绪的？你对情绪的看法源于哪里？

请花一点时间想一想，你是一个“情绪化”的人吗？你会对情绪持有哪些偏见？或者你发现情绪有哪些吸引你的地方？你认为你的这些关于情绪的观点是从哪里学到的？你的文化背景对你表达情绪的方式有什么影响？你的主要人际关系对此有什么影响？你的家庭或出身对你的“情绪化”有什么影响？你可以自由地写下你的答案。

情绪有这么多坏名声，或许值得我们退一步来思考情绪怀疑论的意义。我们有必要问一问："为什么我们会有情绪？"既然情绪与生俱来，具有危险性，而且容易给我们带来问题，那么它们能给我们带来什么好处呢？情绪是否就像心理的一条尾巴，是我们在进化过程中必须摆脱的一小部分？抑或是一种情感的附属品、一个无用的小器官，却时刻对我们造成崩溃的威胁？又或者，情绪更像是大拇指，适应能力强而且很有用处？事实上，情绪被证明是有用的，只要知道如何最好地利用它们，它们便会成为对你有用的资源。

情绪的目的是什么？

如果大拇指是为了掌握平衡而生，舌头是为了品尝味道而生，双手是为了握住东西而生，那么我们的情绪是为何而生呢？事实证明，情绪可以服务于很多重要的目的，情绪与我们的记忆、学习以及与他人的沟通能力皆有关。可能会使斯多葛派学者们感到沮丧的是，情绪甚至在道德过程中也起作用，它和我们感受到的情感一起，为我们提供了对与错的有效指南。情绪最基本的功能之一是成为我们生活中的一个追踪系统——你在日常生活的交往、环境、行为和决策中都伴随着各种各样的情绪踪迹。从这样的角度来看，情绪可以被视为信息或者反馈——当你感觉不好时，那是你的情绪追踪系统在提醒你：你的生活中出现了问题，需要引起注意或改进；当你感觉良好时，那是你的情绪追踪系统在宣告：你可以自由地释放自我，享受当下的生活。当然，这些追踪系统并不是完美的，我们所有人都有过对所处环境误读的经历。我们有时会因为误解朋友的话而生气；在被车挡住去路时，会因恶意揣测该车司机的动机而产生路怒；一条黑暗的街道会让你产生恐惧，尽管事实上那条街很安全，你也会莫名地感到压抑。是的，心情不会给我们完美的反馈，但令人吃惊的是，在绝大多数情况下，它们是准确的。

你或许也注意到了，**情绪是有激发作用的**。例如，当你感觉不好时，你不仅能感觉到哪里出了问题，还会意识到必须要去处理它。又如，当你感到内疚时，这是你的情绪系统在警告你，你违反了自己的价值观念，那种不愉快的感觉会鼓励你去纠正自己的行为。从办公室偷取现金可能会使你富有，但同时也会让你感觉很不好（但愿是这样），在这种情况下，感受就像是身体内部的一个司法系统，帮助我们调节行为。诸如恐惧和悲伤等其他情绪也有类似的激发作用。例如，恐惧使我们远离一些有危险的处境，如黑暗的停车场；“倾听你的感受”通常意味着为了回应你的感受而在行动上作出改变。

情绪的功能从消极情绪中更容易看出来。心理学家们通常用“消极情绪”这个词来形容那些不愉快的感受，比如愤怒、悲伤、内疚、恐惧及其他相关情绪。当有人藐视我们的权利时，我们会感到愤怒，我们会为自己辩护，即便有时会受到猛烈的抨击；当我们感到难过时，意味着我们经历了失望或者失去；当我们害怕的时候，情绪也可以成为一股强大的动力来保护我们自己。你能否想象，如果没有人能感受到愤怒、内疚或悲伤，这个世界将会混乱成什么样子？那一定会很糟糕！人们会撒谎，会互相伤害，会毫无悔意地偷窃；他们会任人欺凌，忍受不公正的待遇；即使是理想的工作落空，或者亲密的伴侣过世，他们也毫不动容。简单来说，如果没有消极情绪，人们的正常活动将会停滞。但从进化论的观点来看，消极情绪也限制了我们的思想和行动。当我们面临威胁或困境时，迅速采取应对措施是我们的一种进化优势，在这个过程中，情绪可以帮助我们缩小应对方式的可选择范围，使行动更加迅速。例如，你一定有过恼羞成怒的时候，在这种情况下，很少有人会充分考虑每一种可能的方法与后果，我们只能简单、直觉地采取行动。

应该说，人们并不总是能作出最好的选择。冲动常常会导致我们说出那些有伤害性且无法收回的话，恐惧有时会阻止我们采取那些存在风险但最终可能让我们走向成功的行动。当然，情绪因此而获得了一些不好的名声。即便如此，拥有一个“不停运行的、偶尔会犯错的”情绪系统仍然比什么都没有要好。因为情绪偶尔会犯错误而抛弃它，就好像为了倒洗澡水而连带将澡盆里的孩子也一起倒掉一样。情绪系统作为一个整体（而不是一个个离散的独立情绪）并不总是能正常运行。对于一些人来说，情绪会由于各种各样的原因而出现问题，这就是我们通常在临床上看到的严重的抑郁和焦虑问题。对一些人来说，生物或遗传因素会阻碍情绪的有效运行；对另一些人来说，由于生活太过痛苦而使情绪不堪重负。在此需要再次说明：这些是比较严重的情况，应当得到治疗，但这并不是因为情绪天生是危险的，而是因为太过痛苦或不堪重负了。不过，对大多数人来说，情绪是正常运行的。在某种程度上，正是情绪的作用，使我们在家庭、工作和社交中能够应对自如。

“拥有一个‘不停运行的、偶尔会犯错的’情绪系统，比什么都没有要好。”

2.3 思考：表达你的感受

你倾向于如何表达情绪？你的朋友认为你是情绪化的，还是波澜不惊的？有没有哪些具体的情绪，比如喜悦会让你感到舒适，而有些情绪，比如愤怒会让你感到不舒服？你可以慢慢认真思考这些问题，并写下你的答案。

但是，积极的情绪呢？它们能为我们做什么呢？如果消极情绪是一种进化的优势，那么积极情绪呢？有趣的是，心理学家们过去普遍忽视了积极情绪。第二次世界大战后，许多心理学家的关注点都放在那些亟待解决的问题上，比如治疗创伤和其他与战争相关的心理疾病。于是，心理学发展成了一门高度临床化的学科，并侧重于消极的情绪。即使现在，对情绪的研究综述表明，关于消极情绪的研究在数量上远胜过关于积极情绪的研究，二者的比例为 25：1。当然，良好的感觉并不是偶然的，它们应该是对某些方面有益的。那么，好感觉真的是有益的吗？或者说，它们可能只是意味着没有坏感觉罢了？

早期由艾丽斯·伊森（Alice Isen）进行的关于积极情绪的研究为“好感觉”可能具有的作用提供了有意思的新认识。在一项经典的研究中，伊森和同事将硬币放在了电话亭里，当毫不知情的打电话的人们“幸运”地发现了这些钱时，伊森记录下了这种突发的积极情绪对他们产生的影响。她让一位实验助手走过电话亭，并“不小心”将手中的书掉在地上。天呐！那些发现了钱的打电话的人更倾向于帮助陌生人把书捡起来！虽然这只是一个初步的测试，但由此可以看出，积极的情绪在某些方面是有好处的，也许与助人行为有关系。在另一项研究中，伊森和她的同事将小包的巧克力或糖果送给了医生。或许是由于收到小礼物很开心，与没有收到巧克力的同事相比，这些医生明显表现出了更好的诊断能力，并且在工作上更加认真。伊森开创性的实验为“积极情绪有作用”的观点奠定了基础。尽管她的工作很令人钦佩，但很难看出积极情绪的具体功能究竟是什么。如果愤怒和内疚会导致明确的动机和行为，那么积极情绪会导致什么结果呢？

就职于北卡罗来纳大学的芭芭拉·弗雷德里克森（Barbara Fredrickson）博士对积极情绪的力量作出了一个精妙的解释。她推断：如果消极情绪会缩小我们思考和行动的范围，或许积极情绪会拓展它。她随后的研究证实了这个推论。弗雷德里克森在关于积极情绪的“拓展与建构”理论中认为，良好的感觉会拓展我们的兴趣，并帮助我们建构能力。从进化的角度来看，如果消极的情绪是为了帮助我们应对当前的威胁和问题，那么积极的情绪则帮助我们为将来应对威胁和问题作好准备。良好的感觉意味着没有出现问题，我们可以自由地追求自己的兴趣、快乐和爱好。有意思的是，积极的情绪会提升我们的好奇心和兴趣，让我们更有可能去尝试新的活动、培养新的技能；积极的情绪还会提高我们的创造力和问题解决能力；此外，积极情绪还会促进我们的社会交往，当我们感觉良好的时候，我们才会寻求与他人的联系、建立关系以及帮助他人；最后，积极情绪似乎能“撤销”消极情绪的影响，比如，当一个人体验到压力感受后，帮助他人的行为可以让他的脉搏和血压更快恢复到正常水平。社交联结、创造力、技能、好奇心和健康等都是积极情绪带来的巨大适应性优势。

除弗雷德里克森的研究外，约翰·卡乔波（John Cacioppo）开展了面部肌肉电脉冲的研究。他的研究表明，许多人甚至对中性刺激（比如一张椅子的照片）也会作出反应，仿佛这些刺激也是积极的。他认为这一现象符合进化论的观点：如果我们的祖先倾向于把中性的环境（比如一片没有明显威胁的森林）看作积极的、宜人的，那么，他们更有可能去探索这个环境，更多地了解这个环境，并在掠夺者到来的时候占据优势。对于这种把中性的事物也看作积极事物的自然倾向，卡乔波称之为“正向偏移”（positivity offset），它为积极情绪的作用提供了进一步的证明。

可以说，积极情绪的拓展与建构理论是积极心理学研究中涌现出来的最重要的研究成果之一。在这一系列的研究和理论的推动下，积极情绪成为一个值得讨论的话题。对于那些把快乐误认为幼稚、自私或肤浅的质疑者来说，这是一个强有力的反驳。这一系列的前沿研究恰恰证明了相反的真相：快乐有助于我们在那些最在意的领域中更好地工作以及与人交往。更重要的是，积极情绪带来的前景非常可观，一个明显的例子是，它作为一种资源，可以帮助人在生活的几乎各个方面取得成功。也就是说，积极情绪的功能并不仅仅是一个晦涩难懂的学术问题，它的研究成果可以被直接应用到工作和家庭生活中。这些研究发现不仅仅是大学教授们在走廊里闲聊的话题，它们对你来说也很重要！它们很有趣，与我们息息相关，浅显易懂，而且实实在在是有用的。

积极情绪的益处

尽管我们从洞穴时期的祖先身上就可以看到积极情绪的益处，但在现代生活中，我们仍需要谨慎地对待这些情绪。积极情绪可以带来好奇和友善，这固然很好，但是，这些真的能够证明良好的感觉在职场中有积极的作用吗？我们真的能把对大企业进行积极干预的想法合理化吗？假如你是一个咨询师、经理或教练，也许你更容易向首席执行官（CEO）提出公司最需要的东西，但一般来说，我们不会轻易谈到“幸福”。与情绪一样，“幸福”也得到了一些坏名声。在许多人心目中，幸福也等同于愚钝、自满和天真。批评者们认为，快乐的人是精神上的傻瓜，他们意识不到真实世界的可怕，而且缺乏基本动力。近来，“幸福”还被贴上了独特的美国标签：很多人把乐观向上的积极特质与勇敢、牛仔精神和好莱坞的大团圆结局联系起来。但实际上，幸福（happiness）不仅仅意味着愉快的感觉，还包括快乐（joy）、兴奋、福流、投入、热情以及内心安宁。各个国家的人都会感到快乐，无数幸福的人都拥有奋斗的目标，并且并未对存在的现实问题视而不见。现有的大量研究数据表明，**幸福和积极情绪不仅仅是令人感觉好，实际上对你也是真的很好**。

积极的情绪是有益的，而且有巨大的益处。很多研究使用了各种样本、方法和分析手段，都指向了这个相同的结论。你的来访者（客户）、学生或组织可能不会立即看到积极情绪的价值，但他们很容易把良好的感觉与他们关心的结果联系在一起。例如，积极情绪可以使人更加健康

（工作中的病假减少了）、更有创造力（产生了新的产品和方案）以及更加友善（团队效率提高了，利他行为增加了），这些已经得到了强有力的研究支持。让我们以“健康”（一个与积极情绪的益处有关的领域）为例：研究表明，积极情绪可以降低吸烟率、吸毒率和自杀率，减少人们去急诊室和医院的次数，减少交通事故，降低血压，减少心脏病的发作，增加体育锻炼的次数，改善免疫系统的功能，延长寿命，降低死亡率，提高痛觉阈限，改善心血管功能以及提升全球健康水平。在人们的社交和工作中，也有类似的好处。举几个例子：快乐的人往往更有可能缔结婚姻、维持婚姻，有更多的朋友，感受更多的社会支持，更多帮助同事，按时上班，很少请病假，得到上司和客户更高的评价以及赚到更多的钱！这些发现是从大量研究者对极其丰富的样本进行的纵向研究、实验研究和横断研究中得到的。关于积极情绪的益处，最适合你阅读的是索尼娅·柳博米尔斯基、劳拉·金（Laura King）和埃德·迪纳于 2005 年在《心理学公报》（*Psychological Bulletin*）上发表的一篇文章。表 2–1 是这篇文章的简要总结。

表 2–1　积极情绪诸多益处的举例

健康方面
1. 与消极的人相比，积极的人患感冒的概率更小，而且患感冒时的症状要轻许多；
2. 情绪积极的修女比情绪消极的修女更长寿；
3. 缺少积极情绪与消极结果相关，如：吸烟、喝酒、吸毒、自杀、中风、病后康复速度较慢、就诊次数较多等情况与抑郁症存在关联；
4. 痛苦较少、躯体症状较少、看病次数较少等情况与积极情绪存在关联；
5. 人在心情好的情况下，心血管机能的恢复较快。

续表

社交方面
1. 良好的人际关系与较好的身心健康存在关联； 2. 最幸福的 10% 的人，更善于社交，并拥有更稳固的友情和爱情； 3. 积极的人会从事更多的志愿活动，也更愿意帮助他人； 4. 积极的人更加外向，更多地参加集体活动，而且自私程度较低。
工作方面
1. 与积极情绪有关的结果包括： ● 更高的工资； ● 来自上司的更高评价； ● 来自客户的更高评价； ● 缺勤率下降； ● 离职率下降； ● 更好的组织行为； ● 与同事的关系更好。 2. 由散漫怠工的员工导致的生产力低下和消极情绪每年给美国经济造成了 2 500 亿 ~ 3 000 亿美元的损失。
个人方面
1. 积极情绪会提升好奇心和兴趣； 2. 积极情绪让人体验到更多的人生意义； 3. 积极情绪会提高创造力。

积极心理学作为一门科学，而不是一种哲学、迷信或时尚，它的一大优势就是能够为存在已久的主张提供实证支持。在董事会议上提出为车间员工提供幸福感干预是一回事，能够援引索尼娅·柳博米尔斯基的那篇综述文章则是另一回事。事实上，你可以将积极情绪与高管和经理真正关心的结果（生产力、离职率、组织荣誉感等）直接联系起来。因为，积极心理科学告诉我们，了解和利用积极情绪是有意义的。事实上，

我需要在这里重申一下：积极情绪具有普遍的益处，它们可能是你和你的来访者（客户或学生等）忽视的最重要的资源。如果以前关于“幸福”的概念是：幸福是我们达到的一种无忧无虑的情绪状态，是一种情感目标；那么，**新的“幸福”概念可以总结为：幸福是一种资源，一种情感上的货币，它可以用来获得我们在生活中看重的其他结果**。

尽管有强有力的证据支持这一结论，但是，在谈论这个话题时，你仍然需要有针对性地选择所用的语言，从而适合你的专业领域。“幸福”这个词可能并不适用于组织情境中，但“提高团队生产力”“降低离职率”和“提高冲突解决能力”却能够吸引几乎所有的经理和高管的注意。如果“笑脸”“微笑”和“欢笑”听起来不像是靠谱的董事会话题，那就考虑一下“提升销售团队的业绩”“提高团队的创造力”或“提高客户的忠诚度”这些话题。重要的是，了解你的市场和客户，知道他们的价值观念和需求，从而有针对性地调整你的语言；如果你是一名教练、心理治疗师、教育工作者或人力资源师，积极情绪对你而言同样是有益的。良好的人际关系、创造力、参与感和健康对所有人来说都很重要，因此，应用积极情绪的力量与各行各业都有关系。

最根本的问题：如何提高积极性？

我们可以脱口而出：好心情对我们大有好处。可是，把支持积极性的实践、惯例和文化落实到位就难得多了。心理治疗的来访者接受咨询正是因为他们在积极性方面遇到了困难，接受培训的客户则是因为受到了挫折，班级文化可能导致竞争，组织文化可能滋生焦虑和失望。毫无疑问，提高积极性并不是一项简单的工作。不过，还是可以做到的，而且可以做得很好。长期以来，一些组织都在尝试迂回地增加积极性，比如，挂在墙上的激励海报，骄傲地写着“团队合作”或“成功”，或是设计“星期五便装日”的概念以及“每月最佳员工”项目或特别的表彰晚宴等组织文化活动。这些都是为了让组织文化变得积极和有吸引力的干预措施。尽管用心良苦，但这些方法并不总是有效果。

如何让你在家和在办公室里过得更加积极，这是一个值得思考的问题。有各种“天然”的方法来提高积极性。最显而易见的例子就是幽默，幽默并不是白费口舌，它可以使人振奋，而且有许多现实的作用。幽默可以消除紧张状态，拉近人与人之间的距离，帮助人们解决难题以及使人感到愉悦。幽默——包括开玩笑、打破僵局等各种形式——一直以来都被用来促进团体成员的合作和开放式学习。但是，并非每个人都有天生的幽默能力，而且用工作便签来增加员工的笑容是有难度的（实际上，恰恰是这些期待通过便签传达的、用心良苦的、蹩脚的想法成了笑柄！）。

2.4 思考：积极性的成功事例

花一点时间思考一下你的家庭生活。你是如何在家里提高积极情绪或者提高家人的积极性的？是通过赞美，还是娱乐活动、礼物，或是幽默？你的房子是如何布置的？改变装饰或陈设的布置后，你有没有感觉到氛围发生了积极的改变？植物和灯光对你的心情有什么影响？你可以自由地在这里写下一些答案。

现在，思考你的工作环境，并问问自己类似的问题。你是如何为提高单位的积极文化作出贡献的？你的同事是如何作出贡献的？你能不能想起一些注定失败的培养积极情绪的尝试？哪里出现了问题？你有没有找到破局或者提升的需求或机会？你可以自由地写下你的答案。

事实上，提高积极情绪是一件复杂的事，能否成功地提高积极情绪取决于你所在的具体工作环境。创建积极的文化并没有一种普遍适用的方法，但一些基本的步骤可以有所帮助。

首先，文化的改变几乎总是从领导力开始的，如果你是一名治疗师，你必须为来访者树立积极的榜样；如果你是一名管理者，你必须用积极的方式与员工互动。

其次，积极心理学中的一些得到了实证检验的干预措施可以对你有所帮助。同样，你也可以使用积极心理学关于优势、希望和乐观的研究成果。在接下来的几周里，我们会一一谈到这些话题。

总的来说，相信积极的力量、积极干预的有效性，关注优势视角以及增强乐观的态度都可以很好地提高人们的士气、动机和参与感。在急切地想要了解更多提高积极性的方法之前，我们在这周花了一些时间去理解情绪的功能、了解它们能为我们做什么，以及积极情绪是如何发挥作用的。

第 2 周要点回顾

1. 情绪具有特定的作用。它们通过向我们提供有用的反馈信息，帮助我们更好地生活。
2. 积极情绪能够帮助我们“拓展与建构”资源。
3. 幸福是一个有价值的话题：积极情绪直接关系到我们的社交、人格、健康和工作效益。
4. 积极性是可以提高的。

2.5 练习：体验式练习

情绪能够在瞬间被感受到。作为一种心理体验，深入了解情绪的一个好办法就是去实际体验它。请用下面的练习来触发你的情绪，并重新认识它们！

这一周，请你留意情绪的社会性方面。当你处于一个集体的环境中时，请尝试去了解：这个集体中人们的感受是一致的还是多样的？你是如何知道的？你从大家的面部表情、身体姿势等信号中得到了什么信息？幽默、积极、称赞、自豪和快乐等情绪是何时以及如何在社交场合被使用的？你是如何在集体的环境中运用情绪的？如果别人运用情绪的方式与你不同的话，他们是如何运用的？

参考文献

Fredrickson, B. L. (2001). The role of positive emotions in positive psychology: The Broaden-and-Build theory of positive emotions. *American Psychologist, 58,* 218-226.

Isen, A., Daubman, K. A., & Nowicki, G. P. (1987). Positive affect facilitates creative problem solving. *Journal of Personality and Social Psychology, 21,* 384-388.

Isen, A. M., & Levin, P. F. (1972). The effect of feeling good on helping: Cookies and kindness. *Journal of Personality and Social Psychology, 17,* 107-112.

Ito, T. A., & Cacioppo, J. (2001). The psychophysiology of ultility apprasials. In D. Kahneman, E. Diener, & N. Schwarz (Eds.), *Well-being: The foundations of hedonic psychology* (pp. 470-488). New York: Russell Sage Foundation.

Lyubomirsky, S., Kin, L., & Diener, E. (2005). The benefits of frequent positive affect: Does happiness lead to success? *Psychological Bulletin, 131*, 803-855.

INVITATION TO POSITIVE PSYCHOLOGY

第 3 周

值得信赖的干预方法

主编导读

在接下来的第 3 周，我们将学习一些积极心理干预的方法。

作者介绍了什么样的心理干预是有效的和值得信赖的。简单地说，实证研究（evidence-based research，也叫循证研究）证明有效的干预方法是值得信赖的。此外，作者还进一步介绍了干预方法在什么情况下使用效果最好，比如考虑与个人的匹配度等。

过去几十年，个人成长和心灵自助是一个巨大的产业。不过坊间的很多宣讲和培训都无法回答一些最基本的问题：这些理念的来源是什么（是提出者自己在家拍脑袋想出来的吗）？如何证明这些方法是有效的（是经过实践或实验室研究证明有效的吗）？

心理学中最有说服力的研究方法之一叫随机对比实验（randomized control trial，也叫随机控制实验），简单地说，就是把同样背景的一群人随机分为两组（这群人最好在整体人口中有一定的代表性，比如不能全是男性或女性）。由于是随机分配，这两组人的情况应该基本差不多。一组是实验组，进行心理干预（如做感恩练习）；另外一组是对照组（或叫控制组），在同样的时间内，不做心理干预，或做与实验目的无关的练习（如阅读提升学习方法的文章）。一段时间之后，如果实验组在快乐水平和学习成绩方面比对照组有明显的提升，我们就可以得出结论，这个（感恩）练习能够提升人们的快乐水平和学习成绩。类似这样用科学研究方法得出的结论就叫作有证据支持的结论。

积极心理学诞生的第一天起，塞利格曼教授就希望并要求它是一门科学。因此，由受过良好学术训练的专家讲述的积极心理学，其方法应该都是有科学基础的，是值得信任的。读者朋友们学习任何个人成长和心理学的知识，都需要付出大量宝贵的时间、精力甚至金钱，因此，一定要精选那些有科学性的知识来学习，而不要被一些无用甚至错误的说教和方法所误导。

在介绍了什么是科学有效的积极心理干预后，本周具体介绍了几个经典的积极心理干预练习，这些干预的效果都是得到研究数据支持的，有效性是可以信赖的。此外，从可行性来讲，作者选择的这些积极心理干预都是短小精悍、易于理解和实操的，很适合大家学习和练习，读者朋友们可以立即学起来、用起来。

除此之外，作者还提醒专业工作者要把积极心理学的语言改为适合特定客户（来访者）的语言，比如对企业或军队等比较强调纪律和服从的机构，可不使用“善良”“感恩”等“软性”词汇，最好以“团队合作”“对表现的认可”等更贴近客户认知的词汇代替。这是一个资深心理教练对活学活用积极心理干预方法的经验之谈。

如果您对积极心理干预有兴趣，书系中的另外一本著作《生活质量疗法》详细介绍了上百种积极心理干预方法，好学、有用，也借此一并推荐！

不知你是否听到过这个故事：

一位女士抱着一个婴儿上了一辆巴士，司机对她说："女士，你的孩子是我这辈子见过的最丑的孩子！"女士显然被吓了一跳。她无言以对，慌乱地交了车费，并坐下来。坐在她旁边的男士对她说："我听到了刚才司机说的话，我觉得这太粗鲁了！你应该告诉他你的感受。来，我帮你抱着这只猴子吧……"

尽管这不是世界上最好笑的笑话（但我的孩子们非常喜欢它），它却是一个非常好的例子，体现了创造积极性是一件多么容易的事情。笑话、诙谐的玩笑、卡通漫画、友善的取笑以及电影院和剧院里的喜剧片……我们的世界天然地充满了让人感觉良好的干预措施。如果你还需要进一步的证明，只需要走在街上对他人微笑就可以了。虽然街上的行人并不总是会朝你微笑，但大多数情况下还是会的。想得到更大的情绪回报吗？请试着在收费公路上与那位在你后面排队的人一起聊聊吧！这样，你可以通过极小的代价改善一个人的心情，包括改善你自己的心情。

积极心理学创造了关于积极干预的优秀理论和实践方法，这是在"简单的步骤""幸福的秘密"以及那些关于自助的热情洋溢的演说基础上，由专家们采用科学的方法拓展出来的。不可否认，一些关于自我成长的研讨及自助书籍中提出的建议是合理而有效的，但积极心理学的干预不仅让个人更加幸福，还把如何提高积极性推上了一个新的层次——科学家们能够检测并观察到哪些东西是最有效的、对哪些群体有效以及为什么有效。另外，积极心理学的干预不仅让个人更加幸福，也会让组织和社会更加幸福。虽然我希望上周的内容能够在很大程度上让你相信，个人的幸福对家庭、工作单位及社会至关重要，但如果只关注个人幸福，那就有点目光短浅了。我希望在个人和组织层面的干预措施都会帮助你与学生和来访者（客户）更好地合作，使他们能够更好地学习、工作和疗愈。

什么是积极干预？

詹姆斯·鲍威斯基（James Pawelski）在宾夕法尼亚大学担任应用积极心理学硕士（MAPP）项目的负责人，这是一个极具里程碑意义的专业项目，他负责讲授“积极干预”的课程。在这门课程中，他经常问的一个基本问题是：积极干预是什么？我们是否采取了积极的干预措施来实现理想的结果？如果采取积极的措施来实现理想的结果即是积极干预的话，抗抑郁的疗法也可以被看作一种积极干预；或者，体育锻炼也可以是一种积极干预。事实上，从听一门语言课，到安装一款新软件，乃至鼓励一位朋友振作，几乎每一种有效的活动都可以被归到积极干预的名下。那么，我们可以将积极干预仅仅定义为对某种积极方法的明确使用吗？举个例子，一个教练通过大喊大叫或鼓励赞美来激励他的球员，这两种方法带来的不同结果是有所区分的。在这个例子中，我们可以看到积极干预的一些标志，比如积极、友好、温暖或一致的价值观念。所以，如你所见，积极干预的方法究竟是什么，这个问题的答案不是绝对清晰的，但讨论出一个精准的定义，仍会有所帮助。

鲍威斯基提出，**积极干预的方法是独特的，它们的目标是将作用效果优化到最佳，而不仅仅是有作用**。他用了一个比喻来解释积极干预：想象一个人做手术后，拜访物理康复治疗师，治疗师让来访者通过体育运动达到“恢复正常”的目标，换句话说，他将病人的情况从负数变成零；现在，再想象一个人去健身房找私人教练，教练让客户进行重复性体育运动，但他的目标是让原本健康的身体变得更好，这种情况强调的是从零或较小的正数达到较大的正数。根据鲍威斯基的观点，**积极的干预方法更多地取决于关注点，而不是使用的方法**。积极的干预专注于达到最佳状态，而不是一般意义的有作用而已。

对于如何运用技巧来提高积极性，鲍威斯基提供了另一个有趣的观点。这个观点与“关注问题本身”还是“关注对问题的预防”有关。他再一次运用比喻来解释这一问题：如果你像漫画书里的大英雄一样，奇迹般地获得了超能力。有两种能力供你选择：第一种是解决问题的力量，比如惩恶扬善，减轻病痛，或是将人们从地震中解救出来等；第二种是促进积极的力量，这种力量使你能够让孩子们坚持上学，让家庭保持快乐，让劳动者积极地工作。你会如何选择？请试着花一些时间理解这两种能力的区别。如果你像我一样，你可能会倾向于处理问题，你会想直接消除与问题相关的苦难，并看到立竿见影的效果。作出这种选择没什么可惭愧的，事实证明，问题本身更加直接、更加紧迫、更能吸引我们的注意力，所以我们想要尽快解决它。有趣的是，第二种力量会带来长期的益处，不仅有助于帮助人们具备处理问题的能力，而且能获得繁荣成长，并因此减少问题。鲍威斯基的思想实验表明了两点：**第一，将解决问题和“促进好事增加”一起重视，比仅关注其中一个方面要好；第二，促进积极性是非常有价值的**。幸运的是，积极心理学家们已经开始测试各种增加积极性的技术，并且现在已经“制造”出了一个初步的促进积极状态的工具箱。如果你愿意的话，我们现在就可以拥有一套全新的“超能力”。

> “积极的干预方法，专注于达到最佳状态，而不是仅仅有用而已。”

3.1 思考：生活中的积极性

回想你得到他人帮助的某个时刻。也许是在你陷入困境或是经历挫折的时期；也许是与个人问题相关，比如人际关系的困惑，或是健康方面的问题；也许是与工作单位相关，也许是你觉得自己没有完成重要的目标，或是与某位同事共事有困难；也许它是一件小事，类似某个陌生人为你指路……不管是谁提供了什么样的帮助，它都给你提供了度过艰难时刻的能量。在这里，你可以自由地写下你最初的想法。

现在，看看你的答案，它是否完整？我认为，当时其他机制可能也起到了作用，例如，鼓励、一个全新的看待问题的角度、自信心的提升、让生活继续下去的希望、使用了新的资源、一个提示或建议、一个从事新行为或新活动的工具等。请重新考虑你上述的答案。我们经常会忽视我们得到的帮助有多么的复杂，以及它在多个层面上起了作用。重新思考你的答案后，你有什么需要补充的吗？在你得到的帮助中还有哪些是有用的？请在这里写下你的想法。

现在，再次回忆当时的情况。你或许遇到了一个问题，你得到的帮助或许与解决方法有关。回忆一下他人是如何提供帮助的。这次帮助是如何落实的？你（提供帮助的人）关注的是消除问题还是增加积极因素？你们谈论更多的是关于问题本身，还是关于通过发挥优势、获得成长以解决并预防问题？你的关注点在哪里？帮助你的人的关注点在哪里？你可以自由地写下你的答案。

得到实证支持的干预方法

多年来，企业领袖、人生教练和自助导师们一直试图引导我们寻找自己想要的东西：道德、成功、健康、认知、幸福等。他们会提出各种建议，从“积极思考”到“写下目标”，但是这些目标真的有用吗？当然，他们中的一些人做到了。问题是，这种建议历来都是公式化的，好像这些方法对每个人都一样。此外，有许多建议是没有效果的，它们在很大程度上是流行文化的产物或很少有科学依据（比如，流行的饮食方式）。近年来，积极心理学已经发展成为一门越来越受欢迎的应用学科。作为研究者，我们不再只关心寻找幸福的方法或诊断性格的优势，我们感兴趣的是如何把激动人心的发现应用到日常生活中。诚然，这种向应用发展的趋势兴起不长时间，因此，我们还在继续通过实证检验不同的干预措施。积极心理学这门科学是年轻的，在未来的几年内，我们将会看到更多被开发和测试的新的干预方法。即便如此，对于那些已经得到仔细检验的干预方法的有效性和局限性，我们也有一些很好的想法来验证（见表 3–1）。

表 3–1　积极干预方法一览表

名称	益处	适用人群
方法 1：表达感恩	拉近人际关系，强化感激之情，增加幸福感	同事、管理者、治疗师、来访者、教师、学生、孩子，以及热衷于每天完成一些小任务的人

续表

名称	益处	适用人群
方法 2：积极的回忆	增进理解，增进乐观，提高自我效能感，提高积极性	高管、团队、伴侣来访者、高成就者或有积极自我意识的人
方法 3：品味	增加自信，提高乐趣和积极性	所有人
方法 4：可能的最好的自己	提升信心，增进乐观和幸福感	学生、来访者、员工、高管、了解自身优势的人
方法 5：利他	提高积极性，提升意义感，改善人际关系	所有人
方法 6：运用优势	提升意义感和投入感，增加幸福感	所有人

几年前，马丁·塞利格曼和他的研究小组写了一篇文章，相当于“积极心理学报告卡”。文章中呈现的数据显示：有可靠的工具能够减少抑郁，增加快乐。提醒一下，上周我们讲到了，增加快乐远比仅仅感觉良好更有价值，因为它直接关系到健康、助人、创造力和实现理想的工作成果。令人兴奋的是，在塞利格曼的研究中，这些积极心理学的工具似乎可以产生相当持久的影响：与对照组相比，实验组在干预后的几个月里仍表现出更多的快乐。在这些干预措施中，有一种是“找出和运用个人的优势”。回忆一下，第 1 周时我们谈论到盖洛普的研究，员工喜欢抓住机会“去做那些自己每天做得最好的事情”。事实上，一项覆盖大量国际样本的研究显示：“有机会去学习”和“做最好的自己”是快乐

的强预测因素。塞利格曼的研究强化了这些结论——利用你的优势，并感到自己“处于最佳的自我的状态”能够带来极大的益处，适用范围从改善成绩到提高毅力，再到增强意义感和参与感。虽然下一周我们才会讨论优势（以及优势干预），但你应该注意到，优势干预的效果已经得到了实证的支持。还有其他的一些积极干预方法得到了研究的关注和效果的验证，这在索尼娅·柳博米尔斯基的《幸福有方法》（*The How of Happiness*）一书中有提及。

方法 1：表达感恩

也许最有名、应用最广泛的干预方法就是“表达感恩”。顾名思义，这种技术很简单，只需要你说出感谢的话。在繁忙的现代世界，我们经常忘了告诉他人我们有多么感激。盖洛普的一项研究发现：有 65% 的人报告自己在过去的一年中没有收到工作出色的认可！通常，我们都会记得表扬我们的孩子和表达正式的感谢，例如对收到的礼物回赠以礼物或感谢的话语卡片。但是，如果我们表达感恩的范围仅限于此，我们一定会失去很多宝贵的机会。

每天，我们都有无数次机会可以用一种有力、真诚的方式去称赞我们的配偶、同事以及陌生人。我举一个最近发生在身边的例子。多年来，我雇用了一名出色的翻译员阿维鲁帕（Avirupa）协助我前往印度加尔各答的一个贫民区进行研究。有时候，这些地方很难开展工作，阿维鲁帕的工作就是帮助我获得出入准许，处理出现的各种问题以及——当然啦——翻译。她做得很出色。在我写这些文字的时候，我正在准备去加尔各答做另一项研究，阿维鲁帕做到了她几乎不可能做到的事：获得了访问这个“秘密”贫民窟的通行证（要知道，他们对外来人充满了怀疑）。当我说“非常感谢你这么优秀地完成了工作”时，阿维鲁帕回应道：“你支付了我工资，为什么还要感谢我呢？”（这样的回应态度好像很熟悉吧），我也回答道：“因为我是真心地感激你所做的出色的工作；我并不认为支付给你的钱足以表达我的感激；我不认为你仅仅是为了钱而工作；我感谢你是因为我很看重你。”这样表达感恩的方式既有深远的影响，也有直接的效果：阿维鲁帕告诉我，她比以前任何时候都更有动力去努力工作，因为她自我感觉非常好，我对她的评价让她感觉到自己被重视并让她被认可了个人的价值，激发了她的忠诚度。说实话，我的评价是一件非常小的事，很容易说出口。然而，说出我的感激就像请客或给予额外福利一样，有很大的影响。

表达感恩有很多方法，最直白的就是对你感激的人说一声“谢谢”。但也有很多其他的方法，最有名的一个方法叫作“感恩练习”，这个方法得到了大量科学的验证，也许有人知道，它也被叫作“3 件好事练习”。无论它叫什么，都是要求人们每天写感恩日记，也就是说，每天都要记录 3 件值得自己感激的事情，通常在每天的同一个时间做记录，以便更好地养成习惯。内容可以像“感谢我活在这个世界上”一样宽泛，也可以像“感谢我有一台好用的冰箱”一样具体。有时候，人们会写一篇有趣的日记，或是与爱人一起进行这种练习，无论是哪种具体的方式，这个简单的练习都是很有效果的。参与练习的人们每天都报告“感到更加积极”，在日常生活中更加“清醒”，有时候还会报告与他人的人际关系变得更好了。塞利格曼以及其他人的研究都已经证实了这是一个普遍有效的工具。事实上，我经常在大学的积极心理学课堂上将这项活动布置给学生们。在 100 位参与者中，80% 以上的人很享受这项活动，报告“提高了积极性”，大约 15% 的人在任务结束后很长一段时间里还在继续开展这项活动。在本周内容结束的时候，我将建议你开展一个星期的感恩日记活动，看看它将对你产生怎样的影响。

表达感恩的另外一种方法是写一封信，感谢曾经在某些重要方面对你有过帮助的人。这项活动侧重感恩的不同方面。感谢信突出的是非常重大的贡献，而不是感谢正在进行中的出色表现或日常的帮助。感谢信通常是写给父母、教练、导师、老师或其他对你的人生发展有深远影响的人。他们喜欢收到这样的信件，写这样的信也让你自己感觉很棒，这种方式经常会重新唤起过去的情谊。有趣的是，写感谢信可以给你带来强烈的情绪体验，即使你并不打算把信寄出去！

有一种相关的方式叫作“感恩拜访”，相当于当面寄出感谢信。但是要亲自拜访，把感激之情表现出来，并当面告知被感谢者对你的意义，这种做法可能会令人望而却步。前段时间，我参加了一个加拿大的电视节目，邀请了 4 名嘉宾开展感恩拜访的活动。最初，他们所有人对任务很不屑，会说“我一直都很感谢我生命中的人们”这样的话。但是，当嘉宾真正坐在要感激的人的面前时，却发现这是一个令人害羞又不知所措的过程。和电视节目嘉宾一样，许多人都会发现，情感上的亲密会引发某种焦虑。但是，经历这样的小困难之后，人们的感受往往是相同的："终于把内心深藏的情感都表达出来的时候，我感觉很好，它使我和某人的关系更贴近了，这感觉太棒了！"研究表明，任何一种感恩活动的影响都能持续数月。像《幸福的方法》(*Happier*) 的作者泰勒·本-沙哈尔一样，一些人多年来每天都坚持这种表达感恩的活动，他们表示，多年后在心理上仍然能持续获得益处。

这项看似简单的活动如此有效的原因有很多。其中一个原因是人类有适应新环境的非凡能力，这也解释了我们能够结婚、搬到一座新城市居住或是换工作后——我们往往能够很好地适应。我们这种与生俱来的适应能力允许重要的情境和体验退到心理背景之中，从而释放心理资源，接受新鲜和新奇的刺激。不幸的是，这种适应能力也有隐含的消极面——我们很快会失去新鲜事物带来的兴奋感。比如，新房子、配偶或工作带来的兴奋感会降回到正常的水平，我们会对新鲜的事物习以为常。感恩练习可以作为这一过程的心理良药，让我们持续意识到周围的美好事物。通过尽力让我们的注意力集中在积极的事物上，我们可以避免日常工作的沉闷无聊。表达感恩，可以被视为一种"正念"。这项活动有效的另一个原因可能是它可以产生**溢出效应**(**spill over effects**)。例如，通过意识到每天值得自己感激的 3 件小事，我们便会为关注更多的积极事物做好准备，注意到工作、家庭或人际关系中令人开心的事，也能使我们对这些事物更加敏感。

3.2 思考：在工作中感恩

向伴侣或者你欣赏的学生表达感激之情是一件不错的事，但这适用于工作场合吗？花一点时间思考：在工作中，你会如何使用各种感恩练习？管理者如何切实地、有策略地用感恩来增进与员工的关系以及激励员工？如何把感恩应用于自己的商业模式中？如果你是一名治疗师、教练或者顾问，你会在什么时候对你的来访者（客户）使用感恩练习？效果如何？你可以自由地写下你的答案。

虽然感恩是一个强有力的工具，但它不一定适合每一个人，尤其是在一些以传统方式管理的企业中。无论你是一位高管、人力资源师、教师，还是治疗师，在工作场合使用感恩练习时，要考虑能够预见的潜在问题。你将如何克服这些障碍，因事制宜地设计感恩练习，让它产生作用？你可以自由地写下你的答案。

方法 2 & 3：积极的回忆、品味

另一个得到实证支持的干预方法是“积极的回忆”。在这个练习中，练习者需要花时间回想过去的一次积极事件：可以是一次带来愉快记忆的经历，比如婚礼；也可以是感到自豪的时刻，比如工作中获得奖励。芝加哥大学的研究员弗雷德·布赖恩特（Fred Bryant）建议，这项活动也可以借助实体的纪念品来开展，比如奖杯、大学学位证、打印的电子邮件（聊天记录）、照片等。布赖恩特在他的研究中指出，花几分钟时间沉浸在过去的成就或过往的美好时光中，可以提高人的积极性。事实上，这项技术已经被应用在高管和学生中，用以建立自信。这项活动方法的优势之一是其显而易见的魅力，有些人可能认为写感恩信比较别扭，但大多数人发现，记住自己已有的闪光时刻很有吸引力。积极回忆的一种有趣的方式是建立“积极档案”，在这个练习中，人们要收集实物来证明以前的成就，如果你愿意的话，可以建立一份积极档案。积极档案可以包含来自学生的感谢信、感人的周年纪念卡、大学文凭的副本、录取通知书或者其他个人成就的记录。这些档案可以用来在演讲或面试之前提升信心，或在你需要的时候单纯地用来提高积极性。

积极回忆的核心是一种叫作“品味”（savoaring）的心理行为。布赖恩特认为，品味就是及时体验积极的时刻并在精神层面实现延伸，使它持续的时间更长。有些人通过一种想象性的“即时重演”很自然地进行积极回忆。例如，想象一下，你正在与一位客户讨论问题，你说的内容

正好对解决问题很有帮助——它是诙谐的、中肯的，并且可以直接解决问题。这一天剩下的时间里，你有可能会在你的脑海中回放当时的场景，在心里告诉自己做得很好。品味的好处在于，它是在自己的内心进行的，因此，我们不必太担心违反谦虚的社会习俗。积极的回忆和品味不同于吹嘘，我们能欣赏自己美好的时刻，不需要夸大或者展示成就使我们比任何人都出色。根据布赖恩特的研究，许多人天生就会品味，而品味的技能也可以学习。比如，给一次成功事件发生当场拍一张照片，列出当时的细节，例如谁在现场，你的感受是什么样的，等等。通过关注细节，我们可以更容易地为以后的“品味”带来具体的想象。

方法 4：最好的自己

另一个通往积极性的有效途径是“做最好的自己”的练习。本质上，这项活动是将“想象自己处于最佳状态”与“自由书写的畅快感受”结合起来。研究表明，当人们以一种表达的形式记录生活事件时，往往会感觉更好。将恐惧和烦恼写在纸上对大多数人而言有治疗的作用。研究者劳拉·金依此推断并拓展出一种特别积极的方法，检验了在纸上写出“最好的自己”的效果。这个练习鼓励人们写出自己的潜能，但需要注意的是，如果处理不当，这个工具可能会适得其反——有些人常常将现实的自我和理想的自我进行对比，并感到失望。想象出一个更好的自己是容易的，但不幸的是，理想和现实之间存在着巨大的差距，这可能会让人对当下的自己感觉很差。通常，如果在练习时管理不当，就会出现这种负面影响。不过，这很容易纠正过来。为了解决这个问题，劳拉·金鼓励人们描述一个“可能的最好的自己”。

这个活动的典型指令可以是:“想象一下未来的你，想象一切都如你所愿地发生了，你已经完成了大部分对你来说很重要的事情。请描述一下这种生活。”这样做会使人们挖掘自己的价值，并明确自己的愿望。参与者不断被提问、不断书写，这可以让想法和灵感涌现出来。做这个练习时不需要刻意去注意语法和标点符号，这样可以帮助人们流畅地写完，减少自我审查和批评，并且不必过度担心所写的愿景是否切合实际。通常，“可能的最好的自己”（Best Possible Self，BPS）这个练习会激发灵感和动力，从而实现潜能。“可能的最好的自己”这个练习可能尤其适合进入新工作、着手新项目或者面对难题的人们。

“不断被提问、不断书写，可以让想法和灵感涌现出来。”

3.3 活动："可能的最好的自己"练习

请尝试"可能的最好的自己"练习。设置 10 分钟，建议你使用计时器或秒表帮助自己做这个练习。花一点时间思考你未来的生活，想象你已经得到了生活中你想要的大多数东西，并以你喜欢的方式去生活。请花时间描述一下，这种生活是什么样的？不要担心语法和标点符号，尽量把你的想法和感受用富有表现力的方式记录下来。你可能需要一张或几张纸来做这个练习。现在请开始这个练习。

完成后，看这里：既然你已经完成了练习，花一点时间思考你的感受。这个练习的效果如何？它在多大程度上影响你的情绪，而不是影响你对自己或自己的生活的看法？你有没有感受到鼓舞或激励？你是否想要作出改变？这个活动对你有什么影响？你可以自由地写下你的答案。

方法 5：善行清单

通过研究，虽然还有很多积极心理学的干预方法已经被证实是有效的，但是在这里，我只想再讨论其中之一：善行清单。人类拥有一种能够找到人生意义的杰出能力，绝大多数的人都有明确的个人价值观念。因为我们是灵长类动物、社会性动物，许多价值观念的形成与助人有关，而不是害人。因此，不必惊讶，利他主义作为一种促进福祉、提升积极性的活动，出现在了我们的研究文献中。为家庭成员、朋友，甚至陌生人做好事的感觉很好；有机会帮助另一个人——哪怕非常简单，比如只是指个路，也能帮助我们联想到人生的目标感并体会到道德使命感。对我而言，回想自己的生活，很容易举出一些帮助别人的事例，比如下飞机时帮助一位女士捡起掉落的钱包，率先到达车祸现场参与救援，在街上帮助一位癫痫发作的男子，指导一名后来被一所著名研究生院录取的学生，资助一个贫困的孩子……这样的例子数不胜数。这并不是说，我认为自己比其他人更好，或者更有能力去帮助他人。只不过，回忆起这些例子时，它们仍然会让我感觉良好，它们通过某种微妙的方式，让我拥有一种“生活在一个有意义的世界，并且想让世界变得更美好”的微妙感觉。毫无疑问，你也有你自己的善行清单。

3.4 思考：你的助人史

如果你的父母和我的父母一样，那么他们可能会教育你要友善待人。虽然你可能没有意识到，你的生活是由一系列为他人所做的善举组成的。从你第一次与其他孩子分享玩具到你为陌生人挡一下门，你的生活充满着各种大大小小的善行。花一点时间，思考一下你做过的好事。不要担心，没有人在评判你，没有人会觉得你在吹牛。允许自己表扬一下自己。花一点时间写下那些真正突出、真正让你感觉特别好的善行的例子。（如果需要的话，你可以用更多的纸来书写！）

有趣的是，一项关注善行清单的研究产生了一点反直觉的效果。在这项研究中，研究者要求第一个实验组的成员在一天当中完成 5 个小小的善行，其他实验组的成员则在一周之内完成相同数量（5 个）的善行。虽然从事这些助人行为对不同组的人都可以获得心理上的满足，但那些把善行集中在一天之内完成的人得到了更大的收获。你可能会认为，每天一点小小的善行所传播的利他主义会产生更大的鼓励作用，但是事实证明，善意越集中效果越好。值得注意的是，研究人员并没有测试如果每天都做 5 个善行会发生什么积极的效果。显然，每日行善会对接受心理治疗的患者、学生以及职场人士都产生显著的影响。伸出援手是一件很容易的事情，并且有很大的情感回报。

广泛的干预措施

到目前为止，我们一直在讨论对特定工具的相应研究支持，它们在积极心理学中就好比是锤子、螺丝刀和钻头，我非常希望这些工具能够被证实在个人生活和工作中是有用的。然而，尽管这些干预方法受到了积极心理学科学实证的认可，但它们主要运用的是单一个体以及非常狭隘的“家庭型”任务目标。许多人（尤其是在组织环境中工作的人）会对更广泛的干预或是多种工具的结合更感兴趣。无论你是咨询师还是教师，你都可能会关心如何在更广泛的层面培养积极性。在某种程度上，社区心理学家感兴趣的干预类型是在筹划区域整改、发起反对乱丢垃圾活动或减少吸烟活动的时候，如何提高邻里的参与度。来自社区心理学的重要经验表明，与组织改革相关的**生产型目标**和**满足型目标**是有区别的。

生产型目标与组织的使命有关，例如推销商品、生产圆珠笔或策划新颖的新媒体广告宣传。生产型目标是组织目标的重头戏，因为它与商业成就联系最密切，也是底线。当我们想要改变一个组织时，关注最多的就是生产型目标。经理和高管都会考虑如何用不同的方式使用资源，从而提高生产率（无论这一概念被如何定义）。

另外，**满足型目标**是与员工个体的主观幸福感相关的。这个目标有点像监测身体内部的健康，个体要确保所有独立的器官正常地运转和合作。一个组织的生产率上涨 1/4 时，员工的满意度却有可能下降。

试想一下社会服务机构的例子，他们把追踪成果看作重中之重的目标，一部分原因是政府的资金投入依赖于可见的积极结果。想象一下，当他们把员工从客户服务机构中抽调出来，去汇报各种社会福利项目的效果以完成“生产型目标”时，尽管这个过程有利于追踪项目进展和总结成功案例，却存在降低工作者自身满意度的风险。为何如此呢？许多人出于与他人互动以及帮助他人的愿望才从事社会服务工作，如果让这些人远离他们所服务的公众，远离他们赋予重要意义的工作环境，很可能导致短期的不满和长期的生产率下降，以及旷工率和离职率的上升。因此，最有效的改变策略就是同时关注生产型目标和满足型目标的实现。

当然，对于最理想的积极组织的革新问题，并没有一个准确的答案，因为每个组织都由不同的员工组成，它们有不同的目标和市场环境。没有一个积极公式能够适用于所有企业，也就是说，培育积极文化有许多强有力的备选方案。首先，重要的是要牢记领导者在设定组织改革路线以及作为新文化典范方面的作用。如果你是一名教练、咨询师或管理者，你处在一个独特的位置：可以通过建立积极的模型，为团队量身定制积极的干预措施，以及创建积极的组织结构来开展活动。例如，应用积极心理学研究中心（CAPP）创造了一个促使员工实现最佳状态的活动：积极的 360 人。360 名工作人员聚集在一起，相互提供积极的面对面反馈，他们告诉同事感激彼此之处，看到同事在工作中表现出的优点，列出同事的成就，讨论希望同事改变之处。效果是非常显著的：员工感受到了价值感、被赞美的感觉以及参与感，从而更加愿意改变无法带来明显收益的行为。

当然，这种方法必须适合身处的工作环境，并且不是说不需提出建设性的批评，而要保证给出积极的反馈。除了领导力和建模，对他人自主性的支持对积极的动机也至关重要。简而言之，那些支持自主的经理给技术人员提供了如何达成目标的自我决定空间。董事会成员、股东和高管可能会决定“需要做什么”“应该什么时候完成”，但大多数人在能够自己掌控“如何去做”的时候才有动力。

避免“一刀切”

积极心理学的神奇之处在于它能够迅速产生结果并验证干预措施有

效。虽然有些人声称有效的积极干预措施有数百种，但其中只有一部分经过严格测试，并已经初步证实了它们的功效。拥有得到实证支持的工具是一件好事，积极的关注有着巨大的力量，这些观点虽然让人耳目一新，但不要以过于公式化的方式应用。有一句老话值得我们记住："如果你唯一的工具是一把锤子，那么一切看上去都像是钉子。"

值得注意的是，许多从业者仅仅因为"研究表明感恩练习是有效的"，便不论是否合适，给每一位来访者都盲目地推荐感恩练习。感恩练习的效果是被宣传得最为广泛的，或许正是这个原因，这项练习也是被教练、咨询师和治疗师使用得最为广泛的。但是，我们不仅要知道哪些积极干预的措施是有效的，还要知道针对特定的群体应该如何有针对性地选择干预方法。

乔丹·西尔贝曼（Jordan Silberman）进行了一项初探性研究，他指导一个实验组的参与者自己选择适合自己的积极干预措施，而另一组则直接（按相同比例）被分配去做同样的干预措施。好消息是，西尔贝曼发现，平均而言，积极的干预在跨群体、跨干预方法的研究中，都可以增加快乐、减少抑郁，这与先前的研究结果相同。然而，有趣的是，干预措施是自由选择的还是被动分配的，干预效果并没有差异。这意味着，我们还要更多地了解如何最好地确定和实施积极干预的措施。也许试错法是我们能采用的最好的方法，也许让来访者自己进行选择会更好，也许教练和其他有积极心理学专业背景的人作出干预的建议是最好的。积极心理干预在生活中不是一个放之四海而皆准的方法，知道某一种干预方法得到了研究的支持，并不等同于知道它最适用于哪些人、适用于什么时候以及为什么适用。

因此，正如积极心理学家索尼娅·柳博米尔斯基的研究表明的，**“匹配”的概念对于干预的成功与否是非常重要的**。柳博米尔斯基并不是指责对来访者或学生采用千篇一律的干预，她建议应该谨慎地考虑什么时候可以最优地使用它们。她与同事的研究表明，有时，使用或不使用积极心理学的干预方法会受很多因素的影响，其中包括动机、个体与活动的契合度、持续的练习和努力。柳博米尔斯基发现，标准的积极心理干预只能对一部分人有更好的效果。如果要让一个人真正受益，那么在干预中，必须有**内在动机的参与、投入努力**以及**坚持到底**，直到成功。也许更重要的是，人们应将干预视为与他们的价值观念相符、与他们的身份紧密相关的事。因此，无论是指导、咨询还是教学，你实施积极心理干预中的一个重要工作，就是帮助你的工作对象找到这些干预措施和他们看重的结果之间的联系。此外，还需要把积极心理学中有时比较“自助式”的术语翻译成你的来访者或学生能够明白和运用的语言，这一步很有用。像“幸福”“感恩”“善良”这样的词语，对许多人（如企业高管）来说似乎太“软性”了。花时间思考一下，如何用来访者（客户）的语言去定义这些重要的概念。例如，“善良”很容易转变为“团队合作”，“感恩”可以替换为“对表现的认可”。你可以针对特定领域的工作来调整干预方法，这样它们可能会更加有益和有效。

3.5 活动

尝试将积极心理学的一些“软术语”翻译成你的工作对象容易理解的语言。为下面的每个概念想出适用于工作场合的同义词。

积极心理学概念	适用于工作场合的同义词
1. 幸福	
2. 善良	
3. 优势	
4. 感恩	
5. 希望	

第 3 周要点回顾

1. 有大量得到实证检验的干预措施可以提高积极性、减少抑郁，而且有可能提高创造力和生产效率。

2. 开展这些练习的方式多种多样。例如，我们可以通过各种途径（坚持写感恩日记、进行感恩拜访）应用“促进感恩”的技术。你可以创造性地使用积极的干预措施。

3. 积极心理学不是万能的。要注意调整干预措施，使它适用于工作对象。

参考文献

Bryant, F. B., Smart, C. M., & King, S. P. (2005). Using the past to enhance the present: Boosting happiness through positive reminiscence. *Journal of Happiness Studies*, *6*, 227-260.

Bryant, F. B. & Veroff, J. (2007). *Savoring: A new model for positive experience*. Mahwah, NJ: Erlbaum.

Clifton, D. & Harter, J. K. (2003). Investing in strengths. In K. S., Cameron, J. K. Dutton, & R. E. Quinn, (Eds), *Positive organizationl scholarship: Foundations of a new discipline* (pp.111-121). San Francisco, CA: Berrett-Koehler Publishers.

Emmons, R. A. (2007). *Thanks! How the new science of gratitude can make you happier*. New York: Houghton-Mifflin.

King, L. A. (2001). The health benefits of writing about life goals. *Personality and Social Psychology Bulletin*, *27*, 798-807.

Lyubomirsky, S., Sousa, L., & Dickerhoof, R. (2006). The costs and benefits of writing, talking, and thinking about life's triumphs and defeats. *Journal of Personality and Social Psychology*, *90*, 692-708.

Otake, K., Satoshi, S., Junko, T., Kanako, O., & Fredrickson, B. (2006). Happy people become happier through kindness: A counting kindnesses intervention. *Journal of Happiness Studies*, *3*, 61-375.

Pennebaker, J. W. (1997). *Opening up: The healing power of expressing emotion.* New York: Guilford Press.

Rath, T., & Clifton, D. (2004). *How full is your bucket? Positive strategies for work and life*. New York: Gallup Press.

Seligman, M. E. P, Steen, T, Park, N, & Peterson, C. (2005). Positive psychology progress: Empirical validation of interventions. *American Psychologist*, *60*, 410-421.

Silberman, J.(2007). Positive intervention self-selection: Developing models of what works for whom. *International Coaching Psychology Review*, *2*, 70-77.

INVITATION TO POSITIVE PSYCHOLOGY

第 4 周

关注优势

主编导读

在第 4 周里，我们将了解什么是品格优势，并学习评估个人优势的方法以及如何在生活中运用这些优势。

在讨论品格优势时，作者介绍了很多心理学的历史，特别是人类对优势和品格进行研究的历史。这种做法并非为本周所独有，前面的几周在讨论积极情绪的时候，也从进化的角度介绍了很多人类情绪的意义。这种做法不仅能让我们在更大的背景中了解当下所讨论的话题，对于我们完善心理学的整体知识库和增加我们对人性的理解也非常有益。这也是本书的特点和优势之一。

那么，我们为什么需要重视优势呢？原因有很多，在这里讨论其中三点：一是要克服人类负面偏好对我们幸福感的影响；二是要避免因过于担心缺点而将主要精力都集中在克服不足上；三是纠正心理学过去压倒性地研究负面问题的现象。

第一，负面偏好（negativity bias），是指人类倾向于关注、体验和处理消极信息而非积极信息，消极事件比积极事件和中性事件更能引起我们快速和强烈的反应。不知你或你周围的人是否有过类似的情况：即使在一天内经历了无数件好事，我们仍会为唯一的一件坏事而耿耿于怀；即便收到的绝大多数反馈都是肯定的，我们也会一直介意自己没做好的一件小事，担心给人留下不好的印象，并对负面评论久久无法释怀；虽然你的孩子大部分的表现都是很好的，但你熟视无睹、毫无反应，而当他开始调皮捣蛋时，你立即就作出反应，而且是强烈的反应。

我们为何会如此关注负面信息？学者们认为，负面偏好是一种适应性机制。远古时期，人类的祖先面临着诸如捕食者等直接威胁，关注这些负面刺激对生存起到了至关重要的作用。在个体的早期发展中也是如此。由于人类婴儿没有丰富的生活经验可以借鉴，他们越早知道应该避免人类恐惧（如火）或厌恶（如蛇）的事物，他们生存的机会就越大。

由此可见，关注负面信息能帮助人类避免潜在的有害事物，对我们的生存是有积极意义的。不过，随着社会的发展以及我们个人的成长，人类不再随时面临生存的威胁，但我们却依然有一个关注和重视负面事物的大脑，这种根深蒂固的倾向会对我们的幸福感产生不利的影响。因此，我们需要格外关注和重视生活中的那些美好的事物，关注人的优点、长处和美德。

第二，我们总是担心问题和缺点会影响我们进步，甚至导致失败。这种担忧是有一定道理的。根据短板理论，就像水会从最短的木板流出来一样，我们需要对明显的弱点、缺陷和问题进行管理。但是，我们不应把主要的甚至所有的精力都用来改正缺点，因为改正了缺点不等于自动拥有了优点。少有哪个企业愿意录用一个没有突出弱点也没有突出优势的人；一个没有明显缺点也没有多少长处的人，在婚恋选择中也是缺乏吸引力的。因此，我们把不足控制在不至于产生损害的程度即可，主要的精力应用来发挥我们的优势和长处。

第三，在第二次世界大战后的几十年，心理学主要的关注点都集中在研究问题、缺陷和损伤，其中一个重要的成果就是制定了对心理障碍和疾病的分类和诊断标准——《精神障碍诊断与统计手册》（*DSM*）。从此，全世界的心理工作者对于如何诊断心理问题有了清晰的标准，也有了共同的语言。但是，对于心理健康、长处和优势这些主题，却没有这样的分类标准和统一的语言。有鉴于此，积极心理学的两位大师克里斯托弗·彼得森与马丁·塞利格曼带领众多学者进行了研究，创立了品格优势和美德(Character Strengths and Virtues, VIA)系统，这一系统成为积极心理学的重要理论和方法。关于品格优势与美德的具体内容，本书详细地进行了介绍，在此不再赘言。

当你阅读本周的内容时，我还希望你知道，品格优势与美德的主要研究者彼得森教授不仅是一位卓越的积极心理学家，也是一位优秀的作家和教育家。彼得森是密歇根大学的心理学教授，名列近20年全球被引用次数最多的100位心理学家之一，还曾获金苹果奖——密歇根大学最负盛名的教学奖。彼得森教授也是积极心理学的创始人之一，是当代优势研究的开拓者。我有幸多次聆听彼得森教授的讲座。每当他站在讲台上，听众们都会被他的学识深深地折服，而他的机智幽默也总是能带来阵阵笑声。2012年，62岁的彼得森教授突然因病去世时，整个积极心理学界都深感悲痛和损失。

接下来，就让我们通过作者的介绍，一起来学习彼得森教授等学者在优势领域的卓越思考与研究。

请回想你小的时候，许多人都有这样一段童年经历——无论我们接受的是哪种类型的教育，大多数人都上过一些必修的体育课，在这些体育课上，老师经常会把班级分成两组，组成两支队伍交锋。无论是乒乓球、足球、篮球，还是跑步或拔河，划分队伍的过程通常是相同的：先推选或者指定两支队伍的队长，然后由队长轮流挑选队员。最优秀或者最健壮的孩子总是最先被选中，而那些天赋欠佳的“不幸的”孩子总是最后被挑选。挑选过程的前半段大家关注的是赢得最强壮的队员，后半段往往更关注谨慎选用那些处于弱势的队员，将他们可能给球队造成的拖累降到最小。信息很明确：我们想要的是实力型队伍，因为这样更有可能获胜；同时也传达了另一个信息：我们要依靠优势，然后，在比赛中管理好弱势。

当然，这种运动方式并不总能做到对班里所有的孩子都友好或公平，但这是一种清晰、明确的策略。有趣的是，这也是一种完全基于优势、充分利用强大团队潜力的策略。当然，成年后，我们做着相同的事情：我们尽量雇佣最有才能的职员，与最好的伴侣结婚，买最好养的宠物以及与最可靠的朋友出去玩。从某种程度上来说，我们所有人都有过以某种形式关注优势的经历。

4.1 思考

在我们深入探究这个主题之前（我的讲述尚未影响你的思考），先花一点时间思考你对“优势”的理解。想一想，你会如何定义优势，字典里又是如何定义它的？在你的思维中，优势、技能、天赋、道德和价值观念之间有没有重大的区别？这些概念之间有没有联系？这些词语可以互相替换使用吗？你可以在这里自由地写出你的答案。

回顾童年时的比赛，我们会意识到，最终的焦点并不在于队员的选择，而在于比赛的过程。因此，真正的问题是：挑选队员之后发生了什么？在实际的比赛中发生了什么？或者把这个比喻扩大来讲，在人生的赛场上发生了什么？投入优势、管理弱势这样的挑选方法对于比赛的整体成功有多重要？那些挑选了最有天赋的人才的运动队、企业或大学，一般都取得最大成功了吗？对这些问题，直觉与传闻中的证据以及我们后面将会谈到的研究结果，似乎都把答案指向了“是”。关注优势的方法也许听起来就像常识一样，但大部分人通常在从小学到成年的某个阶段把它忽略了（或许是因为那些不愉快的体育课经历？）当我们需要解决问题时，最初对优势的关注似乎消失了。

在工作中，很多管理者将大部分时间用于弥补团队中的弱点，或者改变某个“问题员工”的不良行为；在学校里，老师往往会留意那些“班级小丑”，或者花过多的时间去管理少数调皮捣蛋的孩子的行为。是的，我们都具有找出问题的技能。甚至在个人生活中，大多数人都会为意识到自己或伴侣的失败或缺点而感到失望。对于成年人来说，信息（想法）有时是颠倒的：我们不需要关注自己的优势，因为它们没有出什么乱子；相反，我们需要努力克服自己的问题（记住前文提到过的波特兰州立大学的那名学生！）。

应用积极心理学中心（CAPP）主任亚历克斯·林利（Alex Linley）把这种现象称作“**平庸的诅咒**”。亚历克斯说，大多数人都具有在各个方面都表现出色的强烈欲望，但因为这个目标是不切实际的，所以我们经常会为自己的不足而感到痛苦，并付出大量的资源和努力，试图去克服这些“弱点”。但是，这个观点有些缺乏远见，如果我们忽视自己最突出的品质，便削弱了自己的潜能。培养一切良好的品质是很有价值的，但聚焦于弱点和问题与优势取向观点背道而驰。毕竟，即使我们的汽车运行正常，我们仍然会定期做维护；即使我们没有生病或受伤，我们仍然会去医院做体检；许多人为了保持健康（而不是为了减少不适），还会去健身房做运动。换句话说，我们不能等到问题出现才给予关注。

积极心理学这门科学作出的最伟大的贡献之一就在于关注“优势”这个话题，它在你的专业工作和个人生活中起着巨大的作用。目前，大量的研究文献表明，找到和利用我们最大的优势，比试图弥补缺点带来的结果更好。这看起来似乎与直觉相悖，一些人也很难接受这样的观点。比如，在组织中，许多管理者都中了“必须悉心管理最差的员工”这种方法的圈套。虽然这么做在逻辑上解释得通，但在实际工作中，往往导致领导者在少数较差的员工身上花费大量的时间，而那些真正优秀的人才却得不到重视、训练、指导和管理。

盖洛普的一项调查表明，关注顶尖的员工和个体优势能够让个体、团队和组织处于有利的竞争位置。你可能还记得，对最优秀的管理者的研究表明，他们在作人事决策的时候强调的是优势，而不是资历，他们倾向于将任务与员工的才能匹配起来，并且会花更多的时间与最优秀的员工相处。同样，对来自许多行业的大量员工的研究表明，那些“有机会每天做自己胜任的事情”的员工的离职率更低、客户忠实度更高，且生产率更高。这种处于最佳状态的机会可以给人带来有效率、有价值、有意义和高产能的感受。总之，那些有机会运用自己优势的员工（学生和来访者）会更有参与感。事实上，亚历克斯·林利相信，这样的参与感是优势本身固有的。他认为，在优势最重要的本质特征中，最重要的一点就是使人充满干劲。希望这能引起你的共鸣：当你发挥自己最大优势的时候，或许体验过“兴高采烈”或兴奋的感觉。

当然，我们在这里也强调对劣势的关注。对于“一个人把注意力完全放在优势而忽略劣势”这个观点，有些人会感到别扭。这确实有道理，但我并不提倡忽视自己的缺点和失败生活的态度。熟知自己最大的劣势，并偶尔试着去克服或弥补是很重要的。积极心理学的研究表明，留意、培养和运用优势可以带来极大的好处。人们很容易陷入误区，浪费大量的资源去克服天生的劣势，尽管这些资源可能更适合用来打磨自己的优势。亚历克斯·林利建议人们注重培养自己的优势，但也承认有时候应当去注意自己的劣势。因此，我并不提倡盲目乐观的做法，并不认为你应该总是处于最好的状态，或者你应该永远快乐，或者你应该只关注那些自己最擅长的活动。盖洛普前 CEO 唐·克里夫顿重申了这个观点，他向人们提出忠告：要谨慎地管理劣势，使它们不会对成功造成阻碍，但也要培养优势，争取最大可能的成功。

密歇根大学积极心理学家彼得森通过盖洛普的调查和积极心理学的研究，进行了一项重要的区分：根据盖洛普的调查，他区分了参与型员工和非参与型员工。非参与型员工更能赶走客户、请病假更多以及离职率更高，从而给公司造成了巨大的经济损失。彼得森认为，这种现象代表了“闲散员工的现状”（disengaged worker fact）；与之相反，还有一种“快乐工作假说”（happy worker hypothesis），这种理论反映的事实是：参与型员工的表现更为出色。毋庸置疑，最好的员工和最差的员工的差别可以归因于天赋，但表扬、鼓励和施展优势的机会起到的作用不可忽视。

什么是优势？如何识别优势？

关于优势的科学有许多先例。亚里士多德和其他古希腊思想家把许多重要的个人美德进行了分类。宗教同样认可某些品质，比如奉献、勤奋和坚忍。近些年来，社会工作、商业管理和教育领域都在重视关注优势带来的益处。关于优势的心理学研究或许开始于 20 世纪 30 年代，由哈佛大学研究员高尔顿·奥尔波特（Gordon Allport）发起。奥尔波特对界定和研究那些通常被我们视为“人格”的重要特质——比如友好和热情——产生了兴趣。他相信，个体具有明确、独特的具体特质，而且在很大程度上是与生俱来的。奥尔波特认为，那些人格中首要的倾向在一定程度上对我们的决策和行为起到指向作用。奥尔波特给我们留下的知识财富可能会影响你对其他人的看法。你可能认为你所认识的人具有相对不变的性格，比如活泼外向、急性子，或是慷慨大方；你可能认为这些特质会始终如一，比如一位在公婆上门时考虑周到的女士，在找到一份新工作的时候很有可能也会考虑周到。奥尔波特在他对人格理论的探索中提出，对特质的研究要具有强大的实证基础，从而有助于将研究的过程与哲学、宗教和道德区分开。不幸的是，奥尔波特对人格特质和美德的研究被第二次世界大战后退伍老兵的心理疾病这一更为紧迫的课题所取代了。直到近年，心理学家才将关注点转向对优势的分类和认识。

其中一位研究者是英国心理学家雷蒙德·卡特尔（Raymond Cattell）。20 世纪中期，他在伊利诺伊大学开展了关于人格的研究。卡特尔推动了对人格的研究，切入了对优势的探讨。他用统计的方法将奥尔波特确立的较为复杂的 4 000 种特质缩减为 16 种共有因素。这 16 种共有因素包括 8 对人格类别，例如，“开朗的—内向的”“乐观的—忧郁的”“谨慎的—冲动的”。现在，一些人对卡特尔的模型提出了中肯的批评——也许你并不认同“谦虚的”与“自负的”或者“胆小的”与“冒险的”是相对的因素。但是，尽管有统计或理论的缺陷，卡特尔的模型仍然很有意义，因为它考虑到了“优势”，并开创了对人类优秀特质的正式分类。他的模型说明每个人都具有优势，有些人的优势可能是谨慎小心，另一些人的优势则可能是情绪稳定。卡特尔的工作非常重要，因为它代表了一种新的、极为科学的对人的特质进行分类的方法，既考虑到了劣势，也考虑到了优势。

20 世纪七八十年代，后来成为盖洛普领导人的心理学家唐·克里夫顿对优势产生了兴趣。克里夫顿是一位真正的积极心理学先锋，他是最早提出“人们身上有哪些优点？”的现代心理学家之一。在执掌国际企业之时，克里夫顿发现了一件具有巨大前景的事情：向那些处于最佳状态的人学习！他认为那些在工作中表现最出色的员工身上有许多值得我们学习的地方，并开始从那些优秀的管理者身上收集数据。克里夫顿和他的同事进而相信，每个人都具有与生俱来的天赋，天赋是真实的、强大的，人们对天赋充满热情。盖洛普对一流员工天赋的研究直接产生了第一个被广泛使用的优势分类方法，那就是克利夫顿优势识别器（Clifton Strengths Finder)。这个优势识别器是盖洛普专门用来发掘员工天赋的工具。其中包括“超越他人”“成功者”“同理心”等能力。如果你曾经做过这个评估，你就会亲身体验到、接收到关于你最优秀品质的积极反馈是一件多么有意义的事情。盖洛普的客户在大量招聘、组建团队和其他人力资源的工作中都使用了这个优势识别器。这是一个分配员工和组建团队的好方法，它可以使个体或团队发挥最佳表现。虽然这一优势识别器在组织中得到了广泛的运用，但它也有一些局限，这也正是我们关心的。首先，这是一个获得专利的测量工具，因此你必须付费才能使用，而且无法完全获取此前通过这个工具所收集到的所有数据，这也意味着我们不会详细地探讨这个工具。此外，这个优势识别器特别适用于与成就相关的领域，例如工作和教育，而不是很适合用于人际关系或其他领域。

关于优势，如果你还想得到一个简明的定义，可以看看亚历克斯·林利作出的不错的诠释：

> 优势是一种预先存在的能力，可以让人实现一种特定的行为、思考和感知方式，这种方式对个体来说是真实的、充满能量的。优势使人有可能达到最佳的功能、发展和表现。

我发现，这种看待优势的特定方式总是很有用。首先，我很认同优势是一种“能力”。这意味着，优势是一种积极的潜能，就像在内心燃烧的一团火焰，等待着在合适的时候发挥作用。对“真实”的强调也指出了优势的本质，因为它提倡：一定程度的自我认识是必要的。许多人可能希望拥有多种类别的优势，他们或许希望自己是一个勇敢的、慷慨的，或是有教养的人。我一直希望自己成为一个夜猫子而非早起的人，或者希望自己喜欢阳光沙滩不亚于喜欢雪山。然而，事实是，不知是先天还是后天的原因，我总是在清晨的状态最好，我对高温的抱怨远远超过对严寒的抱怨，这就是我的真实特质。类似地，认识到自己是否（根据情况而定）是一个宽容或者具有创造力的人，可以避免你徒劳努力追求你天生不具备的优势。最后，最关键的一点是：优势可以对人起到激励作用。真实的优势可以让人们投入工作、增强精力。人们在使用自己最大的优势时会感到很兴奋，能量满满。正如史蒂芬·科维（Stephen Covey）所提出的，并不是你不需要休息和“磨刀”，而是当用到优势的时候，你的每升汽油能跑更多的里程。

4.2 思考

想一想你自己的优势。立刻浮现在你脑海中的那些最突出的品质有哪些？别人在称赞你的时候会说些什么？你在成长过程中和在学校里受到过什么样的表扬？你有多想利用这些优势？你最近取得的成功在多大程度上归功于这些优势？你为弥补自己的劣势付出了多少努力？你可以在这里自由地写下你的答案。

品格优势（VIA）

奥尔波特、克利夫顿和其他人的研究对积极心理学研究者彼得森和塞利格曼产生了影响，因为他们都探讨了优势这个主题。21 世纪早期，塞利格曼就希望对优势建立一套正式的分类。精神病学和心理学早就有了心理疾病的正式分类标准——《精神障碍诊断与统计手册》（*DSM*）。DSM 本质上写的是与各种心理疾病——比如抑郁和焦虑——有关的症状，临床医生可以用这本书来进行诊断，并为心理障碍患者制订治疗计划。塞利格曼认为："如果我们拥有类似的分类标准，可以用来发掘人们身上的优势，难道不是一件很棒的事情吗？"不可否认，这个想法很吸引人。想象一下，你孩子的学校每年都会测量学生擅长哪些事情；大学入学考试问的是"你在什么情况下处于最佳状态"，而不是"请简要地描述你的优势和劣势"这种老套的问题，那该是多么棒的情形。

事实上，此时，我想起了我的一件家事：许多年前，我的姐姐贝丝正在申请多个临床心理学的研究生项目。一天，她开了两小时的车去一所大学参加下午的面试。在路上，她目击了一场严重的车祸，一辆行驶在她前面的长途卡车发生了侧翻，滑出了高速公路。贝丝立刻把车停到路边，跑向卡车，她从破碎的挡风玻璃爬了进去，开始帮助受伤的司机，她问了司机的名字，尽她最大所能对伤势进行了评估，并陪在司机身边，让他平静下来，直到护理人员来到现场。你也许已经猜到了：她面试迟到了，而且发型凌乱，裙子上有一大摊已经干了的血迹。你可以想象到，面试人员被她的英勇事迹深深打动了，他们就差当场给她发放录取通知书了（几个星期后，他们正式录取了她）。这个故事有趣的地方并不是展现了我姐姐的勇敢或思维敏捷，而是表明了这些特质可以被用来发掘出巨大的优点。招生主任也确实没有看错：贝丝在学校里表现优异，并在之后的事业中取得了极大的成功。

测量优势是可行的，也是有用的。有了这样的思想，彼得森和塞利格曼着手开展了一项意义深远的任务——试着找出相对普遍的个人优势。他们认为，某些美德（例如守时）具有文化特殊性，并不适用于所有人，也难以接受时间的考验。在对普遍优势的研究中，彼得森和塞利格曼参考了大量的宗教和哲学研究。他们阅读了《圣经》《古兰经》和《薄伽梵歌》，也阅读了亚里士多德、康德和奥古斯汀的著作。他们翻阅了经典的文学作品、古老的礼仪书籍、童子军誓词，甚至流行的电视剧《星际迷航》里的克林贡代码，从这么多资源中挑选出了几乎在各个时期和各种文化中都被弘扬的主要美德。最后，彼得森和塞利格曼制订了一份包括 24 种品格优势的候选清单，他们认为这 24 种优势具有普遍性。我把这份清单分别拿给了格陵兰岛北部、肯尼亚农村和美国中西部的研究参与者，看看他们是如何在不同文化中诠释这些优势的。事实证明，来自不同文化的人们都认可这 24 种优势，并认为它们是有用的、合理的，而且在男女老少的身上都存在。各地区的人们都认为当地的文化体系培养了这些优势，并普遍希望自己的孩子具备这些特质。

以下是彼得森和塞利格曼总结的24种品格优势及美德。[1]

- **智慧与知识**：包括知识的获得和运用。

1. 创造力：想出新奇的方式去行事。

2. 好奇心：对正在经历的体验感到有兴趣。

3. 思维开放性：透彻地思考问题，审视对立的观点。

4. 好学：热爱学习，掌握新的技术、话题和知识。

5. 洞察力：向别人提供明智的建议。

- **勇气**：包括在面对逆境时想要实现目标的努力。

6. 勇敢：在威胁、挑战、困难和痛苦面前不退缩。

7. 坚韧：勤奋，有毅力，一旦开始就要把事情做完。

8. 正直：以真诚的方式呈现自己。

9. 活力：使生活充满激情和能量。

- **人道**：包括照顾他人、友善待人。

10. 爱：珍重亲密的关系。

11. 善良：帮助他人，为他人做好事。

12. 社会智力：知晓自己和他人的动机与感受。

---

[1] 改编自彼得森和塞利格曼（2004）的著作。

- **正义**：构建健康的社会生活。

13. 公民精神：在团队或集体中好好工作。

14. 公平：平等地对待每一个人。

15. 领导力：鼓励集体把事情做好。

- **自制**：避免无节制。

16. 宽恕和仁慈：原谅做错事情的人。

17. 谦卑与谦逊：用成绩来证明自己，而不是主动博取关注。

18. 谨慎：小心地应对选择。

19. 自律：调节自己的感受和行为。

- **超越**：与更广大的世界建立联结，并赋予其意义。

20. 欣赏美和卓越：注意和欣赏美丽、卓越的事物。

21. 感恩：意识到美好事情的发生，并对此充满感激。

22. 希望与乐观：有最好的期望，并努力去实现。

23. 幽默：爱笑，并把欢笑传递给他人。

24. 灵性：有精神信仰，对自己的目标和意义具有一致的信念。

4.3 思考

看看上面列出的 24 个品格优势。你认为这份清单是否精确和完整？彼得森和塞利格曼有没有列出绝大部分你认为重要的特质？有没有哪些优势与美德是你想要补充的？这些优势中有没有你认为不应该被列在其中的？你可以在这里自由地写下你的答案。

彼得森和塞利格曼编制了测量这些优势的工具，叫作“品格优势测验”(VIA assessment)。这是一种在线的免费工具，可以帮助人们找出 5 个自己最显著的优势，称为“标志性优势”。你可以在网上找到这项测验。VIA 测验比较长，需要 20~45 分钟完成，这取决于你的阅读速度。VIA 测验的分数是自比型的，也就是说，它按照一定的评定顺序为每一个人呈现他的优势，而不会在个体之间进行比较。VIA 测验最大的特点是受到了深入的研究和广泛的运用。通过对 54 个国家样本的比较，品格优势与生活满意度存在关联，且可能是促进疾病康复的因素，还与组织状态相关。

VIA 是一项有用的工具，适用于你的来访者（客户）或学生。我在自己的教练经历中，常常让来访者做 VIA 测验，讨论他们如何最好地利用自己的优势去解决问题或看透问题。大部分来访者都被 VIA 的积极本质所吸引，并非常乐于接受对他们做得最棒的事情的积极反馈。有趣的是，许多人都对自己的 VIA 测验结果感到惊讶，他们经常会说类似“我知道我是一个有好奇心的人，但从来没想到我还是一个勇敢的人！”波特兰州立大学积极心理学课堂上的学生们尤其如此，他们常常没有意识到的优势包括宽容、领导力和创造力等。这样的 VIA 测验结果常常会引发富有成效的对话，帮助来访者和学生去欣赏那些曾经被自己忽视的优势。比如，提醒来访者，“勇敢”的特质包括在团队会议中为某些人说话，这可以帮助他们接受和掌握优势；或者告诉他们这样一个事实：创造力并不局限于视觉艺术，它可能意味着产生大量新的想法、创造新的联系及使用巧妙的双关语。这确实能够为他们打开眼界，看到使用自己优势的可能性，并为接受它们作好准备。

塞利格曼、彼得森和他们的同事进行了一项控制实验，他们测试了各种积极心理学干预措施的有效性，比如表达感恩。在这些干预措施中，有两种措施与 VIA 特别相关：找出自己的优势，并在一周内有意地运用一项优势。这两种干预措施都比随机效应更好，并且使实验参与者的平均抑郁水平降低、幸福感增强。还有一种适用于来访者、受督导者和学生的 VIA 方法：即你可以与对方一起有意识地找出并使用一项具体的优势，鼓励他们在应对问题或作出重要决定的时候使用这项优势。在我的经验里，人们确实很喜欢这项练习，并且非常享受发挥自己最佳特质的机会。当然也会有一些人认为应该专注自己薄弱的地方，无法理解发挥优势的原理，有时可能受到积极心理学研究的影响，而有时只是随便参与一下这些活动。大部分情况下，被这项练习所激励并付出了努力的人们都会报告这项练习令人愉快、有吸引力，并能给他们带来幸福感和目标感。

4.4 思考

花一点时间，思考 24 种品格优势中的哪一种与你有真正的共鸣。你对于其中的一些优势有没有独特的见解？想象一下，你会如何围绕这个特定的优势对你的来访者（客户）、孩子或者学生开展工作？你会问什么问题？你会与他分享什么样的个人故事？你会用什么方法来启发他的灵感？你会给出什么样的见解？

现在，思考那些看起来与你的情况相差较远的品格优势。或许你并不特别看重这些优势，或者觉得很陌生。但如果这就是你的工作对象所呈现的最大的优势，你会如何克服以往的思维定式去理解并珍惜这一优势？你可以在这里自由地写下你的答案。

超越 VIA

许多了解 VIA 的心理学家、教练和咨询师都对它深信不疑，因此不难理解，他们有时候会忘记在实践中继续创新。虽然 VIA 是一个出色的工具，但它并不是优势评估的终极方法。VIA 高度关注品格优势，但忽略了技能、天赋和能力，它还遗漏了许多重要的日常人际动态。亚历克斯·林利找到了许多值得考虑的其他优势。例如，心理韧性，指人们具有利用困难经历推动自己进步的独特能力。心理韧性不仅仅是简单的复原能力，而是一种达到全新高度的能力。再举另外一个例子，自尊塑造者（esteem builder），你也许会发现，有许多人——甚至可能包括你自己——很善于赞美别人，这些人似乎能欣赏别人所有的优点，并且能够用恰如其分的话语让对方感觉良好。我建议，你可以留意那些寻常的、鲜少在其他地方被提及的优势。举一个简单的例子：我知道许多人似乎总是拖延，直到最后一刻才冲刺工作，并取得出色的成果。他们中的许多人因为这种情况贬低自己。然而我认为，这对于某些类型的人来说是一种天赋。试想，有些人从周一到周四上午都无所事事地坐在电脑前玩纸牌游戏（当然，我并不是在说我自己），然后突然开始工作，到周五完成了需要做的所有事情，并且做得很好。我们可以把这些人称为“孵化器”。在任何情况下，我们都很容易发现，他们高效率的高质量工作风格确实是巨大的天赋。

通常，对专业人士开展工作的时候，明智的做法是不仅仅评估优势，我们还可以评估他们的资源、天赋、技能和其他可以帮助人们进步的素质。相似地，关于优势本身，当我们将思考的范围超越个人的五大标志性优势时，可以让我们更有收获。通过提出“如何搭配使用多个优势？”“团队优势之间如何彼此协调？”“我们忽视了哪些优势？”或是“什么时候不应该运用优势？”这些问题——而不是简单地问“在这种情况下，你会如何运用你天生的好奇心？”——我们可以取得更大的收获。随着你对 VIA 和其他的优势工作方法越加熟练，你将获得更有技巧的使用方法，并且能够让你的工具更好地为你所用。

第 4 周要点回顾

1. 研究表明，在管理好劣势的同时，培养和利用优势可以获得最大的收益。
2. 每个人都有优势，认识和利用自己的优势可以在家庭和工作中获得切实的益处。
3. 我们现在具备了成熟的优势测量方法，这些方法可以有效地运用于学生和来访者（客户）。
4. 关注优势并不意味着我们可以完全忽视劣势。

4.5 进一步思考

你可能已经感受到，运用“优势”开展工作既有趣又有益。事实上，你有可能已经对学生、客户或来访者使用了这个方法。无论你使用这个方法的经验如何，花时间思考优势都是有帮助的，它可以让你更加精通这个概念。那么，你理解的优势是什么？请写在下面。

你是否相信，对优势的运用存在一种最优的方法？也就是说，你是否相信，在某些情况下优势会被滥用或带来危害？优势是否可能变成劣势？如果是的话，那么这样的情况会在什么时候发生、如何发生以及为什么发生？是特定的情况需要特定的优势，还是大部分优势都可以用到几乎所有的情况中？

4.6 练习

针对来访者（客户）或学生的优势开展工作是有难度的，除非你先前对相关的评估或干预有一定的经验。你可以利用这周的时间，让自己熟悉 VIA 和优势干预，这样，你才能够在专业工作中有效地使用它们。

- 进行品格优势测验。你对这个工具有什么看法？它使用起来容易吗？你的来访者（客户）会对它有什么看法？你认为自己最突出的5个标志性优势是什么？有没有哪种品质令你感到惊讶？为什么？你可以问一问其他人，他们有没有在你身上看到这种令你惊讶的品质。

- 在你的几大优势中选择一个，它可以来自 VIA 测验，也可以来自优势识别器，或者来自其他地方，在这一周里有意识地运用这个优势，专门从这个优势的角度，有意识地开展日常的活动。当你面临困难、压力情境或艰难的抉择时，积极地使用这个优势。使用这个优势让你有什么感受？比平时更多地使用这个优势，带来了什么效果？

- 学着留意他人的优势。仔细倾听你的伴侣、朋友或同事对你说的话，并尝试去发现他们具有的优势。他们对什么事情充满热情？他们基本的价值观念是什么？他们在什么情况下会因为兴奋而提高嗓门或加快语速？什么事情可能给他们带来动力或力量？

- 在本周余下的时间里，密切留意他人还没有被察觉的优势。注意你的家人、朋友和同事是如何利用时间的？他们在独自一人的时候做些什么？他们是如何与人交往的？看看你是否能发现他们潜在的一个优势。

参考文献

Allport, G. W. (1996). Traits revisited. *American Psychologist*, *21*, 1-10.

Cattell, R. B. (1945). The principal trait clusters for describing personality. *Psychological Bulletin*, *42*, 129-161.

Clifton, D. & Harter, J. K. (2003). Investing in strengths. In K. S., Cameron, J. E. Dutton, & R. E. Quinn, (Eds), *Positive organizationl scholarship: Foundations of a new discipline* (pp.111-121). San Francisco, CA: Berrett-Koehler Publishers.

Linley, A. (2008). *Average to A+: Realising strengths in yourself and others*. Coventry, UK: CAPP Press.

Matthews, M. D., Eid, J., Kelly, D., Bailey, J. K. S., & Peterson, C. (2006). Character strengths and virtues of developing military leaders: An international comparison. *Military Psychology*, *18*, 57-68.

Park, N., Peterson, C., & Seligman, M. E. P. (2006). Character strengths in fifty-four nations and the fifty US states. *Journal of Positive Psychology*, *1*, 118-129.

Peterson, C., & Seligman, M. E. P. (2004). *Character strengths and virtues: A handook and classification.* New York: Oxford University Press.

Peterson, C., Ruch, W., Beermann, U., Park, N., & Seligman, M. E. P. (2007). Strengths of character, orientations to happiness, and life satisfaction. *Journal of Positive Psychology*, *2*, 149-156.

Peterson, C., Park, N., & Seligman, M. E. P. (2006). Great strengths of character and recovery from illness. *Journal of Positive Psychology*, *1*, 17-26.

Peterson, C., & Park. N. (2006). Character strengths in organizations. *Journal of Organizational Behaviour*, *27*, 1149-1154.

Peterson, C. (2006). *A primer in positive psychology*. New York: Oxford University Press.

Rath, T., & Clifton, D. (2004). *How full is your bucket? Positive strate-*

gies for work and life. New York: Gallup Press.

Rath, T. (2007). *Strengths Finder 2.0*. New York, NY, US: Gallup Press.

Seligman, M. E. P., Steen, T., Park, N., & Peterson, C. (2005). Positive psychology progress: Empirical validation of interventions. *American psychologist*, *60*, 410-421.

INVITATION TO POSITIVE PSYCHOLOGY

第 5 周

希望与乐观

主编导读

本周的内容是希望和乐观，作者介绍了希望和乐观对人们的益处，以及提升希望和乐观的方法。

在此需要提醒大家的是，虽然人们经常把“希望”和“乐观”作为近义词互换使用，但心理学家对这两个概念是作了区分的。乐观是指人们对未来的前景和期望是积极的、正面的，希望则是指朝向理想目标前行时对路径的感知能力以及前行的动力。

乐观也分为不同的种类。简单地说，乐观可分为两种，一种是天性乐观（dispositional optimism），也叫乐观人格，就是人们日常所说的性格开朗、乐天派，这种乐观受先天的人格特质影响，在一个人整个的生命周期中基本上保持稳定；另一种乐观是习得性乐观（learned optimism），也叫归因乐观，是指通过对过去经验的积极解读而获得的积极乐观的态度，经典的理论就是塞利格曼和彼得森教授等提出的解释风格、归因风格等，这种乐观的水平是可以通过改变思维方式而产生变化的。彼得森教授将天性乐观称为“大乐观”，将习得性乐观称为“小乐观”。无论我们先天的人格特质如何，我们都可以通过改变归因方式而变得更加积极乐观。

鉴于本书系中的《快乐有方法》一书专门讨论了乐观，本周重点介绍希望理论。

当你遇到问题和障碍时会怎么做？是很快放弃，还是坚持下去并努力寻找解决方案？如果你常能找到实现目标的途径，那么你对生活往往是充满希望的。

根据著名心理学家查尔斯•斯奈德（Charles Snyder）的说法，与希望渺茫的人相比，充满希望的人取得的成就更多，而且身心更健康。

对“希望”这种听起来很抽象的概念，斯奈德教授给出了操作化的定义。希望既包括认知因素，也包括情感因素和动机因素。斯奈德的希望理论中包括目标、路径和动力。这里的“动力思维”，英文是“Agency Thinking”。“Agency”可被翻译为“代理”“力量”“能动性”等。根据希望理论的含义，在本书中我们将“Agency Thinking”翻译为“动力思维”。

斯奈德教授指出，人们至少可以从3个方面让自己变得更有希望，个人越相信自己有能力落实这3个方面，他们就越有可能产生希望：

1. 你需要有聚焦的目标（目标）；

2. 你必须提前制订策略和途径以实现这些目标（路径）；

3. 你必须有动力付出实现这些目标所需的努力（动力）。

关于乐观和希望，本周有很多精彩的内容，例如将没有希望感区分为“资源性无望”和“目标性无望”；还讲到如何提高自信、克服完美主义等；此外还提供了对希望的测试。提升乐观和希望不仅有助于我们的心理健康和幸福感，也有助于我们的成就，如学习成绩和工作业绩的提升。相信大家一定会被本周的内容深深地吸引。

如同其他部分一样，本周也指出了一些心理学概念存在的争议，以及运用不当可能会出现的问题。比如过度乐观或怀有不切实际的希望的人可能会忽略现实的问题，产生所谓的“波丽安娜效应”。作者指出这些问题，体现了其科学和实事求是的态度，这也使本书更为可信。因此，本书是积极心理学的邀请，而不是积极心理学的神话。

作为人类——而不是一只袋鼠或兔子——最美妙的事情之一就是我们具有为未来制订计划的独特能力。由于在进化中被赋予的馈赠——大脑中高度发达的前额叶，我们人类能够以其他动物无法做到的方式进行抽象思考、计划、组织和为未来作决定。当然，松鼠可以为过冬囤积橡子，熊可以找到冬眠的地方，而这都是本能，而不是精心的选择或严谨的计划。很少听说有松鼠选择不储存食物，或是为了以防万一而选择额外储存两三个冬天的粮食。而这些富有远见的意志行动正是人类所独有的，也就是说，我们比其他任何物种都更以未来为目标。想一想，我们可以设定目标，可以为了获得利益而整合自己的资源，可以期盼将来的日子更好。事实上，我们甚至可以为了未来获取长期的利益而牺牲短期的目标——包括那些非常有吸引力的目标。我们面向未来的天赋中包括希望和乐观。

能够思考未来看似很伟大，但值得一提的是，我们考虑未来的能力也有阴暗面。未来不确定的想法很可怕，大多数人可以憧憬成功，也可以想象到未来的失败和困难。预见未来潜在的负面结果会有碍于人们作出决策，此时对于未来的考虑也可能成为一种诅咒。其实，对于许多来访者（客户）来说，恰恰是对未来失败的生动想象阻碍了他们前进的脚步。作为教练、咨询师、治疗师、管理者、家长和老师，我们的工作就是帮助他人运用积极心理学最好的方面——希望和乐观——有效地思考未来，而不是被焦虑和恐惧的吸力所吞噬。积极心理学已经提出了一些有效培养乐观希望态度的理论和干预措施。本周，我们将介绍这方面的研究，并讨论如何帮助来访者、客户和学生利用乐观与希望获得收益的方法。

与考虑未来有关的一系列有趣的研究之一就是由哈佛大学心理学家丹·吉尔伯特（Dan Gilbert）和蒂姆·威尔逊（Tim Wilson）首创的“情感预测”（affective forecasting）。情感预测指的是我们预测自己在未来某个时刻的感受的能力。我们一直在做类似的预测：如果我受聘了新的工作，我会有多高兴？如果我娶了这位姑娘，我会有什么感受？如果我搬到郊区去住，我会有什么感受？如果我上了牛津大学，或是剑桥大学、哈佛大学、耶鲁大学，我会更高兴吗？这不仅仅是反问，我们确实在试图预测未来生活的样子和自己未来的感受。这些对未来的快乐（或者伤心、愤怒等）的一般预测特别重要，因为它们对我们的决定有重要的影响。如果你预见会有一种快乐而非难过的婚后生活，那么你更有可能结婚。有趣的是，吉尔伯特、威尔逊和他们的同事发现，人们一直在错误地预测自己未来的感受。

有几个简单的例子：吉尔伯特向大学生提问，如果他们的学校在一场即将到来的重要的足球比赛中输了，他们会有什么感受；向年轻的教授提问，如果他们的终身教职申请被通过或被否，他们会有什么感受。如你想象的，学生的情感预测是“自己一定会非常难过”，正如教授想到终身教职被否决一样；而年轻教授们认为，如果自己得到了终身教职将会“非常开心”。吉尔伯特追踪调查了这些参与者，想看看他们实际的感受以及与他们的预测有多少相关。他发现，人们普遍预测到了正确的方向——也就是说，他们正确地预测到赢得比赛会感到高兴，输掉比赛会感到失望。吉尔伯特表示，他们的预测通常犯错的地方在于感受的强度和持续的时间。人们往往认为负面的生活事件会对自己造成深远的影响，这种情绪创伤会不断地持续下去。然而，数据却显示：面对失去，人们受到的情感打击通常不如预测的强烈，而且比预测的持续时间更短。因此，了解思考未来、希望和乐观的科学的研究成果（其中有一些是违背直觉的）很有帮助，因为这些话题直接影响到你的来访者、客户或学生的动机、决策和行为。

“我们面向未来的天赋中，包括希望和乐观。”

5.1 活动

请花一点时间思考“预期”这个概念。现在，你有什么期待或者惧怕的东西？或许是这个周末的一场聚会，或许是完成一份工作报告，或许是去看牙医。不论是什么事情，请试着确定：究竟是未来的哪件事情导致了你的积极预期或消极预期。是不是事件本身可能会让人愉快或不愉快？想一想吉尔伯特的研究，你认为你的预测有多准确？你能否想到过去发生的类似的例子，然后将你现在的预测与当时的预测进行比较？你可以在这里自由地写下你的见解或答案。

对专业人士来说，像“希望”和“乐观”这样的词汇在某些职场环境中可能看起来不太适合。许多主管和经理人在他们的专业“收件箱”（打个比喻）中看到这些话题，可能会皱眉。即便这样，我们仍然值得花时间来了解希望和乐观。事实证明，希望和乐观与工作或人际关系中的各种理想结果有关。简单来讲，乐观的展望能够提高成功的可能性。研究表明，那些对未来结果的成功抱有希望的人们，更有可能努力工作，即使任务艰难也会坚持不懈。有趣的是，乐观还与人们在有其他选择的情况下放弃不可能完成的任务有关，我们可以认为，选择更现实可行的任务是在有效衡量时间的使用效率。鉴于我们最珍视的目标都不可避免地会遇到生活中自然的障碍和挫折，因此对专业人士来说，“提升乐观与希望”的干预措施是一张完美的王牌，是“乐观与希望”看到了困境中的我们，并帮助我们朝着那些我们最珍视的目标前进。

希望与乐观的障碍

在具体讨论如何培养来访者（客户）的希望之前，我们有必要先退一步思考一下关于阻碍希望的因素的重要问题。每个人都有过绝望的体验，或许是一场以悬殊比分输掉的比赛的最后几分钟，也或许是在背负重大责任的压力下濒临崩溃。无论具体情况是什么，绝望在心理上就等同于“我做不到！”事实上，绝望的人正是这么对自己说的。按照这个逻辑，我们很有必要去思考，为什么人们会觉得自己“做不到”。

事实证明，针对这个问题有许多常见的或可预测的解释。人们有时候感觉自己没有足够的资源去获取想要的结果，我们可以称之为**“资源性无望”**(resource-focused hopelessness)，可以被理解为他们没有完成任务所需要的知识、才能、支持或时间。想一想那些被分配了工作项目但没有强大的团队、预算不足或时间太少的人，你一定从他们那里听到过抱怨，他们感到不堪重负，埋三怨四，讨厌工作……即使他们最终完成了任务。

在其他情况下，即使人们认为自己拥有充足的资源，但还是会丧失自信，因为他们认为目标过于庞大，我们可以称之为**“目标性无望”**(goal-focused hopelessness)。举个例子，我曾经有一位来访者，业余时间承接了一个写书的项目，她得到了一笔可观的预付款，而且她文采不错，但当她一想到要着手工作的时候，还是会感到害怕。“太难了！”她抱怨道，“我无法想象要如何开始并一个人完成！”浏览了整项任务之后，她感觉自己不堪重负。最终，我们根据写一章、写一节、写一页，写一段话的小目标讨论并分解了这项任务，让她可以不断写下去。了解来访者（或者客户、家人、学生）感到绝望的原因，有助于选择恰当的方式增强他们的信心、提升他们的乐观情绪。

5.2 思考

思考一下，你的某位来访者或工作对象为什么会绝望？如果他的绝望是因为认为自己资源不足，你会如何解决（或者你曾经是如何解决的）？想方设法增加资源会带来怎样的好处？用其他资源弥补欠缺的资源会带来怎样的好处？这些方法中，有没有一种方法比其他方法更具优势？

如果绝望来源于不堪重负的感觉，你会如何对来访者开展工作，从而增强他的能力感？你会提高他的信心，把任务碎片化、重构任务，还是找出被忽视了的资源？这些特定的策略有没有帮助？你可以在这里自由地写出你的答案。

另一个与乐观希望有关的话题就是现实主义。有些人信奉“天真的乐观”这个观点，这种观点普遍认同，充满乐观和希望的人往往是不现实的，而较为悲观的人在某种程度上更切合实际。这种观点是有一定道理的，当我们问问下面的问题就知道了：“乐观与希望”一直是切合实际的吗？有没有人把目标设置得过高，使成功变得遥不可及呢？对目标的研究表明，目标和资源必须很好地相互匹配才行。事实上，我们前面刚刚讨论的与**资源性无助**和**目标性无助**有关的话题核心，就是做到目标与资源的良好匹配。但是，不现实的乐观与希望不仅仅是目标问题。20 世纪 70 年代，玛格丽特·马特林（Margaret Matlin）和大卫·斯唐（David Stang）发表的研究结果表明，那些倾向于关注积极事物和寻求快乐的人们也往往容易忽视消极事物。马特林和斯唐把这种现象称为“波丽安娜效应”（Pollyanna Principle）。马特林和斯唐的研究初步证明了，生性积极和充满希望的人可能不会完全切合实际（但是，必须指出的是，这并不意味着极度不现实）。关键问题是：波丽安娜效应的出现有问题吗？普遍的观点认为这确实是有问题的。人们认为盲目乐观的人会错过重要的问题；盲目乐观的人可能会更长时间地处于不良的人际关系中，他们在工作中有不切实际的自我评价，或是为自己埋下不如意的伏笔。从某种意义上说，正是这种看法，让“希望”“乐观”和“幸福”的名声变得不太好。事实上，尽管极端的盲目乐观可能确实存在问题，但是快乐、乐观和希望与更高的生产力、更多的创造力和更多的活力直接相关。一般来说，幸福指数高的人更适合经营商业与事务（有一个例外就是那些需要高度关注细节和需要考虑负面风险的工作，比如空中交通管制工作和法律工作等)。

最后，关注对失败的恐惧是有道理的。有些人担心乐观主义被过度强调了，这种担心是可以理解的，这个观点与那些对“幸福”的老生常谈和对“积极”的过度强调是一致的。一些人害怕失败，这难道不是一件很自然的事情吗？我们应该给这种自然的恐惧留有空间吗？这些问题的答案毫无疑问是“是的”。一方面，失败是生活的组成部分，对失败的预期自然会让许多人望而却步。如果失败的可能性很大，在做决策时就需要深思熟虑、调节期望，使它符合现实，或者根据情况调节目标。另一方面，我们也要看到有意义的目标往往都伴有风险（包括情绪方面、社交方面、个人方面和经济方面），研究表明，人们对这种性质的损失非常敏感。

举个例子：想象一下掷骰子，如果掷到了 1～3 点，你将赢得 100 元；但如果掷到了 4～6 点，你就会输掉 80 元。赢或输的概率是相同的，且潜在的赢利比损失更多。你愿意掷这个骰子吗？在大多数人的心里，尽管两种结果的概率是相等的，但损失 80 元的可能结果要严重于赢得更大的数目。人生中更大的“博弈”也是如此，无论是处理新的人际关系、创立家族企业、推出新产品或是尝试减肥，人们对负面风险不由自主的担心，绝不亚于他们对成功的渴望。没有人想要在一件失败的事情上浪费时间、精力、金钱或社会关系。

作为专业人士，我们有必要记住，“临阵脱逃”是一种自然的现象，我们应当给予理解和认可。我们同样要记住，失败并非一无是处，不要因为惧怕风险和失败而止步不前，因为它是成长和成功的基本要素。发明家托马斯·爱迪生有一句著名的调侃："我一路失败着走向了成功。"据说，经过大约 10 000 次的试验，当爱迪生终于发明了电灯泡时，他得意地夸赞自己"发现了 9 999 种方法是行不通的"。

希望理论

充满希望的态度将有助于激励你的来访者（客户）和学生，并让他们在艰苦的处境中保持动力。没有人想要开始一个注定失败的项目，也几乎没有人愿意在成功完全无法掌握、全凭运气的情况下启动目标。伟大的心理学家查尔斯·斯奈德用他职业生涯的大部分时间致力于发展和完善一种理论，他称之为"**希望理论**"(**Hope Theory**)。斯奈德认为，在具备以下 3 个条件时，人们会怀有希望：目标思维（朝着一个目标努力)、路径思维（解决问题的途径和方法）和动力思维（自信与动机）。对于专业人士来说，这个理论很有价值，它可以应用于来访者（工作对象）身上，培养他们在其中一个方面或是所有方面树立"我能行"的态度。

目标思维（Goals Thinking） 事实证明，目标对人类的心理极其重要。目标可以帮助我们规划时间，帮助我们作出艰难的决定，让我们拥有奋斗的对象，它就像一把用来衡量个人进步的标尺，为我们提供了一个践行自己价值观念的有形出路。但并非所有目标都是等同的。你可能熟知 SMART 这个缩写，它表明"好"的目标都有着特定的结构——比如 SMART 目标，是具体的（specific）、可衡量的（measurable）、可达成的（attainable）、现实的（realistic）和有时限的（time-lined）。只有与个人相关联，目标才能有效地发挥功能，很多教练、教师和培训师对此都深有体会。积极心理学的研究也表明，那些与权力相关的目标对人有害无益，而那些与关系、生产和精神有关的目标可以提升幸福。因此，当你致力于提升他人的乐观态度时，考虑到现实性、主题、价值观念的一致性和目标的其他特性，对你很有帮助。听一听你的来访者、客户或学生在谈论自己的目标时使用的语言，注意他们情绪的强烈程度：他们的声音听起来是乐观而富有活力的，还是压抑而气馁的？仔细倾听目标的主题，这个目标有多切合实际？它与个人资源的匹配程度如何？以上每个方面都为以提升希望为目的的询问和鼓励提供了一条可能的途径。

路径思维（Pathways Thinking） 路径思维是一个别出心裁的术语，通俗地说，就是“创造性地解决问题”。斯奈德和他的同事认为，乐观的人能够发现许多实现目标的途径。当遇到障碍时，乐观主义者能够找到新的解决方案，并不断取得进展。在铁路发展的早期，瑞士和美国西部等地区的设计师们面临山坡的难题。那里的山坡通常都过于陡峭，无法修建轨道，而若想实现通车，列车必须穿越这些崎岖的地形。如今，我们知道，土木工程师中一定有一些乐观主义者，因为他们找到了一系列令人瞩目的方法使火车通过山地。一些线路使用了专门配置的“齿轮火车”，装有防止列车滑下陡坡的装置；一些线路蜿蜒绕过了山脉；还有一些线路被人们用炸药炸开了挡路的磐石。在各种情况下，这些设计师都能够思考问题，即使问题看似很困难也不屈不挠。

你的来访者（工作对象）的生活和工作跟铁路开拓者并没有什么本质区别。无论他们的目标是“成为一位出色的家庭主妇”“这个月完成三笔订单”“减轻抑郁感”还是“在秋天到来之前启动一份家庭生意”，总会碰到困难和挫折。区分悲观主义者和乐观主义者的方法不是看他们的生活有多艰难——因为每个人都会遇到坎坷——而是看这个人是如何处理问题和继续前进的。作为一名管理者、治疗师、教练、家长或教师，你拥有特殊的机会来培养工作对象的路径思维。可以通过多种方式培养路径思维。**开放式的犀利问题**作为所有优秀教练的王牌，可以为各个领域的专业人士所使用，从而鼓励创造性思维。在面对挫折的时候，可以向你的来访者或学生（工作对象）提出这样的问题：“这时你还可以做什么事情？”“其他人做了什么事情来克服类似的问题？”“你为了解决这个问题可能会做的三件事情是什么？”这些询问可以激发问题解决导向的思考。

管理者、教师和咨询师还可以有效地使用另一种在教练和团队会议中常见的工具——**头脑风暴**。通过与一群人交流解决问题的方法，可以促进路径思维。头脑风暴很有趣，也很有创意，管理者、教练或教师可以通过参与出谋划策，甚至提出一些愚蠢的主意来促进不拘一格的思维，从而推动这个过程。举个例子来说，我曾经的一位来访者想要成立一家天然家用化学品公司，她研发了优质的产品，有着良好的市场联系，网站也很吸引人。不幸的是，她最初的资金来源枯竭了，她担心在真正恢复和运营之前不得不停产停业。她来寻求教练辅导，高度关注资金的问题，且似乎只想着单一的资金来源。我试着以问题解决取向的方式开始辅导，询问她是如何筹集到初始资金的，并指出她在筹款方面取得过成功。然后，我提出与她一起进行头脑风暴，思考新的筹资方法。为了放松情绪和为有趣的想法营造氛围，我问她我是否可以给她讲一则简短的笑话。为应对这样的场合，我储备了大量没有冒犯性的段子和一些愚蠢的笑话。随后，我们开始了头脑风暴，在这个过程中，我们可以轮流说出想法，一个接一个，而不用停下来考虑它们是好是坏。我从容易想到的开始："从银行贷款。"她回应道："举办一场筹款晚会。"我想让她更有创意，真正的创意，所以我建议道："给奥普拉、比尔·盖茨和其他 5 个可以提供资金支持的亿万富翁写信。"她说："向亲戚和朋友借钱。"我仍然想看到她拓宽思维，所以我回应说："在埃菲尔铁塔上挂一面旗，写上人们可以捐款的网址！"

我们进行了一轮又一轮头脑风暴，产生了多种多样的想法，从稀松寻常（比如，"我可以存钱"）到极富想象（比如，"我可以亏本经营而不在乎钱"）。通过共同合作，我们得以建立一份清单，这份清单比独自一人能想到的任何方案都更有创意、更加周密。头脑风暴之后，我们便能在这些想法中回顾筛选，然后提取出有价值的想法，提取出那些符合来访者的价值观念、与来访者的资源相匹配的想法。只用了 10 分钟的时间，我的来访者就从一个关注问题的悲观者转变为一个乐观的女性，她有了一些想要实施的、可行的资金方案，包括贷款、筹款和建立战略合作伙伴关系。

5.3 活动

想一个你目前正在面临的小问题。这个练习只针对小问题，而不是大难题。或许你正在为道路施工导致上下班时间比平时更长而感到恼火；或许你正面临紧迫的任务期限；或许你正在因忙工作而错过孩子的舞台剧感到忧虑。现在有一个好机会，让你通过头脑风暴练习路径思维。请写出 20 个可能解决你的问题的方法！你可以写得富有创造性，甚至不合常理、不切实际。如果你想写“制造一个机器人来替我完成工作”的话，那就写上去。你可能想要观看一部有趣的电影或看一本搞笑的漫画书，让自己的心情变好，可以写上去。不要执着于切实可行，也不要过于担心拼写和语法问题。尽管列举吧！写完以后，留意一下自己的感受，思考一下你对这个问题的态度。然后，检验一下你的清单，看看哪个或哪些解决方案最有可能有效果。你可以在这里自由地列出清单。

作为一名专业的心理工作者，记住——这里也包含了路径思维——你的热情会影响来访者的希望感，这可能是有帮助的。来访者态度发生重要转变的促成因素之一，就是你本人不要被来访者的困难和挫折所困扰。你乐观进取的态度是有感染力的，你也可以引导一场头脑风暴，从中找到可能的解决方法。虽然并不是每一种解决方案都有效果，或者不是每一次会谈都能找出完美的解决方案，但是心理学工作者和来访者都要记住，无论什么情况，总是存在另一种思考问题的方式。

动力思维（Agency Thinking） 斯奈德提出，希望理论的最后一个重要方面是自信，他称之为“动力思维”。动力思维指的是一个人相信自己能够实现目标。这很有意义：如果人们对自己做事的能力有信心的话，他们会对实现目标更加乐观。低自尊或怀疑自己能力的人不太可能去努力工作，不太可能在面临困难时坚持不懈，或为可能的成功冒风险。如果自信是乐观者的一个主要特点，那么你很幸运，提高自信是一件比较容易的事情。

提高自信有两种非常简单而又有效的方法。

第一种是认可对方的优点和成就。我们可以用一种可靠的方式提高他的自我意识。在表扬学生或是与来访者庆祝进步的时候，我们不是奉承他们，而是发自肺腑地赞扬。根据我的经验，最好的认可是认可来访者的主要优势，而不是暂时的成就。听同事说“我深受触动。你的报告展示太棒了，虽然你有一点紧张，但做得真好！”这当然是一件高兴的事，但这只强调了暂时的成功。换一种说法，以一种更中心化的方式评价你的朋友和同事，比如用“你的勇敢让我很钦佩。你展示的时候有一点紧张，但仍然顺利完成了。这也符合你在我心目中一直以来的勇敢形象。我很佩服你！”肯定他的主要优势和美德，而不是“做得很棒”，这样做往往会提高他的自尊和自信，进而增强他的乐观。

第二种提高信心的方法是“焦点解决法”（solutions focus approach）。焦点解决法是茵素·金·伯格（Insoo Kim Berg）和史蒂夫·德·沙泽尔（Steve de Shazer）开发的一种心理治疗方法。这对伉俪建议，我们可以通过回顾过去的成功，而不是过去的失败，来学习如何应对当前的问题。焦点解决法的工作（无论是治疗、教练或是其他）中用到了大量的技术，包括例外问题访谈（告诉我，你没有遇到这个问题时的某次经历……那时候发生了什么？）、评量式问题（如果你是位于1～10的某个值X，什么因素影响了你的数值变化？）和应对式问题（促使你取得现有成就的因素是什么？）。虽然焦点解决法的具体技术需要训练和实践，但基本的原理简单易懂：每位来访者都经历过成功，作为专业工作者，我们可以从来访者过去的成功着手，提高他们的自我效能感。

5.4 思考

想出两个与自身相关的短期目标。一个是你感觉相当乐观的目标，另一个是你认为不太有希望（或许你已经放弃了）的目标。考虑这两个目标时，请特别注意你对目标的个人控制感。你认为自己在多大程度上能够控制这两个目标的最终结果？想一想那些可以让你对目标的结果有更多控制力的方法。这对于你对目标的期待有怎样的影响？你可以在这里自由地写出你的答案。

虽然认可和焦点解决法这两项技术强大而有效，但它们并不总是起作用。你要记住的很重要的一点是，尽管你学习了这些干预技术并有一些成功的实践经历，但也会有一些客户或来访者抵制这些技术。积极心理学的干预方法并不是任何时候适合任何人，有些来访者（客户）会把关注点放在问题上，并且对自己的失败很敏感。如果某种方法行不通，或者来访者（客户）对某种干预方法望而却步，请不要自责。事实上，当你开始感到沮丧的那一刻，你的工作就不再像你希望的那样有效了……这时候就需要路径思维。你可以尝试一些新的东西，发挥创造力，与你的来访者（客户）联起手来，你们会一起找到解决的方法。

完美主义

我们需要说一说完美主义。现代生活以及那些战胜巨大困难后取得鼓舞人心的巨大成就的事迹，为完美主义文化提供了舞台。大多数人都认为自己应该努力做到百分之百的发挥，并相信高期望是取得梦寐以求的成功的唯一方式。例如，我们因奥运会运动员们的追求卓越而振奋，被他们的捷报凯歌所鼓舞，但是能百分之百发挥能力并取得成功的人却少之又少。尽管追求完美在奥运会级别的大赛中可能有一定的道理，但这可能不太适合那些想要开一家美术工作室或者希望每月销售业绩名列公司前茅的人。对于这类具有高动机的人来说，“优异”或许比“完美”

更有意义，而且更容易实现。请记住这句格言：每个人都想要成功，只有完美主义者想要做得完美。必须指出的是，对于大多数人来说，完美主义不利于形成乐观和充满希望的态度。你可能会发现，一般具有完美主义态度的人往往很容易气馁，而不是充满动力。

那么，你是如何针对完美主义者开展工作的？个体要如何平衡“追求极致卓越的理想目标”与“将自己置于失败的危险之地”这两者？剑桥大学积极心理学家尼克·贝里斯（Nick Baylis）认为，如果一个人过于关注目标的实现，而较少享受目标实现的过程，那么他可能就是一个完美主义者。生命终究在于我们为目标付出的努力以及追求的过程，而不是目标的最终实现。无论在工作中还是在爱情中，我们在朝着目标努力的过程中付出的时间和精力，往往远多于在真正实现目标的那一刻所付出的。引导人们关注过程，而不是结果，可能会有增强乐观的意外收获。通过提出“在当前的工作中，你最喜欢的方面是什么？”和“实现目标要花费两倍的时间，你为什么还会坚持追求？”这样的问题，可以得到许多来访者忽视的重要信息。或许有的人倾向于忘记享受工作、努力、失败和克服困难这一过程，只关注抵达终点时闪亮的瞬间。提醒一些人：没有拼搏的过程，就没有终点。这样的提醒可能会有所帮助。对于许多人来说，真理可能就是打开乐观的心窗。发挥 80% 也很出色，而无需力争 100%，这个道理可以让人们认识到，他们具有完成任务的能力。

5.5 思考

你在生活中一定有过很多感到乐观的经历，经历过充满希望的预期带来的激动和快感；同样，你也亲身体验过泄气、受打击和悲观的感受。花一些时间回忆自己生活中的这些经历，可以帮助你更好地理解本周提及的概念，并将这些概念更有效地运用在你本人以及你的工作对象身上。

想一想，在一个生活中让你感到充满信心和能力的领域，或许你是一位优秀的公众演说家、一位有实力的网球选手，或者是一位好母亲。找一找，哪些技能、天赋、热情和优势让你感到有信心？然后，思考一下这种信心对你有什么影响：你是如何看待生活中与此相关的问题、挫折和困难的？这与你处理的那些你不太有信心的领域相关问题又有什么区别？

5.6 练习

虽然“希望”和“乐观”是生活的自然组成部分，但这两个概念常常被我们忽视，或是被看作理所当然的事。请尝试这些活动，从而提高你对自己或他人有关希望和乐观的意识。

在工作中，留意你的同事讨论未来事件（无论是即将举办的商展、团队会议、销售截止期限还是报告演示）的方式。特别注意他们的姿势、表情、声音、语言和精力充沛度。你会把他们放在“乐观—悲观”连续轴的哪个位置？他们对未来的事件感到恐惧吗？他们对此感到焦虑吗？他们是否看起来心不在焉或者缺乏兴趣？他们是否充满渴望或热情？你是根据哪些线索判断的？

5.7 练习：为专业人士提供的希望问卷

- 你是如何知道自己成功实现了这个目标的？

- 如果不去尝试这个目标，你会付出什么代价？

- 你曾经成功实现过哪个目标？

- 这次成功的因素是什么？

- 说一说你没有面临这个问题的某次经历。

- 你过去是如何战胜类似问题的?

- 其他人过去是如何战胜类似问题的?

- 说一说你所拥有的可能有助于解决这个问题的资源。

- 你对于实现这个目标有多乐观?

- 是什么导致了你这样的乐观程度?

- 如果忽略成功或者失败，你每天从事这个项目的乐趣是什么?

- 如果这个问题发生在你的朋友身上，你会对他（她）说什么?

- 说一说你差点要放弃但没有放弃的一次经历。

- 说出你克服这个障碍的 3 种不同的方法。

- 如果这个问题突然消失了，你的生活会是什么样的? 你是如何知道的? 那时的生活与你现在的生活有什么不同?

- 说一说你处于最佳状态的某次经历。你会如何发挥你最优秀的品质?

- 告诉我，你在这个项目上已经取得的成就。

- 如果你打个响指就能奇迹般地得到坚持下去的力量，这种力量会是什么样的？现在可以让你坚持下去的东西是什么？

- 我一直钦佩你的是：

- 你的配偶或朋友会夸耀你的哪个优点和美德？

第 5 周要点回顾

1. 像“希望”和“乐观”这些听起来轻松的生活话题完全适用于工作和学习环境。研究表明，在这些环境中，希望和乐观与理想的结果相关。

2. 乐观并不一定意味着不现实。

3. 目标和资源需要很好地相互匹配。

4. 可以通过提高创造力或提高自信心提升希望。

5. 失败和对失败的恐惧是自然的、有意义的。

6. 完美主义不利于成功和幸福。

参考文献

Aspinwall, L., & Richter, L. (1999). Optimism and self-mastery predict more rapid disengagement from unsolvable tasks in the presence of alternatives. *Motivation and Emotion*, *23*, 221-245.

Baylis, N. (2005). *Learning from wonderful lives: Lessons from the study of well-being brought to life by the personal stories of some much admired individuals*. Cambridge, UK: Cambridge Well-Being Books.

Diener, E., & Fujita, F. (1995). Resources, personal strivings, and subjective well-being: A nomothetic and idiographic approach. *Journal of Personality and Social Psychology*, *68*, 926-935.

Emmons, R. (1999). *The psychology of ultimate concerns: Motivation and spirituality in personality*. New York: Guilford Press.

Gilbert, D. (2006). *Stumbling on happiness*. New York: Knopf.

Jackson, P. Z., & McKergow, M. (2007). *The solutions-focus: Making coaching and change simple (2nd ed.)*. London: Nicholas Breadley.

Lyubomirsky, S., King, L., & Diener, E. (2005). The benefits of frequent positive affect: Does happiness lead to success? *Psychological Bulletin*, *131*, 803-855.

Matlin, M., & Gawron, V. (1979). Individual differences in Pollyannaism. *Journal of Personality Assessment*, *43*, 422-412.

Novemsky, N., & Kahneman, D. (2005). The boundaries of loss aversion. *Journal of Marketing Research*, *42*, 119-128.

Segerstrom, S, & Nes, L. (2006). When goals conflict but people prosper: The case of dispositional optimism. *Journal of Research in Personality*, *40*, 675-693.

Snyder, C. R. (1994). *The psychology of hope: You can get from there from here*. New York: Free Press.

INVITATION TO POSITIVE PSYCHOLOGY

第 6 周

内容整合

主编导读

现在，我们进入了最后一周——第 6 周的学习。

在本周，作者为读者提供了很多整合性的思考与练习，此外，还对读者们提出了建议，希望大家能本着成长型心态，不断学习积极心理学的知识；在实践方面，则建议大家不要生搬硬套，要结合实际，创造性地运用所学的知识；此外，作者还为大家提供了很多积极心理学的资源，这些都有助于读者们更加深入地学习积极心理干预的方法。

彼得森教授指出："学习积极心理学并不是一种旁观性的活动。"的确，积极心理学的理论和方法是广泛适用的，但只有亲身实践（而不仅仅是书面阅读）才能产生巨大的作用。本书是一本出色的积极心理学实用学习手册，每一周都有理论、有方法、有练习，最后还有对本周内容的回顾。不过，虽然本书也很适合阅读，但被动阅读的效果并不是最好的。因此，我鼓励你以高度主动的方式来学习这门课以及本系列中的其他课程，对书中的概念进行深入思考，认真地做每一个练习，并将学到的知识和方法运用到你的生活、工作和个人成长中，你从这门课中一定会收获满满。

如果你已经这样做了，那么，让我祝贺你从本书中学到了很多的知识和技能，掌握了很多实用的工具和方法。欢迎进入积极心理学的世界！

建议你以鼓励自己的方式开始最后一周的学习。从你开始学习这门课程到现在，已经整整 6 周了，希望你已经发生了巨大的改变。我真诚地希望你怀着对积极心理学及其效果的好奇开始这段求知之旅，且目前已经为这个主题的学习打下了扎实的基础。回想一下我们一起学过的所有内容：你掌握了包括幸福、乐观等领域的专业知识；你了解了优势视角的诸多好处，学会了将这些话题应用到工作中。理想的情况下，你有时间检验“获得成功的有效途径是发挥优势，而不是弥补劣势”这个令人振奋的观点，我希望你有机会汲取这些令人着迷的新知识，与朋友、同事或家人一同练习基本的积极心理学技能，或许还可以对现实中的工作对象进行干预。如果你感受到自己在短时间内取得了长足的进步，我将感到非常欣慰。你的努力值得收获一连串的掌声。

为了保持积极心理学固有的崇尚成长和发展的基本精神，当你细细品味已经取得的成果时，也就到了让自己更上一层楼的时候了。现在，把你在过去几周里学到的知识和技能整合起来，应用到你的专业工作中。如果你能够把在这门课程中学到的知识综合起来，你将从一名积极心理学领域的新手变得越来越精通。如果你不会因为这门课程即将结束而停止学习，我会为你感到很骄傲。遗憾的是，许多积极心理学的课程和项目涵盖了宽泛的话题，却很少提供关于持续的专业发展或最新研究的信息。从定义上说，积极心理学是一门科学，所以它应是一个动态的知识体系，新的发现会不断涌现，因此，你需要定期更新自己对积极心理学新进展的了解，主动提高自己的技能，这是至关重要的。在本周，我将鼓励你站在积极心理学的前沿，并教给你这样做的具体方法。好消息是，你已经准备好了！如果你没有落下这门课的内容，并且按照我的建议坚持练习，那么你就已经为更高层次的学习作好了准备。

为了证明你的学习进展，请回过头看一看早在第 1 周时你回答的问题。那一周，我要求你列举出吸引你学习积极心理学的东西、你对积极心理学的怀疑以及你想从这次课程中得到什么。现在，你可以站在一个更高的位置来评估自己学到了多少。你的疑惑得到解答了吗？你的好奇和疑问有多少得到了答案？你为自己设定的目标实现了吗？请花一些时间，仔细想想这几个问题。对于仍然没有得到解答的问题，你还有其他途径来进行更深入的探索。

职业发展：成为一名积极心理学从业者

大多数专业人士，无论是教练、律师，还是心理咨询师，都重视职业发展。简单来说，职业发展是一种学习新技能和保持最新专业知识的承诺。大多数行业甚至有继续教育的要求，以保持竞争力和最好的实操技能，这是职业成长的明智之举，并且能够培养从业人员的工作责任感。因此，不难理解，人们想要知道积极心理干预（作为职业发展的方法）是否足以促使人从尽职地工作转变为卓越地工作。而出色的工作表现来源于各种因素的结合，其中包括天赋、专业经验和创新能力等。你可以不仅将积极心理学看作工具箱中临时添加的新工具，还要考虑创新的额外作用和你的实践策略。

当人们思考自己的工作时，往往会想到自己的岗位职责和被分配的任务。很少有人会想到创新。我们常常把“创新”这个词与科学、医学和技术联系在一起。实际上，“创新”是提高我们专业工作水平的重要部分，这与积极心理学观是非常一致的。那些真正通过与众不同的方式运用积极心理学的人，会采用现有的评估方法和干预方法，并以新颖的方式结合和使用它们。以 VIA 优势评估为例，大部分人都会鼓励自己的工作对象进行 VIA 优势评估，找出他们标志性的 5 个优势，然后针对这些优势展开工作。这种极其普遍的方法既合理又有效，但无法体现积极心理学最前沿的实践。如果你关注次显著的 5 个优势，把它们当作“潜在的”或“隐性的”优势，会怎么样？如果你开始注意特定群体的优势，观察特定的组合是如何相互联系的，会怎么样？如果你留意那些 VIA 评估中没有体现出来的优势，并思考如何利用这些优势与你的来访者（客户）开展工作，又会怎么样？我鼓励你主动地、创造性地运用积极心理学，而不是等专家来告诉你该怎么做。创新会为你带来额外的好处，让你的工作变得充满活力和令人愉快。

当然，创新说起来容易做起来难。如果创新是一件容易的事情，那么我们在职业生涯中的每一周都会有巨大的收获。我建议，每周或每两周抽出一定的时间专门用于创新。这段不受干扰的时间可以短至半小时，你可以选择在上班的路上，坐在汽车里思考创新，或者你可以每周与两三位乐于与之交流想法的、具有创造力的同事通一次电话。这两种策略我都用过，并且发现它们都是有效的。通常，我获得一个新颖的想法是通过审视那些从专业途径了解新想法，或者是为了扩大自己的事业（占领新的市场、建立新的服务模式等）而产生的想法。你可以用你的创新时间记笔记、进行头脑风暴以及让自己进行无需考虑现实的创造性发散。随后，你可以经常回过头去评估你的想法的优点及可行性。

6.1 创新

想一想我们讲过的积极心理学的每一个领域。在未来的几周里，你可以每周选择一个内容进行思考。问问你自己，你会如何将所学的知识创造性地应用于来访者（客户）。也许你会有一些新的想法来改进工作坊、线上课程或咨询工具等服务。也许你会找到利用“积极性”研究成果的新方法，或是为希望理论想出特别有效的运用途径。最终，这个想法将借助积极心理学的刺激和动力，推动你职业生涯的进步。请将你的答案写在这里。

在职业发展中，需要考虑的另一个方面就是“**策略**”。许多专业人士都会参加旨在传授新技术的工作坊和培训。我们常常接受关于最新的工具或最受欢迎的专业新方法的培训，但是，这些课程往往不会教人们何时以及如何最优地使用新技术，他们只是简单地把工具传授给你，并假设你会意识到在什么情况下可以最好地运用它。积极心理学家巴里·施瓦茨（Barry Schwarz）对人们如何运用自身优势的方式作出了批评。施瓦茨认为，拥有和运用自身的优势是一回事，而知道何时去运用、如何最优地运用它们，则完全是另一回事。比如，勇敢是一回事，而知道勇气在什么地方能够最好地施展，以及什么时候需要改用其他的优势，则是另外一回事。施瓦茨认为，成功的秘诀在于“实践的智慧”。在施瓦茨看来，实践的智慧是一种元技巧，通过这种技巧，我们可以学会如何最优地利用自己的天赋和才能。通过积累经验，你将学到积极心理学的某个方面针对某类来访者能够发挥最好的作用，以及什么时候应该讨论缺点而不是优点。记住这句老话：“如果你唯一的工具是一把锤子，那么所有东西看起来都像是钉子。”积极心理学是一种很好的工具，但并不是唯一的，最好能与其他学科结合起来，活学活用。我要在这里重申一下，对于你正在进行的工作，积极心理学可以作为一个很好的帮手，而不一定要取代它。只要你留意什么东西有用以及在什么时候起作用，积累的智慧会帮助你在工作中有策略地运用积极心理学。

紧跟积极心理学的步伐

虽然积极心理学是一门哲学，它告诉我们应该发挥自己的个人优势以及快乐对我们大有裨益，但它也是一门实证的科学。正因为积极心理学是一门科学，所以它是一个动态的知识体系，每个月都会有新的研究成果发表，有新的理论推出以及对新应用的思考。在工作中运用积极心理学最重要的就是不断掌握最新的发展动态。大部分人都不确定去哪里寻找新的信息，即使他们真的找到了一些资源，却充斥着复杂的统计分析。因此，紧跟积极心理学的步伐，就是知晓去哪里寻找那些适用于你并且用你能够理解的语言所写成的信息。幸运的是，有许多有益的资源可以让你了解这个领域中的最新进展，并与其他对积极心理学感兴趣的人取得联系。具体请见以下资源清单。

专业资源

1. 应用积极心理学中心（CAPP）。CAPP 组织致力于推动和宣传积极心理学研究并促进积极心理学应用。CAPP 网站包含培训、会议和用户论坛。

2. 积极心理学中心（The Positive Psychology Centre）。这是宾夕法尼亚大学积极心理学中心和塞利格曼的基地，包括积极心理学的历史、当前动态和资源。

3. 关注品格优势，可以关注行为价值研究所（The Values in Action Institute），这个非营利组织目前在对品格优势分类的研究中起着引领作用。

4. 积极心理学日报（Positive Psychology News Daily）。宾夕法尼亚大学应用积极心理学项目硕士毕业生们时常更新这份在线报刊，日报刊登了教练辅导、会议和书评的专题和评论。

5. 国际积极心理学协会（International Positive Psychology Association），这是影响力巨大的全球性学术组织，负责举办两年 1 次的全球积极心理学大会。

6. 研究者们的主页。你可以通过访问各大学院（系）的网站，获得最新的研究文章和免费的评估工具。想象一下，你可以浏览埃德・迪纳、索尼娅・柳博米尔斯基、肯农・谢尔顿，或是其他任何你感兴趣的研究人员的主页。

出版资料

最近几年，积极心理学书籍的出版方兴未艾，每年都会出现新的主题、新的观点以及新的积极心理学应用方式。下面列出的仅仅是少量特别优秀的资料。

1. 亚历克斯・林利写的《从平凡到卓越》(*Average to A+*)。这本书深刻地论述了优势及其在生活各个领域的应用。林利很好地拓展了品格优势评估量表（VIA），增加了对优势的定义、测量方法和运用方法的全面审视。

2. 马丁·塞利格曼的《真实的幸福》（*Authentic Happiness*）。这本书是积极心理学的开篇之作。塞利格曼表达了关注优势的观点，并讨论了他在这门哲学中求索的心路历程，以及为这门学科奠定基础的激动人心的科学发现。他写到了积极心理学的许多实例、建议、评估方法和应用。

3. 乔纳森·海特（Jonathan Haidt）的《象与骑象人：幸福的假设》（*The Happiness Hypothesis*）。纽约大学教授海特讨论了一些历经时间检验的重要思想。他博采东方哲学、西方宗教和现代科学之众长，写作风格通俗易懂，非常适合那些想要扩展知识又不想读得头疼的读者。

4. 罗伯特·比斯瓦斯 - 迪纳的《积极心理教练》（*Positive Psychology Coaching*）。这是积极心理教练领域的一部开创性著作。这部著作首次将积极心理学与教练这两门学科结合起来，论述了积极心理学及将它应用到教练中的实践建议。书中包括关于“积极心理教练的未来”的章节以及关于优势训练的 3 个章节。

5. 汤姆·拉思（Tom Rath）和唐纳德·克利夫顿的《你的水桶有多满？》（*How Full is Your Bucket?*）。这本由盖洛普公司前 CEO 与他的外孙合写的小册子，轻便但很实用。对于任何一名辅导人们解决工作相关问题的培训师来说，这本书都是必需的。拉思和克利夫顿用简单的语言讲明了为何以及如何将积极心理学应用到工作中。

主动获取的资源

积极心理学领域有各种年会、周末培训、远程教学和学历证书课程。它们的更新速度很快，你最好选择最适合你的活动。CAPP 会向你提供最新的简讯和网站，正如前面提到过的，那里有许多新进展和积极心理学公告。❶

尽力推广积极心理学

概括来说，当人们提到积极心理学时，会分为两大阵营：第一类人认为积极心理学让人耳目一新，它为人们所看重的乐观、积极的生活方式提供了话语、思想和有力证据，对于这类人来说，积极心理学就像是一种顿悟。如果你的工作对象属于这类人，那你不需要向这个群体“兜售”积极心理学。也就是说，他们很容易相信这是一种有意义的看待世界的方式；另一类人则对积极心理学抱有几分怀疑态度。这些人可能是管理者或企业客户，他们关注的是生产力和最终盈亏，并想要得到积极

❶ 在中国，可以关注中国心理学会、清华大学社会科学学院积极心理学研究中心。——主编注

心理学给生产力和最终盈亏带来直接影响的证据。接近这个群体最好的方法是从市场的角度去理解他们，并了解他们所看重的结果。基于对他们的了解，你可以调整自己使用的语言，使积极心理学与他们的价值观念直接联系起来。你可以谈论“提高员工的敬业程度”，而不是“提高工作中的幸福感”；可以把“员工幸福感”与“离职率和病假”直接挂钩；把“坚毅力”重新定义为“任务坚持程度”。但是，这不是简单的文字游戏，重要的是，记住你说的话是有研究支持的。不管怎么说，积极心理学的研究充分表明这些工具都是有效的。

总结

最后，令人宽慰的是，并不只有你一个人对积极心理学感兴趣。积极心理学是一种新兴的生活态度，正在日益受到人们的欢迎。越来越多的专业人士开始了解这门极具前景的学科，许多人开始研修积极心理学的课程或购买积极心理学的书籍。你处于一个绝佳的时机——在积极心理学发展相对较早的阶段开始学习它，但又不至于因太早而需要为积极心理学的合法地位而斗争。记住，你有一群朝气蓬勃且充满热情的同伴，他们渴望在网络论坛或研讨会上与你分享他们的知识、经验和想法。你正处于一个学习积极心理学，并根据需要进行调整，将其灵活地应用到新领域的最佳时期。

在这6周的课程中，你取得了很大的进步。我向你介绍了新的知识，并建议你把它运用到实际生活中。但愿学习积极心理学会影响你对自我、人类和世界的看法。在理想情况下，你会对优势和成功更加敏感，而且比以往更加重视幸福和乐观。你已经了解了积极心理学、具有解决问题的积极态度并学会了不少得到科学验证的干预措施，因此，你已经做好了将积极心理学应用到工作和生活中的准备。这是一个激动人心的时刻，衷心祝愿你万事如意！

6.2 内容回顾

现在，请翻回到第 1 周，回顾你当时完成的练习和“展望”。请将你目前的知识和技能水平与刚开始学习这门课时的水平进行比较。请实事求是地指出你已经完成的目标，以及你想进一步学习或完成的内容。请回答以下 4 个问题，作为这门课最后的思考性练习。

- 以下是我学到的积极心理学的内容和它的应用。

- 作为学习的成果，以下是我把积极心理学应用到自己工作和生活中的情况。

- 以下是我仍然需要或想要继续学习的内容。

- 以下是我为了学习这些内容而打算做的事情。

6.3 最后的课程评估

无论你是一名治疗师、教师、教练，还是从事其他职业，请从你自己的生活中考虑一项工作任务。根据我们在这门课程中学过的所有内容，请描述一下，你将如何把积极心理学的理论、评估方法和干预措施应用到你的工作中。例如，如果你是一位教练，请描述一下，你针对特定的客户可能会如何开展工作，包括你的原理、所有必须作出的局部调整，以及为什么你会刻意避免某些技术或概念。请详细地把你的想法写成一篇 600 字的文章。我不是寻求答案的对或错，而是希望你能把这个练习当作一次整合和应用自己所学知识的机会。

内 容 提 要

欢迎来到积极心理学的课堂！积极心理学是一门研究人类幸福与优势的科学，积极心理干预从应用的角度提供各种方法，帮助人们达致最佳状态，实现可持续的幸福。在这门课里，你会接触到积极心理学的基础知识以及最新的干预方法，并通过为期6周的课程，将这些理论和方法应用到个人、家庭和组织中，让焦虑和抑郁DOWN，让幸福感和生活满意度UP！

图书在版编目（CIP）数据

积极心理学的邀请：幸福科学与实践工具 /（美）罗伯特·比斯瓦斯－迪纳著；胡修银，虞嘉葳译．-- 北京：中国纺织出版社有限公司，2024.1

（积极心理干预书系 / 安妮主编）

书名原文：Invitation to Positive Psychology: Research and Tools for the Professional

ISBN 978-7-5180-9565-0

Ⅰ.①积… Ⅱ.①罗… ②胡… ③虞… Ⅲ.①普通心理学–通俗读物 Ⅳ.①B84-49

中国版本图书馆CIP数据核字（2022）第092401号

责任编辑：关雪菁　朱安润　　责任校对：高　涵

责任印制：王艳丽

中国纺织出版社有限公司出版发行

地址：北京市朝阳区百子湾东里A407号楼　邮政编码：100124

销售电话：010—67004422　传真：010—87155801

http://www.c-textilep.com

中国纺织出版社天猫旗舰店

官方微博 http://weibo.com/2119887771

北京华联印刷有限公司印刷　各地新华书店经销

2024年1月第1版第1次印刷

开本：710×1000　1/16　印张：11.75

字数：105千字　定价：49.80元

原文书名：Invitation to Positive Psychology: Research and Tools for the Professional
原作者名：Robert Biswas-Diener
Invitation to Positive Psychology: Research and Tools for the Professional

著作权合同登记号：图字：01-2022-3878

U0534067

國家社科基金重大招標項目
國家古籍整理出版專項資助項目
全國高等院校古籍整理研究工作委員會直接資助項目
北京師範大學中華文化研究與傳播學科交叉平臺項目
教育部人文社會科學重點研究基地北京大學中國古文獻研究中心成果

杜桂萍 主編

清代詩人別集叢刊

彭蘊章集

上

張劍 吴晉邦 輯校

人民文學出版社

圖書在版編目(CIP)數據

彭蘊章集：上下／杜桂萍主編；張劍，吳晉邦輯校. -- 北京：人民文學出版社，2024. --（清代詩人别集叢刊）. -- ISBN 978-7-02-018897-0

Ⅰ. I222.749

中國國家版本館 CIP 數據核字第 2024RV7629 號

責任編輯　杜廣學
裝幀設計　黃雲香
責任印製　張　娜

出版發行　人民文學出版社
社　　址　北京市朝内大街 166 號
郵政編碼　100705

印　　刷　三河市中晟雅豪印務有限公司
經　　銷　全國新華書店等

字　　數　1120 千字
開　　本　880 毫米×1230 毫米　1/32
印　　張　45.125　插頁 5
印　　數　1—1500
版　　次　2024 年 10 月北京第 1 版
印　　次　2024 年 10 月第 1 次印刷

書　　號　978-7-02-018897-0
定　　價　290.00 圓(全二冊)

如有印裝質量問題，請與本社圖書銷售中心調换。電話：010-65233595

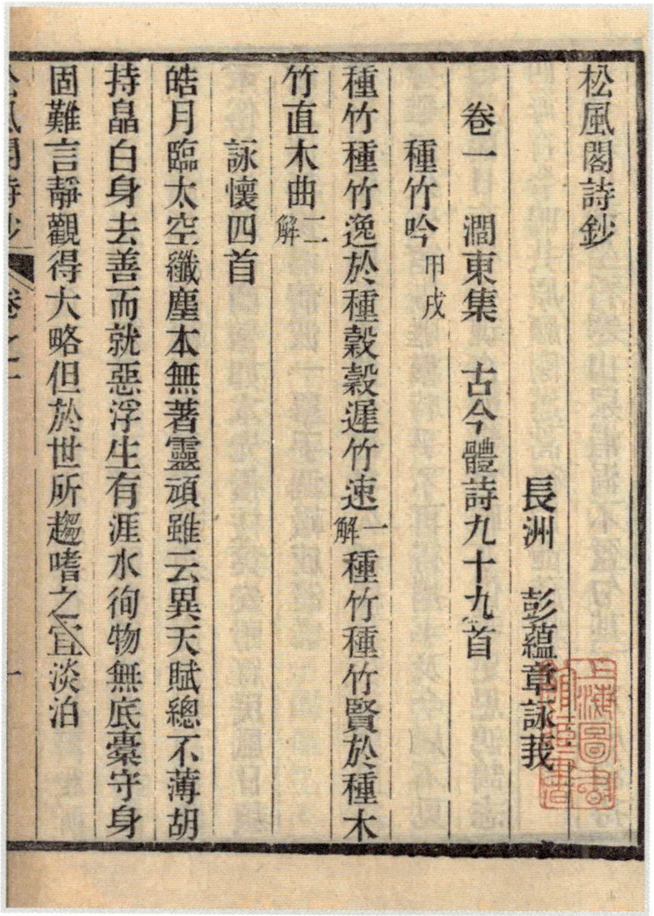

松風閣詩鈔　　　　長洲　彭藴章詠莪

卷一　淛東集　古今體詩九十九首

種竹吟 甲戌

種竹種竹逸於種穀穀遲竹速一解種竹種竹賢於種木

竹直木曲二解

詠懷四首

皓月臨太空纖塵本無著靈頑雖云異天賦總不薄胡

持皛白身去善而就惡浮生有涯水徇物無底橐守身

固難言靜觀得大略但於世所趨嗜之宜淡泊

彭藴章《松風閣詩鈔》，《長洲彭氏家集》本，上海圖書館藏

彭蘊章《瓜蔓詞》，《松風閣詩鈔》附，天津圖書館藏

瓜蔓詞附錄

長洲　彭蘊章詠莪

鷓鴣天

小樓即景

漠漠輕陰落晚紅曉鶯啼煞畫牆東滿庭濃綠春歸去珠箔闌干儘日風　閒倚醉趁拋慵惜花無語小樓空輕雷欲送南山雨一角油雲點碧峯

西江月

春曉

喜鵲一聲醒睡綠窗曉色朦朧銀釭栗影逗微紅暗想

清代詩人別集叢刊總序

昔人謂『文以興教，武以宅功』。古時國家以興學崇教爲首務，議禮以定制度，考文以興禮樂，乃有文治彬彬稱盛。於今『文化强國』，亟需傳承弘揚中華優秀傳統文化。古籍整理作爲其中關鍵之一環，具有極爲重要的意義。近三十年來，古籍整理日趨興盛，已經成爲學術研究的時代熱點和文化傳承的日常內容。各類型的整理工作可圈可點，各維度的文獻整合則又增添了別樣的景觀。新世紀以來，明清文獻整理和研究異軍突起，引人注目，如今已成爲古籍整理領域的重頭戲。

相比於清代戲曲、小説文獻的整理，清詩文獻的整理工作開始並不算晚，幾乎與清詞文獻的整理同步啓動。可惜的是，儘管有好古敏求之士多次倡導，皆因時機不夠成熟而沒有形成規模和氣候。其中主要的因素，當與清詩數量巨大直接相關。據估算，清人各種著述總約有二十萬種，其中詩文集超過七萬種，存世約四萬種，有作品傳世的詩人約十萬家，有詩文集存世的作家當在萬人以上，詩歌作品近千萬首。庋藏情況尚需進一步調查，大量文獻尚散存於民間，以及相關文獻狀態駁雜不易辨析等，也是很多工作推進困難的重要原因。總之，難以一時彙爲全璧，始終是《全清詩》文獻整理不能全面展開的歷史與現實之惑。

儘管如此，相關的學術準備始終在進行著，且日見規模。譬如，上世紀开始由上海古籍出版社出版的《中國古典文學叢書》、中華書局出版的《中國古典文學基本叢書》（以別集論，前者約收一百二十種，後者約收九十種），都包含了一定數量的清代詩人別集（至二〇一六年，前者共收九種，後者共收四種）。新推出者新意頗多，如陳永正《屈大均詩詞編年輯校》（上海古籍出版社二〇一七年版），而一些修訂重版者則顯爲精進，如俞國林《呂留良詩箋釋》（中華書局二〇一五年初版，二〇一八年再版），皆以不同面相爲清代別集文獻的整理和研究提供了新的理念和視野。其他出版機構也在留意清人別集的整理和研究，如國家圖書館出版社影印出版《清代家集叢刊》（徐雁平、張劍主編）、鳳凰出版社陸續推出《中國近現代稀見史料叢刊》（張劍、徐雁平、彭國忠主編）等。人民文學出版社也在高度關注這一重要領域，先後出版《明清別集叢刊》、《乾嘉詩文名家叢刊》等，集中力量於明清文人別集的整理和研究，實有後來居上之勢。凡此也表明，學界和出版界皆已體現出高度的學術自覺，意識到清代詩文文獻的重要性。尤其是人民文學出版社，已不僅僅著眼於名家之作，對那些於文學史、文學生態結構中發生重要影響或特殊作用的文人及其文獻遺存也予以關注，這既符合文獻整理的基本原則，又有利於彰顯文學研究的開放性視角，進行多面向的學術路徑的拓展。

正是在這樣的學術語境中，由我擔任首席專家的國家社科基金重大招標項目《清代詩人別集叢刊》於二〇一四年獲批，有計劃的系統性的清代詩人別集整理工作得以展開。相關成果陸續成編，彙爲《清代詩人別集叢刊》，以奉獻給學界。

我們並没有選擇原書影印的整理方式，而是奉行『深度整理』的基本原則。以影印方式整理，固然可以使研究者得窺作品之原貌，也有利於及時呈現和保護一些珍稀古籍版本，如上海古籍出版社出版的《清代詩文集彙編》、國家圖書館出版社出版的《清代詩文集珍本叢刊》等，都具有重要的學術價值。

不過，點校、注釋、輯佚等整理方式無疑更能體現出古籍整理的學術深度。事實上，隨著文化語境的改變和學術研究的深入，文獻整理的功能也在不斷拓展，不僅應提供基礎性的文獻閱讀，還應具有學術研究的諸多要素，卽在學術史的視野中呈現文獻生成的複雜過程和創作主體的生命形態，而這正是《清代詩人別集叢刊》選擇『深度整理』方式的理念和前提。

『深度整理』指向和强調『整理卽研究』的古籍整理思想與學術精神。以窮盡文獻爲原則，以服務於學術研究爲目的，於整理過程中注入更明確、豐富且具有問題意識的科研內涵，使古籍整理進一步參與當代學術發展。也就是說，在一般性整理的基礎上，借助於多種方法的綜合運用，爬梳文獻，考證辨析，去僞存真，推敲叩問，完成既收羅完備、編排合理，又在借鑒以往成果基礎上推進已有研究、表達最具前沿性的科研創獲的詩人別集整理本。這既是古籍整理基本要義的延伸和拓展，也符合與時俱進的學術發展訴求，應是整理工作之旨歸所在。

如是，《清代詩人別集叢刊》突出了以下幾個方面的整理工作。

一、前言。『前言』的撰寫，不泛泛介紹作者生平和創作的一般狀況，而注重於文獻、文學、文化等視角，對著者生平進行考述，對著述版本源流加以梳理，對別集的文學價值、影響進行具有文學史意義的判斷。『前言』應是一篇具有較强學理性、權威性和前沿性的導讀佳作。

二、版本。別集刊刻與存世情況往往因人而異，或版本複雜，或傳本稀少。『必先定其底本之是非，而後可斷其立說之是非。』（段玉裁《與諸同志書論校書之難》）本叢刊堅持廣備衆本，謹慎比對，選出最佳的工作底本和主要校本，力爭使新的整理本成爲清詩研究的新善本和定本，爲學界放心使用。

三、輯佚。清代文獻去今未遠，除大量别集、總集外，清人手稿、手札、書畫題跋等近年時有發現，散存於方志、家譜的各類佚文亦在不斷披露中。故以求全爲目的，盡力輯佚，期成完帙，並合理編纂。務使每一種整理本成爲該詩人别集的全本，這也是提升整理本學術含量的重要舉措。

四、附録。附録豐富與否是新整理本學術含量高低的重要標志，實爲另一種形式的研究。如年譜簡編以及從族譜方志、碑傳志銘、評論雜記中勾稽出的相關研究資料等，對全景式展現詩人生命歷程、深入探究詩人乃至其時代的文學創作十分必要。有時文獻繁雜，需精心淘擇和判斷，强化『編纂』意識，避免文獻堆積，充分體現深度整理的學術含量。

古籍文本生成於歷史，負載了豐富的歷史文化信息。對於整理者而言，不僅應使古籍文本能夠被有效閱讀，還應借助閱讀活動等促其進入公共和現實視域，成爲當下文化結構的有機組成部分。也就是説，整理活動本身應始終處於在場的文化狀態，立足於學術史，並直面其所處之研究領域的一些難點、疑點和熱點問題，進而通過整理過程中的辨析、考論解決文學演進中的某一方面或幾個方面的問題，形成專題性研究，這是深度整理應達成的重要目的。所以，整理活動其實是一個思維創新的過程，指向的是知識和觀念整合的結果。考訂史實，發現文本之間的各種意義和多層面内涵，使之成爲當代人可閱讀的文學文本，並參與歷史與現實文化建設，其實也是在回答我們進入歷史的方式。

總之，以窮盡文獻、審慎校勘爲路徑，以堅實、充分的文獻史實研究爲基礎，通過對文獻的慎用和智用，借助歷史的、邏輯的思路甚至心靈的啓迪，系統、全面地收集、篩選史料，勾連、啓動其内在聯繫，從而將古籍整理與史實探析深度結合，强化了整理性學術著作的研究内涵，是一種真正包含了主體自由性的學術實踐活動。這種由專門研究完善古籍整理、由古籍整理深化專門研究的深度整理方式，對整理者的研究意識和整理本的學術含量都提出了更高的要求，不僅標示了整理觀念和方法上的更新，更是當代學術發展的必然訴求。我們願努力嘗試之，並推出一系列具有較高水準和重要學術意義的整理成果。

杜桂萍　二〇一八年十二月十六日

總目錄

前言

彭藴章（一七九二—一八六二），字琮達，一字詠莪，號詠莪、小園、詒穀老人，别署澗東墨客、竹西墨客、硯北山樵，江蘇長洲（今蘇州）人。彭藴章是長洲彭氏家族的後期代表人物，潛心理學，喜言釋家，尤好易學、金石，頗有著述； 少負詩名，名列『吳中後七子』，爲問梅詩社主要成員，一生創作甚多，兼好篆隸書畫； 供職軍機處二十餘年，仕至武英殿大學士、領班軍機大臣，是咸豐後期的首揆重臣。其文學、思想、政事在當時皆有一定地位，值得深入研究。

一

乾隆五十七年（一七九二）七夕卯時，彭藴章生於蘇州葑門磚橋彭氏祖宅，初名琮達，小字鐵寶。長洲彭氏爲清代著名世家，藴章五世祖彭定求爲康熙十五年（一六七六）狀元，曾祖彭啓豐爲雍正五年（一七二七）狀元，祖孫魁首，科名之盛甲於天下。彭藴章祖彭紹賢未出仕，父彭希涑二十六歲中舉人，但在藴章出生次年卽去世。藴章二歲失怙，八歲失恃依祖母居，九歲祖母又去世，藴章姊弟四人分依叔伯。藴章依伯父彭希洛，長姊依伯父彭祝華，三姊依伯父彭希濂，弟彭翊依叔父彭希鄭。藴章之名、詠莪之號（後用作字），皆彭希洛所取。

彭藴章六歲入塾，先後從學於江廷楨、蔡鳳占、黄春霆、袁寶樹，彭希洛亦授以《左傳》及文法。嘉慶十一年（一八〇六）藴章十五歲，始應童子試，同年彭希洛病逝。嘉慶十三年（一八〇八），彭藴章入長洲縣學，次年與江南河道副總督徐端之妹德清徐氏於清江浦就婚。此時期，藴章先後從堂兄彭藴輝、邑人蔣景曾學習制藝之法，又學王廣心《蘭雪堂制藝》爲華贍之文。嘉慶十九年（一八一四），彭藴章受業於王芑孫，從其學詩，與芑孫之子王嘉禄朝夕論文，又就學於石韞玉主講席的紫陽書院。嘉慶二十三年（一八一八），彭藴章二十七歲，鄉試得中，從此頻繁往來於北京與蘇州之間，然屢試不第。藴章此時期在舉業外留心詩賦、搜求金石，與友儕遊賞湖山，頗得其樂。道光三年（一八二三）落第後，彭藴章居鄉三年，入黄丕烈倡始的問梅詩社，與石韞玉、張吉安、尤興詩、韓崶等退居鄉里的前輩耆舊雅集唱和，傳爲一時盛事。藴章出仕後再未能回鄉長居，這是他悠遊吳門的最後一個時段。

道光六年（一八二六），彭藴章再至京師參加會試，挑取謄録第四名。彭藴章至此會試已五次不第，按例得與大挑，得二等，以教職候選。次年由教諭改官内閣中書，先後校對《方略》、《國史》、『武英殿刻本』，繕校軍機清檔。道光十年（一八三〇），其妻徐氏歿。十一年考取軍機章京，回鄉理喪，並於十二年續娶朱氏。道光十三年，補軍機章京，在二班行走。道光十五年（一八三五），彭藴章九應會試，終於及第，年已四十四歲。此後數年間，歷官虞衡司主事兼都水司、都水司員外郎、保送御史，任方畧館收掌官、製造庫郎中、鴻臚寺少卿、光禄寺少卿、方畧館提調，道光二十二年（一八四二）充軍機領班章京，次年升順天府府丞。二十四年升通政司副使，次年授宗人府府丞。道光二十六年（一八四六）外放福建學政。在閩期間，先後補授都察院左副都御史、工部右侍郎，兼管錢法堂事務。藴章久躓闈場，自謂『敢誇老眼明如鏡，慣作門前鵠立人』（《問心堂課士口占》)。在福建學政任上，克勤職守，嚴格選士；勸諭士子止械鬬、戒溺嬰，重建考亭書院等勝跡，對當地文化做出了貢獻。時任福建巡撫徐繼畬稱其『實爲學臣中真能稱職之人』(《爲循例查報學政彭蘊章考試聲名事奏摺》)，彭蘊章歿後，閩省有祀爲名宦之議，皆可見其當日功績。道光三十年(一八五〇)還京，兼署刑部右侍郎。

咸豐元年(一八五一)，彭蘊章始任軍機大臣上行走。蘊章釋褐爲内閣中書，科名不高，得此殊遇，頗出意外。咸豐年間國家多事，蘊章一直仕途亨通，歷官户部右侍郎、吏部左侍郎、兵部左侍郎、實録館副總裁官、禮部左侍郎、工部尚書。咸豐五年(一八五五)，以工部尚書協辦大學士，充經筵講官；六年(一八五六)十一月授文淵閣大學士，管理工部事務，成爲以大學士兼軍機大臣的『真宰輔』。同月，領班軍機大臣文慶去世，彭蘊章躋升首揆。蘊章自進士及第到官拜大學士前後不過廿載，晉升之快，漢臣中少有其比。此後充玉牒館副總裁、上書房總師傅，咸豐八年(一八五八)充武英殿大學士，後任國史館正總裁。咸豐十年(一八六〇)四月，彭蘊章一力保舉的兩江總督何桂清大敗於太平軍，何桂清東逃滬上，江南全失。蘊章自此寵信大減，六月即因足疾離任。此時二次鴉片戰爭戰事已熾，彭蘊章身爲首揆而臨危請去，頗爲時人詬病。咸豐十一年，蘊章赴熱河勸咸豐帝回京，回京後署理兵部尚書，兼署都察院左都御史。同治元年(一八六二)五月因病開缺，十一月初九日於京去世，時年七十一歲。時蘇州未復，權葬於宛平縣甄家墳。同治八年(一八六九)八月，蘊章子祖賢扶柩回籍，葬彭蘊章於長洲縣九都二十四圖生字圩長涇浜。彭蘊章有子八人、女四人，孫輩數十，其中三子祖賢官至湖北巡撫，孫彭詒孫(翼仲)曾創辦《京話日報》、《中華報》，爲清末著名報人。

彭藴章早年有詩名，晚年以宰輔膺重任，『京察硃諭褒敘者三，殿廷考第文字者二十四』（羅惇衍《光禄大夫武英殿大學士文敬彭公墓志銘》），科名遠不逮彭定求、彭啓豐等家族前輩而宦績過之，是長洲彭氏仕履最高、影響政局最著者。道、咸之後，長洲彭氏已不像乾、嘉時科第仕宦不絕，藴章之弟彭翊謂『今則維兄一人爲進士、在仕途』（《詠莪伯兄五十壽序》），足見其對於家族的重要性。藴章詩名列於『吴中後七子』，仕宦得『文敬』之謚，爲學發揚彭定求以來的理學傳統、彭紹升以來的禪學傳統，晚年秉政雖有爭議，平生成就實無愧於長洲彭氏最後的代表人物。

二

長洲彭氏科甲興旺，其家集中所載的詩文集爲數可觀，代表人物彭定求還參與編校《全唐詩》，但總體而言，這一家族並不特别以文學名世。王嘉禄謂：『彭氏爲吾吴望族，尺木、秋士兩先生外，諸先達皆究心舉業。惟詠莪篤志古學，取法特高，故所爲詩獨得正聲。』（《國朝正雅集》卷八〇）彭藴章確屬家族中詩作成就較高者。早年諸作刊爲《澗東集》，頗得吴門前輩稱許；中年以後創作亦未減少，一年一集，數量可觀。《彭文敬公全集》本《松風閣詩鈔》載詩一千八百一十七首，另有詞二十首。補以《澗東集》、道光本《松風閣詩鈔》中被删落的諸作及其他集外詩，現存總量達一千九百七十餘首之多。藴章晚年官位甚高，不以文名，後世也不把他看作當時的重要詩人，實則他的詩文在當時皆有一定名氣。

嘉慶十九年（一八一四），彭藴章始學詩於王芑孫，『先生授以漢魏至唐人作若干首，時誦習焉，自是閲一二月，得詩數十首。』（《自訂年譜》）現存彭藴章詩即從此年始。藴章習詩雖晚，但悟入很快，兩年後即被鄉前輩陳文述評爲『吴中七子』。陳文述評選的『吴中七子』包括彭藴章與王嘉禄、朱綬、沈傳桂、潘曾沂、吴嘉洤、韋光黻七人，是繼沈德潛領袖的『吴中七子』後又一批優秀的蘇州詩人。這七人中，王、朱、沈、吴四人又與戈載、沈彦曾、陳彬華在詞壇上並稱『吴中七家』。藴章似不擅詞，今集中詞作亦不多，未能列席。

『吴中七子』這一並稱是他者的點評，他們互相之間聯繫並不特别緊密。這段時間藴章尚未出仕，交遊不廣，自寫胷臆、清新自然之作較多。王芑孫評以『緣情適興，安雅可誦』（《澗東集》卷首），認爲他的詩作和平婉約，較爲中肯。從他此時期的作品中，頗能看出一些學習前人的痕跡。如《擬唐人五律十二首》摹擬前人，部分篇什相似性過高；《鞠歌行》字數安排、各句内容皆因襲李白之作；《鉏雲園八詠》學《輞川集》，《流水禪居看桃花》學白居易《寄韜光禪師》全篇用當句對，都比較明顯。直到後期，藴章也常有化用他人句意的現象。如『七種菜挑人日市，九微燈試上元辰』化自蘇軾『曉雨暗人日，春愁連上元』，『君平久氍世，世亦氍君平』句式全用李白『君平既棄世，世亦棄君平』。《夢遊仙山吟爲陸稼堂中丞作》『人生不得遊蓬瀛，餐霞常伴安期生。亦當暫住芙蓉城，手攜仙子周瑶英』化自陸游《長歌行》『人生不作安期生，醉入東海騎長鯨。猶當出作李西平，手杖旄鉞清舊京』，變化其意；《還山吟送魏笛生觀察引疾歸里》學高適《賦得還山吟送沈四山人》；《金臺夕照》『無邊落木樓頭下，不盡寒雲易水來』全用老杜《登高》『無邊落木蕭蕭下，不盡長江滾滾來』字面。《唐山旅次》一詩共三聯，上句『山石犖确車輪摧』、『上山下山入山谷』、『山迴路轉見人家』分別化自韓愈《山石》、王季友《宿東溪李十五山亭》、岑參《白雪歌送武判官歸京》，乃至全用成句。蘊章『少時學詩，服膺何、李』（《又書何大復集後》），部分作品酷肖前代詩歌，亦在情理之中。

在學習前人的同時，面對懷古、詠物等不需要過多個人閱歷的題材，山水、行旅等個人有較多經驗的題材，彭蘊章的寫作很快就趨於純熟。《詠史六首》、《詠古四首》、《秣陵懷古四首》、《秋窗詠物四首》等詩字句工穩，音節鏗鏘；《虎丘》、《龍潭舟次和王井叔韻》、《支硎中峯晚眺》等作清新流麗，頗有意趣。蘊章學詩自王芑孫所授的漢唐詩入，但並不偏廢盛唐以後詩，集中的《題元人詩十二首》、《明人詩評》三十六條即是明證。其《庚寅七夕書懷》云：『廿載耽吟郊島詩，未工猶喜少人知。』可見他對中晚唐詩頗有心得。蘊章早年的《秋窗即景》、《山房消夏》、《山房十詠》等詩作，皆頗有遯世意趣，寄懷物外。試觀其《夏夜》：

荒園無客到，枯坐學逃禪。露下夜初靜，月沈人未眠。澄光半潭水，涼意五更蟬。天末秋風起，疏櫺一葉穿。

此詩置諸中晚唐集中可亂楮葉，足見『耽吟郊島』之功。研究者曾認爲『吳中七家』具有一定程度的寒士心理（楊柏嶺《嘉道間『吳中七家』的詞學思想及創作特色》，《中國詩學研究》第十二輯）。彭蘊章身出名門，迥非寒士，但早失怙恃，又屢試不第，加之釋家思想影響，故而早期詩作中也有體現。其《贈方外鏡菴》稱：『善學王維畫，工吟賈島詩。』此評一定程度上也適應於早年的他本人。隨著進入仕途，這種特徵在詩中逐漸消退。

道光五年（一八二五）四月，彭藴章叔父彭希鄭攜他入問梅詩社參與第二十六次雅集，同集者爲石韞玉、黄丕烈、尤興詩、彭希鄭、張吉安。問梅詩社的成員主要都是退居蘇州的前輩耆老，彭藴章身爲後輩預此盛會，頗感榮幸。此後藴章頻繁參加詩社雅集，酬贈之作大量增加，内容則轉向文人雅趣如雅集（祀黄庭堅、虎阜探梅、山塘修禊、上巳雅集、山塘觀競渡、逸園雅集、泛鶯脰湖）、題他人詩稿（蔣寶齡、潘鴻誥、宋翔鳳）、題畫（蔣寶齡、嚴寅、張吉安、韓崶）、題古物及文房清供（陳貫霄印譜、題曝書亭硯、趙南星鐵如意、朱碧山製銀槎酒器、石韞玉菊塔）、次韻（嚴寅、彭玉樵）等，與此前獨自行吟，『無他友，惟井叔（王嘉祿）一人而已』（《自訂年譜》）的狀況頗有不同。道光六年（一八二六）彭藴章即入都，問梅詩社這段經歷時間雖不長，但確可視作其詩的一個轉折點，重文人雅趣、多社交酬贈、饒義理之思等此時期的新特點都一直持續在此後的詩歌創作中。

藴章入京前期，爲客異鄉，尚未及第，不乏鬱悒之思，道光本《松風閣詩鈔》中冠首的《神仙樂府二十首》、《擬古十九首》皆然。同時他也積極在京城結社吟詠，參與後期的宣南詩社，並邀約同人至龍樹寺、西山寶藏寺等處結社賦詩。道光十九年（一八三九）始刊《鶴和樓制藝》，道光二十六年（一八四六）刊刻《松風閣詩鈔》（《瓜蔓詞》附），二十八年（一八四八）在福建學政任上刊刻《歸樸龕叢稿》，在年近六旬之際對自己的詩、詞、文創作進行了階段性總結。在閩期間，藴章按試各府州，山水之作特多；賞識江湜之才，不待其請而序其詩，簡拔後進不遺餘力。藴章從閩回京後很快進入樞廷，成爲重臣後，詩作數量並不減少，與祁寯藻、柏葰等樞臣的唱和均多，但應世套語多而肺腑真致少，應制、恭紀諸作也頗有粉飾太平之嫌。藴章中年以後即强調儒學爲本、文藝爲末，所謂『詞章雖好終餘事，《論》

《孟》書中領悟新』，『文繡膏粱奚足羡，躬行心得學求醇』(《虞孫和余作詩筆尚清然文藝末也詩以勖之》)。此時他已身居高位，與早年心境大有不同，『先生宦後雄談減』(龔自珍《己亥雜詩》其七)，在所難免。

蘊章之詩，以古詩、樂府最爲著名，時人稱『詠莪相國於古樂府用力最深，而尤深於漢魏』(《寄心盦詩話》)。由於學詩從漢唐而入，其作品中有明顯的擬古傾向，但往往非優孟衣冠，或説哲理，或寓寄託。《詠懷四首》中，『皓月臨太空』一首歸於『但於世所趨，嗜之宜淡泊』，『言登寒山麓』一首歸於『持滿始充量，慎微當塞源』，雖旨在説理，但意象清健，有出塵之意。《擬古十九首》序稱『余濩落中年，飄零京國，春風秋月，即事感懷，聊託擬古之詞以抒鬱紆之意』；《神仙樂府》以消遣世慮，山深林密中，必有屬而和者。』這些作品都體現出他的用力所在，他贈予張維屏的『碧月破天出，白雲隨地生』二句也適合移來自評。鴉片戰爭時，彭蘊章先後有《箜篌引》悼陳化成，《出西門》、《白頭吟》、《我所思七章》、《短歌行》、《猛虎行》、《獨漉篇》等作，用樂府古題而皆有現實指涉。除樂府舊題外，蘊章一直喜愛歌詠風土，少年時的《介堂誦新詩頗愜予意題贈》就稱贊對方『民俗歌謡入紀聞』，自作《祈麥曲》、《蠶市謡》、《幽州土風吟十八首》、《扇子湖竹枝詞》、《三山風物觚》皆然。《幽州土風吟十八首》至民國尚有人特爲箋注，可見其留存社會圖景的意義。

彭蘊章雖以擬古、樂府知名，又多酬贈應制之作，但詩中一直保有對時局的思考、對民瘼的關切。嘉慶二十四年(一八一九)，黄河於蘭陽、儀封決口，由渦入淮，淮揚受災嚴重。由於内兄官於南河，蘊章對當地頗爲熟稔，是年由京返蘇，遂作《秋懷八首》。這組詩沉鬱多諷，筆力雄健，當屬蘊章佳作，對官員的指斥、對時政的不滿都較直接：

維揚亦是儲財地，隔堰洪湖出堞高。深夜鼋鼉移窟宅，清秋鴻雁滿蓬蒿。雲蒸海國空鹽井，浪急江村散米舠。屬邑流亡憂不淺，大官莫視九牛毛。（其五）

泰岱峯高粱甫卑，崇朝雲雨滿東陲。麛裘兩觀誅姦少，枹鼓三軍讓善誰。僕射功高爭坐帖，將軍威振紀功碑。莫尋恩怨繩豪傑，世上紛紛朱亥椎。（其八）

可能由於此詩尾聯寓意過於顯豁，這一首在道光本《松風閣詩鈔》中即被刪去；《彭文敬公全集》中只留下八首中的四首。『大官莫視九牛毛』一句最終被改爲『妍歌還聽鬱輪袍』，雖然婉轉一些，但諷刺意味更加强烈。道光年間，彭蘊章上疏迭論漕運及中英戰事，書上不報，又作《感懷四首》以紓胷臆。『菱楮幣輕泉府匱，芙蓉花爛盜糧多』、『蜃氣嘘空情本幻，颶風吹浪聽猶寒』等句，指涉時事，皆有深意。咸豐年間的《議卹軍營陣亡將士因思釀亂之由慨然有作》一詩，被徐世昌評爲『洞見亂源，可稱詩史』：

乾隆之季世豐盛，大臣黷貨民力殫……親民之官如傳舍，但幸無事爲苟安。豈無一二循良吏，詰姦鉏暴不避難。徒搏終遭豺虎噬，無斧安得荊榛芟。請兵既恐坐激變，釀亂不如求罷官。因兹塗飾綱紀壞，甘貽後患忍目前……大將無功戰士嬉，行軍失律國紀干。官吏偷生盡恇怯，兵民無恥何責焉。

這首詩在詩藝上不見得如何高明，但呈現出當日樞相面對國内危局的真切思考，將乾隆晚期以來吏治的敗壞、官員的畏葸論説備至。此類詩篇，亦有其自身價值。

彭蘊章詩的另一特點，在於顯著的議論傾向，以才學爲詩。他醉心理學，兼好釋教，許多作品都歸於說理，《齋中讀書作十一首》、《山齋讀書十首》皆可與《歸樸龕叢稿》、《老學庵讀書記》中的相關篇什對讀。同時他又雅好《易》學及金石書畫，許多詩作都是典型的學人之詩。《學書四首》中，『古人勵躬行』一首可視作一篇簡要的《銘辨》；『籀書久不諷』一首中『之本中地文，三折義惝怳。春秦及泰奉，無別亦疑爽。俗學況沿訛，面目改疇曩。千古一右軍，書快乃成快』等句更是論據的堆疊。又如《程鶴樵中丞見貽蓍草賦謝》：

……鮿生少習荀虞說，旁羅崔鄭蒐遺缺。數家泥象理不伸，《乾坤鑿度》藩誰抉。旁通反對久支離，卦氣爻辰率詭譎。比來好讀朱子書，始知啓蒙探最初。先天圖位姑闕疑，即論挂扐人人殊。孔氏挂一謬居右，郭氏誤挂爲歸餘。乃至再揲不復挂，陰陽老少無分區。或以過揲計多寡，本末倒置非吾徒。紫陽說《易》取邵子，邵子言數朱言理。理數從來會一源，輔嗣忘象非古矣。同符奇偶出方圓，此是揲蓍玄妙旨……

此詩的主幹儼然是用詩體寫成的蓍法史畧，義理勝矣，詩味轉少。類似案例甚多，《漢石經殘字》、《遂啓諆鼎歌》、《嵩山開母廟石闕銘》、《天發神讖碑》、《碧落碑》等皆然，不勝備舉。這些作品踐行了翁方綱『爲學必以考證爲準，爲詩必以肌理爲準』（《志言集序》）的理念，同時也難逃『錯把抄書當作詩』（袁枚《仿元遺山論詩》）之評。

整體而言，彭蘊章不算是清代詩壇的名家。道光二十五年（一八四五）前的作品經過一些删汰，質量相對較高；道光二十六年及以後一年一集，體量尤大，真切地反映作者的生活與心境。無論是《歲暮懷人十六首》、《歲暮懷人八首》，還是問梅詩社、宣南詩社乃至咸豐樞廷唱和，都爲嘉、道、咸間的文人交遊留下了鮮活的寫照。較之曾國藩斥爲『無心』的《自訂年譜》（見趙烈文《能静居日記》同治六年八月十四日），彭藴章的詩歌顯然更能鮮活地呈現他的一生，在官位遷轉、人事升沉以外依然有大量的深情幽思、書齋雅趣與日常生活。

詩歌以外，彭藴章留存的賦、文、製藝頗多，詞存二十首。書畫亦佳，偶写山水。枕經葄史的大文章主要涉及學術、政治問題，小文亦頗可讀。《壁將軍二事記》被選入王葆心《虞初支志》，王氏評『文簡潔可喜，此篇著墨不多，而塞外荒寒之狀如繪。末紀戰績，頗能寫出凱旋時雄武氣象。』《城甎砌牆判》爲一位被誣僭越的監生辨冤，篇幅短而頗有趣味，『文既工，而事理明晰，尤有老吏斷獄之致』（《凌霄一士隨筆》）。總而言之，彭藴章不失爲清代中後期有一定文名及影響的文學家。

三

彭藴章的文集、讀書記、隨筆中，論學文字頗多。乾嘉以來漢學興盛，藴章依舊篤信朱熹，講求身心踐履，于當朝學者尤重李光地。藴章素好金石篆隸，對《説文》、訓詁頗感興趣，較爲信古，注重學術觀點的沿襲性，較爲排斥全出己意的新説。受家學影響，藴章雅好佛學，喜言因果，特重《易》學，熱衷善行。在福建任學政時表彰宋儒，識拔真德秀、李侗、羅從彦、蔡沈諸人後裔，先後主持重建考亭書院、嘉禾里墓堂、紫霞洲文公祠義學，表彰貞烈節孝七百三十餘人，彙爲《彤管揚芬録》一册，可稱理學功臣。蘊章頗重社會教化，曾作《勸止溺女文》、《育嬰三善說》、《戒鬪示》，手輯問心堂課士條約彙爲《徇鐸莊言》，重刊彭定求所輯的先儒格言集《儒門法語》、彭希涑所著《二十二史感應錄》，此外還刊刻《惜字果報錄》、《文昌内函》等善書。蘊章論學文字多以零散的專論、札記呈現。他認爲『說經家最忌穿鑿，而穿鑿者恆多。蓋一部書中，未必無一二心得確然足以示後者，特未必全書皆有得也。』（《〈三傳異文錄〉序》）可見他不爲專著，自有原因。

蘊章治經主要原則有二，即重源流、重實用。在學理上，他認爲：『經必有師，以明授受。若古無其學，則冥悟難憑，可飾一時，不可欺萬世也。』（《韋編餘論・志師篇》）即便是他所一力維護的朱熹，也莫能例外於此原則。這一原則勢必導向對訓詁與漢儒舊說的重視。他對程頤之學的不認同，其因正在於此：『自河南程氏以記問之學爲玩物喪志，故一切訓詁之書槩可勿論。若此者，誠不害其爲修身，而特未可以說經。蓋自漢以來，大儒說經未有不依訓詁者也。』（《〈中庸鍥〉補》）在實踐上，蘊章論經極重實用，相對排斥對精微義理的探索，支持簡明易行、大衆易於接受的闡釋。『後儒說理都微妙，墮入空虛亦可哀』（《仲春上丁奉命致祭先師孔子禮成敬賦》），義理愈精則接受門檻愈高，容易流於蹈空之言，這對於關懷世道人心、致力教化民衆的彭蘊章而言是不可取的。針對乾嘉漢學，他雖承認『有功經傳』，但也認爲『辨別之功多，修省之功少』（《榕窗隨筆・學術管窺》），主張在名物、字句上少下些功夫，著力于個人修省。

不妨舉他所特別關心、再三申說的《大學》古本問題爲例，以窺他的學術思想。彭蘊章繼承李光地的觀點，質疑《大學補傳》，認爲這其中有四個問題：第一，『格物』的『格』古代訓『至』而不訓『窮』，

《補傳》的解讀以『窮』字爲重，不合訓詁。第二，大學入門第一層功夫如果就要窮至事物之理，入門者必少。第三，『古人立教，原重躬行。專務窮理，轉荒實踐』，過於窮理可能導致墮於禪的流弊。第四，《大學》千年來本稱完備，程頤分經傳、改變次序後轉稱闕一章，於古無徵，難以服人。不難看出，一、四兩點體現出他對學術源流的重視，古代未見的訓詁、完全出於己意的新解，對他而言都很可疑；二、三兩點體現出他對實用性的重視，在他看來，將大多人拒於門外、脱離實踐而流於玄想的精微之學，是不合於儒家本意的。那麼，『格物』之『格』字究竟何解？彭藴章認爲應從胡銓訓『正』。原因有二：『格其非心』、『有恥且格』中的『格』古皆訓『正』，於古有徵；如此作解與朱熹『事至物來，隨其理而應之』之説相合，『且隨事體驗，不流惝恍，而其詣不至過高，十五以上皆可入大學矣。』（《古本〈大學〉輯畧》）藴章治經，所發疑問與自我闡釋，基本皆本於這兩個原則。對《中庸或問》『求之太深而轉落空虚』、『析之太細而入於歧』的憂懼，對朱熹解《詩》爲淫奔者自作而不從毛傳的不滿，都源於這一理念。如果朱熹之論符合上述原則，彭藴章基本上卽敬信不疑。羅惇衍稱他爲『紫陽諍臣』，指的便是這種服膺朱熹而又在某些方面堅守自身原則的態度。

長洲彭氏家學對彭藴章影響甚巨。藴章《先世著述記》一文詳細記載了彭氏諸人詩文集以外的各種著述，其中《真詮》爲道教修養之術，《質神録》、《玉局心懺》爲降乩訓言，《儒門法語》、《明賢蒙正録》、《閑家類纂》、《證學編》爲先儒格言、童蒙讀物，《居士傳》、《一行居集》、《淨土聖賢録》皆佛學著作，《二十二史感應録》爲果報之書。惟彭定求《學易纂録》、《孝經纂注》、《陽明釋毁録》爲儒學著作，彭紹升《測海集》爲歌詠諸賢之作。從這一比例，卽可看出佛道思想在這一家族中的重要地位。藴章父母都篤信佛學，其父彭希涑『幾乎非西方之教勿言』（王芑孫《彭蘭臺遺詩序》），著有《淨土聖賢錄》、《二十二史感應録》，去世時『不自悲而悲世之迷不識佛者』。其母江氏『修淨土，誦《阿彌陀經》，並稱禮佛號，日有課程』（《先妣江宜人行述》）。在這樣的薰染下，蘊章雖篤信程、朱，但並不排斥佛、道。他曾作《佛法論》四篇，讚揚佛教保全人之天良的作用，反駁佛教爲害社會、擾亂儒學之論；自視爲天台僧碧玉後身，晚年仕至首揆，仍有《碧玉篇》、《追懷海洪寺永丰上人》、《追懷靈鷲寺一彬上人》等作，這一認同延續終生。蘊章在蘇時多行平糶、恤嫠、施衣等事，在閩地苦心宣傳惜字、育嬰諸事，自爲《孝傳千字文》，將積善視作家門賡續之因，一生積極踐行長洲彭氏的爲善傳統，對社會確有一定裨益。

果報占驗的思想同樣影響他對軍國大事的處理。如咸豐四年（一八五四）太平軍北伐至靜海，當年人日、穀日皆晴，『占驗家謂人和歲稔之兆』，蘊章卽賦詩自警；散直後『見羣鷹飛舞於武英殿下，知爲戡亂之兆』，便喜出望外，賦詩以志。咸豐九年（一八五九），他聞番舶將至，筮得乾之履，又賦詩一首：

履尾咥人占，《履》六三爻詞。陳兵當戒嚴。于田無袒裼，醫國此鍼砭。无咎歸乾惕，動爻《乾》九三。虧盈筮益謙。錯卦《謙》。皇朝大無外，海國聖恩霑。

翌年英法聯軍自天津北塘登陸，咸豐帝出逃熱河，彭蘊章率百官具摺請咸豐帝留京。與他人奏摺不同，蘊章在摺後附上自己在關帝廟所求的籤，認爲『神明斷不欺人』，籤云『先凶後吉』，又有『吳山頂上好鑽龜』之語，『似將來議和，仍在上海』。（王崇武校録《威妥瑪所盜竊之中國檔案》）京師卽將不守、國脈微弱一線時，仍如此上奏，足見蘊章篤信卜筮之深。劉咸炘評述長洲彭氏學術稱：『彭氏不言門户異同，而末流近鄉愿。尺木入於禪，而後世多譏其家傳扶乩説近因果。』(《推十書·丙輯·清學者譜敘録》)藴章卽其代表。以此謀國，亦可嘆哉！

平心而論，藴章治經所關注的問題較爲有限，治《易》也未能自樹一幟，《老學莽讀書記》内的一些劄記也僅僅是對前人著作的抄撮。曾爲潘祖蔭代筆撰《彭藴章神道碑》的李慈銘，對彭藴章的評價並不客氣：『相國之文，局于學識，體格未成。然生長故家，久官禁近，耳目濡染，自有見聞。較之憑兔園一書平進臺閣者，猶爲解事僕射耳。其辨《論語稽求》篇、《書許氏説文後》及《中庸鍥》諸文，則又强作解事之害也。』(《越縵堂讀書記·歸樸葊稿》)相對而言，他的一些零散論斷倒頗爲精切。如他論八股之弊稱：『故爲諸生者，無不沈溺於《四書注解》及先輩制藝，白首而不暇他務。惟聰明之士不爲舉業所困，始得早屏俗學，致力於古文詞。』(《又書何大復集後》)語頗中的。藴章之學難與乾嘉諸老相埒，但他的關心、好尚，能夠反映出當日士人的一些共性；他的思考與主張，則可視作長洲彭氏家族學術的代表。

四

道光年間彭藴章以内閣中書任軍機章京，此後一路穩定升遷，直至二十六年(一八四六)外放福建學政，還任刑部右侍郎。此時他官位已經不低，但還稱不上是重要的政治人物。咸豐元年(一八五一)，彭藴章進入軍機處成爲排名最末的軍機大臣。咸豐六年(一八五五)，隨著首揆文慶去世，他成爲領班軍機大臣，直到咸豐十年（一八六〇）英法聯軍攻入京城前夕方才開缺。後人謂『其時以閣臣綜樞務者，實惟文敬公爲最專且久』（潘祖蔭《大學士彭文敬公神道碑銘》），洵非虚言。

彭藴章起家科名甚低，其升遷之速，至民國還是廣受傳誦的掌故。他任軍機大臣，既得祁寯藻與咸豐帝師杜受田之薦，也與他久任軍機章京、明晰掌故關係很大。藴章的政治理念與杜受田頗爲相類，二者都没有處理地方具體事務的經驗，杜受田在京任堂官，彭藴章長處在於熟稔樞廷掌故，也缺乏實際的主政經歷。二者的治國理念都源自儒家經典，相信尊經導矩卽能天下乂安。彭藴章送一位『粹然儒者，非如世俗所稱幹練才』的同僚出守山西時謂：

擴胞與之量以容民，民之疾苦何憂壅閼？本格致之功以觀物，吏胥之桀黠者何恃而舞文？清嗜欲之源以養心，讒諂面諛之人何所窺而投其嗜好焉？（《送御史黄惺溪先生出守山右序》）

這並非空話套話，而是他所真正篤信的理念。故而他奉守『君子行素位，訥言守恂恂。非禮誓弗蹈，見義有必遵。甘爲狂士笑，不顧豪傑瞋』（《感事有作》）的原則，『廉謹小心，每與會議，必持詳慎』（《清史稿·彭藴章傳》）。在承平之時，如此可能不失爲一代賢臣，但咸豐朝外有西洋入侵、内有太平天國，四方多事，並不是訥言恂恂的好時機。藴章在朝，所負責的事務以財政方面居多。其裁減漕船幫費、嚴察私鑄、改票用鈔、收銀買鈔、黄金定價抵銀、寬民間銅器之禁、暫裁塔爾巴哈台兵額以撙節經費、裁新疆滿洲防兵以節糜費等奏議無不與度支相關，从他與祁寯藻、文慶等人的唱和中，也能看出漕運、籌餉等事宜是他的主要任務。藴章在樞廷十年，任首揆三年有餘，時間不可謂不長，但對時局並無高度掌控。咸豐中期以後肅順勢力勃興，祁寯藻先開缺，柏葰因科場案被斬，翁心存也以户部鈔票獄終日惶惶而去位。彭蘊章『鈔票、科場諸大獄，婉辭調護，與肅順等意忤』（《清史稿·彭蘊章傳》），其子祖彝、姪毓棻都被牽連進科場案，窮治經年。在這一背景下，蘊章『嘿然自守，不肯曲附』（李慈銘《越縵堂日記》咸豐十年六月十一日），在諸大案中對相關人士皆有保全。彭蘊章本來便『訥言守恂恂』，權移肅順後不免多求自保而爲政因循。若謂他全然『唯阿取容』，似也有些冤枉。

咸豐年間的首要問題在於軍事，彭蘊章對此並不擅長，最終也躓踣於此。面對危局，他並不讚成制度上的革新，認爲：『莫將經濟誤蒼生，制度由來重變更。新法必行終亂宋，驛夫無賴竟亡明。只祈水旱天災少，不患錢刀內府傾。欲盡十年休養術，先聽鼙鼓罷南征。』（《壬子秋懷》其七）但此時國勢危如累卵，並無『十年休養』的餘裕，這套理論在現實中扞格難行。湘淮諸將中興清祚後，他與曾國藩之間的齟齬使得他的評價甚爲不堪。彭、曾不睦的主要傳聞有二：第一，謂咸豐四年（一八五四）曾國藩收復武昌後，咸豐帝本欲實授湖北巡撫，大學士某公謂曾國藩以在籍侍郎一呼萬人，非國家之福；第二，謂彭蘊章同治初元上疏稱湘軍尾大不掉，當爲防範。這兩件事皆見於薛福成《記宰相有學無識》，尚有可辨析之處。

第一條中的『大學士某公』，前人多謂祁寯藻，朱東安謂祁寯藻當時因病請假，未入直軍機，此人更可能爲彭蘊章。[一] 劉蓉《曾太傅輓歌百首》中的自注載有曾國藩咸豐五年（一八五五）兵困江西時的嘆

〔一〕 朱東安《促使咸豐皇帝收回曾國藩署理鄂撫成命者並非祁寯藻》，北京太平天國歷史研究會編《太平天國學刊》第二輯，中華書局一九八五年版，第一七八—一八二頁。

息：『當世如某公輩，學識、才具，君所知也，然身名俱泰，居然一代名臣。吾以在籍侍郎，憤思爲國家掃除兇醜，而所至齟齬，百不遂志。今計日且死矣，君他日志吾墓，如不爲我一鳴此屈，泉下不瞑目也。』憤懣之深，溢於言表。劉蓉又記稱：『九江水師挫衄之後，有傳述某相國對顯皇語者。公聞之黯然，因語及夕陽亭事，愴嘆久之。』曾國藩已聯想到楊震飲鴆的悲劇下場，足見咸豐四、五年間樞臣的態度給他帶來的憂懼之深。

彭蘊章在咸豐初年對曾國藩並無意見，直到咸豐四年在詩中尚不吝稱揚曾國藩的功業。咸豐二年（一八五二）曾國藩典試江西，他作《送曾滌生少宗伯典試江右》；咸豐三年（一八五三）曾國藩丁憂回鄉後，彭蘊章又在《歲暮懷人十六首》中懷念他稱：『墨絰從戎渡洞庭，蛟鼉窟裏晚風腥。攜來壯士皆羆虎，江上舳艫千里經。』道光二十一年（一八四一）鴉片戰爭時，蘊章即欲從參讚大臣隆文南赴廣東戰場，未果。此時曾國藩以文臣在湘辦理團練，清剿土匪，已頗有聲名，蘊章頗寓讚許。咸豐四年秋，曾國藩先後收復武昌、漢陽、黃州，彭蘊章在詩中甚表欣喜：

轉粟還勞浮海舶，和羹誰是濟川舟？祖生擊楫非虚願，早見塵清黃鶴樓。曾滌生少宗伯帥舟師收復武昌。（《九月朔日退直口占》）

四愁漫擬張衡賦，三捷羣推南仲功。時聞曾少宗伯、塔提軍收復武昌、漢陽、黃州。（《潤臣題余近稿次韻奉酬》）

一首詩爲退直口占，一首詩爲贈人之作，如果蘊章此時卽對曾國藩意見很大，似不必在私人創作中再三褒揚。這兩首詩中的態度與《記宰相有學無識》中沮用曾國藩之議並不相同。另外，曾國藩言阻撓他用兵的樞臣『身名俱泰，居然一代名臣』，彭蘊章在當日絕無這樣的地位與名望，這一表述顯然更接近於祁寯藻。彭蘊章此後確與曾國藩不和，但此時是否即阻撓任用曾國藩，目前尚可存疑。

第二條記載與史實的出入更多。薛福成謂：『（某公）庚申之變，乞病予告，亦以同治初元徵起。某公條議時事頗備，不自上疏，詣軍機大臣請代陳之。其大旨謂楚軍遍天下，曾國藩權太重，恐有尾大不掉之患，於所以撤楚軍、削曾公權者三致意焉。是時曾公負朝野重望，天子方倚以平賊，軍機大臣見而哂之。由是不獲再用，但有旨暫權者察院事，以疾篤辭，遂卒。』此處的『某公』即彭蘊章。但彭蘊章咸豐十一年（一八六一）三月即已復起爲兵部尚書，不待同治初元。同治帝登基後『諭中外舉人才，以曾國藩、胡林翼、駱秉章爲法』（《清史稿·穆宗本紀》），在此背景下，咸豐年間與彭蘊章立場相近的祁寯藻、翁心存等都具摺明褒湘軍諸將，暗薦己方舊人。同治初元，祁寯藻、翁心存都被徵起輔讀，彭蘊章則未獲更高任命，作爲咸豐朝的首相，失寵已很明顯。樞廷期間一直以小心謹慎著稱的彭蘊章，偏偏在寵信已失時無視朝廷明詔、軍事局勢，公然忤旨上疏抨擊曾國藩，實在很難想象。彭蘊章確有不自上疏而請他人代陳之事，但時在咸豐十年（一八六〇）九月，所陳之事也是亟請回鑾，與薛福成所言時間不合。事實上，祁寯藻於咸豐四年致仕，翁心存於咸豐九年去職，二者對咸豐十年江南大營被破、咸豐帝面對英法入侵北逃熱河的局面都沒有直接責任，而時任首揆的彭蘊章勢必要爲此負責。蘊章在同治朝不獲起用，早成定局，未必因反對曾國藩之故。

薛福成的記載時隔多年，不見得便是信史，但也絕非空穴來風，彭、曾不睦，其跡昭然。咸豐四年以後，彭蘊章集中便再也沒有了曾國藩的身影。咸豐五年曾國藩江西大敗後，武昌再陷，鄂撫陶恩培死焉。對此，彭蘊章寫了一首悼詩稱：

援兵久不至，節鎮頻退縮……作計將安施，設險江流東。下扼小孤山，上守道士洑。何人握重兵，喪師師日蹙。不如楚莫敖，知恥縊荒谷。

陶恩培素與曾國藩不協，在湖南任上卽有解散湘軍之議。咸豐五年初，清軍雲集九江，鄂、皖、豫均已無兵可調，惟湘軍能充實武昌防守。然二月湘軍大敗於九江，曾國藩投水自盡被旁人救出，胡林翼等部回援武昌亦未能化解危局，城破後陶恩培自盡。小孤山、道士洑當鄂、皖、贛要衝，此時握有重兵者似惟曾國藩。詩中的指責極其嚴厲，至少在此時彭蘊章已不認可曾國藩的軍事能力。湘軍的出現是對清代軍事結構的極大變更，這一點也宜爲彭蘊章所忌。清祚最終『先根本顛仆，而後方州无主，人自爲政』（趙烈文《能靜居日記》同治六年六月二十日），這一結局確可上溯至咸豐年間開始的軍權旁落。從這一點上來說，祁寯藻、彭蘊章確有先見之明。

作爲首相，彭蘊章將平定太平天國的大任寄託於他的同年好友何桂清。咸豐七年（一八五七）彭蘊章保舉其出任兩江總督，主長江下遊軍事。以何桂清爲代表的江浙集團與以曾國藩爲代表的湖湘集團在當時一度旗鼓相當，但咸豐十年江南大營崩潰，何桂清一路逃亡至上海，太平軍攻下蘇、常，江南全失，局勢不可收拾。江南大營陷落後，彭蘊章尚言何桂清可守蘇、常，未幾卽被免去領班軍機大臣。信任何桂清而導致江南局勢瓦解，這無疑是他政事上最大的敗筆。他自身亦深感痛悔：

讀書求聞達，所志在匡時。似我逢厄運，束手竟無施。嗟哉鼎折足，智小復何疑。早知鵜梁刺，何用日孜孜。汝曹當避地，猶復勤下帷。其志原可尚，體用當兼資。莫誇詞章富，須探韜畧

奇。此輩束高閣，安用清流爲。（《花南硯北草堂聽子孫讀書有感》）

經此大變，他不再單純强調要休養民力，而是轉爲『體用當兼資』，但爲時已晚，對他的攻訐也已遍於天下，所謂『不忠于國，不良于友，而爲己謀亦不工』（《朱學勤致應寶時手札（續）》），上海圖書館歷史文獻研究所編《歷史文獻》第十四輯）。時隔幾月，英法聯軍攻入北京，藴章因病請去，非議轉甚。待到湘淮諸將再造中興，彭藴章的劣評便也成爲定局。曾國藩稱他在年譜中『於庚申大禍之時但書云「蘇州失守」，下不繫一字之感傷，斯謂之無人心焉可也。』（趙烈文《能靜居日記》同治六年八月十四日）趙烈文、文廷式等人都將他視作妨賢病國之人，劉咸炘稱他『阻用曾文正，貽笑天下』（《推十書·丙輯·清學者譜敘録》），此事乃成爲藴章相業留給後世的標準印象。

毋庸諱言，受時代與思維所限，彭藴章的部分政治主張暮氣較重，難以解決當日的問題。而他多年謹慎供職樞廷、彌縫財政缺口、調合朝廷鬬爭等功績，也被咸豐十年何桂清之敗、當國難而辭職兩件敗筆覆蓋殆盡。在安定的時期，彭藴章應當不失爲一位優秀的守成者，在亂世中則頗顯力不從心。咸豐十一年（一八六一），彭藴章自題《焚香思過圖》，總結了他的十年樞府生涯：

讀書能致用，庶不愧儒冠。於世苟有濟，無慙享大年。憶我初筮仕，宇内方乂安。今及懸車歲，抱火厝積薪。智小難謀大，何弗辭高官。十年贊樞密，南北多烟塵。三載論思任，補救無一端。未覩干戈息，徒聞水旱頻。方憂瘡痍滿，宵旰勞至尊。忽聞歐巴西，憑陵南海濱。背盟據粤地，肇衅辱重臣。朝廷示寬大，猶欲懷以恩。蹉跎遲決策，俶擾析木津。畿疆失險要，風鶴驚帝閽。問是誰之過，彼相不扶顛。雖云已去位，莫逭從前愆。古來醫國手，所貴見幾先。未有隔垣技，烏能療肺肝。況膺心腹寄，首重惟薦賢。當世多豪傑，徵召胡弗傳。詔書省刑罰，折獄吏未寬。錢幣屢更變，民呼來日難。凡此大綱紀，宰臣弼仔肩。奈何身當局，袖手同旁觀。嗟哉鼎折足，撫躬實傀焉。下負平生學，上孤主恩偏。焚香内自訟，悠悠籲蒼天。

痛悔之意溢於言表，『當世多豪傑，徵召胡弗傳』等語似乎也傳達出他的一些心理變化。當他回憶初仕之時，或許會想起四十餘年前他題寫過的石韞玉《焚香思過圖》，以及石韞玉承平優遊的一生。彭蘊章早年並非瑟縮因循、只知自保。道光年間，他『自矜康濟略，所恨非言官』，上漕運、錢幣等策，疾呼『民生與國計，痛癢豈不關』(《百一詩》)，因懷素餐之恥而焚香思過；但真正位登宰輔後，其識見、環境與同僚又都意味著他難以真正化解危局，最終獲得『識闇而忮』(李慈銘《越縵堂讀書記・歸樸菴稿》)之評。如果彭蘊章能夠像祁寯藻、翁心存一樣在咸豐朝及早抽身，其身後聲名未必如是；然而正因他在與肅順的鬭爭中得以碩果僅存，最終成爲難以自專、卻要爲咸豐一朝的政事負責之人，聲譽掃地。即便痛詆彭蘊章的薛福成，也承認他『學非不淹雅，行非不廉謹』(《記宰相有學無識》)。但他的學無補於時，他的議迂闊難行，在朝廷有政敵掣肘，言軍事有識人之誤；雖然孜矻十載，終究無補於事。這正是造化弄人之處。

五

彭蘊章一生著述頗多，在世時卽陸續梓行。同治間彭祖賢輯《彭文敬公全集》，包括《松風閣詩鈔》二十六卷、《歸樸龕叢稿》十二卷、《歸樸龕叢稿續編》四卷、《老學莽讀書記》四卷、《鶴和樓制義》不分卷、《彭文敬公自訂年譜》一卷，存世者甚多。因卷帙浩繁，刊刻有先後，各處所存的不同版本不盡統一。其中前三種著述，各種《彭文敬公全集》都予收録；後三種則間有異同。光緒間彭祖賢輯《長洲彭氏家集》，收入《彭文敬公全集》十五册四十二卷（順序爲：古文、詩、制義、自訂年譜），除《老學莽讀書記》因家集體例未入外，囊括了同治本《彭文敬公全集》的全部内容。家集本晚出，可視作彭祖賢所編《彭文敬公全集》的定本。特將其著述情況分述如下：

（一）文集

《歸樸龕叢稿》十二卷，道光二十八年刻本。前有林春溥序、《歸樸龕初删文稿記》、徐繼畬評，末有江湜跋。

《歸樸龕叢稿續編》四卷，又稱《歸樸龕續稿》，咸豐九年始刊，録《歸樸龕叢稿》未收文字。

《老學莽讀書記》，彭藴章在世時未刊，同治五年刻本。收録《歸樸龕叢稿續編》之後的論學文字。彭祖賢等識語稱：『晚年所著，塗乙滿紙，但編目録，未分卷帙，取放翁意名曰《老學莽讀書記》。其中條辨有略於前而詳於後者，有散於前而聚於後者，不無文異義同、重規疊矩之處，尚非定本也。』彭祖賢等依閻若璩、惠棟後人編纂筆記的體例，刊行時亦未加去取。

（二）詩集

《澗東集》三卷，道光六年刻本，中國國家圖書館有藏。録嘉慶十九年（一八一四）至道光五年（一八二五）間詩作。卷首有王嘉禄序，孫原湘、王嘉禄、畢韞珍、江沅、尤興詩、汪棨、張吉安、石韞玉、宋翔鳳、尤崧鎮題詞，王芑孫識語。

《松風閣詩鈔》八卷，道光二十六年刻本，卷首保留王嘉禄《澗東集》序。收録自嘉慶十九年（一八一四）至道光二十五年（一八四五）間詩作，分體編排。道光二十六年以後，彭蘊章『每歲刊詩一卷，集名不一，而仍冠以「松風閣」，先後刊行者二十一卷』。天津圖書館藏有道光本《松風閣詩鈔》十二卷，收録截止至道光二十九年（一八四九）離閩之時。

《松風閣詩鈔》二十六卷，《彭文敬公全集》本，係彭祖賢等搜輯其晚年詩作而成的全集。按年代編排，次序、作品皆與道光本《松風閣詩鈔》不同。

《瓜蔓詞》，附於道光本《松風閣詩鈔》後，《彭文敬公全集》中未收。

彭蘊章一生編排自己的詩集用力甚劬。從《澗東集》到道光《松風閣詩鈔》再到《全集》本《松風閣詩鈔》，經歷了編年—分體—編年的變化，其間作品文字、編年多有改動，體現出作者反復斟酌的過程。爲便研究，在整理時從《澗東集》、道光本《松風閣詩鈔》中輯出《全集》本删落的詩作，並將《澗東集》編次附後，以便審視彭蘊章修改詩作及繫年的過程。

（三）其他

《榕窗隨筆》一冊，稿本。該本藏中國國家圖書館，封面題『榕窗隨筆』，下注『己酉潛庵所得未刻本』。扉頁又題『榕窗隨筆』，注云『榕窗隨筆，紅圈者請鹿門抄出』。又有跋云『宣統元年八月初七日楊兆麟敬觀於學部公所，石屏袁嘉穀同觀』。正文塗抹特甚，今原稿有圈者依舊標出；原稿用勾删符號整條删除者用方括號括出，仍放於正文中；原稿删除文字，擇有價值者入校記。

《鶴和樓制義》不分卷，道光十九年始刊，有道光二十三年刻本。制義各篇下有評語，卷首有湯鵬序。

《彭文敬公自訂年譜》，《長洲彭氏家集》本。彭藴章自記，截止至同治元年十月。首載諭賜祭文、諭賜碑文。

本次整理，光緒本《彭文敬公全集》及《瓜蔓詞》、《榕窗隨筆》的初次標校由張劍承擔，復校、前言撰寫以及《老學莽讀書記》、《附錄》的輯錄，均由吳晉邦承擔。彭藴章著述衆多，所涉甚廣，整理中未妥之處，尚祈讀者批評指正。

凡例

一、詩文集、制義、年譜均以上海圖書館藏光緒《長洲彭氏家集》本《彭文敬公全集》爲底本。制義中的圈、點符號保留，分段亦大體依據底本的分段符號。未入《全集》的《瓜蔓詞》、《榕窗隨筆》、《老學莽讀書記》三種著作，分別據天津圖書館藏道光刻本《松風閣詩鈔》、中國國家圖書館藏同治刻本、中國國家圖書館藏稿本整理，順列於後。《榕窗隨筆》中的圈、勾删符號保留。

一、彭蘊章於道光間曾將詩作先後結集爲繫年編排的《潤東集》三卷、分體編排的《松風閣詩鈔》十二卷。今以《全集》本爲底本，參校以中國國家圖書館藏道光六年刻本《潤東集》（簡稱『道光本《潤東集》』）、天津圖書館藏道光刻本《松風閣詩鈔》（簡稱『道光本《松風閣詩鈔》』）。中國國家圖書館藏稿本《硯北集》一册，亦以參校。《全集》本删落之作置入補遺，其他集外輯佚詩文於篇末注明出處。

一、《附錄》部分輯錄彭蘊章研究資料，包括《自訂年譜》、《傳記資料》、《掌故軼事》、《藝文評論》、《相關酬贈》、《道光本潤東集序次》六部分。所輯資料，大致以年代先後爲序。

一、底本中的雙行小字夾注今改單行排列，示敬的提行、空格皆予删去。

一、底本衍、訛、脱、倒之處出校；異文可資參考者出校。形近致誤者徑改本字不出校；避諱字缺筆、改字者改回本字，不出校。

目録

歸樸龕叢稿卷三　論　辨

歸樸龕叢稿卷四　解　說　策

歸樸龕叢稿卷五　碑　記

歸樸龕叢稿卷六　序

歸樸龕叢稿卷七　劄記　雜文

歸樸龕叢稿卷八　墓志　墓表

哀詞　誄

歸樸龕叢稿卷九　行述狀　傳

祭文　壽序

歸樸龕叢稿卷十　雜著　書後

歸樸龕叢稿卷十一　評　跋

明人詩評

歸樸龕叢稿卷十二 奏 啓 劄 判 告示 條約

歸樸龕叢稿續編

歸樸龕叢稿續編卷一　賦　頌　箴　銘

歸樸龕叢稿續編卷二　論　辨　書後　說　記　祭文

歸樸龕叢稿續編卷三　序

歸樸龕叢稿續編卷四　議　墓志

誄　傳

松風閣詩鈔

松風閣詩鈔卷一　澗東集　古今體詩

松風閣詩鈔卷二　澗東集　古今體詩

八十六首

松風閣詩鈔卷三　澗東集　古今體詩

五十二首

松風閣詩鈔卷四　花南集　古今

體詩八十一首

松風閣詩鈔卷五　花南集　古今

體詩八十二首

松風閣詩鈔卷六　花南集　古今體詩七十一首

松風閣詩鈔卷七　竹西集　古今體詩九十三首

松風閣詩鈔卷八　竹西集　古今體詩六十七首

松風閣詩鈔卷九　硯北集　古今

松風閣詩鈔卷十　乘軺集　古今體詩六十一首

松風閣詩鈔卷十一　問心集　古今體詩九十三首

松風閣詩鈔卷十二 問心集 古今

體詩一百十二首

松風閣詩鈔卷十三　朝天集　古今體詩六十四首

松風閣詩鈔卷十五　金井集　古今體詩八十首

松風閣詩鈔卷十六　賚馬集　古今體詩九十首

松風閣詩鈔卷十七　金鼇集　古今

體詩五十一首

松風閣詩鈔卷十八　金鼇集　古今體詩百二十九首

松風閣詩鈔卷十九　金鼇集　古今體詩六十八首

松風閣詩鈔卷二十　借園集　古今體詩九十三首

松風閣詩鈔卷二十一　借園集

古今體詩六十七首

松風閣詩鈔卷二十二　苑湖集

古今體詩五十首戊午

松風閣詩鈔卷二十三　苑湖集

古今體詩四十八首己未

松風閣詩鈔卷二十四　苑湖集

古今體詩三十三首庚申

松風閣詩鈔卷二十五　硯北集

古今體詩三十七首辛酉

松風閣詩鈔卷二十六　硯北集

古今體詩九首壬戌

鶴和樓制義

大學

論語

中庸

孟子

補編

瓜蔓詞

榕窗隨筆

老學蒼讀書記

詩文拾遺

詩

附錄

附錄一　自訂年譜

附錄二　傳記資料

附録三　掌故軼事

附録四 藝文評論

歸樸龕叢稿

歸樸龕叢稿

序

林春溥

古之爲文者，自道其心之所得而已。故有有心作文而文反不工、無心出之而神理俱足者，真與不真之辨也。長洲彭詠莪副憲爲余兄蘇門同年進士，道光丙午視學來閩，得讀所箸詩鈔、制義。嗣遂按試州郡，相見日少。及歲試一周，省垣小憩，復得一再聆教言。時方欲梓文集，乞余爲序。余學殖荒落，慚無以應，顧於君獨有心儀焉者，烏可以無言？

夫以學使三年兩試，歷山川之阻，殫校閱之勤，察弊端，懲巧僞，膺其任者方寢食之不遑，而君獨能措理裕如，從容箸作。蓋蓄之者厚，發之者真，汩汩乎其不能自已，非獨精神才力有過人也。君以江左名族，世德相承，百餘年來，科第簪纓之盛爲海内冠冕。昔南畇侍講與芝庭尚書祖孫先後掇大魁，名垂國史，文章、道德卓然爲一代偉人。君克承家學，謹守讀書爲善之訓。入閩伊始，倡修考亭書院，增其膏火，定其章程，添設經、蒙二塾以培植朱子後裔，重鋟《儒門法語》、《廿二史感應錄》頒給生童，無非本先世之學以牖吾閩。其維持教化，振作儒風，諄諄然與人爲善之心，每於集中見之。古人云『經師易得，人師實難』，君庶兼之矣。

君之文自然修潔，渾厚和平，義理則探討程、朱，訓詁則蒐羅鄭、馬，詞章則涵泳鄒、枚，陶冶百家，自抒心得，洵足纘侍講、尚書之遺緒，立不朽而垂無窮。況君久值樞廷，由舍人部曹洊擢風憲，遭逢聖主，嚮用方殷。他日勛名之盛，所以光斯集者，更未可量耶！今閩士既沐其教，復讀其文，相與講習濯磨，奉爲模楷，幸矣！而余獨服其言之皆發於真，非中無所得而徒襲古人面目以炫世者。讀其文可以知其人也，因書以復之。

時戊申季夏，年愚弟福州林春溥拜序。

歸樸龕初刪文稿記

彭蘊章

僕少習有韻之文，爲舉業間斷，未始有得。中年以往，遂至輟業。其他碑記序傳之文，間以應世，概無足錄。丙午冬來閩，丁未孟陬即按試各郡，未有暇日。戊申三月歸自福寧，因遊鼓山，得賦一篇，江生岆叔謂其胎息漢魏。乃取舊稿悉付編次，得十二卷，以授梓人。尋又按試崗征，未遑勘定。迄己酉四月歸至榕城，始得重加決擇，汰其踳駁，刪其訛謬，以竟平生之願。其曰『初刪』云者，猶望學以年進，審定脩飾，有待異時也。

長洲彭蘊章自記。

徐松龕先生評

徐繼畬

《銅博山香鑪賦》： 諸小賦具體六朝，妙在自運機軸，不規規於摹倣，所謂不求其似，乃能真似。

《七翰》： 古調新機，所謂藻耀高翔，文筆鳴鳳。 如此作《選》體，方不類優孟衣冠。 二七並妙。

《交友四箴》： 四箴皆至言。

《家塾五箴》： 家塾皆宜書壁。

《伊尹論》： 卽孟子『引置莊嶽』之意，深識至論，得未曾有。

《張良論》： 以弭亂爲主，看得子房是莘野、渭濱一流人物，較前人爲韓之說，直斥鷃之視鵾鵬矣。

《佛法論》： 佛法四篇可謂通人之論，闢佛佞佛之書汗牛充棟，不直一哂。

《毛檢討論語稽求辨》： 河右記覽之博雄視一時，然好爲異論而不求理解之安，前人議之者多矣。諸辨皆詳審諦當，非漫然求勝者。

《卦氣七十二候解》： 《易》冒天下之道，萬有無所不包。 邵子之《觀物篇》新解疊出，不嫌其鑿也。

《觀西洋奇器說》： 古人不貴異物，不寶遠物，防患之意最爲深切。 粤東海市，秦漢時卽有之，然猶不過南洋諸島。 唐以後海市益盛，然亦不過小西洋而止，故元載有徑尺琉璃盤，代宗以爲奇器。 大西洋諸國之聚於粤東，實自前明中葉始。 初以奇器賺我，繼乃以毒藥啖我，杜漸防微，誰與談此？ 於虖！其所由來者遠矣。

《錢幣策》：銀貴由於錢少，的確不易之論。錢少故以紙票代錢，錢益賤，而銀益貴也。然錢法敗壞已極，舊錢皆盡於私毁，而鼓鑄之例價不敷甚多，滇銅又已空竭。當此公私交困之時，開鑄正非易事也。

《癸未鄉賑記》：此記煞有關係。

《遊西山記》：婉勁而遒，妙在不規橅柳州。

《通政司重葺廳事記》：服官者人人存此心，則天下無廢事矣。

《重整建陽考亭書院記》：此舉真堪千古，望守令之官此土者無廢墜焉，幸矣。

《平糶記》：有仁心而無仁術，則實惠不能及人。此等辦法不可不講求於平日也。

《汀州試院古柏記》：二人無姓名可惜，得此文可以名矣。

《木棉嶺謁鄭尉祠記》：允當之論。余昔數過木棉嶺，憩鄭尉祠，觀壁間所畫拉殺似道事，輒大呼曰快人快事。

《招魋》：此篇奇創可喜，當爲壓卷。

《先妣江宜人行述》、《江宜人行述》、《蘧生編修行狀》二篇墨和淚寫，語語真摯，置之歸太僕、方望溪集中無以復辨。至性之文，不可以尋常工拙論也。

歸樸龕叢稿卷一　賦　七

東壁亭賦有序

先五世祖南畇公以侍講歸里，杜門向學。康熙四十四年春，聖祖仁皇帝南巡，特賜御書二幅，因築此亭，勒石以志榮遇。歷歲悠遠，榱桷傾圮，小子敬加修葺，因作賦曰：

踐清華兮賦遂初，閉衡門兮讀我書。既榮名之不競兮，更砥礪乎廉隅。紹粱谿之一脈兮，尋墜緒於程、朱。釋姚江之眾謗兮，洵功在乎先儒。整宮牆而陳俎豆兮，恢學校之規模。戀湖山而依丘壟兮，實名教之匡扶。勵潛修於槃澗兮，乃上達夫聖聰。駐六飛而問俗兮，攬碩彥於江東。頒宸翰以寵嘉兮，逾朱紱之被躬。築斯亭而勒石兮，拓一畝之儒宮。面南園而睎西嶺兮，亭兀峙乎其東。煥文章於壁宿兮，鬱紫氣之蘢葱。念百年之堂構兮，荷聖德之帡幪。願繼承而勿替兮，垂後嗣以無窮。

鳩杖賦有序

乾隆三十六年，先曾祖以致仕尚書，賜與香山九老宴，繪圖中禁。頒此藤杖，靈鳩宛然，迄今尊藏家廟，榮君賜、志先澤也。敬作賦曰：

伊靈壽之森森，刻鳴鳩之翩翩。挺茲勁節兮，歷彼歲年。當乾隆之寶籙，介慈壽之千春。威稜昭乎萬里，協氣翔乎八埏。詔耆臣使游宴，圖九老於香山。命賡詩以紀盛，賜鳩杖而歸田。洵明良之際會，頌堯德之如天。偉茲杖之可寶，銘三錫之君恩。等鄭公之傳笏，數第一之家珍。庇宗祊於百世，儼供奉乎几筵。履春秋之霜露，陳嘉薦之苾芬。懷世德之駿烈，感祿及其子孫。勵匪躬之臣節，齊雅操於霜筠。

銅博山香鑪賦

稟金精之瑋質，聳巖崿之奇姿。鑄丁緩而工巧，經般倕而制奇。鏤鄧林之瓌寶，象太華之隆穹。刻九層之璀璨，運三尺之玲瓏。忽摛素而奔鹿，亦騰黄而耀熊。吐霧隱豹，銜蓮蟠龍。横羅雜樹，結構危峯。軼山經之俶詭，類夏鼎之形容。於時寒谷黍豐，野池冰冱。銀蟾澹其不呈，丹曦冷而欲暮。槐火始然，蘭香暗度。爨麒麟之狀，却蕭艾之芳。能使寒宵送暖，懍冬回陽。蕙帳默以雲布，曲檽曖以風揚。燕姬安歌而緩節，越女流眄而停觴。豈辟邪之所擬，詎薰帶之足方。媲氤氳之漢鼎，吐金景以舒光。

擬宋傅亮登陵囂館賦

在素秋之暮晷，命蹇策而展路。依絕區以晨覽，臨閈館而夕駐。何日冷而天高，復風悲而歲暮。墮香蘅於別浦，隕寒籜於短渡。玩籬菊之欹傲，謝皋蘭之布濩。旌柏實之綻霜，弔梧珪之戀樹。爾乃遊目天表，日既西傾。愁雲四起，徂雁哀鳴。睇平皋之夕景，聽孤林之秋聲。動羈客之離愁，怨長途之縱橫。矧茹荼而集苦，觸千感而具盈。悲故鄉之遼阻，眇天末而移情。

擬王儉高松賦

有淩冬之喬木，秉絕俗之高姿。既捎雲於清漢，亦倒影於華池。爾其擢荊峯之百頃，抽岱嶽之千尋。棲五鳳而呈瑞，集九仙而曜靈。莫不根埋穹石，節抱枯藤。當月留影，懷風送聲。雲頹柯重，濤吼雷憑。若乃日窮北陸，律吹寒谷。積雪僵桃，堅冰折竹。必覩此之芬蔥，歎貞心之塊獨。

夢遊天漢賦

僕嘗感牽牛織女之事，會以填津之夕。延佇虛庭，企想靈匹。珠露零瀼，金風蕭瑟。神馳魄悸，隱几假寐。意飄飄焉，迢迢焉。怳若乘飆躡景，而遨遊乎斗牛之間。覩雲軿之輻輳，聆綺語之纏綿。素袖翻其掩泣，丹脣啓而意宣。惟兩儀對待於終古兮，位正坤乾；二曜循環於一次兮，時更晦弦。信陰陽之合德兮，妙萬物而無言。

今郎居大梁之側，妾居析木之旁。更三時而一渡，嗟銀漢之無梁。并歡娱於今夕兮，訴契闊之衷腸。姮娥驕妒，當秋而迅逝兮；羲和沈湎，中夜騰其光。聽人間之私語，矢他生以勿忘。莫不並肩羈緌，攜手添香。陳中庭之瓜酒，候蟢子而分嘗。浮蠟嬰而拍水，兆猗蘭之嘉祥。今夕何夕，爲樂未央。其或玳瑁燒簪，懷人兩地；珊瑚製枕，待子三年。芙蓉悴兮玉池冷，梧桐落兮金井寒。悼華容之不再，嗟良會之無端。抛晶鋮而淹坐，展冰簟而孤眠。曾玉蜍之幾度兮，喜鏡鵲之重完。依舊曝衣樓上，乞巧簾前。雙栖海燕，對影翩翩。

至如長門月冷，永巷苔生。蟬鳴別殿，葉落連甍。悲涼秋之扇影，怨輕雷之車聲。亦復含酸茹嘆，寂寞飄零。洎乎犢褌賦成，羊車再召。豈復工顰，居然巧笑。蘭卮椒房，永以爲好。

是知情何戚而不歡，物何離而不合。苟爲樂之有期兮，奚惜當前之嗚咽。未若我盈盈一水，脈脈含情。千秋萬歲，爲怨難勝。願停機杼兮，上呼真宰；渡此銀河兮，與君同軌。朝朝暮暮兮侍君旁，餐霞齁露兮君樂只。乃爲清商、夷則之歌曰：『龍火西流烏鵲飛，玉繩低没夜何其，悲莫悲兮生別離。』

牽牛聞之，愀然改容曰：『夫寒暑迭代，一往一來；陰陽消長，一盈一虧。故多情起怨，極樂生哀。天造妃匹，爰立綱維。正位内外，遠別嫌疑。髮則異櫛，椸不同衣。以防淫慝，以敬令儀。奈何人情易溺，從欲惟危。甘耽濇蠹，不避禍胎。在國國蹙，在家家衰。況吾與子列神仙之祕府，登廣寒之崇階。昭靈儀於經緯，協幽贊於風雷。宜其以天地爲室，雲霧爲帷。躔垣爲几席，魁斗爲盤匜。亙千年而同處兮，曾何執手於臨歧。子乃羡人間之行樂，惜天上之佳期。豈不見朱顔易老，白髮相催。松柏西陵，笙歌虛幕；蘪蕪北渚，雲雨荒臺。』

言未既，有車聲闐闐自西北來者，則九天真母、八極夫人退朝。金闕奉命，玉真停驂，而誥曰：『大帝聞二星弗爽厥德，淹留迷惑。滓圓靈之體象，忒度數之晷刻。天罰不忒，謫汝下國。牛爲人臣，女爲人妾。結蔀屋之衿褵，削仙宮之譜牒。』

二星聞之，乍喜乍懼。神光離合，不知所處。余亦瞿然驚覺，憮然增慕。曳履整冠，中庭微步。但見雲錦麗天，月珪挂樹而已。

擬王融桐樹賦

梧桐生兮，於嶧山之蒼岑。既抽葉而露泫，亦結實而星沈。儀鳳羽以條茂，藉龍門而根深。弄珪影於初凋，挺琴材而未斷。捎雲漢帝之宫，落月吳娃之館。滴疎雨以含青，鏡輕虹而展綠。抱咽露之寒蟬，集淩風之獨鵠。每知閏而有餘，故先秋而弗缛。雖歲草之同萎，自孤標之邁俗。

擬何承天木瓜賦

美宣州之嘉果，森秀質之扶疎。結雲根之旖旎，揚朝日而榮敷。曬析山而簇紙，臨溪水而懸瓠。爾其肇嘉名於鐵脚，方郁烈於沙棠。鹽金沙以耀旭，潤石蜜而經霜。擢天台之石罅，加南土之文章。覗叢柯之冉冉，用不適於榱梁。願呈材而不效，閟林壑而封黄。收奇功於百益，投予懷其信芳。託《衛風》之永好，報瓊琚以相將。

旱雲賦并序

歲在甲戌，自夏徂秋，四月不雨。吳古稱澤國，間亦遇旱，未有如今之甚者。昔賈長沙有《旱雲賦》，因擬之以紀事。其辭曰：

惟昊天之覆物兮，調暄潤而咸宜。何火雲之千里兮，望膏澤而無時。登東皋以遙覽，悲嘉種之就萎。懸白日之皜皜兮，曬青秧之離離。下隰通溝而轉水兮，桔槔轆轆，不敢告疲。平原濯濯以無苗兮，勤農懸耜，望野而長悲。雷闐闐其乍蟄兮，電光倏忽而旋移。又雲開而日赤兮，若魯陽之戈麾。竦青峯之峍屼兮，穌紛薄而不衰。煎砂石而爛熠，愁悶懣而鬱伊。喟茲澤國，三江五湖。水衡有職，水利有書。何舊坊之勿問，遂熯我之新畬。乃爲望雨之歌曰：

雲如龍，龍不靈兮。雲如牛，牛不耕兮。雲如囷倉，匪我斯箱兮。憭兮慄兮，勤靡恤兮。鬱兮怫兮，下民疾兮。旱雲焞焞，承朝日兮。月離于畢，雨洋溢兮。

小園春賦有序

吾園雜蒔花果，四時之間，生香不斷。雖地不過數武，堂不過三楹，無有亭臺之觀、山川之助，閉門坐嘯，亦足屏滌煩嘗，怡娱心目。兩年偕計吏奔走京師，傷春色於天涯，感懷居於故土。今茲閒暇，得憩足焉，作《小園春賦》以自廣。其辭曰：

翳吾園之蕞爾兮，地不越乎三弓。啓軒楹於我祖兮，鬱古柏之蘢葱。余既長而無好兮，蓺花木而稱農。洒灌園之不鄙兮，攬籬落之丰茸。惟春風之嘘物兮，靡榮枯而畢逮。苟非撥本而無附兮，鼓洪鈞以一氣。覽百卉之爭榮兮，倚東風而弄態。攄大塊之文章兮，絢韶光之芳藹。雖内美之中含兮，終假容於藻繢。胡幽寂如秋蘭兮，待賢人而紉佩。謂余情其信芳兮，雖非春而何害。對白日之堂堂兮，超逍遥其未艾。

於是陟疊山，勺清池。眺迴廊，攀長籬。歌《陽春》於郢曲，誦遲春於《豳》詩。春鱗躍水，潑潑忘機。春禽出谷，喈喈亂啼。信幽居兮可樂，將去此其奚之。然而濯枝雨過，激水風吹。簷花欲墮，綱絮交飛。猶不免動玉輪之春思，弔金谷之春歸。行吟坐嘯，中心自摧。已焉哉！春實爲之，謂之何哉？

亂曰：羲娥迴薄，旦復旦兮。芸芸繁植，華實爛兮。無安懷土，歲倏晏兮。無嗟坎壈，使心亂兮。

霆聲發榮，蘇萬物兮。春作夏長，時不失兮。

夾竹桃賦

何斯逸士，掇芳水濱，拾翠山谷。有異卉一枝，嘉名兩族。舉示客曰：『夫姿之艷者莫如桃，節之勁者莫如竹。故春女比其穠華，秋士憐其幽獨。染燕衿而色殷，梢鳳尾而形禿。譬華實之弗兼，雖洵美兮非吾所欲。胡茲花之奇麗，儼文質之相宣。爾其敷葩赬燿，抽幹貞堅。翠袖褶窄，粉顋暈圓。眉黛方濕，口脂欲然。訝嬌紅之解語，倚縟綠而弄妍。既夭夭其媚矣，復娟娟其靜焉。是猶夫佳人之麗質，耦君子而稱賢，擅華色而弗炫，秉虛心以周旋者也。』

客曰：『美則美矣，抑古有墨子，悲素絲之蒼黃。今茲桃秉姿華茂，矯節荒涼。托貞潔之高躅，而仍不改乎時世之粧。豈非鄭聲之亂雅樂與？鄉愿之不狷不狂。青女闐其鳴鼓兮，急投畀于東皇。』

逸士曰：『白而白，黑而黑，賁又何好？高世者遺榮，嗜俗者枉道。世既有此歧途兮，謂全才其可寶。不然，安能無金石之貞性，歷春秋而振藻者哉？沽名飾行兮，草木無知。素以爲絢兮，亦又何疵？』

蓼花賦有序

道光己亥秋，余槖筆中樞，七閱寒暑矣。㩧直園廷，見蓼花一莖，挺秀於板橋之下、石岸之罅，扶踈幽艷，粲然淩波。感此江湖之質，托根苑囿，疑非其所，爲之賦曰：

伊紅蓼之野性，宜托根於江鄉。濯秋波而耀潔，弄明月而送涼。隱漁舟於沙渚，宿征雁於陂塘。任榮枯兮水國，供逸客之徜徉。胡來簪笏之場，掖垣之地。不伍凡葩，自標高致。雖余情其信芳，訝孤蹤之特異。夫其荏苒水濱，宛爾伊人。匪侈縟繡，不染埃塵。涵清流於碧沼，振高節於青筠。謝江洲之闃寂，披禁籞之芳芬。方將儕楊柳於太液，頡芙蓉於玉津。豈憶湘濱之杜若，沅沚之白蘋哉？境地不常，性情自若。感此幽花，欣於所托。類東方之朝隱，豈張衡之不樂。懷浩淼兮故鄉，寄閒蹤兮澹泊。

鉏雲園賦并序

乾隆初，先曾祖告養家居，築此園以娛母。地不逾五畝，而有亭、有臺、有池、有橋，奇石聳秀，喬柯環蔭，水陸之花，四時畢備。余幼讀書其中，迄今追憶，賦此以志先澤云：

鮮溪之濱，南園之畔。園號鉏雲，地同槃澗。竹石幽深，花木葱蒨。春秋佳日，于焉賞玩。其中則有延綠之軒，南對衡門。砌以文石，繚以周垣。白榆千尺，垂蔭庭間。竹籬十丈，春盡花繁。酴醿綴雪，薔薇爛然。香風飄蕩，醉心銷魂。其北則有蘭陔之堂，孤松特立。矯似鶴翔，蜿如龍蟄。黛色山濃，烟痕霧濕。清風徐來，驚濤夜急。其西則有蝶夢之龕，溫房冬燠。窗納朝曦，牖臨脩竹。閉戶調琴，焚香夜讀。怡養心神，屏營幽獨。南臨高閣，是名涵青。八窗洞達，四望杳冥。時維春暮，菜花連町。東風吹送，萬隰餘馨。秋月皎潔，銀河有聲。欹枕獨寐，夢落滄溟。東則亭名漱玉，翼然淩波。綠水一鏡，紅粧萬荷。漪漣之橋，中流三折。虹影橫拖，縠紋中裂。小艇搖搖，纖鱗鰟鰟。又東則有環蔭之屋，丹桂森階。秋飄金粟，香沁詩懷。丈人之石，孑立無儕。坡陀南屬，玉筍低排。牡丹耀艷，周乎其厓。南對幔仙之閣，藏書萬帙，富掩鄴侯。秋陽可暴，望旭登樓。蟫編入手，鷲嶺凝眸。其旁則有見山之岡，遊目天表。踏葉人稀，穿雲雁杳。下則歸雲之洞，仄徑盤紆。緣蘿入谷，振策登衢。循牆西度，畧彴當渠。復自軒中，北尋疑舫。靈黿曝石，赤鯉躍浪。濠濮齊觀，天倪和暢。景美辰良，地偏心曠。憶余稚齒，讀書其中。春風秋月，流覽無窮。十年紆綬，九陌乘驄。何時歸去，一畝儒宮。緬惟我祖，卜築溪濱。匪侈遊觀，實用娛親。敝廬可託，大庇子孫。平泉已渺，綠野何存。繼承勿替，惟德之敦。如木有本，如水有源。瞻言故里，永念家園。濡豪作賦，以示後昆。

遊鼓山賦山在福州府城東三十里

陟千山兮，寒暑云周。乘暇日兮，復登茲丘。城闉日薄，陂田路修。望巖巒之窈窕，森松竹以清幽。披春風之習習，佇白雲之悠悠。爰集乎湧泉之寺，梵唄遥聞，緇流畢至。云有琉璃之瓶，光含舍利。匣則古佛牙藏，經則高僧血刺。傳自彼法，競誇殊異。爇旃壇之香，嘗筍蕨之味。目倦神移，頽然若醉。臨乎北窗，隱几假寐。午夢初覺，塵襟豁然。林籟雜奏，匪管匪絃。山花送馥，如麝如蘭。炊落砌之松子，勺在山之清泉。信幽栖兮可樂，曾何慕乎列仙。

爾乃循坡陀以直下，折仄徑而復升。則有喝水之巖，峭壁如屏。幽篁則晴春灑雪，深壑則中夏含冰。覩流泉之東注，識梵行之上乘。捫蒼苔之題字，仰先哲之令名。遂登最高之峯，鳥道縈紆，虎迹出没。猜荒徑之盤蛇，瞥層雲之飛鶻。西瞻城市，萬屋魚鱗。集闤闠於烏石，沸歌吹於紅塵。

昔之黿鼉同穴，豺狼相吞。歷五季而割據，經百戰之苦辛。迨炎宋之南渡，被禮教於儒紳。導閭閻以揖讓，陳俎豆兮莘莘。美矣地產，郁乎人文。非一朝之日暴，將萬祺而風淳。北睇高岡，則前亙梅嶺。應龍嘘霾，陽烏蔽影。梯百級而猱升，路千盤而隼迴。上有神仙之宅，雞犬之音。洞安丹鼎，砂煉黄金。媲嵩高之石室，頡太華之蓮岑。踰降虎而趨白鶴，羌一望兮雲深。東南則環以大海，洪波萬里。島嶼參差，雲物譎詭。蜃樓湧現，鼉梁亙起。扶桑浴日，焦谿涸水。指一粟於琉球，送百川於渤澥。中有員嶠方壺，真人羽士。童男丱女之蹤，瑶草琪花之美。望不見兮三山，長生藥兮安在。

俄而濁浪掀天，颶風怒號。蛟龍鬭兮熊羆咆，帆檣戢兮鶤鵬翱。愁下臨兮無地，覽澒洞兮天高。我欲弔冤魂於鼇背，激忠義於鴻毛。望厓山兮天末，仿佛秀夫、世傑之人豪。又想夫明季洶洶，羣倭入寇。總戎繼光，鈇鉞是授。遂翦长鲸，卒擒困獸。至今閩海之畔，鷲嶺之巔。高臺屹立，故壘存焉。嗚呼！彼丈夫也，何其賢歟？感兹游之甚偉，發思古之幽情。陟崔嵬之岡阜，觀浩蕩之滄溟。憑眺神鶩，徘徊日暮。山中兮不可久留，命僕夫而就路。寫滂沛乎余心，效登高而作賦。

七翰

太樸子幽棲巖岫，遁迹郊坰。耽虛守寂，絶俗遺榮。戒浮華之伐性，慕靜泰以延齡。有翰林先生往說焉，曰：『吾聞鳳凰媥嫺以耀采，騶虞黑白以成章。蚌珠騰輝於百尺，蠶絲絢色於七襄。彬彬煸煸，與世爲祥。況萬物之靈，五行之秀。食則豆觴，衣則文繡。奈何弗賁英華，甘嘲弇陋。今將游子於書林，恢子於藝囿。泛墨池之洪深，覽管城之侈富。不欲聞之乎？』太樸子曰：『鯫生孤介，未聞大道。吾子惠然，窮廬是造。敬聽玉音，以開素抱。』

先生曰：『古稱六藝，其一曰書。通乎遐邇，制自皇初。可以紀事，可以破愚。義賅雅頌，道炳典謨。盲之爲野，博之爲儒。是以史官削牘，下士操觚。雕鐫名物，蒐獵芳腴。綜三才而咸備，歷千祀而不渝。既斯道之攸託，亦吾情之自娛。請爲子揚搉而陳之。』太樸子曰：『唯唯。』

先生曰：『翰墨之妙，卓絶鍾、王。《力命》之表，干鏌韜芒。《蘭亭》之帖，珠玳含光。沿流六代，振采三唐。魯公貫札，誠懸挽强。或心筆皆正，或骨力俱蒼。若夫歐、虞、褚、薛，壁壘相當。《醴泉》則銀鉤鐵畫，《廟堂》則鳳翥鸞翔。自檜而下，勿論蘇、黄。此並金鋮著巧，玉版流芳。握鼠鬚而題扇，購虎僕而傾囊。文壇馳譽，歷久彌彰者也。子能從我而學之乎？』太樸子曰：『僕憎凡近，未暇此嗜也。』

先生曰：『草書點畫，由隸而分。縱横始漢，根柢歸秦。史游《急就》，波磔更新。張芝摹擬，俊逸超羣。驚鴻舞鶴，掃電驅雲。過庭《書譜》，智永《千文》。離奇無匹，飄忽有神。堆筆作冢，委紙盈門。及其北溟魚飛，中山兔走。足使懷素慙顔，索靖斂手。垂縑素以流聲，等旃常之不朽。子能奮袂而從之乎？』太樸子曰：『僕拙，未能也。』

先生曰：『下邽程邈，創爲隸字。非好瑰奇，實趨簡易。兩漢遺文，六書餘技。中郎《石經》，師表百世。《五鳳》之甎，將作書記。《三公》之碑，昭祀靈異。《石門》、《郙閣》，掃壁磨崖；《武梁》、《五瑞》，圖像著題。上自東京，下迄有魏。登封望秩之儀，表墓戡祠之制。膺號受禪之文，銘德紀功之事。莫不采嘉石，勒華詞。洵八分之古體，爲千載之所師。子能違俗，好古攸宜？』太樸子曰：『僕憚蒐羅，未暇此好也。』

先生曰：『六國凋夷，嬴秦混一。丞相李斯，奮其刀筆。改定璽殳，載在尉律。旁及幡信，同文合轍。之罘琅琊，翠華四出。六刻銘詞，豐功是述。程書衡石，權量同鐫。《三蒼》奇偉，八體昭宣。是名小篆，後世宗焉。漢闕嵩岳，吴禪國山。師宜、皇象，虎臥龍蟠。唐有陽冰，亦窺堂奥。般若築臺，縉雲遷廟。郭生夢英，後來擅妙。子能從我而摹之乎？』太樸子曰：『未能也。』

先生曰：『周宣中興，籀作大篆。奇字斑連，古文曼衍。微鼎諲鐘，詞章冠冕。單卣觴尊，焜煌誥典。戊匜寅簋之奇，鳳鐸雞彝之選。掌内史而訓詳，達象胥而名辨。秦府令之所師，許祭酒之所闡。雖遐渺而難追，實允釐而不舛。子能從我而探稽乎？』太樸子曰：『未能也。』

先生曰：『雨粟以來，爰立書契。造自倉頡，頒於黄帝。炯四目以通幽，象三辰而指事。鳥跡則象本太初，蝌斗則簡傳奕禩。洎乎岣嶁喬嶽，委宛靈威。琱戈茫昧，雷爵依稀。蛟腳舒而宛轉，鵠頭仰而參差。出魏墓而傳孔壁，審竹簡之指歸。此並博物之華嵩，談經之淵藪。考古之南車，觀文之北斗。子能聽我而暢其旨乎？』太樸子曰：『先生雅好，陳說古今。如叩寡人之室，示以貝琛。排農夫之闥，耀以華簪。美則美矣，第滯於文字，未喻僕之初心。』

先生曰：『洪蒙甫闢，眹兆未萌。太虛無象，帝載無聲。斯人或棲窟穴，或處巢橧。神智沖漠，視聽窈冥。肇始火化，初著結繩。畫八卦之奇耦，辨河圖之縱横。括陰陽之造化，立天地之紀經。無語言之可贅，何文字之能名。悟之者貫通乎萬有，法之者翱遊乎天庭。此非探原太始，默契忘情者哉？』

於是太樸子蹶然而起，倚壁長嘯。拱手斂容，亟稱受教。曰：『始吾不知天之高，道之妙。先聖之經營，前賢之則傚。先生不棄，發瞽披聾。抉龍馬之奧蹟，明龜筮之幽蹤。譬猶移枯荄使就旭，導狂瀾使注東。願辭巖谷，負笈以從。』

七斆

沖虛公子，含和守寂。太古栖心，名山卜宅。案有丹經，門無轍迹。逸思騫雲，幽懷介石。於是博學大夫聞而造焉，曰：『吾聞良玉匪琢，圭璧不顯其章；堅金匪冶，干莫不吐其芒。是以才全者譽美，學富者名彰。今子非儒非墨，不狷不狂。自甘藏璺，無異面牆。吾將榮子以千秋之業，斆子以一技之長。俾羽儀於庠序，作器於廟堂。願聞之乎？』公子曰：『不佞孤愚，罕逢師表。大夫惠臨，願聞至道。』大夫曰：『賓興三物，職在司徒。身通六藝，惟德之隅。古稱實學，豈飾虛車。芻言可采，庶其啓予。』公子曰：『唯唯。』

大夫曰：『惟初太始，道立於一。積至京垓，數之所出。上候銅儀，下齊玉律。法備勾弦，心精杪忽。隸首握其紀綱，羲和奏其平秩。推千歲而可知，撫五辰而無失。至其通《易象》，括河圖；賅大衍，孕洛書。庖犧得之以首帝，素王明之以統儒。旁及海島幽深，道里迂遠。金粟絲紛，田疇綺散。莫不建表知微，立圭示準。量步昭宣，持籌益損。度量程黑黍之中，算數識黃鐘之本。兹非兩間之槖籥，萬事之機緘，研精之所尚，而博物之所兼。子能從我而學之乎？』公子曰：『僕憚鉤深，未暇此務也。』

大夫曰：『六書之學，以教國子。蝌斗之文，造自倉史。鳥龍雲穗，丘索典墳。岣嶁則穹碑傳禹，林泉則槃銘垂殷。製更籀李，代閱周秦。攷形聲之假借，遡殳璽之紛紜。紹賈逵之絕業，徵許慎之舊聞。爰迨兩漢，實始八分。《石經》初勒，蔡邕絕倫；隸書甫創，程邈超羣。實趨便易，去草歸真。迄今謨訓所載，雅頌所陳。山川郡邑之志，典章制度之存。表疏箋牒之等，碑碣誓約之繁。通四海而面語，歷千古而心傳。洵足宣神明之祕，探制作之原。子能從我而抉其樊乎？』公子曰：『僕質闇昧，未勝此煩也。』

大夫曰：『聖門執御，樊、冉諸賢。踰溝用矛，奮武爭先。晉人許伯，摩壘而還。穆王造父，八極周旋。於是舞交衢，逐禽左。鏘和鸞，動炙輠。駕青翰之輿，策紅陽之馬。登乎不周之山，涉乎大荒之野。轄不及脂，汗不及赭。日未西傾，解鞍廄下。雖有記里之車，不辨經行之多寡。遂乃三驅縱獵，十獲從禽。兕興大澤，虎嘯長林。軫蓋翼翼，驪騄騣騣。徑路糾錯，灌莽杳深。逞般游之樂，娱蕩佚之心。方將誚王良之詭遇，而何誦乎《虞人之箴》。子能從我而遊乎？』公子曰：『僕憎馳逐，未堪此役也。』

大夫曰：『初生男子，射用桑蓬。四方之志，百族所同。取材則燕荊妢粵，張侯則虎豹麋熊。決拾既佽，徹札稱工。魯侯金僕，手獲南宮；肅慎石砮，翔集北風。是以期門佽飛之輩，中黃育獲之雄。挾赤羽三成之箭，彎烏號九合之弓。遠或穿楊，細堪貫蝨。李廣則巨石皆開，耿恭則毒笴突出。庚斯銘發乘之恩，魯連妙解圍之術。至其逐狡兔於奧草，弋飛鶻於層雲。落啼猿於鷲嶺，殲巨鱷於海濱。方將拒潮汐使却退，曾何千乘萬騎之足云。此誠技進乎道，願與子傳玩夫六鈞。』公子曰：『僕資懦怯，愧未能也。』

大夫曰：『吾聞古樂，傾聽平心。辨立乎磬，禁示乎琴。均調六律，繁會八音。於是使師曠諧聲，伶倫按節。析變宮、變徵之殊，區《大章》、《大韶》之別。簫管韻和，球鍠響逸。鳳舞於庭，鶴翔於闕。潛魚躍淵，駟馬仰秣。百里之内，三尺之童，莫不神凝而志壹。洎乎改懸洞庭仙靈之窟，呼蒼龍使吹篪，召白虎而鼓瑟。夢大帝而聽鈞天，招騷魂而彈《白雪》。志飄飄焉，嶢嶢焉。思淇泉之王豹，懷海上之成連。此聲音之至妙，非華説之能宣。子能從我而聽之乎？』公子曰：『僕慚凡俗，未堪共聽也。』

大夫曰：『聖人制禮，役使羣動。盥漱雞鳴，家庭所重。達乎州黨，鄉飲有儀。登乎朝廟，燕享是宜。蒐苗舉典，聘頫因時。冠昏喪祭，咸備於斯。《周官》、《儀禮》，大戴曲臺。通斯學者，德有其基。遂乃牛耳執盤，魚須搢笏。壇坫折衝，邦之英傑。爰有展喜犒師，國僑爭承。或歌《郇黍》，或拜《鹿鳴》。尼父則歸田著績，曹沫則揮劍成盟。足以張國勢，壯威稜矣。若夫叔孫布蕝，魯儒抱經。考彝章於故府，定制度於漢庭。開四百年之文物，作十二祚之儀型。則又極人臣之榮遇，流誼士之芳聲者也。及其黼黻承平，匡襄郅治。酌古斟今，翼帝御世。象輅龍車，封天禪地。秬鬯馨香，燔柴炳熾。薦九廟之明禋，第六宗之時祭。登巖聞三祝之聲，升壇覩五雲之氣。遂乃巡四岳，輯五瑞。駐翠華，停玉鑾。耆老偕來，康侯畢至。飭省方問俗之文，臚考禮正刑之事。四海之內，天秩修明，人紀安貞。莫不趨采齊而行陔夏，右規矩而左準繩。共含和而吐氣，咸謳慕乎神京。此禮教之極隆，而王猷之允塞。吾將與子博稽乎典籍也。』公子曰：『僕慚固陋，謝未能也。』

大夫曰：『古稱游藝，據德依仁。導源洙泗，澤潤無垠。扶綱常於不敝，激懿好而同敦。披唐虞之大訓，訂殷周之鴻文。苞符括其道蘊，造化洩其精神。恢之足以治世，約之足以淑身。故曰聖人之道，如日月之明，江河之行。四時之不忒，五緯之有恆。孟、韓宗之而其道醇，程、朱闡之而其學尊。幸餘風之未泯，猶衣被乎斯人。仰楷模於先哲，勿望道而逡巡。今子若百物榮秀，而自遁於陽春。良工鼓鑄，而自外於陶甄。安望才能之富有，德業之日新哉？』

於是沖虛公子俯首降階，斂容肅拜曰：『僕今而知聖人之道，如天之無不覆，如地之無不載。孕育百王，跨越萬代。爲名教之統宗，配域中之四大。大夫不遺，啓迪蒙昧。願列門牆，終身受誨。』

歸樸龕叢稿卷二

頌　讚　箴　銘

平定回疆頌有序

稽古輿圖之廣，未有盛於我朝者。乾隆間戡定準、回，垂六十載，喁喁內嚮，同我太平。道光六年，逆裔張格爾煽惑諸回，四城擾動。我皇乃命將出師，聿彰撻伐。生擒逆裔於喀爾鐵蓋山，檻送京師，獻俘就戮。載櫜弓矢，邊境乂安。爰錄勛臣，繪象紫光之閣；爰纂《方畧》，鋟版武英之殿。用以宣揚盛業，昭示來茲，禮也。臣職在校讎，再閱寒暑。簪毫西掖，獲覩全編。當耆定之餘，欽廟謨之遠。允宜勒豐功於金石，播鐃吹於聲詩。小臣不敏，敬作頌曰：

蕩蕩西域，前代不臣。孚以威德，閱六十春。八城既設，萬里懷仁。蘖芽未翦，討伐重申。昔霍集占，赦而復叛。今至其孫，鬼蜮潛煽。驅我貔貅，迅如雷電。上將一麾，功成八戰。巖城既克，渠魁遁逃。既遁復來，遂弋鴟鴞。渾河浪濁，鐵蓋山高。檻車東指，獻馘於朝。既訖天誅，爰行慶賞。首策勛臣，淩烟繪像。載纂武功，內史所掌。玉笈琅函，皇謨共仰。威棱震兮，前烈光兮。民生遂兮，磐石康兮。恩施中外，悦无疆兮。我皇垂拱，慶延長兮。

膏澤頌有序

國家累洽重熙，和甘協應。偶值偏隅水旱，甫陳奏牘，卽沛恩膏。或賑或蠲，俾民遂生，歲以爲常，不勝紀述。每逢慶典，輒免民間逋賦、徵銀、漕米各數百萬。鋪觀前史，闓澤龐洪，未有如今日者也。小臣橐筆恭繕恩綸，十載於兹，敬作頌曰：

民如百穀，仰雨之膏。我皇撫字，宵旰心勞。金粟千萬，輕若鴻毛。損上益下，澤浸蓬蒿。民之憂兮，皇心摰兮。民之樂兮，皇心若兮。天無私覆，地無私載。政在養民，域中爲大。丹穴之南，空同之北。鑿井而飲，耕田而食。共戴天高，不歌天德。咸履地厚，不銘地力。聖人御世，仁育羣生。非春而煦，百物是榮。非河而潤，千里是程。禾黍有沃，濯沐無聲。康衢擊壤，同享太平。

恤刑頌有序

夫好生之德洽於民心，堯之爲君所以如天也。我朝欽恤惟刑，秋審重囚。刑部進冊，上親加核議，或決或免，酌理之平。至逢慶典則有援赦之條，值水旱則有減等之舉，繫者盈萬，亦從寬議減。天地之大德曰生，信足迓休祥而培國本也。敬作頌曰：

惟刑之恤，上溯中天。姒王泣罪，盛德斯傳。我朝家法，勤政愛民。爰書親覽，剖析如神。必當其罪，輕重惟均。始下有司，憲典是申。疑而未允，遂縱涸鱗。式昭寬典，不涉深文。秋霜被野，庶類逢春。我皇大德，鼓鑄鴻鈞。囹空有兆，海寓風淳。

儉德頌有序

道光十四年，免兩淮烟火之貢，其他筐篚𩽾脆之品由各省貢於内府者，先後裁損，不可殫紀。仰見聖主躬行節儉，爲天下先，清嗜欲之原，即以致時雍之治也。敬作頌曰：

儉德是慎，永圖是懷。地不愛寶，取之有涯。魚龍百戲，火樹千枝。吳越纖縞，交廣珍鮭。勿充内府，不煩有司。古先哲后，躬敝綈衣。百金之惜，不築露臺。我皇崇儉，上法堯茨。清心德劭，訓俗風移。無教逸欲，弗尚珍奇。斲彫爲樸，坐致雍熙。

南極老人星頌

南離拱極，聿顯黄星。耀兹壽寓，老人是名。其數惟一，得一斯貞。其躔在井，井養斯亨。秋晨出丙，春夕見丁。惟極執樞，火德騰精。三十六度，運有常經。子孫四曜，旁輔而行。仰瞻北斗，六合永清。

樂天頌

簞瓢何樂，樂道樂天。孔門好學，顔氏爲先。高堅前後，恍惚難傳。不遠之復，其庶幾焉。

慎獨頌

誠意之功，本於慎獨。推之治平，理無不足。一貫傳心，義精仁熟。行在《孝經》，守以敦篤。

思誠頌

誠原天道，賢者思之。立基性命，位育攸資。爲費爲隱，囊括無遺。九經三重，王道之施。

養氣頌

浩然之氣，塞乎天地。至大至剛，曰仁曰義。堯舜是陳，齊梁莫試。邪説廓清，功在萬世。

至德頌

南荒甫闢，端委宜君。聿來采藥，式化文身。再傳受命，三讓德尊。高風緜邈，五湖之濱。

文學頌

學道愛人，絃歌盈耳。小邑有才，澹臺佳士。郁郁多文，彬彬習禮。牖我吴民，實惟夫子。

范文正公像讚

功著於時，德垂於後。偉哉范公，令名不朽。義田之設，以贍宗枝。迄乎南渡，子孫享之。賢哲餘風，百世興起。任恤同敦，吴趨俗美。天平之麓，萬笏森然。式瞻祠宇，世澤長延。

錢武肅王像讚

於戲武肅，時危道亨。保有吴越，民物遂生。遺黎戴德，處亂不傾。雖云割據，亦順天經。子孫明哲，持滿戒盈。匪輕社稷，願息戰爭。表忠作觀，潛德唯馨。渺茲千祀，滄桑迭更。式瞻遺像，赫赫明明。我作斯讚，神聽和平。

蓮池大師像讚并序

先君子手繪蓮池大師像凡數幀，皆白描，甚精。今存其一，敬作讚曰：

士生斯世，志在有爲。時無可爲，惟憫惟悲。發菩提心，登般若臺。現身說法，覺悟凡材。雲棲之寺，放生之池。空山寂寂，萬物熙熙。春秋五百，不替前規。師之梵行，俗子何知。卽論功德，賢哲奚疑。

袁孝子讚并序

孝子諱大德，蘇州人。父行賈，歿於滇南。孝子哀慕，奔滇一載，竟負父骨以歸，里黨賢之。後爲長洲縣吏，潔身自好，不染流俗，年垂七十以壽終。子寶樹，歲貢生。孝子歿後四十年，寶樹門人副都御史彭蘊章爲之讚而泐之石曰：

惟孝感天，鑒茲孤孑。萬里奔喪，終歸父骨。烈烈炎曦，紛紛雨雪。逾嶺涉江，載飢載渴。孝子之志，險阻不奪。晦身吏隱，淡泊遺榮。秉廉守素，履吉安貞。天假眉壽，義方教成。東南之美，貢於王庭。於哉孝子，永垂令名。

伯父侍御父遺像讚并序

公抱經世之才，而不顯於用。初仕兵曹，以練達見稱於上官。秉志耿介，未嘗屈色流俗。嘗以主事膺上考，當出爲直隸州牧，辭不就。累遷監察御史，條陳二事，俱見施行，具詳家譜所載行狀。嘉慶庚申正月，夜夢母太夫人坐兩楹間，遂乞假歸省，閲兩月而太夫人壽終。既免喪，遂杜門不出，整理先侍講公遺書，修族譜。遵二林公遺規，廣行施濟，歲饑輒舉平糶。作《平糶記》曰：『自今米斗錢三百，吾家平糶不輟。』里中育嬰堂廢弛，當事請公除其積弊而理之，公任弗辭。素有下血疾，至是漸劇，精力日損。乙丑夏，病幾殆。公止一子藴輝，仕翰林，嘗以骨肉暌離不可久，請公入都，病不果行。作《示疾説》，其畧言：『仕途險阻，知足不辱，殆天示以疾，使絶進取也。』丙寅九月六日卒於家，年四十有九。藴章幼失怙恃，甫九齡，賴公教育。塾師出，必自課之。比稍長，每與述先世行誼，講論文法不倦。迨公歿，藴章年十五矣。歿前一日，召而執其手曰：『伯將死，汝自勉之。』公仕於朝十二年，終福建道監察御史，授朝議大夫。嘉慶十三年祀鄉賢祠，道光二十七年以藴章官晉贈資政大夫、都察院左副都御史、提督福建學政。著有《簡緣詩草》，刊於道光元年，同里石琢堂先生爲之序。此《柳陰讀書像》，嘉慶癸亥冬，畫師徐瑞作。讚曰：

公貌則嚴，公心則慈。惟義之赴，惟德之滋。瑰才達識，耿介自持。昌言諤諤，亦效於時。兩楹感夢，遂公孝思。友于兄弟，弱者扶之。達乎里黨，己溺己飢。年未知命，翔鵬降災。鄉評不爽，俎豆崇祠。哀哀小子，靡瞻靡依。賴公之庇，以迄今兹。音容久杳，遺像在斯。焚香肅拜，如聽提撕。

王愓甫先生獨立圖讚有序

先生諱芑孫，號愓甫，晚年又號楞伽山人。先尚書公掌教吴中紫陽書院，賞其文，二林公尤重之。當尚書公歿，袁簡齋自以門下士撰神道碑至，二林公却之，而以先生文勒石。先生少時工詞章之學，淹通《騷》、《選》，學使之來吴者無不識拔。乾隆戊申，東巡召試，賜舉人，遂挈家旅食京師。爲應奉詩文，名動公卿，諸城劉文清公尤深契焉。後由教習選松江府華亭縣教諭，松之名士多從之遊。洎曾賓谷中丞燠都轉兩淮，厚幣聘先生爲詩友，乃辭官之邗上。及都轉遷官去，而先生歸里，杜門操鉛槧者又十年。余嘗以詩受業於門，側聞先生緒論，不可一世，遇不如意，無論古今人輒眥裂怒駡。蓋是非之心明而不自知其激，所性然也。故一時士大夫以至後進，非有容人之度者不能與先生久交。至其待人以誠，教人以善，鋤人自足之心，恢人自囿之見，實非他先輩所能及。歿於嘉慶丁丑十二月，年六十有四。著有《淵雅堂集》若干卷，行於世。此《獨立圖》爲松江改七薌琦所繪。讚曰：

矯矯先生，真獨立而不懼兮，亦遯世而無悶。總古今之得失兮，吐滂沛乎方寸。汰末俗之浮囂兮，師典謨之古訓。追《風》、《騷》之遺意兮，傾匠心而獨運。既選言於宏富兮，亦托體之高峻。索明珠於九淵兮，構層臺於千仞。驥一騁而遐蹤兮，琴三疊而餘韻。當世非無知我兮，不貶節以干進。雖濩落於一官兮，植雲間之英儁。逞虎觀之雄談兮，攄石渠之高論。結壇坫於邗江兮，與南豐爲秦晉。歸坐嘯於衡門兮，遂林泉之素願。嗟不才之奉教兮，望景行而思奮。示前賢之矩矱兮，指迷途其不吝。迅駒光於三載兮，哭寢門之衢殯。念握槧以終身兮，丐硯田之餘潤。覩遺容於尺縑兮，憶草堂之慰問。望楞伽而宿草兮，寫予生之幽恨。

鄉賢理齋潘先生像讚

藹藹先生，其德安貞。事親至孝，養志遺榮。歿而祭社，允協公評。憶從稚齒，早覩儀型。惟予季父，交託蘭馨。先生家訓，卜夜是懲。賓筵歸去，每在懸燈。依依昏定，至老不更。先生言行，有物有恆。如工執度，如木從繩。古風云邈，後嗣其承。

汲桶讚并序

汲桶者，救火之具，俗名水龍。余家葑溪之甎橋舊有水龍，里人公製，歲久毀廢。南方多火災，慮召遠不能救急，道光甲辰秋郵書家人，別造一具。募里中健者執役，遠近告災，所至撲滅甚速，歸則賽神宴飲。里人因余曾任都水郎官，取水能克火之意，稱爲『都水龍』云。讚曰：

徹屋塗屋傳古方，汲水噴薄今法良。騰空百尺白練光，龍鱗萬斛珠含芒。來如急雨快莫當，老蛟人立海若狂。熒惑退舍風伯降，原燎息滅鄉鄰康。神龍宛欲天際翔，功成歸去鬐鬣揚。健兒鳴鉦黑幟張，歡如凱旋登我堂。賽神膜拜稱巨觴，誰與豢龍都水郎。

古几讚

前明崇禎間，七世祖敬輿公始築堂於葑溪之濱，顔曰『衣言堂』。中一几，閲二百年矣。

讚曰：

楩枏爲几兮，屹立中堂。質堅理潤兮，不蝕風霜。閲人成世兮，門祚之長。緬此几之初設，值前代之滄桑。更太平之歲月，幸主人之熾昌。歷雲礽而聚族，不輕去夫故鄉。或結褵而臚拜，或銜哀而奠觴。或洗腆而介壽，或迎神而迓慶。登斯堂而北面兮，唯歌哭之所當。溯高曾之嬉戲，及吾身猶未央。覩子孫之蟄蟄，守先澤兮毋忘。

怪石供讚

有稜斯石，毓奇大江。有滊者水，激越雷硠。雷硠伊何，濯磨成章。不磷不淄，亦圜亦匡。浸潤山岳，斲削渾茫。幾千萬歲，韜質善藏。東坡好怪，搜剔江鄉。謂兹怪石，宜供佛場。九曜非奇，七寶是裝。翻辭下界，來登上方。作須彌勢，發舍利光。現壽者相，得金之剛。堅貞著節，終然允臧。

交友四箴

濫箴

古稱益友，直諒多聞。反是三者，將有損於吾身。謂盍簪之可喜，乃至比於匪人。孰若慎交而親仁。寧爲水淡，毋爲醴醇。

謔箴

爾交友乎，胡敬人之不足，而愛人有餘。得無細人之姑息，揆禮義其未符。戒之哉，愛人以德，敬人以禮。不愆於儀，慎終如始。

傲箴

爾何人，敢傲世耶？爾卽不傲而人以爲傲者，非情誼之不浹而禮貌替耶？彼老氏之和光，胡獨不臧。古君子之勞謙，惟吉之占。

言箴

信而後諫君，臣道全。通於朋友，何獨不然？己所未能，勿以責人。己所己能，猶或闇闇。胡爾言之不怍，而起羞厥身。

家塾五箴

伊川先生曰：『學者須務實，不要近名。爲名與爲利，雖清濁不同，然其利心則一也。』作《務實箴》：聲聞過情，清夜知恥。志不徇人，學唯爲己。有得於心，功乃日起。潛德闇然，是唯君子。

朱子曰：『志不立，直是無著力處，如貪利祿而不貪道義，要作貴人而不要作好人是也。』作《立志箴》：如射有鵠，心嚮往之。苟無所見，以何爲期。登山漸峻，赴壑日卑。果行君子，宜鑒於斯。

横渠先生曰：『人要得剛，太柔則不立。』作《剛立箴》：剛爲陽德，卓絶萬物。志剛必申，氣剛不屈。華嶽鎮定，雷霆發越。申棖非剛，其欲未遏。

朱子曰：『爲學，工夫不在日用之外，只要分别是非而去彼取此耳。』作《去取箴》：是非之界，辨於一心。隨時體驗，燭理自深。崇德有術，徙義自今。知所去取，當視此箴。

朱子曰：『渾身在熱鬧場中，如何讀得書？半日静坐，半日讀書，一二年何患不進！』作《静坐箴》：晦明迭嬗，動静互根。吾身既定，吾性自存。天倪浩浩，天理渾渾。何思何慮，道義之門。

居心箴

心之臧，身之康。心之疚，行之謬。行之謬兮心之病，去病糾心使心正。

居官箴

守清白，祓不祥。勤爾職，無敢荒。食焉怠事必有殃。

恃才箴

能人所不能，毋自矜。千慮一失，謗斯乘。

怙過箴

君子之過日月蝕，汝何弗更終自賊。積而不掩爲凶德，胡不猛省剛以克。

翫物箴

翫物喪志古所尤，嗟哉放心當自求。

翫日箴

寸陰是惜古聖心，奈何飽食事弗任，日復日兮白髮侵。

此下刪去二篇，少一頁。自記。

硯銘

惟田之沃兮，富于倉箱。惟硯之确兮，富于文章。

琴銘

德愔愔兮莫我知，遙遙千載鍾子期，水仙之操聽者希。

書燈銘

惜光陰，夜繼日。無自欺，照暗室。

墨壺銘

積之厚，用之久。如農力田終歲，餬其口。

弓銘

弦直可以明道，幹屈可以持盈。一屈一直，君子之爭。

矢銘

過弱則墜，過强則揚。不强不弱，中道斯臧。

杖銘

相扶持，賴汝力。奈何顛墜，曠厥職。

几銘

去雕飾，取輪囷。將倚汝，安吾身。

歸樸龕銘有序

余讀書之室，德清蔡生甫先生題篆額曰『歸樸龕』，因志以銘：

崇臺十丈，先植其基。基之弗固，丹雘奚施。繭絲五采，先潔其質。質之不潔，纁黄何別。龕名歸樸，豈獨論文。求之素履，以善吾身。

書巢銘有序

戊子六月，僑寓都門東北園。屋既湫隘，又值淫霖，室中積潦，東版以居。書籍或庋於閣，或懸於壁，郭蘭石太史題曰『書巢』，因志以銘：

一兩兮兼旬，懼吾廬之將湮。書懸四壁兮，室僅容身。束版以載兮，蕩乎若舟之泊於水濱。將陟高原而棲茂樹兮，從有巢氏之遺民。

福建古田縣朝天橋銘有序

距古田治百里之清潭渡，有朝天橋焉。屹立兩崖之間，其高數十丈，下俯深淵，爲由浙入閩孔道。自宋迄明，屢建屢圮。近數十年皆以舟渡，猝遇暴漲，維楫難施，行人苦之。道光丙午冬，權令周君培仍舊石址，捐俸興修。君本蜀人，因仿棧道，貫以鐵索，東版横空，其平如砥。閱四月落成，輿徒經行，風雨無患，頌聲作焉。銘曰：

峩峩石梁兮跨兩山，砰訇雷聲兮奔激湍。斷虹飲澗兮失蜿蜒，木石朽泐兮基址存，乃仿蜀棧兮鐵索纏。載施版築兮約束堅，翼以扶闌兮危者安。昔時浮渡兮駭深淵，今履坦途兮如陌阡。修廢舉墜兮糜俸錢，端明萬安兮相後先。我作此銘兮勒崇巒，流馨百世兮頌宰官。

榕城試院齋堂十二銘

問心堂銘

仰不愧天，俯不怍人。四知三畏，唯德之鄰。

韡雅堂銘

陟岡咨嗟，儐籩燕喜。凡今之人，莫如兄弟。

浮青閣銘

三山環繞，八窗洞開。烟雲朝暮，清光大來。

鏡烟堂銘

靜果如鏡，動豈如烟。以靜制動，惟默惟淵。

友清軒銘

得氣之清，歲寒三友。守此虛堂，蒼髯一叟。

三百三十三士亭銘

伊昔先民，植此多士。有亭翼然，清照潭水。

嶙峋館銘

毋效模稜，毋露圭角。砥勵廉隅，如磋如琢。

夢艸堂銘

至人無夢，童山無艸。何慮何思，虛靈是保。

碧雲館銘

越山夜碧，雲氣滃然。時雨將至，禾興勃焉。

棗音精舍銘

棗花至小，其實離離。奈何爲學，弗鑒於斯。

補松精舍銘

種樹百年，濃陰滿地。鐵幹錚錚，養成匪易。

敬業齋銘

古人敬業，期以三年。不志於穀，其庶幾焉。

歸樸龕叢稿卷三　論　辨

伊尹論

昔伊尹相殷，以大甲顛覆典型，放之於桐三年，克終允德。至周公輔成王，管、蔡流言，遂有居東之避。夫成王雖幼，未聞失德，周公尚不免於流言。大甲既不類，而尹放之，豈無讒慝之徒助大甲以傾尹者？乃泰然至三年之久，卒使悔悟，以冕服奉歸。

夫乃歎成湯之聖之貽謀遠也。惟湯立賢無方，德懋懋官，三風十愆，儆於有位。是以衆正盈廷，不仁者遠。舉朝卿士皆如伊尹之忠，無助大甲以傾尹者，故尹得以成其忠，而商祚不絕也。夫與尹比肩事主者，惟仲虺、萊朱數人稱於後世。吾知當日亳邑之賢必不止於是，且非獨朝列皆賢也。即大甲左右近習之人，亦必無姦佞之徒能竊朝柄、亂是非者，則其法制之善，風俗之美，概可想見。吾意大甲徂桐之日，尹必日進讜言以感悟之，慎選正士以輔翼之，非置之於桐聽其自悔，可知也。

霍光初輔昭帝，上官桀爭權構陷，非昭帝之明，幾難免禍。其於昌邑，未嘗有所規誨，徒誅不諫之臣，擅行廢立，致使孝宣芒刺在背。使光不死，禍亦將及。故必有湯之聖，而後能成尹之忠；亦必有尹之學，而後能成尹之志。後世朝廷之上，邪正並容，風教既衰，法制不善，近習嬖倖之徒皆得竊朝柄、亂是非。雖有伊尹，不能終日，況不逮尹者乎？而欲子孫固磐石之宗也，難矣。

張良論

張子房奮椎博浪沙中爲韓報仇，及項羽殺韓王成，良從間道歸漢。酈食其說漢王立六國後，良發八難止之，讀史者惑焉。

論曰：大丈夫佐命定天下，主於弭亂而已。良之報秦非爲韓也，良之歸漢亦非爲漢也。當秦之季，亂在秦。秦不滅，亂不息。秦既滅，亂在楚。楚不滅，亂亦不息。前立六國，所以傾秦也；後不立六國，所以孤楚也。夫以天下叛秦，則六國不可不立；以天下歸漢，則六國不可復存。漢卽立，六國終必滅之而後已，其勢然也。使良存爲韓之私心，因酈生之謀而遂成之，楚、漢之兵未息，六國復反覆其間，天下不能定於一。夫良佐高帝傾秦仆楚，爲弭亂也。大業垂成，又長其亂，良不爲也。吾故曰：良不爲韓，亦不爲漢。

此下刪去二篇，少二頁。自記。

佛法論一

聖人之教，譬如以五穀養人，其味淡然，而不可一日廢。有饕者焉，厭其淡而廢之，酣酒嗜肉，得臧疾將死，聖人之五穀不能救也。佛以大黄、芒硝藥之，起將死之疾，而五穀得復進。夫大黄、芒硝，食五穀之人不可食也，而酣酒嗜肉者宜之。然則佛法之來中國，不在三代而在漢、晉，豈非天哉？三代而上，庠序修明，微言未絶，聖人之五穀可得而食也。秦人驅民於酒肉，而秦卒以臧亡。漢代崇儒，聿尊聖教，於時有伏勝、董仲舒、公孫弘、轅固諸人，掇拾三代遺秉滯穗，而稍稍播種之，然未能復三代之風。魏、晉以來，天下洶洶，載胥及溺。干戈交於中原，禮樂委於草莽。雖使聖人復起，修先王之學校，明孔氏之《詩》、《書》，非畢世百年，不能更化。一旦聞西方之教，使人瞿然如夢之覺，貪易而廉，暴易而仁，詐易而忠，逆易而順，生於其心，不假督責，因而保其天良，全其令名者不少也，非所謂神道設教者乎？夫神道設教所以濟教之窮，原非教之常法。酣酒嗜肉之絶迹於天下，則大黄、芒硝安能與五穀爭功至此哉？今自宋以來，大儒蔚起，正學昌明。惟秬惟秠，惟穈惟芑，誕降嘉種，螽然在目。厭棄弗食，窮極水陸。或臘毒已深，而惡投藥石，痼疾於是乎成；或服藥病瘳，而弗進五穀，元氣於是乎傷。是兩失之矣。

佛法論二

或聞而難曰：『使天下之人皆禁嫁娶，斷肉食，如今之所謂僧者，不及百年，生民之類已絕，禽獸塞乎兩間，吾不知其可也。聖人之教可胥天下而共由，佛之教能胥天下而共由乎？』應之曰：『佛教之在西域，自周已有之，至今二千餘年，西域之人類未嘗絕，禽獸未嘗充塞也。故知禁嫁娶、斷肉食，佛之行則，然本未嘗執西域之人而共由也。夫潔身之行，未可與世共由者，不必西域之教也。當佛法未入中國時，豈無巢父、許由、伯夷、叔齊之徒，蟬蛻富貴之中，鴻舉塵埃之外。彼豈學佛而然？夫亦各行其志而已。今使胥天下而皆爲巢、許，則唐虞早已無君；胥天下而皆爲夷、齊，則武周亦已無民。其不可胥天下而共由也，審矣。然而如夷、齊者，孔子稱爲仁，孟子稱爲聖，未聞因其道之不可共由而少之也。吾謂佛之超然絕俗，亦如中國之有巢、許、夷、齊，特不若堯、舜、周、孔中庸之聖，故其道不可推之一世。其在西域已然，正不必在中國也。』

佛法論三

或又曰：『今之僧尼，繁衍天下。不士不農，不商不工，安其居，美其食，潔其服，是非民之游惰與？「人其人，火其書，廬其居」，昌黎之言不亦快與？』應之曰：『僧尼之患，孰如盜賊餓莩乎？彼皆非嗜佛者也，飢寒迫其身，而假是爲淵藪焉。非是則强者爲盜賊，弱者爲餓莩矣。與其使天下多一盜賊，多一餓莩，孰若使天下多一僧尼之爲愈乎？故『火其書』不難也，必欲『人其人』，『廬其居』，則必『鰥寡孤獨廢疾者有養』而後可，此亦昌黎之言也。夫父母莫不愛其子，苟力能俯畜，誰肯捨其子爲僧者？人亦莫不自愛其身，苟力能自贍，誰肯捨其身爲僧者？以余所見，或有所憤激而捨身，不因乏食者，不過千百人之一二耳。使天下之人皆足自贍其身，則僧尼必處日少之勢，不待禁而自絕。此非聖人先富後教之意與？若因其游惰而嫉之，則夫服儒服、冠儒冠，受高爵厚禄而無補於世者，其爲游惰，庸愈於彼乎？故《論語》曰：「見不賢而内自省也。」

佛法論四

或曰：『子之論佛，皆其淺者也。今之釋典足以亂吾心性之學，凡在儒門，不當深惡而痛闢之哉？』應之曰：『佛法之傳於世，所共見共聞者，惟禁嫁娶，斷肉食，修慈悲之行，佈輪迴之說，如是而已。若心性之學足以亂吾儒之教者，愚未之聞焉。先儒言釋典皆惠遠、僧肇之流竊莊、列之言而爲之，非真從西域來。蓋西域與中華文字不同，釋典皆出重譯，但堪得其大畧，何能析及精微？唐時《金剛經》初入中國，房融在廣州，患其文俚，改而進之。其他幽渺之論，惝恍之說，皆六朝及唐學佛者之所作也。至所謂禪者，乃晉人清談之餘緒，原本莊、老而託於佛氏，故其言與儒理相似。吾未入其中，何知而辨之哉？今欲從心性立辨，是與後之造釋典者爭是非，不切於佛。夫佛法之來中國，吾自求之，而自信之，又慮其言之不工，而更造之。佛未嘗欲以其教亂吾儒之教也，而百家異説之亂吾儒者，日出不窮，而人弗察也。』

韋編餘論

尊經篇

自三《易》掌於太卜，《連山》首艮，《歸藏》首坤，夏、殷之文不可見矣。《周易》以變爲占，故用稱九六，揲逢七八。則觀其《彖》詞，握動靜之樞，洩陰陽之祕。居衆經之首，操萬化之原，淵乎微乎，大矣博矣，莫可得而言傳也。爰溯包羲，始畫八卦，因而重之爲六十四，有畫無文，有名無解。至文王始作卦詞，分爲上下。上經始《乾》、《坤》，有天地，然後萬物生也；下經始《咸》、《恒》，有夫婦，然後有父子君臣也。爻詞周公所作。《上彖》、《下彖》、《上象》、《下象》、《上繫》、《下繫》、《文言》、《説卦》、《序卦》、《雜卦》，孔子所作，謂之十翼。漢費直以《彖》、《象》、《文言》參入卦中，定於劉向，成於鄭玄。古《易》次第，則卦爻一、《彖》二、《象》三、《文言》四、《繫詞》五、《説卦》六、《序卦》七、《雜卦》八也。至『天地定位』二節，明八卦之相錯；『帝出乎震』一節，示八卦之方位。此皆聖人之言，昭如日月者矣。慨自秦燔而後，典籍云亡，《易》以卜筮之書獨存。《説卦》一篇，孝宣時河內女子發古屋得之。漢儒去古未遠，其學各有師承。厥後一亂於方技，再亂於清談，三亂於冥悟，而經義棼如矣。《易》有三義，交易也，變易也，不易也。後之學者玩索經文，歧説雖多，自知去取耳。

志師篇

經必有師，以明授受。若古無其學，則冥悟難憑，可飾一時，不可欺萬世也。子夏《易傳》，雖見劉向《七畧》，而久失其傳，率多僞託。昔商瞿子木受《易》於孔子，五傳至田何，何傳孟喜，其説曾見采於許慎，故尚有存焉。焦贛得隱士之傳，託於孟氏《易林》之作，占驗最奇，京房宗之，並名於世。漢時《易》學分而爲三，田、焦旋廢，費直獨存。直傳馬融，融授鄭玄。鄭玄好博，摭其精英；王弼遁虛，探其理致。禰鄭祖馬，費學昌焉。前此師説相承多主名象，及輔嗣忘象，力掃荊榛。然雜以老、莊，爲清談之祖，至世人有『易老』之稱，貶經配子，弼咎奚辭？九家《易》者，荀爽、京房、馬融、鄭玄、宋衷、虞翻、陸績、姚信、翟子玄九人也。又有朱氏、張氏，不著其名。李鼎祚《周易集解》有朱仰之、張璠者，殆其人歟？鼎祚掇拾餘文，漢學賴以不墜，至今探討，此爲津梁。惟窺豹一斑，全書莫覩，或妄思隅反，穿鑿徒勞。王伯厚云晦翁《本義》出於呂伯恭，故知先儒著作必有師承，冥心創獲，君子病之矣。

卦德篇

《乾》剛德健，秉三陽而資始；《坤》柔德順，含萬物而化光。兩儀合德以成功，六子分形而克肖。是以陽卦多陰數，奇以效父也；陰卦多陽數，偶以效母也。《震》爲長男，有君象焉。鼓萬物者莫疾乎雷，南巢、牧野之師，德之剛也。《巽》爲長女，有臣道焉。動萬物者莫疾乎風，《周南》、《召南》之化，德之柔也。《坎》居重險，覆祚中興，必有少康、周宣之德，而後能出險。《離》象文明，制禮作樂，必有伯夷、后夔之德，而後能有功。若夫《艮》止以貞，其德成、康之主，法令不更也。《兑》悦以普，其德財粟之頒，頌聲載路也。必六子肖《乾》、《坤》之德，而後《乾》、《坤》弘覆載之功。是故爲人君而不通於《易》者，必無首出之才；爲人臣而不通於《易》者，必少有終之義也。干寶于《乾》五曰：『此武王克紂，正位之爻。』于《坤》五曰：『若成、昭之主，周、霍之臣，百官總己，專斷萬機。』此言爻象而可通於卦德者也。至若元、亨、利、貞，謂之四德。備德之卦厥有七焉，其他有三德，有二德，有一德，或失則剛，或失則柔，德之不中，事亦罔濟。是以聖人及時進德，終日乾乾，三陳九卦，惟德之稱。至於大德曰生，乾坤合撰，非天下之至聖，其孰能與於斯？

卦變篇

《易》之爲道也屢遷，不變不足以言《易》。其筮之而變也，則老變而少不變矣。其立八純卦而變之者，始於京房。自初爻漸變至於五爻，上爻不變，退而變其四，以復其舊，謂之游魂；又退而全變，内卦三爻皆復其舊，謂之歸魂。自《乾》卦變者，即爲《乾》宫之卦，一變爲一世，再變爲二世，八卦八宫各變七卦，并八純爲六十四。其法雖前此未聞，然不變上爻，以存宗廟；不復五爻，以尊君象。疑古有其法，傳自卜筮之家，非京氏所能創。是以干寶注《序卦》云『《需》爲《坤》之游魂』，《訟》卦云『《訟》爲《離》之游魂』，則非京氏一家言矣。他如《焦氏易林》，一卦變六十四，而各繫占詞，未免失之繁，然但以占驗，不以説經，即非先聖之傳，亦於經無害者也。若夫《乾》剛《坤》柔，配其陰陽，謂之錯卦；

《比》樂《師》憂，倒其卦畫，謂之綜卦；　統名反對，亦號旁通。《雜卦》一篇蓋取諸此。　故凡六十四卦互見稱名者，或因互卦，或因反對也。　夫小大存乎卦，功業見乎變，故曰『上下無常，非爲邪也；　進退無恆，非離羣也』、『爻也者，效天下之動者也』、『天下之動，貞夫一者也』。

觀象篇

仰觀俯察，通德類情，作《易》之始，實先觀象。　陽奇陰偶，《乾》、《坤》得其純。　其得《乾》之一體者，爲雷、爲水、爲山；　得《坤》之一體者，爲風、爲火、爲澤。　而《巽》又兼爲木，《離》又兼爲日、爲電，《坎》又兼爲雲、爲雨，則各從其類也。　自《說卦》第七章首明卦義，八章取象於物，九章取象於身，十一章博稱名物，而取象備焉。　《春秋左氏傳》『足居之，兄長之，母覆之，衆歸之』，皆取象以定其占。　蓋物生而有滋，滋而後有象，象所以明道也。　然忘象固遁於虚，泥象又失之雜。　爻苟合健，何必《乾》乃爲馬；　義苟協順，何必《坤》乃爲牛。　前賢達識，持論爲不爽矣。　朱子說《易》，詳於理而畧於象。　然飛伏者，京房之說，而《本義》於《頤》，曰『伏得《離》卦』；　互體者，康成之說，而《本義》於《大壯》，曰『卦體似《兌》，有羊象』；　逸象者，荀爽九家之說，而《本義》於《說卦》並載三十一逸象，以此知大儒說經，初無門戶之見也。　若夫二至四爲互體，三至五爲約象，統名互卦。　鄭氏用之，以至乘、承、比、應之分，貴賤、遠近之異，利涉、利往之吉，失時、失位之凶。　唯觀象而究其精，乃宗經而得其旨。　至如初爲元士，二爲大夫，三爲地道，五爲天道，先儒舊說各有指歸。　唯日月爲易，昉自虞翻。　彖爲茅犀，易爲蜥蜴，胥歸曲說，於義無取云。

揲蓍篇

蓍之生也，幽贊神明。百莖一本，用其半以符大衍之數，通天人之閡隔，釋聖哲之憂疑。河馬洛龜，並稱神瑞者也。故虚其一以象潛龍，四十九策，信手中分。挂一揲四歸奇，凡三次而得一爻，十八次而六爻成焉。於是觀其老少，辨其動静，定其吉凶，明其趨避。天何言哉？諄諄然命之矣。其挂扐之策，第一次不五卽九，第二、三次不四卽八，故老陽一爻有三十六策，六爻有二百十六策。少陽一爻有二十八策，六爻有百六十四策。老陰一爻有二十四策，六爻有百四十四策。少陰一爻有三十二策，六爻有百九十二策。故曰乾之策二百一十有六，坤之策百四十有四。二篇之策，陽爻百九十二爻，別三十六，總有六千九百十二。陰爻百九十二爻，別二十四，總有四千六百八。合之共得萬有一千五百二十，當萬物之數者也。萬物之數雖多，用以推演天地萬物者，惟賴此五十策也。蘇老泉曰：『挂一，吾知其爲一而挂之也；揲之以四，吾知其爲四而揲之也，人也。分而爲二，吾不知其爲一、爲二、爲三、爲四而分之也，天也。此天人參焉者，道也。』後世以錢代蓍，見於鄭漁仲《六經奥論》，易其器而亦無不驗。旁及壬、遁諸法，非必盡出於《易》，而往往奇中者，皆所謂天人相參，有是數卽有是理以宰之，故能受命如響也，皆揲蓍之餘緒也。

玩占篇

《易》有四象，所以示也；繫辭焉，所以告也；定之以吉凶，所以斷也。故君子觀其變而玩其占，昭昭乎如日月之明矣。《春秋左氏傳》所記如陳侯遇《觀》之《否》，畢萬遇《屯》之《比》，猶今之象，猶今之占也。他如『鳳皇于飛，和鳴鏘鏘』、『兆如山陵，有夫出征，而喪其雄』、『是謂沈陽，可以興兵，利以伐姜，不利子商』、『閒于兩社，爲公室輔』，皆卜人所占古繇詞，今失其傳。至若晉史筮《復》而曰『南國蹙，射其元王，中厥目』，卜徒父遇《蠱》而曰『千乘三去，三去之餘，獲其雄狐』，今《易》皆無其詞，杜元凱、孔穎達皆云卜筮雜詞。成季將生，筮《大有》之《乾》曰『同復于父，敬如君所』，孔《疏》謂『筮者自爲其詞』。後焦贛《易林》、郭璞《洞林》皆仿古繇，純用韻語。至穆姜筮《艮》之八，董因得《泰》之八，顧氏《日知録》謂：『五爻皆變，而一爻不變也，占變者以其常，占不變者以其變。』如『《乾》五爻皆變，而初獨不變，謂之「初七，潛龍勿用」可也』。『歐陽永叔云：「易道占其變，故以占者爲名，非六爻皆九六也。」』若夫占元吉者十有三，皆謹身立德之謀，理據其勝，故曰元。占大吉者四，皆受祉履祥之象，勢集其豐，故曰大。然則元當從《文言》訓『長』，不當訓『大』，其皦然者矣。

極數篇

『數可極乎？』曰：『可。千歲之日至可致也，萬、億、京、垓可悉也。』曰：『然則聖人操其數以御天下，而物無能遁其情乎？』曰：『非也。聖人不恃數。』『然則「極數知來」何也？』曰：『所以牖民也。夫形上爲道，形下爲器，數者器而已。聖人本道以制器，常人卽器以窺道，故極數知來，聖人舉其道以牖天下萬世之聰明也。今夫萬物之數不可窮，而奇偶盡之矣。然非持大衍之數不足盡奇偶之用，持大衍之數而不極之，十有八變，亦不足盡奇偶之用。至十有八變，而奇偶之數盡，卽天下之數極矣，豈止萬有一千五百二十而已哉？ 夫天地之大，事物之繁，古今之變，鬼神之情狀，操乎大衍之區區而無弗察者，約可以賅博，簡可以御繁也。然此第聖人所以牖民也。聖人於道則一以貫之，雖有大衍之數，無庸也，超乎數之外者也。唯能超乎數之外，乃能極乎數之中，所謂「至誠如神」也。』

辰氣篇

卦有氣，爻有辰，皆本京房而康成宗之者也。京氏與揚雄皆以卦配氣候，而其說各異，唯以卦氣起《中孚》，則同京氏之書，或稱《易傳》，或稱《積算》。《易》以十二辟卦主十二月，而佐以公、卿、大夫、侯，除《震》東、《兑》西、《離》南、《坎》北四卦分主四季，餘六十卦以五卦主一月。其辟卦，則正月《泰》，二月《大壯》，三月《夬》，四月《乾》，五月《姤》，六月《遯》，七月《否》，八月《觀》，九月《剥》，十月《大過》，十一月《復》，十二月《臨》。其公、卿、大夫、侯，則正月《漸》、《益》、《蒙》、《小過》，二月《解》、《晉》、《隨》、《需》，三月《革》、《蠱》、《訟》、《豫》，四月《小畜》、《比》、《師》、《旅》，五月《咸》、《井》、《家人》、《大有》，六月《履》、《涣》、《豐》、《鼎》，七月《損》、《同人》、《節》、《恆》，八月《賁》、《大畜》、《萃》、《巽》，九月《困》、《明夷》、《无妄》、《歸妹》，十月《大過》、《噬嗑》、《既濟》、《艮》，十一月《中孚》、《頤》、《蹇》、《未濟》，十二月《升》、《睽》、《謙》、《屯》是也。其法每爻主六日又八十七分日之七，三百六十爻，當三百六十五日四分日之一用。《中孚》初爻起冬至，本於《歸藏》，因而分二十四氣，七十二候，布之以五行，列之以二十八宿，而卦氣之説盡矣。若夫爻辰，則鄭於《坎》六四爻曰『辰在丑上』，六爻曰『辰在巳』；《困》九二在未，《明夷》六二在酉是也。其法本律吕之隔八相生，黄鍾子下生林鍾未，故《乾》初九爻辰子，《坤》初六爻辰未也。林鍾上生太簇寅，故九二寅也。太簇下生南呂酉，故六二酉也。南呂上生姑洗辰，故九三辰也。姑洗下生應鍾亥，故六三亥也。應鍾上生蕤賓午，故九四午也。蕤賓下生大呂丑，故六四丑也。大呂上生夷則申，故九五申也。夷則下生夾鍾卯，故六五卯也。夾鍾上生無射戌，故上九戌也。無射下生中呂巳，故上六巳也。以此驗康成之説，爻辰皆合，而與近代卜筮之法不同。近代卜筮之法出於朱子發，蓋從《乾鑿度》『《乾》左行，《坤》右行』之説，而定爲圖。康成爻辰雖本《乾鑿度》，而《坤》以順爲逆，故不同也。至如《乾》三甲辰，《坤》三乙卯，又參納甲而言。《乾》三甲辰則九二甲寅，九四壬午，可知《坤》三乙卯，則六二乙巳，六四癸亥，可知《乾》納甲壬，《坤》納乙癸也。又《震》、《巽》配庚辛，《坎》、《離》配戊己，《艮》、《兑》配丙丁，皆歸納甲，異於爻辰。又焦氏卦法自《乾》至《未濟》，每卦直一日，《坎》、《離》、《震》、《兑》則直二分二至之日，《坎》冬至，《離》夏至，《震》春分，《兑》秋分，其法與京氏異。蓋京本商《易》，焦用周《易》也。凡此皆漢儒之説，用以卜筮，兼收並蓄，可廣記聞。

消息篇

《易》曰：『君子尚消息盈虚，天行也。』是以伏羲作十言之教曰：『乾、坤、震、巽、坎、離、艮、兑、消、息。』虞仲翔曰：『坤消從午至亥，上下，故順也；乾息從子至巳，下上，故逆也。陽息而升，陰消而降。陽稱息者，長也；陰稱消者，散也。』荀爽曰：『息卦爲進，消卦爲退。長與進，消與退，其義一也。』其見於《易》者，八月有凶，消不久也。』説者謂《臨》旁通《遯》，六月辟卦，夏之六月，周之八月，卦具四德，剛浸而長，極盛之時，戒之以消也。《泰》，君子道長，小人道消，三陽在下，陽息而升；三陰在上，陰消而降。《否》卦反是，君子在野，小人在朝也。虞氏十二消息卦卽京氏十二辟卦也。干氏說《乾》曰陽，在初，九、十一月之時。自《復》來九二，十二月之時；自《臨》來九三，正月之時；自《泰》來九四，二月之時；自《大壯》來九五，三月之時；自《夬》來上九，四月之時也。四月於消息爲《乾》。其說《坤》曰陰，在初，五月之時。自《姤》來在二，六月之時；自《遯》來在三，七月之時；自《否》來在四，八月之時；自《觀》來在五，九月之時；自《剝》來在上六，十月之時也。十月於消息爲《坤》。康成亦言《乾》之初九屬《復》，《坤》之初六屬《姤》，其法皆同，均以十二卦言消息也。夫消息本於納甲，仲翔《納甲圖》曰：『《坎》、《離》日月也，戊己土中也，晦夕朔旦，《坎》象流戊；日中則《離》，《離》象流己。三十日會於壬，三日出於庚，八日見於丁，十五日盈於甲，十六日退於辛，二十三日消於丙，二十九日窮於乙，滅於癸。』又云：『日月在天，成八卦象。三日暮《震》象出庚，八日《兌》象見丁，十五日《乾》象盈甲，十六日旦《巽》象退辛，二十三日《艮》象消丙，三十日《坤》象滅乙。』《坎》、《離》卽日月，故不言也。至『西南得朋』指出庚見丁之時，『東北喪朋』指消坤滅癸之時。《小畜》『月幾望』，《中孚》『月幾望』。晁氏謂：『「幾」當作「旣」，指十六日，所謂「日月盈虛，與時消息」者也。』

攷異篇

百家異說，各有師承。博物者兼收，尚理者約取，舉其同異，厥有數端。八卦之重爲六十四也，鄭玄謂神農重之，孫盛謂夏禹重之，史遷謂文王重之。自王輔嗣謂伏羲重卦，後儒宗之，而重卦之説定。《易》有太極，虞翻謂之太乙，馬融謂之北辰四象。虞翻謂春、夏、秋、冬卽坎、離、震、兑，周子謂水、火、金、木，邵氏謂陰、陽、剛、柔，朱子謂太陽一、少陰二、少陽三、太陰四也。若夫今文錯誤，如《坤》初六象，『履霜』下無『堅冰』二字。《雜卦》『蒙稚而著』，今誤『稚』爲『雜』，説見唐郭京《易舉正》一書，多先儒所未言。至古今異字，孟氏《易》則有『夕愓若夤』、『泣涕漣如』、『再三黷』、『其牛觢』、『其文斐』之類。馬融則婚『媾』作『冓』，『擊蒙』作『繫蒙』，『血去』作『恤去』，『虧盈』作『毁盈』，『愬愬』作『虩虩』，『盍簪』作『盍臧』，『甲坼』作『甲宅』。荀氏《易》則有『陰凝于陽』、『捊多益寡』、『咸其母』之類。其改字者，鄭氏則云『包蒙』當作『彪蒙』；『包荒』當作『包康』；『豶豕之牙』，『牙』爲『互』；『枯楊』之『枯』音『姑』；『錫馬蕃庶』爲『蕃遮』；『禽一握爲笑』爲『一屋』之類。又王氏肅、董氏遇文亦多異，或與孟、鄭同此，皆字句齟齬，無關大義，故可兼資誦習，不廢旁搜。其他誕類麻衣，妄同窮寂，仍歸汎掃，不使垢塵。

進修篇

君子進德修業，欲及時也。是以假年學《易》，自期大過之無；不善必知，庶幾中行之復。伊古聖賢，兢兢觀玩，曾是下學弗返厥身乎？夫陽爲君子，陰爲小人，剛浸而長，元亨之義也。柔道所牽，憂虞之兆也。審幾在平日，致決在臨時。悔吝言其小疵，吉凶言其得失。觀無咎之補過，知狂可轉爲聖賢；　觀重險之心亨，知人必死於安樂。於是鑒于《履》，以定其志；　鑒于《頤》，以養其正；　鑒于《蒙》，以果其行；　鑒于《艮》，以慎其思；　鑒于《蠱》，以辨其惑；　鑒于《咸》，以虚其受；　鑒于《大有》，以遏其惡；　鑒于《復》，以无其悔；　鑒于《損》，以懲忿窒欲；　鑒于《益》，以遷善改過。而後受之《升》，以順其德；　受之《蹇》，以修其德；　受之《坎》，以常其德；　受之《小畜》，以懿其德；　受之《大畜》，以新其德。進德之功成，修業之道備矣。若其遇主揚庭，得時觀國，筮黄裳之元吉，慶朱紱之方來，則必《臨》以振民，《漸》以善俗，《井》以勸相，《旅》以慎刑，《節》以制其度數，《解》以宏其赦宥。推乾坤之大德，作雷雨之經綸，覆餗毋羞，棟隆協吉者也。其或處碩果之時，有觸藩之象，則又取諸《恒》以貞其守，取諸《困》以遂其志，取諸《遯》以遠小人，取諸《大壯》以嚴非禮。不得已而爲《否》之儉德，《明夷》之用晦，所謂『艮其背，止諸躬』者乎？若夫《晉》如碩鼠，《濟》類小狐，雖逢遇巷之占，難免剝廬之誚。未若十年不字，三歲不興。毋蹈征凶，庶稱安節者矣。

毛檢討論語稽求辨

『其爲人也孝弟』章。程子曰：『性中只有個仁、義、禮、智四者而已，曷嘗有孝弟來？然仁主於愛，愛莫大於愛親，故曰：「孝弟也者，其爲仁之本與？」』毛氏據此以程子視孝弟不在性中，而加之訾議。然程子固云『爲仁以孝弟爲本，論性則以仁爲孝弟之本』。蓋按此章論爲仁重在『爲』字。朱子曰『爲仁，猶曰行仁』，就行而言，則始於孝弟，而凡事皆孝弟所推，故孝弟爲爲仁之本。程子復論其秉於天者有仁、義、禮、智之性，則孝弟已統於仁中，其言各有所指，未嘗誤也。宋儒於此際最有分曉，何至視孝弟不在性中？惟此處因欲分析體用，故下語稍落邊際。然讀先儒書不統觀前後，尋繹語氣，而輒舉一二語以加訾議，善學者當如是乎？

朱子解『爲政以德』章曰：『爲政以德，則無爲而天下歸之，其象如此。』毛氏引《禮記·哀公問》『君所不爲，百姓何從』，謂『夫子若預知後世必有以「無爲」解「爲政」者，故不憚諄諄告誡。』蓋毛氏意不當以『無爲』釋『爲政』章也。然朱子明明先言『爲政以德』，則無爲已在爲政之後，未嘗言以無爲爲政也。子曰：『無爲而治者，其舜也歟？夫何爲哉？恭己正南面而已矣。』豈不以堯既以德爲政，故舜紹之而無爲乎？然則無爲實以德爲政之效本，孔子之言非朱子所造。況此章實有篤恭而天下平之象，亦必須說到如此方見分量。毛氏不玩文理，妄加指摘，實自誤也。

此下刪去三行。自記。

『至於犬馬，皆能有養』，舊有二說。一曰『犬以守禦，馬以代勞』，一曰『人之所養，至於犬馬』。朱子從後說，毛氏非之。愚按，此說本非朱子所創，又曰『甚言不敬之罪，所以深儆之也』，立說已甚周匝。毛又引《坊記》『小人皆能養其親，君子不敬，何以辨』，曰：『此正與「皆能有養」同一語氣，夫子此言已自注之矣。』人不解經，亦當通經，盍取《坊記》一再讀之？愚按，此章當從前說，諸儒多有言之者。至於《坊記》『小人皆能養其親』句，鄭、孔二家皆未釋『養』字何意，毛氏何以見《坊記》『養』字必非奉養乎？『曾子養曾晳，必有酒肉』，則又何說乎？

『聞一知十』。朱子曰『十者，數之終』，『卽始見終』，此二語見邢昺疏。毛氏謂『十是多數，非終之謂』。其說雖亦可通，然玩此語氣，非但多數，實是極多之詞。若十得八九，尚未能竟下十字也。既極多矣，雖謂卽始見終，亦何不可？況顏淵之明，足以當之。

『吾與女弗如也』。包注『吾與女俱不如』，毛氏引曹操稱夏侯淵『虎步關右，所向無前，仲尼有言「吾與爾俱弗如也」』，又曹操祭橋玄文有『仲尼稱不如顏淵』之句，謂『從來只如此說』。按，操非經生，未可據以說經。朱子曰『與猶許也』，最爲允當。夫子無隱乎爾，何事與弟子鳴謙？

『夫子矢之』。舊注『矢作誓』，毛氏謂必無之理。復引《釋名》曰『矢，指也』，《說文》曰『否者，不也』，謂『當時夫子以手指天而曰：「吾敢不見哉？不，則天將厭我矣。」言南子方得天也。』按，南子得天，夫子不見，將爲天厭，其視南子爲何等人耶？以手指天，又與誓何異耶？孔曰：『弟子不悅，而與之呪誓，義可疑焉。』又引蔡謨曰：『矢，陳也，夫子與子路陳天命也。』

『天下歸仁』。朱子曰『歸猶與也』。毛氏云『歸仁卽稱仁』，引《禮記·哀公問》『百姓歸之名，謂之』，以證『稱』字意。愚按，『與』猶『許』也，『許』與『稱』無異，則『與』與『稱』亦無異。若如邢疏專指人君說，則似落邊際；若『與』與『稱』，則字異而意同，毋庸易說。

『樊遲未達』。朱子曰：『遲以愛欲其周，而知有所擇，故疑二者之相悖耳。』毛氏云：『樊遲謂知當不止知人也。』朱子曰：『舉直錯枉者，知也；使枉者直，則仁矣。』毛氏謂：『夫子仍告以知人，若是其大，毋易視也。』朱子曰：『遲以夫子之言，專爲知者之事，又未達，所以能使枉者直之理。』毛氏曰：『遲向子夏述其語，仍疑知也，謂知必不止舉錯也。』『富哉言乎。』朱子曰：『不止言知。』毛曰：『子夏謂舉錯如是其大也，毋易視也。』『不仁者遠。』朱子曰：『言人皆化而爲仁，所謂使枉者直也，子夏蓋有以知夫子之兼言仁、知矣。』毛曰：『不仁者遠，不可錯認説仁。』按，此章注解正見朱子本領，非何、邢所能及。始疑二者之相悖，繼疑子言專爲知者之事，所以單告子夏以問知。若云樊遲始終疑知並無疑相悖之意，則遲於所問之端自忘其一矣。至子夏聞使枉者直之言，而悟其中有仁在，賢人亦不爲詫異，而毛云『過於神靈』，何輕視子夏耶？

『先之勞之』。朱子用蘇氏説，作『以身先之，以身勞之』解。毛謂『先導民以德，使民信之，夫然後從而勞之』。按，『勞』字原可作勞民解，但如毛説，則與『君子信而後勞其民』同，應於『先』之下加『而後』二字，否則不似《論語》文法。

『君子易事而難説也』。毛云『漢儒又有一解，謂「説」如字，言説也』。按，如此亦當作『游説』之『説』，讀去聲，於義未始不可。惟下句『不説也』，『説』也仍須作『悦』字解方好，若概作『説』字，則神氣未洽。雖有漢説，當姑置之。

歸樸龕叢稿卷四

解　說　策

卦氣七十二候解

東風者何？谷風也。正月曷爲而東風也？立春日，卦氣在《坎》之六四，自二至四互卦爲《震》。《震》，東方之卦也。《泰》卦始用事，《泰》錯《否》，《否》三至五互《巽》，《巽》爲風也。曷言乎其解凍也？《坤》六二之時，地始凍，至是而《泰》之一陽動于下，故解也。蟲何以言蟄也？《剝》上九之時，蟄蟲咸俯也。茲何以言始振也？《泰》九二上應六五，二爲地道，五爲天道，有振象焉。曷言乎其爲蟲也？《否》二至四互《艮》，《艮》爲蛇爲飛也，振之所以爲蟲也。曷言乎魚也？《艮》又爲魚也。其上冰何也？《乾》爲冰，《泰》之貞《乾》也，自一陽升至三陽，故曰上也。獺者何？小狗也，水居而食魚，西方白虎之屬，青黑色獸也。然則《泰》之時曷言乎獺也？《泰》錯《否》互《艮》，《艮》爲狗，爲黔喙之屬，故言獺也。曷爲謂之祭魚也？《否》三至五互《巽》，《巽》亦爲魚。《泰》内卦《乾》，外卦《坤》，《乾》爲神、爲敬，《坤》爲鬼、爲思，祭之象也。鴻雁者何？隨陽鳥也。《泰》三陽方盛，萬物隨之，故曰來也。曷以知其爲鴻雁也？《否》外互《巽》，内互《艮》，爲風山《漸》，鴻漸之象也。然則草木何以言萌也？《剝》之六五始黄落，至是而萌生也。又何以言動也？萬物紐芽于丑，引達于寅。自丑入寅，始以紐芽，紐芽者，萌也；繼以引達，引達者，動也。《蒙》正月之大夫也，蒙者，物之穉也。其反對《屯》也，屯者，物之始生也，萌芽之象也。何以知其爲草木也？《艮》爲草木，《泰》錯《否》之互也。

右正月候

桃者何？木之有實者也。華者何？木之英也。木曷爲而有英也？《大壯》之時陽息，《泰》其悔，旁通《巽》，《巽》爲木，乘《震》之陽而吐秀也。華曷爲而在桃也？桃之木可以袚除不祥。《大壯》之貞《乾》也，《乾》爲祥、爲慶、爲福、爲介福，故取諸桃也。倉庚者何？鸝黄也。《大壯》之時曷爲而鳴也？《大壯》初二息《小過》，有飛鳥遺音之象焉。曷爲謂之鸝黄也？二月《坎》上六用事，反對《離》，離者，麗也，爲飛爲黄，取諸此也。曷爲而鷹化爲鳩也？鷹者，鳥之鷙者也，得春之氣而化其鷙性，則爲鳩也。玄鳥者何？鳦也。曷爲而至也？春分之日，《震》初九始用事。《大壯》九四亦震也，一索得男之象，故天子祠于高禖，后妃帥九嬪御重其至也。雷何以發聲也？《大壯》六五，《震》之五也，居至尊之位，發號施令，震聾起聵之象也。乃者，難詞也。自《觀》之六四，雷始收聲，陰氣日盛，至此始發，故難之也。電者何？《離》象也。《大壯》之時曷爲有《離》象也？《大壯》上六消《大有》，成《離》象，九二息《豐》成雷電皆至之卦，所以成《震》之功也。

右二月候

桐何以華也？三月《夬》始用事，澤上于天，萬物振美于辰也。桐生孤直，有君子之性。《乾》爲君子也，《夬》之內卦《乾》也。曷以知其爲桐也？三月卿卦《蠱》，其貞《巽》，爲木也。曷言乎田鼠化鴽也？鴽，鶉鴾之類，三月公卦《革》，去故之象，《夬》二息《革》成《離》，爲鳥旁通。《剝》其悔《艮》，《艮》爲黔喙之屬，故曰鼠也。虹者何？淫氣也。《需》之四來消《夬》，雲上于天，陰陽相遘，而有是氣也。萍何以生？萍，水中之草有實者，《夬》外卦《兌》，《兌》爲澤，旁通《艮》，爲果蓏也。鳴鳩者何？《大壯》時鷹所化也，拂羽者天際翔也。鳩得《震》之氣而翔，《夬》乾二息《革》成《離》，爲三月公卦，《乾》爲天，《離》爲飛也。戴勝者何？織紝之鳥，一名戴鵀者也。桑者何？飼蠶之樹也。當妾子始蠶之際，而有織紝之鳥集于桑顛，重之也。降者何？若自天而降，《夬》反對《姤》，有隕自天之象也。

右三月候

螻蟈者何？蛙青色長股，其雌善鳴也。曷言乎四月而鳴也？四月《乾》始用事，純陽之卦，凡陰之物感陽氣而鳴也。青者，《震》之色；股者，《巽》之象。四月公卦爲《小畜》，外卦爲《巽》，大夫爲《師》，《師》二至五成《震》，故象螻蟈也。蚯蚓者何？螼螾，又名土龍也，老者其頸白。土龍曷爲出於四月也？四月純《乾》，『見龍在田』，乾之二也，二於三才爲地道，故土龍也。王瓜者何？王萯也，萆挈也，亦曰菝葜也。曷爲謂之瓜也？以其根之相似也。四月之時曷爲而生也？王瓜色赤，火色也，四月之時，其日丙丁也。苦菜者何？感火之味而成，四月其音徵，其味苦也。靡草者何？枝葉靡細，陰類也，陽盛則死。靡草曷爲死于四月也？《震》爲草莽，《坤》爲死，《乾》之初《震》也，其錯卦《坤》也，故當《乾》之時而靡草死也。曷爲謂之小暑也？二十四氣之一，雖在五月，而用事在《離》之六二，故繫之四月也。

右四月候

螳蜋者何？天馬也，其飛捷如馬也。五月之時曷爲而生也？五月《姤》初用事，一陰始生，陰消乾也，感一陰之氣而生。《姤》二消《遯》成《艮》，《艮》爲手，螳蜋有臂也。《乾》爲天，爲良馬、爲老馬、爲瘠馬、爲駁馬，故云天馬也。鵙者何？博勞也。曷爲五月而始鳴也？陰鳥也。五月公卦《咸》，五息《小過》，有飛鳥遺音之象也。反舌者何？百舌鳥也。曷爲而無聲也？凡聲陽也，一其聲者，歷四時而不改；多其聲者，遇一陰而卽遏。猶多言之人，其中無實也。實者，誠也，《乾》之陽也，百舌之聲躁也，悅人而無實者也。一陰生于黃泉，遂無聲也，故是月也，令樂師修鞀鞞鼓，均琴、瑟、管、簫，調竽、笙、箎、簧，飭鐘、磬、柷、敔，以助陽氣而振人聲也。鹿者何？仙獸也，其牡麚，其牝麀，其子麛，其迹速。角者牡也，牝無角也。角何以解也？《姤》四之陽下應初之陰，陽得陰而氣散也，故上九曰『姤其角』也。蜩始鳴者何也？蜩亦謂之蟬，亦謂之蟪蛄，得陰之氣而善鳴者也。何爲《姤》之時而鳴也？《姤》之五，《乾》之五也，有飛龍之象而困于陰，故居高而鳴，盛德在火，其音徵也。半夏者何？藥草也，生於日長至之時，夏之半，故以名也。藥草當夏之半而生何也？《坎》爲疾、爲心病、爲耳痛，夏至當《離》之初九，反對《坎》，五月卿卦《井》，《井》外卦亦《坎》，有疾痛之象也。

右五月候

溫風者何？薰風也。曷爲而至也？《遯》爲六月辟卦，《遯》初消《同人》，《離》爲火，南方之卦也；二消《姤》，《巽》爲風，故薰風至也。蟋蟀者何？似蝗而小，正黑有光澤，有角翅，一名蛬，一名蜻蛚，亦謂促織也。居壁者何？羽翼未成，在土中也。曷爲而居壁也？《遯》內卦《艮》，艮爲肱象，翅也。外卦《乾》，乾爲首象，角也。反對《臨》，外卦《坤》爲黑，內卦《兑》爲澤，《坤》又爲土，《艮》又爲宮、爲庭、爲穴居，故其物有翅有角，黑而澤，且居壁也。鷹者何？鳥以膺擊，故曰鷹，頂有毛角者。盛德在火，其蟲羽也。曷言乎學習攫搏也？至是始摯也。曷爲至是始摯也？《遯》九三，猶《離》九三也，爲飛鳥、爲戈、爲矢、爲罔罟，攫搏之象也。螢者何？丹鳥也，亦曰熠燿也。孰爲之？腐草爲之也。腐草曷以爲螢也？《遯》之侯卦爲《鼎》，《巽》爲風，《離》爲火，爲飛《離》之歸魂，爲《同人》天火之象。歸魂者，物化也。土何以潤，暑何以溽也？《離》氣所蒸，旁通《坎》，而爲潤爲溽也。曷爲而大雨時行也？《坎》在上爲雲，在下爲雨，六月卿卦《涣》。《涣》，風行水上，涣汗之象也。

右六月候

涼風者何？北風也。七月之時曷爲而至也？七月辟卦爲《否》，否二消《訟》成《坎》，北方之卦也。曷爲謂之風也？《否》四息《觀》成《巽》，《巽》爲風也。露何以白也？《巽》又爲白也。七月卿卦爲《同人》，《賁》四五來消《同人》，有白賁之象。《坎》在上爲雲，在下爲雨，《否》二消《訟》得《坎》象，陰消而降，故曰降也。蟬何以言寒也？《姤》之時而始鳴，陰初動也。《否》三之時，陰益盛也，反對《泰》之三，《乾》之三也，《乾》爲寒也。鷹何以祭鳥也？《遯》之時而學習，始攫搏也，至是感秋德之金，殺鳥而不食，如獺之祭魚也。《否》，《乾》、《坤》之卦也，《乾》爲神、爲先，《坤》爲鬼、爲禮，祭之象也。肅者何？金之德，陰之氣也，其在休徵，則時雨若者也。曷言乎天地也？《否》外《乾》內《坤》也，當小人道長之時。《乾》爲君象，當嚴其教令，飭其紀綱，法象莫大乎天地也。農何以登穀也？《坤》爲土、爲田、爲積、爲聚、爲民，取諸此也。

右七月候

來者何？自北而南也。曷以知爲鴻雁也？隨陽之鳥，陰盛而翔南也。玄鳥者，燕也。《大壯》之時言其至，《觀》之時而歸也。《觀》『風行地上』，《巽》爲歸也。羣鳥者何？衆鳥也。養羞者何？蓄其食以禦冬也。曷爲《觀》之時而蓄其食也？鴻雁則已去矣，玄鳥則已歸矣，凡不能去無可歸者，土著之民之象也。秋省斂而助不給，省方觀民之政，蓋取諸《觀》也。雷何以收聲也？陽氣潛藏也。《觀》綜卦《臨》，《臨》二至四爲《震》，壓於二陰，故不能發其聲也，凡聲皆陽也。坏者何益也？蟄蟲曷爲而坏戶也？陰氣漸長，坏戶以禦寒也。《坤》爲戶、爲厚，《觀》貞卦，《坤》內互亦《坤》也。水曷爲而涸也？《坤》之時受尅於《坤》之土也，《渙》二來息《觀》成《坎》水，有《渙》象也。

右八月候

來賓者何？《觀》之時鴻雁來矣，《剝》之時後至者如賓然也。《剝》之侯爲《歸妹》，外卦《震》，《震》爲征、爲從，故曰賓也。爵者何？羽之小者也。蛤者何？介之小者也。爵曷爲而入大水也？

《剥》之上陽之微也，乘乎羣陰而不能不化爲陰也。曷以知其爲蛤也？《剥》四消《晉》，有《離》象，《離》爲蟹、爲蠃、爲蚌，故云蛤也。鞠者何？草之秉金氣者。曷爲而有于《剥》之月也？《剥》旁通《夬》，外卦爲《兑》，西方之氣盛，而鞠有華也。然則華何以黄也？《坤》之色也，内卦《坤》，《剥》之時，坤德之極盛也。豺者何？貪殘之獸，長尾，白顙，色黄，狼屬也。《剥》之時，曷爲而祭獸也？感西方金氣，肆其搏噬也。曷言乎其祭也？猶獺之祭魚，鷹之祭鳥也。何以知其爲豺也？《剥》外卦《艮》，《艮》爲尾，《觀》五來息《剥》成《巽》，《巽》爲長、爲白、爲廣顙也。内卦《坤》，故色黄也。草木何以黄落也？《震》爲蕃鮮，雷地之《豫》，三月卦也。其综卦《剥》也，窮上反下，《震》之象盡失也。蟄蟲何以咸俯也？《觀》之時已坏其戶，至是陰氣更盛，塞其戶也。闔戶謂之《坤》，《剥》者，《坤》之盛也。

右九月候

水何以冰也？純陰之卦，十月之時也。《坎》之一陽已化爲陰而成《坤》象，《坤》初六『履霜，堅冰至』也。地何以凍也？《坤》象已成，陰氣閉藏，反對爲《乾》，爲寒、爲冰也。雉何以入水也？雉者，《離》之象也，屬火。《離》得《坤》之一體，至純《坤》之月，火德全消，不得不化也。曷爲而入水也？《離》之反對《坎》也。曷爲而爲蜃也？蜃亦《離》之屬也，雖化而反其始也。虹者，陰陽氣交而成也，純陰之月，無陽之卦，故藏而不見也。何言乎天氣上騰，地氣下降也？《乾》之三陽至《否》而上升，《坤》之三陰至《否》而下降，《否》之時天地已始肅矣。至是而陽升已極，陰降已極，天地不通之象也。

曷言乎閉塞而成冬也？冬者，終也，一歲將終，氣爲閉塞，《坤》爲闔戶閉塞之象也。

右十月候

鶡旦者何？夜鳴求旦之鳥也。何爲《復》之時而不鳴也？鳥，《離》屬也，《明夷》之三來息《復》，有《離》象焉。《復》外卦爲《坤》，《坤》爲默，故不鳴也。虎何以交也？虎，山獸之君，七月而生，交於《復》之月，生於《否》之月，一陽動于黃泉，感陽氣而交也。《復》之內卦《震》也，《震》爲諸侯，有君象。虎爲山君也，外卦《坤》，《坤》爲虎也。曷爲七月而生也？火之數也，火能尅金，故爲毛蟲之長也，毛蟲，金屬也。曷爲當《否》之時而生也？惡獸故反其類也。荔挺者何？馬䪢也，香草也。香草曷爲《復》之時而出也？《復》內卦《震》，《震》爲生、爲蕃鮮、爲鬯鬯者，實秬以升香者也。蚯蚓結者何也？《乾》之時而出，感陽氣之盛也；《復》之時而結，感陽氣之微也。結者何？猶屈而未伸也。麋者何？澤中獸也，性屬陰，當陽氣初生之候，感于陽而解角也。鹿，山獸也，性屬陽，故感陰氣而解角于《姤》之月也。水泉何以動也？一陽始生于黃泉，蒸蒸然自下而上，猶緹室之葭灰也。曷爲驗于水泉也？水天一所生，冬盛德在水，震得水生而動于下，氣化之轉機也，《復》之初卽《震》之初也。

右十一月候

雁北鄉者何？陽由復而進，禽得氣之先也。鵲者何？飛駁鳥也。始巢者何？《臨》之月而結巢，背太歲、向太乙，來歲多風，則其巢卑下，鳥之智者也。曷爲言巢也？巢虛其中，《離》之象也。

《離》又爲飛鳥，《旅》九五『鳥焚其巢』，《離》之極也。《歸妹》四來息《臨》，互成《離》，有鳥巢之象。《臨》反對《觀》三至五互《艮》，又爲牖爲居也。雉雊者何？角音將至也，大呂之終，太簇之始，禽得氣之先。雉雊之音，五音中角也。乳者何？哺雛也。寒盛于外，陽動于中，鷇卵將出也。曷言雞之乳也？《臨》反對《觀》，《觀》之外卦《巽》，《巽》爲雞；內卦《坤》，坤爲《母》也。征鳥者何？題肩也，齊謂之擊征。厲疾者何？猛疾也。殺氣當極，鷹隼之屬肆其搏擊也。曷以知其在《臨》之時也？十二月卿卦爲《睽》，有張弧之象；侯卦爲《屯》，有從禽之象也。曷言乎水澤腹堅也？腹之爲言厚也，言冰盛也，日在北陸，藏冰之候也。《乾》爲冰，《臨》卦二陽在下，《乾》象將成也，《泰》三陽《乾》也。

右十二月候

格物解

《大學》『格物』之『物』，原不外身、心、家、國、天下之事，誠、正、修、齊、治、平之道。自程子謂『一草一木亦皆有理，不可不察』，而不善學者遂至馳情繁賾、轉荒切己之功矣。不知程子嘗言：『格物莫若察之於身，其得之尤切。』朱子嘗因呂氏大臨誤解格物，而辨之曰：『伊川之說正謂物各有理，事至物來，隨其理而應之也。』由此言之，則所謂格物者，在程、朱意中仍不外當前切己之事。而《補傳》所謂『卽凡天下之物』者，蓋言天下之物無不可至吾前，亦非憑虛構想也。或謂既非憑虛構想，直待物來事至而後應之，則非上哲之資不能窮至其理。若云積久而後窮至，則當前之事物何能置之不應？不知程子嘗言：『但立誠以格之，其遲速卻在人。明者格物速，暗者格物遲。』按，《補傳》曰『以求至乎其極』，《章句》曰『欲其極處無不到』。玩『求』字、『欲』字皆未然之詞，是言其究竟，非謂一格物即能窮至，必窮至而後可應物也。亦仍是隨格隨應，惟存一極至之心，則遇事詳審而不粗畧，日久庶可豁然貫通，窮至是言，其究竟至善之止也。至古人立教，原先有小學一層，至十五而入大學，隨其人之資性而循序以格之，則亦無疑於過高。朱子所謂『於其始教，爲之小學，教之習於誠敬，所以養其德性、收其放心者，已無所不用其至矣。及其進乎大學，則又使之即夫事物之中，因其已知之理推而究之，以到其極，則吾之知識亦得以使之周遍精切而無不盡也』。

鄭氏訓『格』爲『來』，曰：『其知於善深，則來善物；其知於惡深，則來惡物。』似以物之來驗其知之善惡，非以其知之明察物之善惡矣，故其說不爲程、朱所取。司馬溫公以格物爲格去物欲，作扞格之意，朱子已辨之詳矣。惟廬陵胡氏銓曰：『格有三義。《書》曰「格汝舜」，《緇衣》曰「民有格心」，來也；《書》曰「惟先格王」，至也；《語》曰「有恥且格」，正也。此云物格，亦謂正也。致知，明道也。明道者必明於物理，使一出於正，是格物也。』按胡氏說與朱子『物來事至，隨其理而應之』之說相合。朱子又嘗曰：『爲學工夫不在日用外，只要分別一個是非而去彼取此耳。』雖非講格物，卻亦與此意同。錢塘吴氏知愚引趙岐注《孟子》『惟大人爲能格君心之非』，訓爲『正』，云『致知在正物，物正而後知至，所以孟子論大人之格君，終之以「一正君而國定」』，其說與胡氏同。又云『然此不言正物而言格物者，蓋欲學者於物交物之際而用其力焉，故謂之格物。物格則正，不格則不正，所以孟子言「耳目之官不思而蔽於物，物交物則引之而已」。引之則大者不立，小者奪之，此心無自而明，安能致其知乎？是知物交物不爲所引者，是所謂格物者也。』按此又微參司馬氏之説矣。

余初作《格物三解》，一解從朱子訓『至』，二解從鄭氏訓『來』，三解從胡氏訓『正』，而要以發明程、朱之意爲歸。惟既析爲三解，不免喧賓奪主，於本意未暢所言，今刪爲一篇以暢之，而仍采胡氏説附注於後，取其不背於程、朱之意耳。自注。

近讀邵武金氏榮鎬《大學原文録》，亦曰：『格正物之器如規矩準繩，言人求知物理，如執規求圓，執矩求方，必得是物之正。』金字芑汀，乾隆間人。

又讀安溪李文貞《大學古本説》云：『格致已見上文，故當從古本，以「誠意」章直接聖經。』然安溪雖從古本，至論爲學功夫則仍從格致始，而以立誠、主敬、辨志等意補入『知止』一節之中，以爲小學、大學承接之關要。其訓釋雖異，實本朱子之緒言也。前作三解，雖列其説而未明其要，故并刪之，附記於此。又記。

絜矩解

《大學》所謂『平天下』二節，上節言人心之同，下節言推己及人。唯心同理同，故絜矩之道可以平天下也。致知在於格物，以吾之明觀物而審其是非，是非審而好惡定焉。平天下在於絜矩，以吾之情體物而順其好惡，好惡順而賞罰公焉。因是非而有好惡，因好惡而有賞罰，善人是寶，惡人是屏，皆本明德之功以出治也。故致知爲大學之始，先於格物，審是非以誠其好惡，則明其明德也。平天下爲大學之終，終於絜矩，推好惡以行其賞罰，則本其明德以親民也。若是而明、親，皆止至善矣。嘗見廬陵胡氏邦衡訓『格物』之『格』爲『正』，本《論語》『有恥且格』意。愚又按，《緇衣》『言有物而行有格』，孔穎達曰『格，法式也』。《後漢·傅燮傳》『朝廷重其方格』，李賢曰『格，標準也』。是格與矩皆執物以爲程，其義本亦相近。夫絜矩之道，卽夫子忠恕之道，推而言之卽『一貫』也。曾子得夫子一貫之傳，故《大學》一書始終歸於好惡，此達天道、順人情之大竇也。始格物，終絜矩，其道一也。

仁說

草木之果曰實，存乎其中者曰仁，未有無實而有仁者。實卽誠也，不誠則無物矣。先儒訓仁爲『心之德、愛之理』，爲至當不易。若夫私欲淨盡，天理渾然，仁之極詣，夫子罕言，殆以其不可名狀歟？門人問者，隨其人而訓之，可知仁道甚大，見淺見深，無所不可。海上蟠桃，路旁苦李，其中莫不有仁也。顔淵之克復，仲弓之敬恕，子貢之立達，樊遲之先難後獲，司馬牛之訒言，無非教以仁也。猶果實不同，其食之也或宜調以甘，或宜調以鹹，或宜調以苦、酸、辛，亦不同也。孟子惻隱，韓子博愛，淺言仁則善而已矣。《文言》曰『元者，善之長也』，爲衆善長，卽天德矣。至推其善而行之，則有體用之分焉，有君臣之辨焉。無求生以害仁，仁非義不立也；愛之能勿勞，仁非禮不成也；不從井以救人，仁非智不安也；慢令致期謂之賊，仁非信不行也。有仁之體以爲君而宰制之，必更有義、禮、智、信之用以爲臣而調劑之。君有令德而無兵、刑、禮、樂之官，不足以致治人；有仁心而無義、禮、智、信之用，不足以成德。草木之仁，無五味之調不足以適口，其理一也。故元爲善長，必有亨之合禮、利之和義、貞之幹事，而後《乾》道乃成。不如是，則徒善不足以爲政。雖有心之德、愛之理，無所附麗以出之，猶無實也。故《蒙》之果行，所以育德也；《大畜》之篤實，所以新德也。果矣實矣，仁在其中矣。

語助字説

古人造字之始，各有實意，後人借用爲語助，日久或忘其本意矣。如『之』字從中、從一。『中』讀若徹，一在下爲地象，物之出於地，卽芝字，瑞艸也。後人以『之』字專作語助，故加『艸』以別之。『乎』字象氣之出於口，與呼同，後以專屬語助，故加『口』爲呼吸之呼，或加虎頭以別之，其初一也。『者』字上從旅，旅者，旅而別之，有分別之義。『也』字卽古『匜』字，後以屬語助，故加『匚』以別之。『已』、『以』、『矣』三字古通作『㠯』，後加人爲『以』，加『矢』爲『矣』，又于語助之中各別之者也。『哉』字從才，得聲，上從才不從土。隸書趨便易，乃省作土，非其本意。『乃』者，難詞也，其形屈曲有難意焉。『然』字古作『䕼』，揚雄《劇秦美新文》『䕼除仲尼之篇籍』，孟子云『若火之始然』，『䕼』、『然』字一也。『焉』爲鳥，黄色，出於江淮間，又黄鳳謂之『焉』，後專用爲語助而實義遂亡。『而』爲頰上毫，象形，後但用爲轉語，惟《冬官考工記》『作其鱗之而』，猶仍古義。他如『易』爲蜥易，『爲』爲母猴，『鼈三足爲能』，字義相傳，未有稱述，當闕疑也。

觀西洋奇器說

道光甲辰，余同年友太常卿何子桂清典試粵東，攜歸一琉璃瓶，中貯水七分，西洋煉火藥之水也。其法以銀少許入瓶，瓶水卽沸，水面浮白沫，細如沙，堅如鐵。取一沙置鐵槍內，擊之，火從槍出，有聲有力，且能及遠，不用硝磺及人火也。戶部丁子守存素好武事，喜而持歸，如法煉之，欲速，因多入銀焉，俄而瓶中轟然作聲，沸水躍出，高丈餘，瓶亦碎。前數年，余在軍機直廬，有一內監持西洋銅盒求售者，以鑰旋轉其機，盒自開，有翠鳥，長一寸，躍出，鼓翅伸頸，嚶嚶作鳥聲回翔，久之，鳥自入，盒亦隨閉。西洋以奇技淫巧耗中國財力數十年於茲矣。承平日久，視天下如一家，不加厲禁，至今乃受其害。今中國聰明之士亦漸能通其術，或從而講求之，冀盡得其祕而足以角勝也。

余曰不然。巧從彼出，效之終出其下，烏能取勝？夫欲勝天下之大巧者，必守天下之大拙。大拙者，天下之巧所莫能破，我能守之，則巧者窮矣。守拙若何？使民不見可欲，則奇技徒勞也。徒富商大賈於內地，而驅濱海之民皆務農桑。所衣布帛，所食菽粟，則使彼無慕也；所交易者出不過茶黃，入不過呢羽，官爲出納，而薄其稅以示恩，則可使不變也。外無商賈豪侈射利之徒爲之媒孽，內有堅甲利兵敢死之士爲之聲援，入吾地而爲亂者，耒耜錢鎛足以致之死矣。其遊奕於海上者，巨艦如雲，弗見也；巨礮如雷，弗聞也。此所謂大拙也。彼雖巧，將安用之？

速葬説

生事死葬，事親之道乃全。古者三月而葬，今雖例無定限，然停喪不葬，厥有常刑。其或愚賤孤貧，無力營地，猶可恕也。乃今士大夫家停厝數年至數十年而未謀宅兆者，比比然矣，此非風俗之偷、人心之不古歟？夫丈夫志在四方，未必久留鄉井。若不於遭喪之後尅日經營，迨一入仕途，遂爲東西南北之人，何時而可以歸葬耶？故士大夫之葬親，必當於服闋之前，不可踰此界限，則雖遲而猶有日也。世之停喪者，大抵惑於形家之言，始之以無地，繼之以無時，蹉跎日久，棺朽骨暴，是誰之罪歟？且浮厝本非久計，水火盜賊，隨在可虞，設罹不幸，人子之心何以卽安耶？作《速葬説》。

育嬰三善説

育嬰，善政也。然其流弊有三：兼乳數人，厚於其子，嬰多不育，一也；建堂費重，不及鄉曲，二也；集費爲難，往往中廢，三也。夫人雖貧，必不忍置其子女於死地，棄之於育嬰堂，以爲生路也。堂既收之，而嬰多不育，是不如無堂，而棄嬰者猶少矣。棄嬰者，城邑少而鄉曲多。建堂費重，勢難遍及鄉曲，是重其所輕而輕其所重也。有力之家少，有力而好善之家尤少，收嬰日多，而資不繼，勢不能不中止，是有始而無終也。吾以三善救之。一曰堂中不留一嬰。有棄嬰者，歸其父母，給錢米自養，或自覓代養之人。若是則是堂中不過出資，而嬰之能育與否，仍懸於其父母之手。生，吾惠也；死，吾無咎也。且彼父母之爲子女謀者，終勝於人之代謀也。一曰不設嬰堂。堂中既不留嬰，安用嬰堂？惟敦請善士分往四鄉，賃廟宇爲公所，攜錢給發，若是則費省而惠周也。一曰仿無錫保嬰社救嬰活法，集好善若干人，結爲同志，先各量力捐錢，再勸親友樂助；又有出帖救嬰之法，量力能救幾人，出帖爲招，數滿即止。鄉里中常有此等善人，不患經費之中絀。此無堂之育嬰，勝於有堂，願世之育嬰者省察焉。

審敵策

嘆夷內犯一載，於茲七省防邊，勞師糜餉。憂憤之懷，不能自已。昔蘇老泉有《審敵策》，因取名篇，呈之樞堂，以備採擇。

古來用兵者，惟智勇兼全之將乃能以少勝多，以弱勝强。其次必勢均力敵而後可以戰，可以勝。審敵之所長，而我能避之，我用我長以攻彼之短，則能少勝多而弱勝强矣。審敵之所長，我不能避之，必思所以禦之，既有以禦之，則勢均力敵矣。雖未能必勝，而可戰即可勝矣。勢不均，力不敵，不能避其長，攻其短，則於制勝之道猶有未可必者，審其勢所宜先也。

今自嘆夷內犯以來，鮮不謂其船大，其礮猛，斷非中國水師戰艦所能敵。而又無暇造船，思以智計勝之。或云多造小船，以小制大；或云間用木筏，加以火攻。一載以來，迄無成效。蓋小船不能載大礮，我氣已怯；　木筏又轉動不靈，必據上游方能縱火，而一燒之後亦不可復用，故其勢皆不能勝。於是防之於陸地，而七省瀕海之區無一不煩徵調，蓋自軍興以來糜帑金千數百萬矣。然而夷船所至，海口輒見破敗。曩之定海、虎門猶云守者無備耳，乃廈門、鎮海備矣，而亦不守；　今之定海死戰矣，而亦不守，何也？　攖敵之鋒既處於無可避之地，而又外無援兵，故坐困也。夫暎夷萬里贏糧，勞師襲遠，犯兵家之所忌。我又避其鋒，不與水戰，而自守陸地，我方以逸待勞，以主待客，以理言之，宜無患矣。然而不敵者，彼雖萬里贏糧，而實則彼逸我勞，何也？　夫兵所以戒深入者，懼人之謀之也。今夷船徜徉於島嶼之間，整頓軍裝，我兵明明見之，而無術以攻之，彼轉得從容休息。而我沿海之兵日夜不得安寢，彼所謂如入無人之境，故彼逸而我勞也。及其內犯，必候順風，彼之火器本利，又假風力，其勢常倍於我師。然則陸守以避其鋒，而究不能避主客之形，不啻又倒置矣。稽古海寇之平，未有不用水戰者。自前明戚繼光之平倭寇，迄今嘉慶年間李長庚之滅蔡牽，皆其前事。今徒以船礮之不敵而思陸守以取勝，不知戰守不可偏廢。況徒守之無效已有明徵，及今而不思改圖，糜餉無益，爲可惜也。

上年暎夷欲至天津訴其冤抑，其時疆吏有言不可與海洋接仗者兩廣總督林則徐，蓋以我水師戰艦不敵彼之高大火器，又不敵彼之堅利，故欲暫避其鋒。此其志在守而不在戰，蓋其時定海猶未失也。及定海既失，大臣中有言當於閩省先造大號戰船四五十，每船設礮四五十門，統計需帑三百萬者，欽差尚書祁、侍郎黃會同閩浙總督鄧等奏每船工價五萬兩，礮四五十位，統計大小每位工價三百兩。此其意欲以戰助守。蓋定海未失，可戰亦可守；　定海既失，非戰不可守，何也？　其勢不得不與海洋接仗也。惜其時正議招撫，又以造船爲曠日持久，緩不濟急，遂置不議，不料其患如是之久也。又聞暎夷之船亦非其自造，粵洋別有造船之國，不難出貲購買，較之造船尤省時日。第今粵東民夷混雜，匪類横行，一有購船之信，夷必知之，慮其乘機搶劫，而閩省情形則尚堪製造。又聞閩省海船購之三萬金，可安二三千斤大礮。如以造船緩不濟急，先購五十船，亦可抵夷船三十。而江南沿江各郡亦可購安徽、湖廣材木製造巨艦，由焦山江口出海，以應江、浙二省之用。至於火器，固當講求，火藥尤宜精鍊。夷人不惜重費，故力能致遠，我軍火藥拘於例價，不及其半，時價每斤制錢一百六七十文，例價止銀三分。不足相當。必破除成例，准照時價報銷，然後火器亦足相敵。船礮已成，募漳、泉水勇五千人，拔其才能出衆者授之官職，以杜其二心，以水師提鎮領之。陳於閩海，必不敢逾閩而至浙；陳於浙海，彼必不敢逾浙至山東矣。何也？彼知我之有備而懼我謀之也。

或謂造船之後，倘仍不能取勝，是以數百萬金擲於無用之地，不知無慮也。夫船礮既與相敵，則彼患已深，彼氣自怯，不必與之鏖戰而已足困之。蓋海洋戰鬬全在趁風，我據上游，則轟礮以攻之；我處下風，則揚帆而僞遁。及其前進，則又尾其後；既尾其後，則彼不得休息。慮我之乘其懈怠也，亦不敢犯我海口；慮我之水陸夾攻也，與之往來游奕，牽制於海洋，正不必有赫赫之功，而彼必自潰。設有如定海、廈門之事，則我陸兵戰於前，水師戰於後，彼烏得不敗？且彼萬里贏糧，恃有杉板等船四出購求食物，我有兵船，則可分船以截之矣。其如香港、鼓浪嶼之止留數船者，可分兵以擊之矣。彼以閩粵海島爲巢穴，我乘其北駛而攻之，彼必聞信而返，何敢遠攻？

方今閩、浙連敗，人心惶惶，又聞夷船明春欲至天津，雖調兵防守，而無水師爲攻剿之資，有守無戰，逼近京畿，爲憂非細。爲今之計，唯有速飭閩中大吏購募船勇，並於江南速造戰船可安一二千斤礮位者五六十隻，於來年正月令閩船先襲鼓浪嶼，擣其巢穴。彼夷聞之，必分兵歸救，閩船卽揚帆北駛，與之游奕於閩、浙之間，以牽制之。而江南之船卽於此時進攻定海，陸路兵卽進取寧波，使其首尾不能相顧，復何敢遠涉天津？待其牽制窮蹙，就我範圍，而後於粵東購買大船，別設一軍，以資控制，則長治久安之策矣。今者命將南征，所調皆陸路兵丁，不諳水戰。以之收復寧波則有餘，若欲收復定海，則若無大號師船爲渡海之計，未免望洋而嘆，則造船之舉豈可緩乎？或曰所謂避其長而攻其短者，奈何？曰水戰則與之游奕，以避其鋒也；陸地則徙沿海居民，使之內渡，俾無所掠，而以重兵守內口，亦所以避之，待其登陸而與之戰。夫陸戰非其所長，破之必矣。然其法祇可施於沿海州縣，而不可施於孤懸海外之城島。且今承平日久，沿海州縣、人烟稠密，遷徙爲難，故必兼用水師，方能來有可禦而去有可追也。至於招回漢姦以孤其勢，斷絕接濟以困其軍，多方設伏以起其疑，懸立重賞以生其畏，是在主帥機謀，非可言罄，總之無戰船不爲功。作《審敵策》。

道光辛丑歲，夷氛未靖，奉詔求言。其時部員皆得獻策，上官酌核具奏，多所采錄，見諸施行。余以郎中值樞垣，是年九月獻此策於軍機大臣，以備采擇，不求入奏。次年，始有旨命川楚購材木，造戰艦，旋聞夷酋就撫，事遂寢。自記。

錢幣策

古以錢爲幣，近代用銀輸稅，而民間雜用銀錢。康熙間，銀一錢易錢七十，故民間稱錢七十爲一錢，七百爲一兩，至今吳俗猶相沿不改。若夫朝廷度支有司報銷，則銀一兩與千錢同，與米一石亦同，贏絀可以相抵，以此知國家出納不參以商賈計較之智也。夫有司取於民者皆錢，解於上者皆銀，故乾隆末銀一兩易錢九百，而有司始困，漸啓浮徵。至嘉慶及道光初，銀一兩又增價二三百，有司又遞加其所浮之數，而民力未竭者，則以其時米價亦日貴，民所輸上下忙，徵銀皆取給於米而不覺也。近五六年，銀貴倍於乾隆，米賤半於嘉慶，而官民交困，正賦多逋矣。

夫人君取民有制，以天下之財供天下之用，未嘗有所私於己。然而上下交困若今日者，豈非補偏救弊之時哉？當銀之漸貴也，地方大吏皆疑錢多，奏停鼓鑄，其意以銀與錢處相權之勢，銀貴必因錢多，錢少則錢亦貴，而銀價必平也，乃停鑄日久。而銀益貴，錢益賤，未見其可以平價，何哉？竊以錢之貴賤大勢與百物相權，銀之貴賤大勢與百物共爲消長。何以言之？蓋民間布帛、菽粟、日用所資無一不以錢交易，生齒日繁，百物日貴，則錢日形其賤矣。富商大賈之遠遊者，皆攜銀以購貨，及貨至而鬻之，則所得大半皆錢。入貨既貴，出之必加其錢，錢日形其賤，則銀日形其貴矣。故銀者百物之來源，錢者百物之去路，銀日貴，錢日賤，皆由於百物之日貴。若夫銀錢之相權，不過旦夕之間，市價低昂，暫而非常，末而非本。論其常，探其本，則二者同爲寶用，惟銀行於上，錢行於下；銀行於遠，錢行於近。其用稍殊，而要足以相濟非相仇也。今銀既少矣，又無錢以佐之，則銀焉得不獨貴？譬如家有兩僕，去其一，則存者勞矣；人有兩器，毀其一，則完者珍矣，此自然之理也。且夫地丁徵銀者，天下之所同。解部不可缺，又攤徵於農，末技之民不與焉。銀日貴，則無漕之省皆困，有漕之省重困，況州縣賠墊爲累，或强受非分之財以彌所絀，其患又及於吏治矣。

故欲紓民力，勵官方，莫如使銀賤。銀既日少，勢難復賤，則莫如廣開鼓鑄以濟用。或云鑄錢成本太重，以銀錢相易之數計之，虧折實多，是致貧之道也。不知朝廷出納，曷嘗以銀易錢而用之乎？今計其值而吝之，是所吝在空虛之處，未嘗實有裨益，故不必吝也。且鑄錢所以多費者，不在成本爐工，而在浮耗。直省開一錢局，監之者歲得銀若干兩，胥吏之侵漁、工匠之尅減又若干兩。每歲鑄錢有數，而取之者無窮，安得不耗費也？此近日所謂成本之重，而因噎廢食，爲可慨者也。夫錢法之壞在嘉慶間，余生也晚，猶及見康熙錢皆白銅，雍正錢皆紫銅，乾隆錢雖黄銅而厚重可久，至嘉慶錢則多雜以灰砂，擲地易碎，此非錢局之弊乎？自二十年來，康熙、雍正錢不復得見。或言錢局取以回爐，留生銅造器皿獲利。而民間亦有私燬白銅、紫銅錢以造器皿者，蓋當未停鼓鑄之先，錢已處日少之勢。而官弗察，尚疑多之爲患，此但知銀與錢相權，習聞市儈之説而不揣其本者也。夫二者之相去日遠，固由百物日貴，然卽以錢質輕重而論，亦本不逮昔，其賤宜也。今漳州濱海之地，民間雜用夷錢，其薄如紙，其值更賤，此其明徵，其不因乎錢之多更可知矣。至民間器皿，有木、有磁、有鐵、有錫，原可不用銅器，應設厲禁，嗣後不准鑄造。從前所鑄，毋庸勒燬，自燬者聽，以防燬錢鑄器之弊。而新鑄錢文，宜仿康熙錢，背鑄一字，以别於舊錢，使不得市錢充數，而局員作姦尤必重懲。或曰楮鈔可行，國家擅無窮之利。不知國以義爲利，不以利爲利，行鈔而能擅利，其流必至病民，是又爲國家增一害也。不得已則加製金幣玉幣，以佐銀之不足，化無用爲有用，而不强人以所不欲，其亦可也。至於銀日傾鎔，亦多銷耗，儻鑄爲銀錢，均其輕重，通行天下，以輸賦税，解部庫，而仍準權衡以爲出納，使一鑄之後不復再鎔，統數十年而計之，其益當亦不少。作《錢幣策》。

歸樸龕叢稿卷五

碑　記

重脩寧德縣學碑

夫《屯》、《蒙》甫闢，肇基育德之功；學校初興，聿著明倫之義。布五常以立教，陶萬類以成材。性道丕宣，謨猷式煥。豈非扇淳風，揚景烈，立天地心，作帝王則，四時所以正，三辰所以明，人官得之而就理，物曲得之而咸亨者哉？我國家右文稽古，崇德報功，上自成均，下至縣學，靡不饗隆至聖，配列諸賢。太牢祠於春秋，宮懸備於樂舞。將以聳觀聽，牖顓蒙，瀹聰明，恢聲教，普龎鴻之大澤，紀漸被於海隅也。

茲邑舊號溫麻，建於西晉；更名寧德，始自長興。元祐創文廟之規，淳熙拓兩廡之制。代有繕完，臻乎鉅麗。挹鶴山之秀，蔚起儒風；揚霍水之波，蒸爲化雨。是以名賢輩出，齊卿景孟之潛修；碩德挺生，嗣先夢明之篤行。忠義武烈，廉節科名。後先相望，史不絕書。代已歷夫元明，治早侔於鄒魯。迨我聖朝，車書混一，德教覃敷。二百年來涵濡休養，經生談於虎觀，學士集於鱣堂，濟濟蹌蹌，彬彬翼翼，人才之盛，千載一時矣。

縣學規則，實始前明，風雨摧殘，經營非易。邑宰宋君光伯、訓導吳君世嘉首先捐俸，權邑宰馮君杰繼之，風聲所被，踴躍爭先。有邑貢生蔡志諒出白金二萬兩有奇，獨力鳩工，自大成殿、明倫堂旁及附祀之祠、藏經之閣，無不脩其頹壞，易其樸陋。棟宇巍峩，丹雘炳耀。繚周垣之百丈，濬璧水之一灣。是經是程，既匡既敇。始於道光二十三年十一月，蕆於明年十月。由是釋奠釋菜，登降有儀；奉盛奉牲，觀瞻咸肅。神人之歡洽，秩敘之教明。戶有絃歌之聲，人敦禮讓之行。僉曰：『非賢宰之德不及此。』大吏嘉之，請於朝，甄敘有等。沐聖恩之蕩蕩，撫民俗之蒸蒸。允宜勒貞石，播芳聲，附膠庠而不朽，垂奕禩而有榮矣。是役也，生員陳常溥、監生蔡步鋑、馬步琮、馬步珍、蔡光塍、陳作孚、吳佐榮實經紀其事，例得書。

重脩紫霞洲朱文公祠堂碑

夫五教頒虞，啓生民之懿好；四科設孔，甄奕代之人才。天秩賴以常尊，人紀因之不絕。慨自秦燔而後，漢學中興，既殫纘述之勤，未極精微之藴。迨河汾起衰於隋季，昌黎特立於有唐，一髮千鈞，維持不墜。未有闡素王之絕業，集諸儒之大成，衣被士林，於今爲烈，如宋徽國文公朱子者也。唯我夫子毓秀沈溪，分符漳郡。考亭實講學之地，武夷爲僑寓之鄉。而此環溪故居，畫沙舊蹟，夫子靈爽，應式憑焉。則有建安縣紫霞洲祠堂者，始於宋寶慶中，至國朝雍正九年燬而重建。迄今又越百年，棟宇圮於秋霖，庭堂鞠爲茂草，無以申妥侑，肅觀瞻。知府嘉公恆興廢舉墜，治具畢張，命匠庀材，輿情歡洽，以道光二十七年春蕆事。翬飛鳥革，輪奐新焉；牲碩醴醇，馨香薦焉。賢裔生員振鐸，志存紹述，謀勒貞珉； 職在采風，敢辭綴筆。洪惟夫子祖述孔、孟，憲章周、程，表揚六經，陶鑄萬類。固宜廟食徧乎天下，秩祀亞乎先師。昔者夢奠兩楹，宗予在萬世； 今者班躋十哲，論定於千秋。先聖後賢，其揆一也。故其言之不朽也，與河山並壽； 其道之不息也，與天地同流。四海之內，九州之外，日月所照，霜露所隊，莫不知夫子之德近古一人，而況桑梓之邦，雲礽之續？ 習聞夫嘉言懿行，而深思夫木本水源，宜其宗祏烝嘗，春秋匪懈； 名山俎豆，歲月長綿也。是役也，縻金錢五千緡，邑舉人蔣蘅等實經紀焉，例得書。

癸未鄉賑記

道光三年夏，江南大水，蘇郡尤甚。朝廷發帑金以賑貧民，有司又繼之以鄉賑。蓋官斯土者首先捐俸，而紳士富民先後捐輸，得白金若干萬。起於某時，迄於某時，賴以全活者數十萬人。信乎愷悌之澤下潤蓬蒿、矜恤之心克恭桑梓也！ 彭子曰： 善哉，是舉也！《論語》曰：『不患寡而患不均，不患貧而患不安。』豈惟治國，乃至閭里之間，林林總總，如毫髮之係一身，未有拔一毛而四體不分其痛者也。今者比屋連衡，朝不謀夕，强則攘奪，弱則流亡。富民漠然若不知者而處乎其間，藩籬無金湯之固，咫尺非秦越之隔，而謂可安無患，是何異刳腹析骸而冀心肝之不死乎？ 故鄉賑之舉非獨以利貧民，實欲使貧者有餘而後富者無患也，是均安之道也。彼富民之愚者，當此之時，猶欲較錙銖、謀蓋藏，是見其利不見其害，有司曉諭之而已。勸輸之法，務在以身率先。趙閱解帶，林檠出俸，前史所載，炳若日星。而又得搢紳先生之居鄉者躬爲倡首，以廣仁術。宋無飢人，賴司城之貸粟；鄭未及麥，藉子皮之戶餼。古人高義，何其隆與？若夫商賈雜流四民之末，趨利如水，吾無責焉。其有慕義樂輸者，有司於是旌其閭，復其役，傳諸紀載，目爲義民，榮一人而天下勸，此治世之大權也。夫榮者富民之所樂，而利者貧民之所需。以所樂易所需，則各遂其欲，而施不吝、受不匱矣。作《鄉賑記》。

汀州府九龍山神廟記

道光丙午秋，汀州太守李公佐賢始至官，病甚劇，忽覺精爽飛越，離其恆幹，飄飖恍惚，而集乎九龍之巔。見有神人峩冠佩劍，聳立於旁，執禮若甚恭者。俄而山崖震動，雷奔電激，天旋地轉，魂怖心慄，神乃掖之而復於其室。公始甦，病遂瘳，爰立廟於茲山，以志靈異、答神庥也。夫鬼神非人實親，唯德是輔。當公始至，尚未有政績表見，神何知而輔之？乃至於今，清聲播乎閭閻，威令行乎頑梗，四境之內治具畢张，屷謳載路。夫乃歎聰明正直，若豫知公之德將大有造於茲邦，而先加呵護，以祓不祥，匪佑一身，俾民咸康。至哉神力，其蹟幽矣，其功顯矣。赫赫明明，無形而有形；冥冥穆穆，迷復而獨復。非參造化之權，合陰陽之撰，而能若是者乎？神雖感通夢寐，名氏不傳，其必古之有功德於民，歿而不朽，以庇蔭於汀者也，則爲之立廟也宜。丁未夏，余按試至汀，獲偕太守遊於梅園，循九龍之麓，式瞻斯廟，愕然聞述，肅然起敬，乃爲之記。

遊西山記

道光癸未三月既望，余應禮部試畢，權石景山同知徐君銈邀往遊西山，與其叔燮堂偕先至盧溝橋，宿於官廨，次日遊焉。行十餘里，漸覺山徑逼仄，車輪顛簸。於犖确中陟一山，見廢寺，相傳爲康熙時尼庵，尼有穢行，提督某公帥兵燬之者也。循庵之右得一徑，盤紆上不數里，爲潭柘寺。山木蒼秀，有似杭之天竺，爲北地所罕見，故都人士稱爲勝區。山多泉，連筒引注，亦與杭同。寺中簷下皆以甎石爲溝形，引水下巖，蓋跬步皆泉也。有堂高曠，堂後曰流杯亭，鑿甎深廣各數寸，回旋於盈丈之地。窟亭西牆引泉入，浮數杯於中，觀其盤旋往來，至東牆窟處，泉出而杯皆止焉。旁有方池，池上鑿石爲龍頭形，使泉從口出，歕薄不息，下有游魚，時聞潑剌聲。佛殿之前有屋如塔，戶凡八面。初入，環之見佛像八，比進一層亦然，如是者三。其壁皆嵌以琉璃，故雖至深處，仍光明如故。又一殿庭中銀杏一株，蔭可五畝，虺蛇蜿蜒乎其上，夏日不可憩也。山去市遠，僧所供饌無適口，惟水清冽，飲茶爲宜。日未晡卽迴車，已而夕陽在山，見一野獸大如驢，屹立數步外，眈眈視行人。僕夫驚，加鞭叱馭，至數里外始少息。比至盧溝，則已戴星矣。

李山風雪松杉圖卷記

此李山《風雪松杉圖》，爲乾隆二十八年御賜先尚書物，本内府藏也。嘉慶間，余在從兄朗峯案頭獲覩，今朗峯殁又數年，不知此卷爲何人收藏矣。畫家作樹忌直，而此畫絶少屈曲，蓋松杉之性本直也。卷長盈丈，中無雜樹，石亦不多，想其舉手尤費匠心。自思翁以來，畫山水者皆以淡墨爲雅，而宋元人不然。此卷墨瀋淋漓，但覺奕奕有神，不嫌濃重，以此見宋元筆法遠軼明季也。余少時又曾見謝安山先生所藏唐六如畫竹，亦皆用濃墨，而婀娜如在風中，殆深得宋元人遺意者。先尚書又有徐賁《閬中山水圖卷》，爲乾隆三十年元旦所賜，余未及見，并記。

遊澗上草堂記

蘇之上沙有澗上草堂故址，相傳爲徐俟齋所居。今吴人重建三楹，以存其舊。按俟齋父詹事公明亡殉節，俟齋承父志，隱居不仕，與崑山顧亭林之承母訓不仕者同。夫忠孝者，人生之大節。亭林足迹遍天下，著作超前古，其爲後世推重固宜。俟齋著作不逮亭林，獨書畫傳世尤多，而後人高其節，於所遊處之地輒復流連不置。如澗上草堂，猶重建而表彰之，以此見秉彝之好，自在人心也。彼貪榮利於一時而喪名節於千載者，當其始，何嘗無山林高致、大雅遺風哉？是可慨已。

通政司重葺廳事記

道光甲辰秋，余始以通政副使履任。通政使滋園李公菡，余同年友也，笑謂余曰：『子何幸也！此堂不蔽風雨已數年矣，今吾與同僚葺而新之，而吾子適至。堂之葺若爲子者，何其幸也！』余曰：『叔孫婼，古之賢大夫也。其所至，雖一日，必修其牆屋，而況日從事於此，顧任其上雨旁風而不爲之計乎？夫國家設官署，所以理政事也。堂圮而不治，則非敬；以卿僚易遷而視爲逆旅，則非誠。今吾子與同僚莅事以敬，奉職以誠，無因循苟且之見存乎胷中，則余受協恭之賜多矣。豈惟以棟宇堅固，足康我身，瞻視清潔，足怡我神而歸美於子耶？』於是汰吏胥之舞弊者，復司官齎本入閣舊制，屬吏皆奉法不怠。乃書『出納惟允』四字榜於前楹，共勵官箴，並志和衷之雅。時通政使和公淳甫遷臺諫，同僚爲通政使李公菡、副使鍾公翔、參議恆公青、齊公承彥。閱六月，余卽遷宗人府丞以去，乃爲之記。

羣玉山房記

京師正陽門外延壽寺街有長元吳會館者，先曾祖尚書公所倡建也。門內三楹，嵇文恭公題曰『敬止堂』。初，吾鄉有長吳會館，行賈者所築，鄉之應試者亦居焉。自有敬止堂，而士與賈始分矣。堂之後曰『盍簪軒』，先伯祖學士公題。又其後曰『時業齋』，先尚書公題。又其後爲廢址，相傳乾隆辛亥年學士公以舊屋將圮謀改建。甫除其舊，而學士公卒，工遂輟，至於今五十年。榛莽荒穢，瓦礫之積者如山。鄉先達既以館爲先尚書所創，屬余司其事十餘年矣。余謀所以治之者，以工費鉅，京僚弗能任，乃請於芝軒相國，由司事告於同鄉之在外者募資鳩工，逾年資集，遂庀材起建。始於道光辛丑冬，至壬寅夏落成，得屋十一椽，而學士公未竟之志，得借諸同鄉之力以復舊觀，余小子有厚幸焉。爰請於相國題曰『羣玉山房』，而志其緣起，并書捐輸姓名於左。是役也，刑部馬君學易實經紀其事。

重整金臺書院規條記

金臺書院在京師正陽門外，四方文士皆得肄業，以此見首善之區規模宏遠也。顧其經費皆出於順天紳士，賓主之分亦所宜辨。而近年監院教官率多廢弛，士之肄業者，或不躬親，或攜卷出院，流弊滋多。兼尹華陽卓公謀於府尹華陰李公，更定章程，分其內外課額，本籍若干名，外籍若干名。每歲四孟之月，兼尹、府尹、府丞考課，各隨其優劣而分其膏火之等差，每月院長課亦如之。一切供給之費、獎賞之資秩然就理，胥吏不得侵漁。規條既立，士心歡悅。余忝以府丞，陪二公後。課士之日，升堂散卷，扃門命題。見夫青衿鵠立，肅然改觀，歎曰：『作新之術，誠視乎人，人存政舉，此之謂矣。輦轂之下，人文會萃，上有成均，下有金臺，皆所以培植英俊爲海內先聲。然自近數十年，如山陽汪文端公之在成均，吾鄉顧南雅通政之在金臺，人才輩出，極一時之盛者，不數見焉，豈不係其人哉？』今二公重整規條，作新人才之意，詳且摯矣，又得吾宗春農學士爲之師表。譬如力田，既勤穮蓘，必獲豐年，此後人才之盛可豫卜也，遂爲之記。時道光二十四年正月既望。

重整建陽考亭書院記

建陽考亭爲宋朱子講學處，至理宗時始祀朱子於此。書院之設，舊由朱氏自延院長課其子姓，後因口繁用絀，祭田所餘不足以供束脩膏火考課，遂廢。道光丙午冬，余視學來閩，縣令夏君增以告，因言於中丞鄭公，檄教官爲之督課。明年春，余按試道出建陽，遂詣考亭，爲文以祀朱子。見堂宇宏敞，尚無傾圮待葺處，惟生童膏火無資，雖有月課，慮不足垂久遠。縣令復爲余言，朱氏子姓環考亭而居者，無力延師誦讀，往往童年即以耕牧爲業，擬於書院廡下設義學以課之。余亟稱善，惟經費無出，當急勸捐，乃自出白金若干兩以爲倡，夏君亦出貲繼之，并規畫其章程以復於余。比余旋省，遍告諸大僚，皆以培植先賢後裔，歡欣出官俸相助。而福州等六太守復各捐輸，共得白金二千兩有奇。明年始齎赴建寧，由府發商生息，而後生童之膏火獎賞、義學師之束脩薪水、學徒紙筆之資，取給於息金而皆足。其教官之督課者既由縣奉以脩脯，余又分俸佐之，遂刊規條及捐輸姓名立案垂後，俾受代者遵焉。繼自今朱氏子孫，當益勤於學以承先澤矣。雖然，興之難，廢之易，余不能無慮焉。所願後之官斯土者悉賢如夏君保其經費而善理之，朱氏族長子姓守余今日之規條，而司出納教官之督課者勤其課而加之稽察焉，學使邑宰之分俸以供束脩者如約而無缺，則見其蒸蒸日上，而何有廢墜之憂哉？

平糶記

從祖二林公之舉平糶也，就所居仁一圖之糶米爲炊者先期給票，按家口多寡自一升至三升而止，其值較市每升減錢十文。鄰人日持票來糶，門外收錢，門内給米，於票上印日期爲記，使不得重糶。故米貴之年，每歲行之，而無喧譁擁擠之弊。嘉慶甲子大水，伯父簡緣公踵行之，至乙丑亦然。甲戌大旱，己卯小旱，癸未大水，伯父秋嶽公復踵行之，或仍以仁一圖爲限，或推廣至仁三图，則視其米之多寡，一遵二林成法，亦卒事無譁。癸未夏，余又募資在葑門外平糶，聞東鄉低窪處人食榆皮，乃載米往糶。而鄉人已無錢糶米，又因人衆米少，勢難不取米價，乃往乍浦買薯乾出糶，不先給票，不限多寡，已聞有力之家有購而藏之者。是年所募銀千餘兩，并自出貲若干，轉輾出入，耗盡而止，則時已暮秋，新穀將登矣。唯時同志有於盤門平糶者，其所集資與余相埒，既不給票，亦不限三升之數，而以五斗爲率。强有力者去而復來，糶至數石，老弱不得升斗，遂至紛紛擁擠，兩日而其資已罄。始知二林之法爲至善也。蓋限以三升，則其利微；不得重糶，則其利均。利微則不爭，利均則不亂，不爭不亂，則無扞格不行，而錐刀之末，尚有實惠以及人也。後潘功甫建義倉，予以此法語之，行亦無弊。自癸未後屢遇凶年，而米價益賤，無需平糶。今閱二十年矣，恐日久其法失傳，故書之以示後人。

憶德清五雲堂記

余從兄太史遠峯公，少年登第，嘗飄飄有出世之想。聞浙之德清爲古隱區，嘉慶丁卯秋泛舟遊焉，於城外購山地，建道院以奉呂祖像，入券於縣立案，以計久長。嘉興醫士唐柘圃爲庀材經紀，既落成，顏其堂曰『五雲』。越二年而兄歿，柘圃來吳，爲余言其事，且曰以後當令守廟某每歲來取香火資及其傭值，余諾之。越三年，守廟者忽不至，柘圃亦無書來，蓋皆死矣。乙亥秋，余以他事至德清，訪所謂五雲堂者，乃在距城數里荒山之麓，四無人烟，牆垣屋宇半皆傾圮，唯呂祖廟三楹尚存。德清距吾鄉四百餘里，又其工鉅，無力興修，不勝慨然。因告邑之人士商所以保護之者，皆云地僻而不通舟楫，祈禱之所不至，檀施之所不加，無術以護之也。比丁丑，有言邑人建塔於輝山，遷其廟以去者。後訪於邑之來吳者，則云輝山建塔時議遷此廟，因相距遠，輦運勞費，仍不果遷。又數年，再詢其邑之來京師者，則并不知有五雲堂之名。噫！殆已鞠爲茂草矣。異日倘得復至其地，就三楹而葺之，置山田十畝，處方外守之，俾得經久以存其蹟，是余之願也。唯是茫茫塵海，未卜何日歸休，卽獲遂抽簪，而敝廬數椽，猶患不蔽風雨，安有餘力及此？亦姑存其願以俟之耳。兄又嘗刊《道藏經》，自京師郵歸，刷本數篋，命貯此山。後吳中有僧永丰者欲得之，請於余，艤舟至德清取歸，今存海洪寺中。道光戊戌十二月初二日記。

漢龍氏鏡記

道光壬午冬，於都門廠肆得一古鏡，背有海馬葡萄文，分書銘曰『龍氏作竟四夷服，風雨時節五穀熟，長保二親子孫力』。其字結體端方，如《西狹頌》，信漢時物，可寶也。或疑爲唐鏡，余以背銘字體定其爲漢。昔翁覃溪閣學於殘碑『朱君長』三字定爲漢人作，曰『以書勢自審時代』，余於此鏡亦云。

汀州試院古柏記

柏有後凋之操，比於亂世忠臣。其在汀州試院者，蟠根十丈，瓔珞四垂，蓋千年古物也。相傳明末有二大夫殉難縊焉，後遂祀爲此樹之神。乾隆間，河間紀文達公提學此邦，見有緋袍二人出沒樹間，疑世所稱朱衣神者，乃撰句書於其廟云：『參天黛色常如此，點首朱衣或是君。』余駐汀校文武士幾兩閱月，所謂緋袍者不可得見，但見虬枝聳翠，垂蔭數畝，與九龍山色輝映於烟雲縹緲之間而已。昔明懷宗政事無可觀，徒重其能殉國，今其自縊處尚存枯樹一株，惟木末微留蒼翠。而二大夫之靈爽乃能使千年古木閱世常榮，今雖不傳其姓字，意其人生前行誼必有大過人者，故能英魄靈氣長留天地間，當不徒以殉節一端概其生平也。

木棉嶺謁鄭尉祠記

賈似道得罪，安置循州，監押官會稽尉鄭虎臣拉死於路。虎臣以其父爲賈所配，故屏其侍妾，散其寶玩，撤其帷蓋，使暴行秋日中。又過黯淡灘，勸其赴水，至漳州木棉菴，諷其自殺，似道不肯，虎臣曰：『吾爲天下殺似道，雖死何憾？』遂致之死。後爲陳宜中所害，籍其家，虎臣之志亦足悲矣。而周氏《續綱目發明》以虎臣挾仇擅殺爲議，是直與陳宜中之黨似道無異矣。李東陽詩曰『君王不誅監押誅，父仇國憤一時攄』，此公論也。今木棉嶺有鄭尉祠，圖似道於壁，亦如西湖岳忠武墓鐵鑄秦檜者，以此見秉彝之好自在人心也。

壁將軍二事記

玉門關外多戈壁，赤地數百里，或千里無人烟、草木、泉水。每多大風，過者車馬飄飄然不知所往。將軍壁公昌來往八次，嘗夜行至鹽池，適大風至，有驛卒勸公禱於神，風頓息，遂建風神廟於山巔。比數年，公再至，則廟已改建，堂宇宏敞，始知過此者皆禱而應也。又嘗過一處地名苦水者，人馬不能飲，衆方議鑿井，公指其地而與之金，鑿成汲水，甘洌異於他井，因題額曰『苦盡甘來』。戍兵居民感公德，每過其地，輒率衆臚拜馬前。道光十年，浩罕進卡滋擾，公任莎車大臣，兵民僅千餘人，日夜守禦。賊至數萬，開門迎敵，三戰三捷，不能遠追，兵少故也。惟割耳記功，編以索，懸之轅門，長數丈，賊不敢侵，故他城被圍而公所鎮獨完。因識二事并及之。

蘇州二事記

嘉慶甲子夏，蘇州大雨兩閱月，禾盡淹，米價騰貴。亂民俞長春糾衆刦掠，閭閻汹懼，將罷市。巡撫汪公志伊執俞戮之，亂遂已。道光壬寅夏，上海、鎮江相繼失守，民心擾亂，城中有刦掠者，巡撫程公矞采亦執而戮之，民心始安。夫大刑之設，所以弭亂也，若逾時寡斷，則亂將不可止矣。子產曰『火烈，民望而畏之，故鮮死焉』，觀此二事，信然。

還硯記

余年二十餘時得一硯，背有二鸜鵒，眼下凸如腹，銘曰『烱其目，潤其腹，遠汝則爲俗，近汝一生奚福，不得不寶汝如玉』，下款曰『莘田任』，旁鐫『水英星晶』四篆字，下有印曰『十硯主人』。硯廣三寸，直五寸，質潤色白，類世所稱蕉葉白者。以示惕甫王先生，先生曰此閩南黄莘田物，雖不過百餘年，亦可珍也。余後攜之入都，置几案間三十年，而於十硯主人之生平猶未詳也。永福黄蘅洲太守慶安曾與余同官水部，時奉諱里居，余以重整考亭書院謀於福州士大夫，因得復見蘅洲，并讀莘田先生所著《香草詩集》。始知先生爲蘅洲從曾祖，詩學淵深，選言富麗，嘗令粵東之四會，以縱情詩酒爲上官劾罷，歸裝唯端溪石數枚而已。所謂十硯者皆所得古硯，而余所藏之硯則令四會時斵也。先生嘗寓吳門數年，學書於汪退谷，則此硯之流落吾吳有自來矣。余既喜硯之得所攷證，復以蘅洲求十硯主人遺硯日久，僅得其二，遂以此硯贈之，俾百年故物復歸其家，亦黄氏子孫異時佳話也。

祠墓祭田圖說記

余家自明洪武初遷吳，正德以後雖代有科第文人，而祭田祠宇猶未備也。至我朝康熙中，五世祖南畇公以侍講家居，始立家廟，而墓田丙舍以次經營，族人之無後者亦輸其墓地賦稅而供其祭掃焉。惟家譜中雖各載葬處而無圖說，向有南畇公手書《墓祭錄》一冊，於前明祖墓或分或合、有無坿葬，具載詳明。及余丙午還家，已亡其書，恐世遠致滋舛誤，至祭田本末載入譜中，今命大宗從孫來保丈步清釐，余弟翊主其事。墓則繪圖附說，詳其四址；田則載明某公祭產，畝數若干，歲收租米若干〔一〕，納糧若干，及現在管理之人〔二〕。祠宇丙舍雖間有頹廢，亦附記於此，俾後人得所考證焉〔三〕。

【校記】

〔一〕『米』，稿本作『額』。

〔二〕『及現』句，稿本上有『注明納糧花戶』。

〔三〕『俾後』句，稿本下有『道光戊申四月，十五世孫蘊章記』。

先世著述記

余幼時，先人撰述暨詩文稿刊版皆藏於文星閣。蓋書多二林公修輯，公嘗居閣中，故攜版自隨也。後數十年版多散失，朗峯兄蘊璨取歸，補其缺失而藏於家。今朗峯歿又數年矣，其版或存或亡。如南畇公著《陽明釋毀録》、先府君著《二十二史感應録》，余既重刊，振山弟蘊策又重刊《儒門法語》一册。其他著述就余所及見者録而記之，他日得返里門，藉資考證焉。

《真詮》，六世祖雲客公受於隱者，不著撰人姓名。其書言道家修養之術，《參同契》之流也。

《儒門法語》，五世祖南畇公輯。首列朱子白鹿洞揭示五教之目，至蔡忠襄《管見臆測》，皆宋以來先儒格言。

《孝經纂注》，南畇公任少司成時刻於國學，采集古注，加以繙譯國書。予任京兆丞時充繙譯鄉試提調，曾見是書。今集中載序文，而家中無是書。

《質神録》，南畇公時玉局杜真君、黄石齋先生降乩訓言也。事涉幽渺，當時未敢刊行。及從祖二林公删汰而刊之，則已事閱百年矣。雖係乩書，然皆教人以修身立命之學，内有《討投拜生檄》，尤足爲奔競者戒。

《陽明釋毀録》，南畇公因當湖之徒攻擊姚江太過，故作此書。余幼時即未見此書，道光丙午慰高從尤榕疇廣文得之，因重刊於家。

《明賢蒙正録》，南畇公集前代諸賢幼時故事或詩句、對句，以明賢哲之生幼而岐嶷，爲蒙養之助云。

《玉局心懺》，南畇公時杜真君降乩演此心懺。其體與道家諸懺同，唯稱禮皆先聖賢號，所言皆正心誠意之學，與道家異。乾隆間，里中有玉笙壇善士之禮，是懺者猶不乏人，今已絶響。

《密證録》、《不諼録》，皆南畇公著，二林公編。《南畇文録》、《詩録》猶存二書之名，與《釋毀録》同列。

《學易纂録》，南畇公著。闡明《易》理，畧於名象，依章附説，兼取錯綜。此書未刊存本，係公手書。

《閑家類纂》，從祖蔚林公輯。采取先正格言家訓，以敦孝弟、守樸素爲教。

《測海集》，從祖二林公著。首載《列朝聖德詩》，仿《雅》、《頌》體；後載《思賢詠》，凡國朝王公以下至於士、庶之賢者，各立小傳，末系五言古詩。

《居士傳》，二林公撰。爲古來學佛者立傳，不入文集，别爲一編。公又有《一行居集》，亦載佛門文字。

《證學編》，伯父簡緣公輯，皆先儒格言。

《二十二史感應録》，先府君贈資政公輯。首列《太上感應篇》，博采前史，爲善降祥，爲恶降殃，報應之顯著者，以明感應之理爲不爽也。

《淨土聖賢録》，先府君承二林公命蒐羅釋典，序釋迦以來梵行著於篇。

附　詩文稿

《南畇文集》，五世祖侍講公撰。

《南畇詩集》，侍講公撰。

《南畇遺書》，侍講公撰，二林公偕同里汪大紳縉、瑞金羅臺山有高節録，有《文録》一編，《詩録》一編，又《密證録》、《陽明釋毀録》、《不諼録》各一編。

《芝庭文集》，先曾祖尚書公撰。

《芝庭詩集》，尚書公撰。公值南齋日久，多應奉之作，卷中恭和御製詩最多。告養在籍時，純皇帝猶郵詩命和，可謂極文人之榮遇矣。

《二林居集》，從祖進士公撰。

《觀河集》，二林公詩稿也，語多禪機。

《簡緣詩鈔》，伯父侍御公撰。《瓊樓吟稿》，伯母陶夫人撰。

《蘭臺遺稿》，先府君資政公撰。《芸暉閣詩》，先母顧夫人撰。

《汲雅山館詩稿》，叔父葦間公撰。

《酌雅齋文稿》，葦間公撰。

重脩甫里五橋記

吳古稱澤國，循葑門而東五十里有鎮曰甫里者，民居稠密，村落相望。其旁田數百頃，皆引吳淞江水以資灌溉，故趁墟舉趾，非橋不通。歲久圮壞其五，行者病焉。道光丙午歲，里人金君輅以同仁堂經費之餘修復之，曰祥里，曰文昌，曰塌水，曰迎陽，曰聚隆，鱗次整齊，皆還舊觀。夫除道成梁，官斯土者之責，而紳士慷慨好義又儒行，所謂不憫有司者也。繼自今里之人熙熙而來，攘攘而往，無徒涉之勞，有坦途之適，莫不頌君之德，爲能扶顛危而躋康莊。《詩》曰『人之好我，示我周行』，金君有之矣。同仁堂本君祖退舟所創，掩骼埋胔，歷有年所。君能經紀而擴充之以及橋梁，攄堂構之深情，成比閭之義舉，兩善備焉，允宜勒貞石，垂芳聲，爲後來觀風問俗者徵也。是役也，縻白金千二百兩有奇，襄其事者爲劉辰生、沈謹學，例得書。

歸樸龕叢稿卷六

序

重刊文昌陰騭文序

《周禮・大宗伯》『以槱燎祀司中、司命』，鄭康成注云『文昌第四、第五星也』。考《天文志》，司中主賞功進爵，司命主滅咎，是以文昌六星集計天道，上承斗極，旁列瑤光，顯垂象之文，協幽宗之典。載稽《道藏》，稱梓潼帝君，生周宣王時，孝友著於朝廷，詠歎形於風雅，滄桑迭代，迄南宋之朝。如傅説騎箕東方，爲歲是用，載在祀典，輔弼宮牆，此《陰騭文》一書所爲羽翼六經，綱維百行者也。爰考『陰騭下民』見於《洪範》，史遷作『陰定』，後儒宗之，乃訓『騭』爲『定』。獨馬融訓『騭』爲『升』，而《舜典》『黜陟幽明』，『陟』亦訓『升』。意者作善降祥，不善降殃，冥漠中亦有如人間之考績者，故窮通之數以時黜陟，而未始爲限者乎？夫不爲之限，而如川之方至，善可勸矣；如火之銷膏，惡可懼矣。然則馬融訓『升』，專言勸善也，鑒其善而升其爵祿也。史遷訓『定』，兼言勸善懲惡也，別其善惡而定其休咎也。皇矣上帝，臨下有赫。司中司命，賞罰不忒。人視天夢，夢而不知。帝度其衷，相在爾室。孰吉孰凶，何去何從也哉？

小漚波詩集序

夫靈芝之下必有醴泉之源，古柏之根必有芳苓之實。物固有之，人亦宜然。王子井叔，吾師惕甫先生季子也。甫逾髫齔，早耽文翰；延及弱冠，益溯津梁。盈篋之書能讀，析薪之荷斯存。攄其懷抱，著爲詞章。鴻篇偉製，具體貞觀；短章雜擬，接跡《風》、《騷》。固已外抉藩籬，上窺堂奧，掩超宗之濟美，軼玄成之通經，豈直太史授劉、衮師炫李而已哉？且夫溟池九萬里，不讓細流；華山五千仞，不辭拳石。方今四海之内，文友詩敵並轡齊鑣，人握蛇珠，家懷荊璞。顧或追渾噩於漢、魏，或鬬綺靡於齊、梁，或忠厚得沅澧之遺，或慷慨挾幽并之氣，大抵專長斯易，並蓄爲難。而井叔綜采繁縟，杼軸精英。入驪龍之淵，則環寶溢目；覩海陵之倉，則紅粟流衍。卓然成家，渺兹衆技。僕質等碔砆，交論金石，欲追驥足，莫撼龍文。羨士衡作賦之年，富逾三篋；摛君苗既焚之筆，重序《三都》。

送御史黄惺溪先生德濂出守山右序

國家設監察御史，分爲十五道，雖各有專司，而於天下事糾劾無所避。又有巡視五城之職，必御史之賢能者兼之，以率司坊，聽獄訟，責至重也。唐時御史有裏行五員，分爲左右巡，以承天朱雀街爲界，殆今巡城所自昉歟？我朝德化洋溢，萬方輻輳，梯航霧集，匭櫝雲屯。車馬合沓於三條，紈綺紛糅於九市。睚眦之忿，鈎金之失，呈牒求判，日無虚晷。雖分隸五城，而擘畫之勞已逾劇郡。先生由翰林授監察御史，巡視北城，綜覈鉅細，旁燭幽隱，猾吏憚其神明，愚民愛如慈母。今者清聲亮節，上聞九重，簡在帝心，分符山右。夫太守有率屬之責，至於親民，不若巡城之勞焉。然則先生以治畿内者治境内，將何所不治？況先生於存誠克己之功講之有素，發爲經濟，必粹然儒者，非如世俗所稱幹練才。然則擴胞與之量以容民，民之疾苦何憂壅閼；本格致之功以觀物，吏胥之桀黠者何恃而舞文？清嗜欲之源以養心，讒諂面諛之人何所窺而投其嗜好焉？若是，雖欲卻潁川之鳳，麾犍爲之鹿，謝漁陽麥穗之謠，讓零陵芝草之瑞，弗可得已。是以搢紳之儔咸仰天子知人之明，而又爲先生賀，謂先生之學將大顯於時也。然先生沖乎不自有，粥乎不自矜，謂封圻之遠馭非郊甸之接軫，懼中外之形不一而張弛之道未純，以門下士之尠見寡聞而詢於芻蕘，娓娓乎其不勌焉。是則虚懷若谷，筮无不利之撝謙，而生平學問之有待設施者，實確乎可以自信，豈某等所能窺測哉？屬先生之將行，不可無一言爲先生壽，乃揚觶而稱曰：『張子有言：「至當之謂德，百順之謂福。德者福之基，福者德之致。」某等以先生之德卜先生之福，繼自今願先生所至，清和咸理常如御史時，此某等所以頌先生，先生其與我乎？』

絳雪山房詩序

夫豪士挺生，得山川之秀氣；詞人鬱起，摛宇宙之大文。莫不寄情聲律之中，搴藻雲霄而上。若夫軒冕不攖其志，泉石終遂其心，出處無慙，身名並泰，因而游竹素、采芝華、和天倪、倡風雅，奚啻登瑯環之福地，餐瓊玉之仙英，萬石可辭，三公不易者乎？　五華之旁，九仙之麓，奥區鍾毓，代有聞人。祭酒以德行稱先生，太學以氣節褒君子。副使居十才之列，布衣擅三絶之名。攷文獻之可徵，掇芳馨其未沫。光禄卿雪椒楊先生綺歲工詩，千言立就；　冠年登第，五聽如神。著雅望於西曹，播廉聲於南國。蜺旌遥指，琴樽太白之樓；　雀舫遄移，蘅杜屈平之宅。洎乎旬宣望重，屏翰勛高，岱岳春雲，迴翔腕底；　大河秋浪，吐納胷中，宜其壯思飆騫，瓌篇日富也。既而職司三署，位亞六卿。青瑣晨歸，推敲一字；　墨池晚倚，滂沛寸心。時余與先生誼篤同官，居欣對宇。翦燈呼酒，疎簾之花影侵衣；　踏雪聯吟，短巷之春泥印屐。誦零篇而擊節，全豹未窺；　惜遠别於懸車，飛鴻已杳。兹者燕臺花月，三度春秋；　閩嶠風霜，重聞謦欬。屬涪翁之定稿，徵玄晏以序言。職在采風，敢辭綴筆？　竊謂詩本性情，體兼比興。蟬吟者涉怨，獺祭者矜才。情既戾於和平，詞亦乖於典要。豈若林籟自響，韻協《韶》、《英》；　素絲不汙，章成黼黻者乎？　先生之詩肴饌百家，陶鎔六義，磅礴上下，俯仰古今。浩乎如泉之流，不覺滙成爲大澤；　燦兮若花之發，不必受命於東皇。蓋其所造者深，故挹之不竭；　所積者厚，故達之彌光。與夫詹詹小言，技效雕蟲；　靡靡縟采，文嘲飾羽者，洪纖攸别，鄭雅不侔矣。

惜字果報録序

《惜字果報録》一卷，不傳編輯名氏，京師好善之家往往刷印流傳，以爲勸戒。今余至閩，行篋僅攜一冊，爰舉付梓，俾廣流傳。夫字爲經藝之本，乃天地之心。通四海於目前，貫古今於一瞬。聖賢得之而其道尊，帝王得之而其治明。禮樂刑政非此則紊亂，山川城郭非此則無徵。泉刀貨帛非此莫能紀，蟲魚鳥獸非此莫能名。字之爲功大矣哉！是以史頡造字，天爲雨粟，鬼爲夜哭，龍乃潛藏。不亦極祥瑞之徵，著幽明之感者歟？尊之重之，固其宜也。是書首列善報，次列惡報，終載改悔數條，勸戒之意深矣。茲以遍給生童，俾僻壤荒陬共知珍惜，是所望也。至吾人於惜字亦行其心之所安，原不因乎果報。然世有身列士林，見棄之褻之恬不爲怪，檢之焚之且笑爲迂者，則果報之書又烏可廢哉？

光澤縣育嬰錄序

草木方長則不折，昆蟲未蟄則不田。愛物且然，況仁民乎？閩南地瘠，民多棄嬰，司牧者議育嬰之舉，以經費無出，屢創屢廢，非一日矣。光澤比部何君長聚，善人也。分司空千絹之資，恢杜陵萬間之願，德薰十室，腋集百朋，復析鹽筴之羨餘，以宏布綳之保抱。規條既立，編纂成書。竊惟姬文施仁，《周官》保息，莫不心存慈幼，所謂政在養民。娠異有部，詎望烏翼之瑞；生非鬬穀，何來虎乳之奇？故欲大生廣生，全天地之德；必先人溺己溺，宏禹、稷之懷。若今光澤一隅，何其幸也！倘得賢守令踵而行之，推而廣之，搢紳之居鄉者復仿此以各贍其鄉，將見沴戾不生，嘉祥畢至，大田之稼屢告豐年，康衢之民咸臻眉壽。上以普好生之堯德，下以成于變之休風，又豈唯一鄉一邑之利哉？

虛谷文集序

閩故多理學經術之士，晦翁、漁仲，高翥千秋；漳浦、安溪，羽儀近代。宜其操行卓絶，表峻節於崇山；汲古淵深，挹洪波於滄海。乃邇日士林漸少根柢，以予按試所至，詞賦不乏可觀，而説經之士寥寥焉。至於勵儒行，矜名節，嗣先賢之芳躅，矯末俗之澆風者，猶時或遇之，以此歎前賢之流澤長也。福鼎王虛谷先生以乾隆丙午舉於鄉，爲先君子同年，閩、吴間隔，不聞交際。今其二子守鋭、守愿受知於余，同充拔貢生，持先生文乞爲序。余受而讀之，如見其人。且夫躬行孝弟，篤實之修也；敦崇古禮，訓俗之方也；原本經術，汲古之功也；考訂名物，博雅之林也；發揮德性，載道之遺也；輕財好義，任恤之風也；禦灾捍患，豪傑之行也。有一於此，其人可法，卽其言可傳。先生乃備於一身，著於一編。其志貞以廉，其詞莊以雅；其體潔而峻，其辨明而確。淵乎穆乎，觀夏、商之彝器；穹然崒然，覽華嶽之高峯。蓋理學經術，悉討源流，醞釀既深，自然流露，與夫徒飾虛車、中無所得者大有逕庭矣。先生別著《三家經文同異考》行於世，生平淹貫諸經，治《春秋》尤粹云。弓冶既良，望厥子之能繼；菑畬有穫，若農夫之力田。志先生之志，學先生之學，在二子勉之而已。

重刊明來瞿塘易注序

《易》爲象數之書，而根極於理。舍理以求象，則穿鑿附會而不可信；舍理以求數，則紛紜惝怳而不可知。是二者，皆學《易》之蔽也。漢儒說《易》，各有師承，唐李鼎祚《集解》一書猶存大畧，後之言象者宗焉。自王輔嗣爲忘象之說，始以明理爲歸，實導宋儒先路。然宋儒雖主理，而邵氏又參以數，朱子亦間采之。蓋《易》之理無所不賅，仁者見仁，智者見智。苟衷於理，則爲象爲數，皆得《易》之一體，譬猶泛舟曲港之可達於江河也。故宗漢者不必斥宋學，宋者不必詆漢，各持其楫，以沿流而溯源，有時相遇於岷山積石之間，未可知矣。彼言象者務出新奇，言數者務矜奧賾，不衷於理，而自蹈夫不可信、不可知之蔽，夫豈善學者哉？子不云乎：『潔靜精微而不賊，則深於《易》者也。』象數紛而《易》理晦，非所謂耗蠹害道者歟？明待詔來瞿塘先生著有《易注》若干卷，其族孫邵武令錫蕃重刊於閩，出以示余。余讀先生自序，言其爲明象而作，謂當闡發漢儒義藴，及觀其書，則不襲孟喜以下諸家一語。先生所謂象者，近乎邵子之言，而亦不沿邵說，蓋其屏棄人事，山居日久，始成是書，大抵出於冥悟，亦仍言其理而已。夫天下之理一也，邵子明之於前，故能言漢儒所未言；先生明之於後，又能言邵子所未言。亦如兩間品物，日出不窮，其爲大造所流形，則一本也，豈可因其創獲而病其無所師承耶？夫《易》理淵深，是書又獨抒心得，非末學所能測其涯涘，聊因來君之請而縱言之耳。來君仕於閩，有治聲，又能表章是書，俾瞿塘二百餘年絕業復顯於世，爲可嘉也，於是乎書。

文昌內函序

道光丁未孟夏，余按試邵武建寧縣，優行生員廖天衢執所刊《文昌內函全書》乞爲序。余觀《陰騭文》、《孝經》及《蕉窗十則》，世間傳之者廣矣，唯《玉局心懺》一書猶少其傳，而是書載焉。其稱禮先聖賢，懺除過失，所謂『尚不愧於屋漏』者也。相傳是書爲玉局杜真君撰，今卷首黄忠端序書於薾園。薾園者，余家宗祠也。先五世祖侍講公自幼奉是書，晚年焚香一室，不啻晤對神明，卒成醇儒之行，至今吳中言理學者推焉。蓋復性踐形，未有不從無慚衾影始也。或謂聖經賢傳具在目前，安用是瑣瑣者爲？不知聖賢之訓，無非使人明善惡之途而知所去就，殊途而同歸，不亦可乎？廖生既以優行舉於學，而孜孜焉知爲善以去惡矣，不已超乎世之徒務詞章，罔脩德業者乎？孟子曰『好善優於天下，而況魯國』，余於廖生能無望乎？爰因其請而爲之序。

嘉善周氏宗譜序

家譜之作，所以尊祖、敬宗、收族也。世系綿邈，族姓滋繁，眉山蘇氏所謂『自一人之身，分而至於塗人』者，不可無以聯之，而譜於是作焉。近世士大夫不啻家設一編，顧第紀其先世名字、爵里、生年、卒葬，下逮子姓，使秩然可考而已。未有寓褒貶之意，用示勸誡如嘉善周氏之譜者也。周氏之譜，於其先世名字、爵里、生年、卒葬，下逮子姓之秩然者，則猶夫人之譜也。及觀司馬公自序則有異，序曰：『繼自今若者詳載無敢隱，若者削而不書，若者書其子削其母，若者書生而不書卒葬，若者書卒書葬不書生，將以别嫌明微，風勵後世也。』善哉譜乎！筆則筆，削則削，斷斷然不少假借，俾善者知勸而惡者知懲，是一家之《春秋》也。善哉譜也！孟子曰『守孰爲大，守身爲大』，《詩》曰『無念爾祖，聿修厥德』，周氏子孫體司馬之心以守身而修德，則所以綿《詩》、《書》之澤，迓昌熾之休者將未有艾，復何芻言之可贅耶？周氏系出紹興，自始遷至今十餘傳，世有令德，其間掇巍科、膺膴仕者，宦成輒歸故里，爲鄉先生，族益大，故嘉善之周别爲一譜。容齋水部，司馬之曾孫也，志存紹述，將鋟版以垂遠，而徵序於余。余觀其發凡起例，有異乎世俗之所謂譜者，於是乎書。

漁洋舊廬詩文稿序

自古高世之士不必其在山林也，梁鴻、梅福於城市中求之矣。吾鄉謝安山先生天懷高曠，遯世士也。嘗應童子試，輒棄去，遂閉戶讀書，有志經學，下逮宋儒理學之書皆能兼綜而條貫之。旁及晉唐碑帖、宋元以來名人書畫，購而藏焉，每以春秋佳日展玩臨摹，瀟然不知身之在城市中也。所著《易學指南》湛深經術，又詩文若干篇，書畫録若干卷。先生既以壽終，名列郡志，子騤每思刊先生遺稿行世，未果。今孫嘉孚繕寫成帙，將授梓人，而乞言於余。夫余猶及見先生，聞其緒論，覩其躬行，久知爲慥慥之君子矣。今讀先生文，則浸淫莊、老，非漢以後之文；誦先生詩，則由摩詰、達夫而上溯淵明，非晚唐以後之詩，涼涼乎如其人之品矣。嘉乎誦先人之遺書，當思先品節而後文章，則所謂知本者也。《詩》曰『無念爾祖，聿修厥德』，有志如嘉乎，能無厚望哉？

明蔡忠烈公遺集序

晉江蔡忠烈公宗裔應魁持公遺集，介福州府教授紀君嘉瑞徵序於余。余受而讀之，詩凡二卷，曰《悔後集》，有自序，詞凡八闋、雜文六篇附後，蓋經兵燹僅存者也。按《泉州府誌》載，公好文信國詩，又好讀《楚詞》，每燕坐凝默，曼聲微引，聞者悽然墜淚。崇禎時由進士仕長沙推官，張獻忠攻城，力戰不勝，死焉。贈太僕卿，謚忠烈。今長沙人爲立廟，傍李芾祠。李芾者，宋長沙太守，元兵陷城殉難，與公先後同符者也。公詩幽秀峭拔，力掃浮靡，想見高曠之胷、不羣之志。然詩以人重，如信國《正氣歌》，至今人人誦之，原不徒重其詩。公之英魄靈氣常存沅澧之間，固當上抗靈均，下揖賈傅，芳聲所播，歷久不湮，豈僅在區區文字間哉？公諱道憲，字元白，號江門，殉難時年二十有九，銜卒淩國俊葬之醴陵坡。

嗣雅堂詩存序

吾鄉王惕甫先生爲余從祖二林公忘年交，以詩、古文辭名於時。井叔，其季子也。嘉慶甲戌春，學使新城陳公按試蘇郡，余始識井叔於稠人中，歸而訂交。因請益於惕甫先生，學爲古今體詩，先生每命一題，必與井叔同作。時吾鄉後進遊先生之門者，余之外無人；余之朝夕觀摩、稱莫逆交者，井叔而外亦無人。三年而先生捐館舍，井叔旅食邗江，余亦屢上春官，往來南北，不復有前時之樂矣。道光甲申中秋，井叔自邗歸，以病卒於里，年二十有八。嗚呼悲矣！

井叔爲詩，承其家學，探原漢、魏，沿流唐、宋，下及前明七子，不拘拘一家言，天資學力悉足赴之。曩與余聯詠時，或擬古，或詠史，動以百首計，其猛鋭有過人者。生平所爲詩不下數千首，其他若駢體、若詩餘以及賦、頌、箴、銘之文，又各成帙。今天假之年，所詣正未可量，不幸而遽止於是也。君與錢塘陳小雲通守友善，君歿時，小雲尊人雲伯大令許爲君刊全集行世，欲盡取其稿以去。余不能阻，因選録其詩七百餘首藏之篋中，而以全稿歸雲伯。既而小雲卒，雲伯罷官，全集未及刊行。及雲伯復起爲繁昌令，乃刊其詩四卷，余遠在京師，未及見也。比年余出樞垣，退食多暇，乃就舊時所録與曹艮甫比部共相參訂，酌加删汰，得若干首，曰《嗣雅堂詩存》，以授梓人，而志其顛末如此。夫余雖未見雲伯之所刊，然識見不同，則取舍迥别，所存所删必有異焉者，並行於世可也。

蘭脩詩話序

説部書爲傳記之餘，往往採録異聞，無關得失。而紀文達公《閱微草堂筆記》則寓意勸懲，以此見有心維世者涉筆不苟也。詩話乃風雅之餘，多録零篇斷句，存其人使無湮沒而已。今王生道徵所箸

《消寒錄》、《避暑鈔》，詩話之體也，而亦寓勸懲之意。其不苟作也，與紀文達之筆記同，是可以傳世而行遠矣。夫文人著作，苟無關於世道人心，則不作可也。若一舉筆而有不苟之意，則以箸說部不當僅作說部觀，以著詩話又豈僅作詩話觀耶？況勸懲本《三百篇》之旨，既得夫《詩》之旨矣，則所謂零篇斷句之存其人者，不愈覺可愛而可傳耶？王生爲余歲試福州所得士，貧而好學，尤熟於閩川文獻。雖後進英髦，而鄉黨望之儼然老成人，其素所樹立然也。是編刊於閩有日矣，近偶流覽及之，識其命意有異於世俗所爲詩話者，因書以弁其簡端。

慎疾芻言序

醫能衛人之生，故天下不可無醫；其或促人之命，則天下不如無醫。盧、扁已往，方術多歧，苟能深明乎一家之說，則自有變通補救之方，要無害於斯世。近者以此爲業，所學未精，遽思謀利，庸醫遍天下，而生人之壽考者寡矣。僕閱世已深，見夫男子癆瘵、婦人孕育、小兒驚痘三者之死尤爲可慘。當其危急時，醫製一方云舍此無可療救也，服之而仍不免於死者比比矣。僕嘗疑之，而未敢以臆斷。今見吳江洄溪徐君所著《慎疾芻言》一書，始知向所見療病之方各犯是書所忌，徐君已言之詳而戒之切矣。夫以不明醫理之人，處骨肉死生之際，藥亦悔，不藥亦悔，其心誠有難安者。得是書以示指南，庶幾不迷所往乎。余甥謝蓉初方習醫，乃郵歸一冊，囑其刊行以廣流傳，願世之業醫者、療病者皆得早讀是書，則所全者大矣。榕城刊是書者爲徐君曾孫嶔，并書以貽之。

菊隱圖序

歲丙子六月，介堂嚴子爲余繪《詠花十八生圖》，蓋本張敏叔《十二客圖》之意而廣之，以余所交遊若而人分詠焉。拙齋杜子，吾鄉高士也，故分詠此圖而得菊，況其品也。明年春，杜子乞吳中諸畫師雜繪菊數十本，將以徵詠，吾師惕甫王先生題其首曰『菊隱』，而杜子復徵序於余。夫余安能知杜子之隱哉？杜子之言曰：『吾幼不事科舉之業，長而於物無所好。獨翰墨窮年忘返，習隸字二十餘年未嘗出而問世，今不幸以是名，因以是見可否於世。雖然，吾安能懲是而舍之耶？凡吾所以爲此者，聊以娛吾情而已，吾安知其是與否也？』吁！杜子真隱矣！山林溷迹之士，挾其一技馳逐於名譽之場，奔走於搢紳先生之門，冀一言以增聲價者，其於爲人靜躁何如也？杜子真隱矣！濂溪周子曰『菊，花之隱逸者也』，大抵深山窮谷，無人自芳，故自《月令》、《楚詞》以下，見諸篇什者或寡焉。及淵明愛菊，而菊以是盛稱於世。然則物之有美而不自耀者，其亦不能終閟，信夫！

木蘭歸櫂圖序

昔唐國子司業楊巨源以年滿七十告歸，昌黎爲文送之，比於漢二疎故事。迄今讀其文，未嘗不慨慕其人也。秋河陳君，閩之莆田人，出爲江西寧都直隸州牧，修廢舉墜，政績炳如。往余在京師，聞自江西來者無不道秋河之賢。其上官亦知其賢，而以江西知府皆授於朝，格於例不得遷。居十二年，城垣之圮者復新，倉穀之虛者復積，書院之廢者復興，賦稅之應供者無稍絀。蓋君莅任以來，自天降康，十年大稔，民殷物阜，荒陬僻壤、老幼孤獨無不熙熙然各遂其生。僉曰：『君之廉明慈惠，足以迓和甘而庇是州也。』道光丁未秋，年六十有九，以老乞罷歸，其鄉作圖紀事。余謂牧令之進退，難於朝士大夫。蓋朝士大夫一念輕富貴，則鴻飛冥冥，誰得而止之？至於牧令，倉庫獄訟一有未釐，卽受挽制，有求去而不可得者。苟非謹守有素，烏能進退綽綽如今日哉？然則秋河此行，其視楊司業爲倍難也。憶從長安道上與君別又數年，今見鶴髮婆娑，童顔不改，充養有道，耆壽斯徵。且其子若孫或舉於鄉，或貢成均，或有聲庠序，天之所以佑我秋河者未有艾矣。秋河爲余伯父侍郎公門下士，與余交久，因書贈之。

願學齋制義序

余執友毛君補園以嘉慶丁卯膺江南鄉薦，其文根柢經籍，佩實銜華，閎其中而肆其外，一時文士爭相慕效，莫不仰補園之名。君時從其外舅蒲快亭先生教授蘇州，余因識君於甥館，以文字訂交，相得甚歡。迄今閱四十年，回數海内交遊，未有如補園之久者，宜補園亦以執友視余也。今因門弟子請刊其應試之作而徵序於余，余竊惟制義代聖賢立言，苟不菑畬經訓，雖辯才無礙，終蹈空疎，操觚之士所宜知也。補園之文心精力果，氣盛才高，腴潤而不失之膚，凝鍊而不失之澀。藻耀高翔，文筆鳴鳳，允宜庭實九獻，特達圭璋。乃屢上春官竟無一遇，士林惜之。然君奉其尊甫筠溪先生之訓曰『知遇聽諸人，學行求諸己』，故雖久困名場而曾無抑鬱不平之氣攖其胷中。二十年來授徒邗上，青氈坐擁，泊如恬如，其學養有過人者。

余觀應舉之文，因時變易而各有流弊。乾隆時尚閎暢，其流爲繁冗；嘉慶初尚華贍，其流爲摭拾；己卯以來尚清快，其流爲空滑。蓋舉天下之心思才力，角勝於一途，久則未有不窮者，窮則未有不變者。今既由清快而流於空滑，是亦窮則將變之候也，得補園之文而藥之，其庶幾乎！憶初識君時，江南文風正極華贍，其不善學者則已流於摭拾。然黨庠髦俊莫不研窮經籍，講明而記誦之，何也？謂非是不足以善我文而求知遇也。自清快之風行，而空疎之士飾虛車以騁康莊者比比矣。父以是教其子，師以是傳其弟，謂非是不足以善我文而求知遇也。於是經籍可束之高閣，而無復講明記誦者矣。由此言之，文風之關乎士習，豈不甚哉？今補園以其菑畬經訓之文出而問世，吾恐珠玉錦繡非寠人所習見，所望一二特立之士不爲風氣所轉移者，相與留連而珍重之可也。

壎篪賸稿序

余家世守青氈，伯父藹堂公以乾隆甲午鄉舉，仕合浦令，未幾引退家居，督課二子甚嚴，焚膏繼晷至漏三四下始息。夏峯穎悟，年十五遊於庠，燦虞繼之，皆能潛心苦志，無問寒暑。燦虞旋以瘵夭，夏峯亦咯血，不復勝誦讀之勞，卒時年三十三。燦虞歿時，余年尚幼，未與浹洽。夏峯則余猶及以文字就正，恂恂篤雅，品學俱醇，而不永其年，爲可惜也。余少亦羸弱，有鑒兩兄之力學得疾，故遊庠後輒稍自寬。年逾二十，精力漸壯，始復鑽研，然煩卽屏去，未嘗以此自困。頑鈍之質，所以至今存耶。夫藏脩游息，本學人動静交養之道。扃於一室，瘁於一事，而無以舒其心志，適其耳目，從容其肢體，殆亦未可久也。今觀兩兄遺文，追憶其當時攻苦，齎志以終，爲之三嘆。孚甲姪將謀鋟版，其志可嘉，因題曰《塤篪賸稿》，并書數語弁諸端。至其文皆騁妍抽祕，摛藻揚葩，杼軸予懷，準繩古法，讀是編者必能自得之，而不待余言之贅也。

試牘酌雅序

制義代聖賢立言，必先明書理，次講文法，而後澤以經訓，組以百家。文采斐然，言皆有物，譬琢玉以成器，切劘之功爲不少矣。閩故多理學名儒、研經碩彦，我朝安溪李文貞公又爲制義大家，探原四子以濬其知，旁搜六籍以徵其實，用能神明規矩，變化從心，陶冶羣言，垂爲楷式。承學之士被公餘潤者，至今猶彬彬焉。余以弇陋忝任鑒衡，受命以來，夙夜滋懼。惟有虚衷區别，弗設成心，衆技皆收，片長必錄，勿負羣英之苦志，卽以仰答聖天子之簡任，而庶幾自愜其初心也。自丁未孟春按試延平，至戊申季春歸自福寧，寒暑一周，舟車云瘁。凡得試牘若干篇，類能抽祕騁妍，發揮義藴，志和音雅，不涉浮囂。爰授梓人，以導先路，經解、詩賦，亦並附焉。科試再加甄選，有待續刊。

試律鏗鏜序

以詩試士盛於唐。我朝乾隆二十五年始定學政校士，於兩文外兼用排律。其始鄉隅僻壤尚未盡通聲韻，今則山陬海澨無不能詩，以此見涵濡聖化，日新月盛而不自知也。試律選本莫善於河間紀文達公《庚辰集》，作者皆通儒碩德，出其淵博之緒餘，故其詩冠冕閎麗，無意雕琢而自然雅切，洵如奏黄鐘、歌大吕，鏗鏘金石，盛世元音也。厥後雖代有選刻，雋逸居多，或流佻巧，無當法程。兹之所選以《庚辰集》爲本，益以吴穀人祭酒諸公九家詩數十首，取其格律高峻，吐屬雋雅也。《考工記》曰：『鐘大而短，則其聲疾而短聞；鐘長而小，則其聲舒而遠聞。』要其無錚錚之細響一也。《庚辰集》本有注釋，今采附詩末，其九家作亦附注釋，以資考證。將攜至各郡獎勵生童，卷帙未可過多，故以百首爲限。編既成，因題曰《試律鏗鏜》，而並書以志卷首。

三傳異文録序

説經家最忌穿鑿，而穿鑿者恆多。蓋一部書中，未必無一二心得確然足以示後者，特未必全書皆有得也。好名之累，遂不憚附會以成其書，故不免於穿鑿也。三傳之有異同，當時各有師承，孰是孰非，千載下未易辨别。其如『邾人』之作『邾婁』，『矢魚』之作『觀魚』，『成』之爲『郕』，『鄑』之爲『麋』，文異而意同者無論矣。至如杞侯、紀侯，《春秋釋文》謂不應杞侯七月來朝，九月卽入杞，故『杞』當從『紀』。而《傳》謂其『討不敬』，則兩說皆可通，而無庸執一說以斷之者也。其他『會虛』、『會郲』，『歸俘』、『歸寶』之類，近世攷訂家無可置喙，往往疑爲篆文之誤，而或攷古篆、或援小篆以證之。竊疑其近於鑿也，蓋古篆已不可知，小篆則非竹簡所書。居今日而僅據《說文》所有之字以辨古書，豈知《說文》之去古書已不可以道里計耶？兄子孚甲沈靜嗜書，錄三傳異文，不贅一詞，俾讀者自得之，是真善讀書者矣。夫以孚甲之沈潛經學，其於三傳異文，豈不能有所發明以標心得？然而不贅一詞者，竭其所知究不能盡知，而不肯强不知以爲知，懼其鑿也。吾故謂其善讀書也，是爲序。

江弢叔詩序

學問之道，爲之於舉世不爲之日者，必其人之志不凡，而其成可以傳後者也。昌黎之於文、淵明之於詩是也，降及近代，震川之文、空同之詩亦猶是也。舉世之所不爲，而一人獨毅然爲之，其識已超乎流俗，故其成也可傳於後。以余久處京華，得交四方英俊，所見詩集以至零篇多矣。其未脫時趨者，則或工溫、李，或耽元、白，間有一二傑出之才，沉著者追少陵，豪放者師太白，唯昌黎、山谷二家無人躡迹。卽有一卷之中一二篇相似，一篇之中一二語相似者，未有積句成篇，積篇成卷，無不從兩家出者。由兩家詩境高峻，攀陟爲難也。今讀弢叔詩，則古體皆法昌黎，近體皆法山谷，無一切諧俗之語錯雜其間，戛戛乎其超出流俗矣。雖然，由斯道也可傳於後而不適於時，猶古錦之不可爲衣裳，古樂之不可娛賓客，而詩之品則益高矣。夫既爲之於舉世不爲之日，又豈望其適時耶？弢叔甫屆立年，精識同於耆宿，方有志於身心之學、經籍之功，未嘗汲汲欲以其詩問世。余謂是希世之璞也，故不待其請，而爲之序。

徇鐸莊言序

《書》曰『遒人以木鐸徇於路』，言教民也。余忝爲教士之官，顧惟是文藝之得失，汲汲評量，而無補於化導，心滋歉焉。爰披先儒古訓，擇其切於日用常行、明白易曉者，錄爲一編，以貽多士。若夫性理之言類多深奧，天資明敏者當自得之，未必人皆領悟，故是編憖置。今所錄者，乃無智無愚不可不知、不可不行之語，未有稍涉高深者，懼其流於晦也。附以自撰《速葬》諸說者，以善俗也；《條約》一篇，則區區愚見，所願與同學共之者也。歲月如馳，三秋將半，『曰爲改歲，式遄其歸』，余所望於多士者。言有盡而意無窮，留此以當晤對可也。

重刊中庸或問序

《中庸》一書，朱子從魏、晉以來浸淫佛、老之餘苦心剖别，以明聖學之正傳。又别爲《或問》一卷，博取諸儒舊說而辨正之。雖如楊氏、呂氏之多所許可者，亦不少辨駁，是曰是，非曰非，毫無遺憾矣。

爰攷朱注《中庸》，本名《輯畧》而以《或問》附其後。《或問》之作所以貫通此書之脈絡，區分衆説之異同，使讀者曲暢旁通而各極其趣也。故《或問》與《輯畧》相爲表裏，今則離而二之。《或問》一書載在《四書大全》，卷帙既繁，偏隅寒畯未能家置一編，則於朱子之意猶未盡明也。兹取吾鄉汪氏武曹《大全》善本録而刊之，以貺學者。《大全》附采諸説爲之引證，而兹皆不載者，説理之書詞愈多則愈晦且愈歧也，故但録朱子原文而不參他説，學者由此以尋繹朱注，則於書理益明。而其賢智之從事於心性者奉以爲指南，庶不爲歧途所惑乎？

送江弢叔歸里省親序

余，江出也。江之先，自余外高祖敦孝公以孝行旌於朝，子孫繩繩，皆列黌序，敦品節，能文章，而不顯於世。至於弢叔，蓋三傳矣。夫源之遠者其流長，根之固者其枝沃。以江氏之世德卜之，意必有聞人出焉以光大其門，固理之常也。弢叔少年以文學繼其家聲，又能潛心刻志，兼攻漢、宋諸儒之學，涉歷子史百家之言，亦往往能折其中。其發爲文也，謹嚴不苟，一掃浮豔，欲歸醇雅，何其才之高而資之敏也！憶自癸卯秋訪余於京師，覽其所作，但見意趣之高，而根柢猶未深，理法猶未純也。及往山左爲殷學使襄校三年，迄丙午余復延至閩南，視其所作，則擴然大變，斐然成章，醞釀既深，非復曩昔。與論經籍及詩、古文辭，能見源流，不爲苟同苟異之説。乃知三年中雖車塵馬足間，未嘗一日廢書，其苦志爲不可及。今將回里省親，有詩志别，不可無一言爲贈。夫士之所重者行，所輕者文，自近代以文取士，而士或重其所輕，輕其所重，如是雖富貴，奚取焉？ 今弢叔以遠客之身，不憚數千里跋涉山水，言歸定省，他日馳驅王路，必不戀名位而違色養可知也，必不跅弛其行以貽二人憂可知也。能如是，則所謂立身行道，揚名於後世，以顯父母者，亦豈吾人分外事耶？ 則余所謂光大其門者，又豈惟擁高爵、食厚祿而已耶？ 弢叔勉乎哉！ 念子之學與子之行，皆始基之甚美者。守而勿失，引而彌長，是在彊毅之力、堅貞之志而已。子其勉乎哉！

瀛環志畧序

吉甫撰《郡縣》之志，未盡域中；景純注《山海》之經，空談荒外。良以地理之學難精，而滄溟之大尤不易知也。五臺徐松龕中丞博學多聞，兼綜條貫，嘗與論歷代典章制度以及前言往行，無不元元本本，考核精詳。又以其餘釐正古書，鉤稽戎索，軼亥章之步，盡儵忽之疆，囊括鯤程，包舉鼇奠，著爲《瀛環志畧》若干卷。自東南海島諸國，西至蒲昌、鹿渾，北極伊連、渤鞮，其疆域之延袤，道里之遠近，創建因革之故，山川民物之名，前史所未詳，博物所不紀，靡不瞭如示掌，浩若吞胷。聽鄒衍之談天，小儒咋舌；覽木華之賦海，才士傾心。蓋公自觀察此邦，駐旌泉郡，值番舶通商之際，正譯書畢集之時。鯛醬魚鞞，圖披王會，象胥龍節，職在周官。固已訪塔影於酉陽，獲鱗書於丙穴，鱓更可數，犀照無遺。洎乎攄柔遠之藎忱，膺巖疆之重寄。三山甘雨，萬里恬波。既覩十郡之康，遂續九丘之志。寒暑再易，勒爲一編。洋洋乎宇宙之鉅觀，古今之絕業也。夫六合之外，聖人以不論存之；千歲之日，智者可坐而致之。故詢天之高廣，則仲尼、子貢不能知；極人之短長，則僬僥、防風可以決，豈非無徵者不信，多識者有功歟？是書博采前賢箸述，正其舛誤，得所折衷。帝虎魯魚，無訾後世；石華海月，廣掇前聞。洵堪備史館之參稽，恢職方之紀載者矣。公今宣力閩疆，渥承宸眷，勳猷所至，譽望日隆。方將黼黻球圖，焜煌鐘鼎，移海國見聞之筆，作太平寰宇之書，錫文錦以招來，毀毛車而更造。上佐天子，布大德於埏紘；下綏黎元，樂匡生於衽席。豈惟是書之成，爲足縱横八極，表示千秋而已哉？

重刊晉陶淵明孝傳序

《孝經》一書，孔子傳於曾子，厥後子思子得曾氏之傳，故於《中庸》言舜之大孝，武王、周公之達孝。蓋孝者，天之經、地之義、民之行，古今上下所共者也。《禮》不云乎：『將爲善，思貽父母令名，必果；將爲不善，思貽父母羞辱，必不果。』人惟知孝而後知守身，知守身而後遠於不肖，遠於不肖而後或修德行、或建事功，顯親揚名，同歸無忝，此卿大夫以下皆宜自勉者，必以孝爲始基，不可易也。晉陶淵明著此《孝傳》，依經立義，各引古人事以實之，自虞舜至殷陶凡十八人，表往哲之儀型，示後來以則傚。《詩》曰『高山仰止，景行行止』，孝行不同，此爲正鵠。苟於童子入塾後即爲講解，以啓發良知，其有裨於蒙養，豈淺鮮哉？因刊之以貽多士。

歸樸龕叢稿卷七　劄記　雜文

讀書劄記

今之揲蓍占卦，立八純而變之，法本京房，蓋古法也。自龜卜失傳，尚存揲蓍；揲蓍繁重，又以錢代。其他占驗之法，日出不窮，不必盡出於《易》，而槩無不驗者，蓋《易》之理無所不該，所謂廣大悉備，範圍天地，曲成萬物者也。夫物生而有象，象而後有滋，滋而後有數，有是象、有是數卽有是理以憑之。如人求水於地，深淺不同，無不得者；求理於天，深淺不同，亦無不得也。此老泉所謂『天人參焉』者，百家占驗之方皆可由揲蓍推之。

一畫一斷，陰陽而已，老少未分也。揲之以蓍，始分老少，老陽爲九，老陰爲六。實則陽已變陰，陰已變陽，故曰得《乾》之《姤》方是『潛龍勿用』。按，《周易》以變爲占，不變之爻非九、六也，惟《啓蒙》言『五爻變，則以之卦不變之爻占』。

虞廷五教，鄭氏曰父、母、兄、弟、子也，蓋本《左氏傳》『舉八元使敷五教，父義、母慈、兄友、弟恭、子孝』，以契在八元中故云。蔡氏謂父子、君臣、夫婦、長幼、朋友，則本《孟子》『使契爲司徒，教以人倫』，又《中庸》『天下之達道五』也。鄭氏據《左氏》說，偏而不賅。故《困學紀聞》曰：『天秩有典而遺其三，唯孟子得之。』

此下刪去一條。自記。

先儒謂《左氏》浮夸，不及《公羊》、《穀梁》。然《穀梁》於隱公譏其成父之惡，廢天倫而忘君父，持論苛矣。使隱公當羽父請殺桓公時，卽誅羽父而讓桓公，可免於禍，而隱固長者，計不及此也。故謂隱爲闇弱則可，謂其廢天倫、忘君父則不可。

此下刪去二條。自記。

六藝以禮、樂爲先，書、數爲後。今樂既失傳，禮苦繁重，徒習書、數之末，誠不得已也。然『無聲之樂，志氣不違』；『無體之禮，威儀遲遲』，不猶可以從事乎？

名物象數，載道之器也。子貢『多學而識』，夫子『一以貫之』，夫必有聖人之智而後能一貫下，此可不務多識乎哉？然《論語》一書但教小子以學《詩》，曰『多識於鳥獸草木之名』，又曰『多見識之』，而於名物象數未嘗有所發明，意其時及門皆足以知之，夫子無煩贅說歟？抑夫子以爲名物象數之晦，後人僅失之愚；仁義道德之湮，後人將失之亂；與其使亂也，寧愚，故以一身任其大者，其餘寄之游、夏之徒而已足歟？

如何高、堅、前、後，如何卓立，惟顏子知之，他人不能道也。吾道如何一貫，惟曾子知之，門人不能喻也。先儒詮一貫，亦衹從忠恕看出，正是腳踏實地，非同臆說。

《論語》講言行居多，所謂下學上達也，故子貢嘆性道不可得聞。聖人知性道之難以言傳，故使人從庸言庸行入門，而徐俟其自得。夫子之教，蓋卽三代學校所以教人，其無弊者也。

同一問仁、同一問政，而子之教不同，各因其人而施教焉，於此見聖道之大、聖言之切；亦可知學問、政事原不拘一格，後人守其一二語，處可爲修士，出可爲良臣，百世可知。但言制度損益，窮則變，變則通，通則久也。忠之敝非質莫能挽，質之敝非文莫能挽，文之敝必有如漢文景之治以挽之，此其可知者也。原非若讖緯之學，必知何人當王。然《繫詞》云『極數知來之謂占』，以聖人之智，何難『極數知來』，所謂素隱行怪，吾弗爲之耳。

『令尹子文』、『崔子』二節，兩『未知』句疑皆當作『未智』，蓋仁先四德，不智不足以爲仁。子文不知子玉之將敗而必告以政，陳文子不知崔杼之將弑君而先去，皆不得謂之智也。

『寢衣，長一身有半』，古注云『如今之被也』。朱子謂是齊服，半以覆足。安溪李氏曰：『比身僅一半耳，此亦常服，不必齊也。文法如「三分天下有其二」。』按，既非齊服，卽不必疑爲錯簡。

『匏瓜繫而不食』，包氏曰：『不可食，非不能食也。蓋瓠甘匏苦，故匏爲人所不食。』喻見棄於人也，此聖人自明用世之心也。

『先進』、『後進』，孔曰『仕先後輩也』。『從我於陳、蔡』節，鄭以合『先進』爲一章，言從陳、蔡者皆不及仕進之門而失其所。皇侃雖別爲一章，亦以『德行』數語爲孔子之言，至朱子始訓爲弟子引孔子之言，記此十人而并目其所長，『不及門』句訓爲此時皆不在門，掃盡浮雲見廬山真面矣。

《論語》『學而時習之』，先儒但兼知行說，未言所學何事。安溪李文貞《論語劄記》以《詩》、《書》、禮、樂四術當之，又曰：『《詩》、《書》不過講貫思繹，禮、樂則親其節，習其事，日用之間不可斯須去。』

『恥其言而過其行』，疏云『言過其行，君子所恥』，是側串；朱注『不敢盡，欲有餘』，是二項平列，與『父母惟其疾之憂』，古注『孝子不妄爲，非唯疾病然後使父母憂』，朱注『守其身者不容不謹』，皆說異而意同者也。

『小不忍』，《正義》但引『山藪藏疾，國君含垢』二語，指當寬容說。朱注分兩層，義更周備。

葉夢鼎、董槐等皆云《大學》『格物』章本未闕，以『知止』二節當之，謂當在『聽訟』之上，顧亭林《日知錄》謂其說可從。愚按，此說終不免改易古書。安溪李氏《大學古本說》云：『古本未嘗錯亂，格、致已見上文，故直揭誠意。觀「所謂誠其意者」句法與「正心修身」章不同可知，是直揭誠意矣。』安溪篤信朱子，必非好爲異說，《大學古本說》具在，學者可以參觀。

一个臣惟能有容，故能保子孫黎民。若娼嫉之人，不過欲自顯其有技，自誇其彥聖耳，而其害至於子孫黎民之不保。古來秉國鈞者，幾見有妒賢嫉能而致太平者？人君用人，可知去取矣。

《孝經》古今文微有不同，如今文『仲尼居，曾子侍』，古文作『仲尼閒居，曾子侍坐』是也。本有二十二章，劉向定爲十八章。唐初惟有孔安國、鄭康成兩家之注并梁博士皇侃《義疏》，玄宗患其紕繆，乃采韋昭、王肅、虞翻、劉邵、劉炫、陸澄六家之言爲注，所謂《石臺孝經》也。朱子作《刊誤》一卷，以『天子』至『庶人』五章合爲一章，云：『疑《孝經》本文祇如此，以此爲經，其餘移置前後作傳。』按，陶淵明作《孝傳》，亦祇引虞舜以下十八人證此五章，餘無所發明，似與朱子意同。

程子分義理之性、氣質之性，非立異也，大約以性之品有三，恐下焉者亦以率其性爲道也。故朱子解《中庸》『性』字專指義理之性。

古注：觚爲酒器，非言竹簡；蒲盧、土蜂卽《詩》『螟蛉』二句意。《困學紀聞》：『風乎舞雩』當作『諷』。《黄氏日抄》：『三歸』當從『娶三姓女』。趙岐《孟子注》：『折枝，按摩，折手節，解罷枝也。』《四書聚考》：『夏璉殷瑚』當從《明堂位》。《論語筆解》：『晝寢』當作『畫寢』，『浴沂』當作『沿沂』。諸説皆可存參，惟『晝寢』、『沿沂』竄改古書，似未可信。讀書原不妨異其解，特不可改其文。

孔子見老子曰：『其猶龍乎？』莊子因之，謂孔子嘗師事老子矣。不知龍雖神，終不離乎物，未嘗與人同類也。孔子於老子亦歎其神，而未嘗以同類視之，故曰『其猶龍乎』。如其師事，何不以古聖賢擬之？

《中庸》『尊德性』節，歸震川曰：『語意如直溫、寬栗之類。』按，此説則數項平列，而其功皆以相濟，却爲前人所未道。

《史記·伯夷列傳》感慨天道之是非，用意如屈原《離騷》，又慕俠客之義而爲之立傳，殆未脱戰國人習氣。

三代以上民有井田，士有代耕；三代而下人各自謀其食，士烏得免焉？而士之知恥者，一切憑權藉勢、不勞而獲者既不肯爲，卑污者又不屑爲，故士之品益高，而其謀食益艱，非有渭川千畝竹、安邑千樹棗、齊魯千畝桑麻，而欲身有處士之義，不亦難乎？大史公爲貨殖立傳，蓋有感也。

學書劄記

字者，孳也，孳乳而不窮也。前代所無之物，後世有之，則前代所無之字，後人不得不益之，但合於六書之義可也，此孳乳不窮之意也。今人論字輒曰『此非古，此非古』，甚至古無其物者，必欲强古字以當今物，豈其然乎？

隸書之作，所以趨便易也。如不憚繁重，則不獨小篆可書，卽書大篆，亦誰得而禁之？今人作楷字，或參篆體於其中，如曹必從㬃，昔必從㫺，散必從㪚，以爲能正其訛。抑知篆之變隸，其不可解處不勝枚舉，如欲一一而更之，非獨不復成今之字，且於便易之旨剌謬矣。

篆變爲隸，雖從省，而點畫偏旁自有定法。如竹从艹，草从丷，此其辨也。晉、唐以來帖體『節』字、『第』字多有從廾者，乃沿隸法，非改从艸也。今人或竟作丷，誤矣。

草書出於篆書，最爲有法，如人旁用一直，惟『隹』字不同是也。今人作行草，『佳』字寫作『隹』，形誤矣。

楷書自鍾、王分此二派，千餘年來無能出其範圍者，出乎此必入乎彼矣。顔、柳傑出，駸駸乎欲軼乎其外，然法多意少，又非晉人所尚也。近代董香光自謂得晉人筆意，不讓松雪。然松雪能書碑版，且其體善變，絕少雷同，非香光所及。

碑帖點畫以魯公爲最準。右軍《蘭亭》書『快』爲『快』，初疑筆誤，後知避其家諱；『覽』字作『攬』，亦避諱，蓋後人以缺筆爲避，古人以加筆爲避。

陽冰《峿臺銘》純用懸鍼，可謂因難見巧，然非古法。古人作字，方圓長短惟其所宜，未有强之使一例者，惟書印信用此法耳。

吾吳寒山趙凡夫作草篆，古無其名。然觀其横筆有似分書，其結體肩方，而懸鍼下削，實類皇象書

《天發神讖》，非無本也。

古人以漆和墨，故筆毫須勁。後以膠和墨，而羊毫始用事矣。然觀蘇、黄墨蹟，至今神采煥然，蓋其時猶用松烟。後用油烟，故明人墨蹟多不耐久矣。

項羽曰「書足以紀名姓而已」，雖武人之言所見者淺，然究其用亦大率類此。今殫文人之力，窮年矻矻於此事，於世何裨？於學何益？良足慨矣。

告海若文辛丑

兩儀既定，四瀆始分。諸侯視秩，惟爾有神。秉命蒼穹，雄長巨壑。控馭鯤鯨，馳驅蛟鱷。時平不波，萬里恬漠。榑桑迎朝旭之升，焦溪送狂瀾之涸。波臣獻瑞，同我太平。蜃樓起而霞散，鼉梁亙其虹横。鮫綃纖細而呈采，驪珠的皪而耀英。用能囊括乾坤，式彰靈異。統儵忽之疆，盡鯷傾之地。離身反踵之君，長股貫胷之使。重譯來朝，叩關畢至。神之力也，帝用嘉之。是以珪璧牲幣，肸蠁如儀。褒崇榮號，祝冊陳詞。報功之典，莫盛於斯。神享德馨，宜攄懋績。丕顯靈威，以勵社稷。茲者醜夷作慝，擾我海疆。烽烟鴻洞，魚鼈猖狂。包禍心以藴利，挾毒味以求償。天人之所共嫉，古今之所莫方。神宜赫然震怒，崇降弗祥。揚颶風以折柁，躍驚浪以摧檣。叱靈鼉使鳴鼓，列羣介爲陣行。鞭神龍皆張鬣，齊萬鬐而森鋩。碎舳艫于渤澥，掃妖孽於欃槍。胡爲乎闃若不聞，窈若不見。甘爲壁上之觀，弗誓同仇之願。坐命鱗甲逞狂，黔黎塗炭。豈宜像設儼然，執圭南面。牲醴肥香，丹青煥爛。受報賽於紘匏，秩儀文於灌薦也哉！ 神宜三思，爲民除害。神福我民，祀神無怠。

招馗

柔兆敦牂之歲，斗指鶉尾之次。突有訛言，駭傳妖異。左道毒人，踰江而至。甿遊里閈，或投餅餌。食之者瞪悶忘家，從妖人於異地。父索其子，夫哭其妻。一朝相失，存亡莫知。嗚呼噫嘻！ 聞古有鍾馗，居終南之山。張髯手劍，啖鬼爲歡。乃召靈巫，振鐸書符，西向招之曰：

馗兮歸來，山中不可久居只。魑魅罔兩，盡附神荼只。木客山魈，抗君張弧只。侁侁狉狉，倏忽奔徂只。赤豹黄羆，封狼野狐只。腥羶不可食，咆哮不可娱只。

馗兮歸來，東方不可以往只。萬里扶桑，鯨波泱漭只。宮闕金銀，三山惝怳只。彼皆神仙，長生不死只。何物黎丘，動君食指只。

馗兮歸來，西方不可以安只。崑崙流沙，道里莫殫只。巨靈高掌，蔽日摩天只。五丁神力，抉嶂崩巒只。望夫之魄，石立巑岏只。杜宇之魂，化鳥翩翻只。君往遊焉，靡攫靡餐只。

馗兮歸來，北方不可以託只。積雪埋輪，堅冰折軸只。禾黍不生，餒而空谷只。專車之骨，長人瞋目只。披髮搏膺，非君是服只。

馗兮歸來，君無戀此中原只。黄金四目，逐疫九門只。升屋初號，東嶽勾魂只。對簿冥曹，善惡糾紛只。躍入風輪，爲獸爲人只。嗟君枵腹，逐逐靡吞只。

䲭兮歸來，君無上此天閶只。風馬雲軿，馳騁揚揚只。森列百神，執笏拖裳只。君匐金階，進退無光只。寶甕瓊漿，不得分嘗只。

䲭兮歸來，遵海而南只。罔象揶揄，水母驂驔只。吐霧噓霾，怒目眈眈只。聲嘯通闤，燐烱茅檐只。驢肉堆盤，黑白辛甘只。哆君箕舌，席捲囊探只。或燔或炙，飽食非貪只。寸人豆馬，細嚼酒酣只。萬頃洪波，解君煩渴只。珠蚌騰輝，燭君幽室只。靈鱓撾鼓，侑君朝食只。蒼龍彈瑟，君歌擊節只。潛蛟起舞，宛陳行列只。涎香馥郁，君其茹吐只。綃帳葳蕤，君其寢處只。陽侯奔命，趨風免冑只。海若輸忱，捧觴上壽只。蓬萊清淺，築君苑囿只。洲渚盤紆，供君蒐狩只。猩猩能言，聽君揮麈只。狒狒善笑，效君倚柱只。灾鵬狘貍，紛投雜俎只。廁鴨浴黿，同炰擘脯只。君既屬厭，乘雲返只。鬼雄鬼伯，趨負輦只。颶息雲開，日照巘只。妖氛廓清，沴戾銷只。我民歡呼，頌巫招只。君韜長劍，脫征袍只。終南之窟，永逍遙只。

亂曰：滔滔大海兮流古今，包羅地軸兮島嶼深。啾啾唧唧兮楓樹林，悲風蕭颯兮愁雲陰，䲭兮不來傷我心。

責圉人文

丁未之夏六月初吉，彭子校騎射於汀州之郊，持弓矢者七千人。射侯既設，武士據鞍。驪騄星馳，鼓角應節。有馬軼馳，闖及射序。將校辟易，驌所不防。持銜控制，始歸雲埒。乃召圉人責之曰：

汝司馴牧，馬欲調良。在坰之野，《詩》詠斯臧。胡來奔馺，突上我堂？輿徒森立，相顧倉皇。武夫奮袂，始挽其韁。譬如城邑，忽走豺狼。罪在虞氏，弧矢弗張。又如禾稼，忽踐牛羊。罪在牧豎，蓑笠道旁。人無貴賤，各有攸司。食焉怠事，厥咎奚辭？笞汝之背，汝過勿再。汝不知過，其戾將大。圉人泣言，既伏其罪。詰朝重莅，御馴先待。繕之柔矣，知是能改。

三山風物觚

風物奇觚與衆異，首述三山名勝地，旁羅百產諸名字，畧仿史游《急就》意。請道其章：山川一，溫泉二，五穀三，蔬蓏四，花果草木藥並載，鳥獸昆蟲及鱗介。

山川一

越王烏石與九仙，鼎峙福郡爲三山。越王名勝二十九，三十六奇烏石有。九仙之勝二十四，西旗東鼓環蒼翠。岡巒糾紛詳地誌，旁列兒孫不悉記。諸江出澗騰百派，地狹川無大澤會，東南瀛海包其外。

溫泉二

溫泉有五一在城，宣和振衣始築亭。一在城東易俗里，左右二池四竅水。湯門石槽沸二泉，縉紳休沐思當年，其一無定爲崇賢。

穀三

獻臺金州秫三稻，占城白香白芒好皆稻。大小蕎麥分晚早，菽類最多麻類少。蛾眉虎爪褐藿豇，二十二種豇最甘皆菽。

蔬蓏四

菘芥藍菠蕹蓴茄，赤白紫苦芹萵葭，鷓鴣虎栖及石花。莙薘胡荽蔔薑韮，蕪菁萊菔苦蕒偶。莧薺薯蕷蒜薤葱，海苔芋菌苜蓿同。匏壺木越蓏屬宗，南黄絲苦木甜冬皆瓜。

花五

四時之桂素心蘭，繡毬木筆及山丹。刺桐茉莉槿山樊，林檎夜合聚八仙。素馨長春風車蓮，番茶蜀柰紅金錢。雞冠鷹爪鳳尾連，玉屑羅傘寶相萱。金燈梔子老少年，麗春含笑酴醿前，美人蕉花鬭雪妍。金銀指甲黄瑞香，闍提罌粟錦竹長。魚魫紫燕鶴頂紅，水仙扁竹丁香叢。剪春羅與剪秋紗，玉簪荳蔻紫金沙。蘭有數種紫最華，珠風鶴樹歲金砂。午時蓮並漢宫燈，夜來雪柳多嘉名。

果六

荔枝橄欖橙橘桃，梅杏李棗梨葡萄，石榴林檎栗柿蕉。枇杷楊梅甘蔗菱，蓮芡茨菰落花生。金橘香櫞玉壇子，櫻桃蘋婆柰榛比，菩提之果味甘美。

木七

榕檜榴杉枏櫝樟，樸楮柏楝椿黄楊。椶櫚楓柯榆莢桑，梓橡椴槵茶桄榔，木棉烏柏欏青剛。相思楂椒羅漢松，冬青櫸柳梌樫桐。

竹八

鳳尾鶴膝桃枝竹，觀音黄金間碧玉。金絲箬葉江南秋，椶篩簕朱黄赤蔞。

藤九

丁公紫金千金藤，金剛吉豹薜荔名。石南香拏感含春，風不動，及王孫。

草十

龍芻虎杖鳳尾莖，兔耳鼠麯羊蹄輕。燈心紫貝莣吉祥，鱧腸雞腸並斷腸。水蕻蓼菅半邊蓮，茅蘆菱蕢及沙根。佛甲仙掌龍舌青，火杴獨掃蒲藻萍。

藥十一

石韋紅花何首烏，石蠶石益石昌蒲。襄荷建水赤孫施，香茅龍牙河臯茨。紫金牛，獨脚仙。雞項草，及瓊田。

鳥十二

鸛鷹鷗鵬雉竹雞，鷓鴣翡翠鶉鷺鷥。百舌布穀鵲鸝鵶，綵囊紅娘鬬畫眉。白頭翁，雪姑兒。

獸十三

猩猴鹿獺果子貍，豪豬山犬羱羊肥。鼦鼫鼯鼪鼢鼮奇，海壇龍種馬毛齊。

鱗十四

大姑黄尾金鯉鯽，石首赤鬃鯿烏鰂。鯊鯛鱗鰲鱸鱖鰳，鰣鰱鰌鰅鰶黄炙。鰻鱒鰀帶比目魞，鮎鱃斑車鯊黄雀。鱆紅白鰾鯗河豚，泥猴黄貂田瑟銀。溪斑海燕鰛疊甲，飛黄鏡耎鮎白沫。鬬潮鸚䴈鱓鯖鮧，鹿角墨斗油沙泥。蠔蛇楓葉鯪琵琶，魁姑赤白梅蘆鰕。

介十五

黿鼊蟳蠘蝌蟚蜞，江珧蚶蠣蚌蛤蜊。石帆海月蟶螆螺，車螯河蝨蜆蚙科。

蟲十六

蛇鼉石鱗蜘蛛蠅，水雞蟾蚓蜥蜴螢。蛛螋蝙蝠蟬蛣蟯，斑貓龍蝨蚊螳蜋，蠶蝶蜈蚣蜂蚋蟞。

孝傳千字文有序

余既重刊淵明《孝傳》，因仿周散騎《千字文》，箸爲韻語，中無複字。當童子入塾之初，或以此文授讀，足以開發良知。其借爲識字之助，亦無異也。

惟昔至聖，作此《孝經》。授於曾氏，今古法程。天子諸侯，卿大夫士。下逮庶人，等差辨矣。晉代陶潛，因之撰傳。往哲堪欽，囊編可按。日稽虞舜，漁澤耕山。捐階浚井，瞽瞍性頑。允諧底豫，潙汭升聞。二妃釐降，納麓賓門。唐堯遜位，稷契皆臣。光華糺縵，賡唱星雲。夏禹握符，勤勞八載。宅土濬川，成功實偉。克儉乃身，謹奉神鬼。菲食惡衣，黻冕致美。越商高宗，亦號武丁。亮陰心戚，冢宰傾聽。旁招俊乂，左右爰登。慮善以動，駜祚中興。視膳周文，近諮內豎。一日三朝，無違寒暑。發迹岐陽，召南拓宇。肇造丕基，遙承亶父。黼裳公旦，攝政明堂。禋郊假廟，秬鬯裸將。鷺飛馬縶，燎晢鈐央。七閩九貊,輻輳梯航。魯主肅雝,能詢遺訓。策命夷宮,永垂令聞。河間勵行,儼然喪服。制詔褒嘉,增封厚祿。仲尼少孤,熟薦賜腥。墓崩流涕,齋祭潔誠。杏壇設教,萬禩揚名。孟莊不改,事亡如存。徽稱吾黨,《論語》所云。考叔嘗羹,感君悔過。融洩歌詩,轉移風化。祥禫泣血,柴也雖愚。淳和導俗,涼薄蠲除。傷足色憂,卓哉樂正。膚髮全歸,戒茲由徑。孔奮真儒,品彰州里。清慎居官,獨謀甘旨。黄香幼弱,溫席扇牀。稟資敏慧,信史貽芳。江革遭亂,負母奔逃。賊來免害,挽車遊遨。廉範覆舠,父骸在抱。結綬專城,窮民惠保。汝郁五齡,覵頤識病。兄弟讓財,閨闈立敬。長蛇繞柩,殷童處廬。悲啼坐守,冥漠相扶。景仰醇修,琢磨爾室。整飭綱常,勿虧昭質。履亨夷道,遇難秉節。赫奕聲施,巍峩英傑。上追翠嫣,沿及酆京。懋膺苞籙,彪炳丹青。牛羊鼎鼐,酒醴粢盛。簫韶並奏,球玉齊鳴。敔蹲虎狀,鏞叶鯨鏗。鳳儀獸舞,畢集休徵。躬桓蒲穀,聘頫彤庭。時巡望秩,岳瀆效靈。同倫合軌,律度量衡。火龍拱己,寰海昇平。姒獲疇書,地祇率職。癸甲檋乘,庚辰嶂擘。簡畀洞庭,府藏鈞石。罔兩形圖,熊羆皮織。島卉淮珠,嶧桐畎翟。橘柚菁茅,包匭貢錫。益避箕陰,啓賢纘國。安邑勳崇,羽淵痛息。亳社浸衰,帝賚奇才。傅巖版築,舟楫鹽梅。凝旒恭默,繩木就裁。桑榮非瑞,雉雊何灾。季歷毓昌,戶翔赤雀。鐘鼓關雎,窈窕愷樂。騶御春田,物類咸若。伐密戡黎,西陲式廓。牧野麾旄,白魚踴躍。鉅橋鹿臺,龐鴻德博。櫜矢戢戈,遷都卜洛。邦甸執籩,伶工肆籥。禮義聿宣,威稜於鑠。誓礪頒璜,本支攸託。金縢植璧,禱祝元孫。伯禽受撻,輅纛屏藩。螽斯世衍,慶洽邢樊。岱東復振,彝典志敦。耆耋羞養,刑罰寬仁。騂剛介福,梟繹蒙恩。篤彼先烈,裕我後昆。炎漢王劉,珪璋馳譽。苫塊銜哀,苴麻冠素。表示潢枝,宴濃湛露。遐諏麟紱,間氣是鍾。章縫渤澥,簪笏華嵩。殯衢愴惻，陳俎雍容。勇者挾軥，諫從饋肉。見齒防譏，跬步懼辱。洗腆攄忱，滋味問欲。鋒鏑餘生，賃傭求粟。虔格蒼穹，波濤駭蜀。蘇困拯危，噓枯潤黷。親調湯藥，髻齔慕思。巨鱗曳尾，堅臥繐帷。敻乎純懿，燦著宏規。開襟尚友，窺奧得師。拖紳碩彥，佩韘羣兒。共研精意，冀闢良知。韻協壎箎，詠聯棠棣。誼重切磋，型端伉儷。任卹睦婣，鄉鄰賙濟。準放靡涯，推行有次。操約用恢，彌綸賅備。震男兌女，統繫乾坤。伏羲畫卦，皇極荄根。遵循念恪，拜獻情申。忠貞輔治，千祀留芬。

歸樸龕叢稿卷八　墓志　墓表　哀詞　誄

舅氏顧府君墓誌銘

君諱宗萃，原名惇貽，字綺霞，世爲崑山望族。九世從祖諱鼎臣，明武英殿大學士。八世祖諱潛明，監察御史。七世祖諱夢圭，明江西布政使。曾祖諱存儒，以孝行旌我朝。祖諱登仕，亳州州同。父諱世攽，貢生，授翰林院待詔，以書名。君爲待詔公第三子，生六歲而母李孺人歿，君哀毁如成人。比長，受業於同里龔淪，年二十三補崑山縣學生，有文譽。又十年而待詔公捐館舍，君營窀穸事竣，以己產之半讓兄，而自賃居於郡城之獅子林。性好吟詠，嘗謂人曰『天下事，惟讀書可樂耳』。累試秋闈不遇，處之恬然。家有義莊，日久廢弛，族人推君素行端方，主其事，子姓之給月米者皆復舊額，祠墓之荒頹者葺而新之，門以内翕如也。幼通釋典，喜持齋誦佛號，晚年得盲疾，足不出戶，色相益空。以道光十年四月十七日歿於郡城，年六十有八。子毓沅，庠生。先是，君自築生壙於新陽縣來區九圖以字圩之阡，元配潘葬焉，繼配袁亦先卒，未葬。毓沅將以道光十二年二月二十三日奉君及袁孺人柩合葬於茲原，而乞章爲文以紀之。章，君之甥也，知君行誼詳，曷敢以不文辭？銘曰：

玉山華族，代紹清芬。篤生碩彦，抱璞含淳。齎志奚悲，令德壽考。銘此幽宫，子孫是保。

歸謝氏姊墓誌銘

先府君歿後六年，而吾母江太宜人歿。時藴章生八歲，弟翊六歲，姊於同母生最先，甫九歲。長姊爲前母顧太宜人出，年及笄，未適人，共依大母錢太夫人以居。逾年，太夫人壽終，遺命以藴章屬伯父侍御公，以翊屬叔父太守公，俾教育之。時長姊將適同里汪氏，伯父徵士公暨伯母錢安人素愛之，乃往依焉。伯父侍郎公以伯母張夫人無所出，屬夫人撫吾姊爲女。我四人者以嘉慶庚申歲十二月既望遂析居。嗚呼悲矣！姊既依伯母張夫人，始猶與余兄弟同塾。後習女紅，不復出，與余閲月止一再見耳。張夫人性嚴正，躬儉約。姊稟承閨訓，居恆無紈綺之飾、脂粉之粧。比長，侍郎公以許字同里太學生謝君次子騤。太學君幼與公同受業於吴貢園先生之門，敦品行，有文采，名詳《郡志》。姊年十九適謝氏，張夫人爲治匳飾頗盛。姊于歸時，姑先歿，太學君以婦爲名門女，曉禮義，善待之。姊益矢孝敬，無間言。謝本素封，太學君秉志高雅，恥蹈世俗靡麗之習，以樸素爲家法。姊能守其訓，操井臼、奉甘旨，俾壻得專心治經史。洎壻遊於庠，試輒高等，名日起，獨應鄉舉不售，而姊未嘗以得失介意。平生以節儉自勵，亦時時舉以勗人，家雖饒，衣食粗給，無奢尚也。憶辛卯歲，余因遭妻喪，由京師假歸營葬。居一載，將復出，乃置酒於吾廬，邀兩姊來別。翼日兩姊又攜具餞余行，相與道幼時事，各泣下。余以姊年逾四十，夫婦相莊，男女婚嫁將畢，我四人中最爲多福，詎知此行卽成永訣，悲夫！姊生於乾隆辛亥八月初三日，以道光乙未八月初一日遘疾卒，享年四十有五。壻同邑增貢生謝君屺望，名騤。

子二，嘉孚，監生；嘉吉，殤。女三，長適汪治，次適程仁潞，次殤。側出子一，有庚。孫壽銘，孫女一。屺望將以道光己亥九月十一日卜葬於長洲縣一都十四圖團山濱五字圩之新阡，而屬余銘其幽。銘曰：

與子同生而異處兮，感歲月之悠悠。矧銜哀於死别兮，孰能挽滄海之奔流。已焉哉！時未艾兮壽弗將，衣裳在筐兮鐘鼓在房。玉棺一閉兮夜何長，扃空庭兮草不芳。山之曲兮水之湄，秋風獵獵兮秋葉飛。歌虞殯兮導靈旗，望故鄉兮我心悲。寫悲心兮託銘詞，鞏佳城兮千萬期。

增貢生屺望謝君墓志銘

君諱駿，姓謝氏，字季英，號屺望，又號逸圃生。先世居吴郡漁洋山之墅里村，至諱國偉者始遷郡城，爲君之曾祖。祖諱元禮。父諱希曾，太學生，布政司經歷職銜，博通經籍，好古今名人字畫碑版，爲吴中收藏家，名載《蘇州府志》。母氏沈。君爲太學君次子，三歲失恃，父愛憐之。洎成童，讀書敏悟，習舉業，文名日起。以嘉慶丁丑歲受知於學使蕭山湯敦甫侍郎，補長洲縣學生。歲科試輒居高等，四應鄉試不售，遂棄舉業，以增貢生終。君性至孝，終身以不及事母爲憾，歲時祭祀必泣下。遭父喪，哀毁骨立，葬祭竭誠。又能友于兄弟，人無間言，内行醇備。其爲人恂恂然，不矜才，不忤物，束身於規矩之中，一動一言不少苟且，古所稱潔己好脩之士，如君者殆其人也。家本素封，而自守儉約，至周人急則不吝，爲人謀必盡忠。其誠慤敦篤，宜享遐齡，不圖天不假年，而竟止於是。嗚呼悲矣！君爲文刻露清秀，力掃浮靡，尤工短篇，駸駸乎入隆、萬名家之室。顧朱絃疏越，罕遇知音，宜其落落寡合，老於明經也。書法超雋，不落恆蹊，又精岐黃之術，不輕試，試輒驗。君生於乾隆五十六年辛亥六月二十一日，以道光十九年己亥七月二十日疾歿，享年四十有九。配彭氏，卽蘊章女兄，先卒。子嘉孚，監生；嘉吉，年十二殤。女二，適士族，皆彭出也。孫壽銘，孫女一。當吾女兄之歿也，君乞余誌其墓，將葬矣，因君遘疾不果，今遺孤卜日將奉柩合葬，而復乞余言，不敢辭，乃爲銘曰：

闡先德，貽令名。守素履，安且貞。勒玄石，播芳聲。昭來許，視此銘。

亡妻徐孺人墓志銘

孺人徐氏，浙之德清人。父諱振甲，歷任江蘇長洲、江都、清河、河南涉縣知縣。孺人年十六始與余締姻，時父及所生母王孺人俱逝，長兄諱端任江南河道總督，孺人挈同母弟妹二人依焉。嘉慶己巳冬，余就婚於河督官署，明年夏，偕渡江歸。余幼失怙恃，依於伯父侍御公。比孺人來歸，則伯父先卒，惟伯母朱恭人在堂，孺人敬事如姑。恭人晚年多病，常在牀蓐，孺人奉湯藥，每至漏三四下不告勞，如是者八年。洎恭人歿，親含斂者唯余夫婦及七歲嗣孫，孺人哀痛盡禮，族黨稱之。余從兄編修遠峯公，侍御公子也，其歿於京邸也，余就婚於徐未匝月。聞訃至，卽促裝歸省伯母於家。時屆歲暮，層冰峩峩，飛雪千里，孺人不以新婚故挽留。及余復往，則已三閱月，孺人但致書慰唁伯姑，無一語促余行者，余知其能識大體矣。初，余在黌序有虛聲，怠於學，孺人輒勸勉之。嘉慶戊寅，獲舉於鄉，自是應禮部試屢見擯，遊學住京師，蓋離別之日多矣。道光丙戌，余以大挑注選教官，其明年援例改内閣中書，戊子上巳入都。比至，則已聞孺人得咯血疾，猶致書謂余年近强仕，宜努力進取，勿以爲念。余欲迎孺人北去，又病，不果行。余家世守負郭田數頃，時屢遇灾荒，又食指漸繁，孺人隻手摒擋，心力俱瘁。長子慰高出爲編修公後，孺人爲娶婦，仍延師課讀，諸兒入塾者皆督課不輟，勿煩余内顧。至庚寅冬，病益劇，時余承校館書，心懸懸而凶耗已至。嗚呼！念余與孺人將恐將懼，黽勉同心，乃聞其三年之病而遊宦不歸，竟以永訣。生相憐，死相捐，能不悲夫！孺人曉文字，勤女工，平居操作不倦，衣裳不敝不更，勤儉有過人者。編修公遺一女，自幼及笄常與孺人共事朱恭人，相得無間。當孺人在室時，撫弟妹有恩。及疾革，弟安徽黟縣令竑將謁選吏部，道出吳門，遲留不忍去三閱月，竟得視含斂。此誠孺人之弟之賢，亦孺人友愛致之也。孺人生於乾隆五十五年十一月二十一日，卒於道光十年十月十一日，年四十有一。子男七：慰高，出嗣；元夔，年十二殤；祖芬、祖賢、祖彝、來高、柱高。女子三。孺人歿之明年，余假歸，遂以十二月二十二日卜葬於長洲縣九都二十四圖生字圩之壤，并自塋生壙，而系之銘曰：

白楊灣側兮，海湧峯旁。高原十畝兮，花木成行。是名瘠土兮，不殖稻粱。卜云其吉兮，人無我殃。百齡易逝兮，從汝歸藏。

元夔墓甎几銘

竹西墨客葬其子元夔於先塋之北丙舍之東百步，封樹既畢，乃造甎几於墓，俾後人無忘歲時，因泐銘焉。其辭曰：

彭氏子，字韶成。生陽月，歲壬申。蓂七葉，時加寅。授《大學》，誦《孝經》。折右股，甫六齡。倍厥數，長埋形。紀生年，終一星。在且月，己未辰。招不返，懟所生。窆桐棺，勒斯銘。嗟童子，知識清。志缺缺，魂冥冥。藐五尺，完天真。殤非殤，彭非彭。億萬劫，同埃塵。竹西客，長洲人。爲人父，禮不名。慮無徵，書弟兄。方石闕，記用緡。

安徽貴池縣知縣盧君墓志銘代

君諱元璨，字蘊山，號湘艖。先世有諱宣者，仕宋爲鹽鐵使，南渡，家於吴，世有休問。祖駿聲，府庠優廩生，以君官贈如制。父念昔，妣氏袁，以君及孫毓嵩官累贈如制。君幼而明敏，器識過人。年十九入吴庠，試輒冠其曹，食餼焉。累應鄉舉，薦而復遺，益肆力爲古文辭，博學無所不覽。尤工章奏書記，數千言援筆立就，悉中窾要，一時士大夫交口推服，名公卿之來東南者厚幣禮於其廬。於是南遊粤海，北涉灤河，轉移十載間，所居幕府，莫不傾心碩畫，嘉納讜言，而福文襄尤重君。

君先以乾隆五十三年受知於學使沈雲椒先生，充拔貢生。明年秋，屆督撫學政彙考之期，文襄以君佐戎幄，奏請入冬補試，得旨俞允，士林榮之。又明年應朝考，分發州倅，赴皖，檄署池州府通判、徽州府同知，丁父憂，起署寧國府通判。時川楚苗匪未平，皖省慮徵調不時，設軍需局，以君任其事。不逾月而羽檄飛馳，從容應付，上官能之，借補懷寧縣丞，又署廬江、績溪兩縣及池州府同知事。池濱大江，川楚餘匪竄散入江，劫行旅爲患，君督率弁兵偵獲，置諸法，患遂弭。嘉慶四年平川楚，撤軍需局，勾稽支放白金二十餘萬兩，無纖毫私濫，遂膺計典，擢桐城縣知縣。桐故多積案，釐結千餘件，稱神明焉。因病解任，逾年報痊，補天長縣知縣。淮漲告灾，據實陳上官，繪圖入奏，給一月口糧。君親履支放，吏胥不得爲姦，民沾實惠。逾年調貴池，君以母年高不欲任繁劇，遂乞終養。免喪，出署太湖、建平兩縣事，坐補貴池。君躬任勞瘁，諸務畢舉，以城隍圮壞，詳請鳩工，并城中堞樓一臻完固。又以齊山隄傾剝有年，遇江水至輒漫隄而上，行人苦之，乃捐俸加築，栽柳千株以固其根，至今稱盧公隄。於九華門外建大橋，修郡城節婦祠，邑人戴德。嘉慶二十五年春，引疾乞休，士民攀留，不果行，以九月二十日卒於貴池。

於虖！君之才而位止於是，宜以不盡展長爲君惜，然君所裕於平居之學識，出言以引重當時，而裨國計民生者大矣，豈以區區職守限哉？當文襄之平黎、阮也，勦與撫，人持異說，君言於衆中曰：『南交瘠薄，取其地不足以資中國，且欲搗覆其巢，則濱海諸邊不可以無備。今舟師之出南關者少則萬人，抵其清化、中山而後宣光小鎮，安無憂矣。遊兵之巡海者少亦萬人，截其逋逃之路而後欽州、崖州無憂矣。徵發不下二萬，而又三時瘴毒，我師之出必屆沍寒，一舉不勝，坐待來年，曠日持久，勞費不支。朝廷中外一家，黎、阮皆吾民也，黎弱扶之，阮降受之，於國體何損？』文襄然其言，安南降，遂撤兵。稼門汪公之撫吳也，嘗以蘇太屬四邑漕糧全行豁免，慮京倉缺乏，奉旨籌議。或議緩賦而徵漕矣，以君言動碾常平倉穀北運，成熟均年糴補入，奏准行，始息徵漕之議。《傳》曰『仁人之言其利溥』，不其然歟？宜其終享遐齡以迪後人也。

君生於乾隆十七年二月二十三日，春秋六十有九。歷官三十年，以功最加三級，紀錄八次，以毓嵩官封奉政大夫、戶部雲南司主事，加二級。娶張，贈宜人，先卒。毓嵩，其所出子，由嘉慶庚辰進士授今職。慶飴、慶榴俱側室出。女二，嫡出者一，適庠生彭蘊楷；側出者一。孫承露，孫女二。墓在葑門外黃石橋之原先塋之穆，張宜人先窆焉。銘曰：

有矩其行，而富於文辭。有謇其言，而效於當時。以休我王師，拯彼羣黎。克施有政，惟爾民是宜。藉裀以恤，强魋以夷。獄訟以平，軍旅以支。昔時瓦礫，今墉今陴。昔時汗漫，今梁今隄。不惟保障，風俗攸齊。民之父母微斯人，吾誰與歸？

文林郎改亭朱府君墓表

君朱氏，諱宏基，字開承，號改亭。先世歙人，有諱某者，明季避地來蘇，生文埕，爲君曾祖，有隱德，享遐齡。祖諱藻，父諱明德，母氏戈。君少敏悟，攻詩書，年十四遭父母喪，依舅氏居。叔聖儀無子，以君兼祧焉。家貧，遂棄舉業，習貨殖以自贍，而諸兄構訟不休，君乃讓宅於兄，自遷他所。其後諸兄皆困，君推解不倦，養生送死，一身任之。洎中年家漸饒，清釐先世墓地，歲時祭掃，賙恤族黨，旁及故交，有告急，無弗應者。平居喜誦先儒格言，雅善鼓琴，與交遊者皆鄉之耆儒宿學。德性和平，能容人過。嘗有穿窬入室，視之則鄰家子也，與之金，勸其改悔，終身不言其姓名。君之存心忠厚，大率類此。卒於乾隆壬寅年三月二十一日，春秋五十有九。道光八年以子應潮官勅贈文林郎、安徽桐城縣教諭。元配馬早卒，繼配張，左中允書勳妹，素習儉勤，克循婦道。洎君歿，又能教子成名，以承君志，宜其終享高年，茂膺多祉也。藴章幼失怙恃，依於伯父侍御公。伯母朱恭人，太孺人女也，因知贈公有君子之行，而太孺人憫憐孤弱，垂愛拳拳，尤所永矢不忘者。卒於嘉慶甲戌年十月初二日，壽七十有七，敕封太孺人。子應潮，乾隆乙卯舉人，歷任安徽亳州學正，桐城縣教諭；觀瀾，監生，皆太孺人出。孫逢慶，庠生；錫壽，監生。逢慶所生母早卒，幼撫於太孺人，追維懿行，乞言於余。不獲辭，乃爲文表墓，而系以銘曰：

韋齋之裔，由歙遷吴。四傳至君，廉讓是居。其風則俠，其行則儒。詒謀式穀，澤以詩書。型于嘉偶，令德非孤。克寬克惠，潤髖噓枯。童孫繼志，永念勤劬。爰書實行，金石不渝。

御史盧君哀詞并序

君諱毓嵩，號立峯，蘇之元和人，與余家姻舊。余少應童子試，嘗與君偕，洎試鄉闈同舉，又同上春官。嘉慶庚辰，君成進士，授户部主事。及道光丙戌，余試春官，假館於君，寓户部。有捐納房司其事者，例由上官預記其名，依次充補。君當補，爲後一人所越，而以君揀發東河工次學習。未幾捐納房舞弊案發，越補者坐罷，而君獨免。君在工二年，例以同知用，弗樂就，還戶部充倉監督。任滿資深，始遷員外郎，擢監察御史。辛丑分校禮闈，得士龍啓瑞等若干人。壬寅正月十一日卒，年五十有三，哀之曰：

吶吶其言而富於文章，踽踽其行而登於廟廊。嗤捷徑之窘步兮，君獨履乎康莊。謂是天之所佑兮，胡年壽之弗將？慨大造兮茫茫，叩九閽兮難訟。既勤學而多材兮，又遇時而不顯於用。溯髫齔之居遊兮，念舟車之與共。君先我而大覺兮，嘆余生之若夢。心銜哀而莫訴兮，奠椒酒而陳詞。望故鄉於天末兮，魂髣髴其言歸。

刑部主事馬君哀詞并序

君諱學易，號吉人，蘇之長洲人。道光壬辰，禮部試第一，授刑部主事。君爲人慷慨好義，勇往任事。京中有長元吳會館，余司其事。因直樞廷，城居日少弗暇顧，遂邀君相助。君經紀其事，秩然就理。余嘗募同鄉之在外者捐貲增建館中屋宇，君庀其事，工蕆而歿，時道光癸卯七月，或傳君爲順天貢院土神云。哀之曰：

惟君倜儻之資，忠信之質。見義必爲，勇往無匹。扶輪大雅之才，摛藻天庭之筆。進無所用其文章兮，勉趨衙而讀律。十年郎署兮，驥服鹽車。苦吟一卷兮，獨飲一壺。如梅之瘦兮，如鶴之癯。惟滂沛其言論兮，神不足而氣有餘。知外强之不可久兮，喟日月之不居。當盛年而中謝兮，曷以慰白髮之倚閭？嗟人生有大覺兮，如水之赴歸墟。順陰陽之闔闢兮，亦何論乎疾徐。逝者冥冥兮生者欷歔，歿而爲神兮其信然乎吁！

通政曹公哀詞并序

公諱恩濙，號鼎泉，安徽歙縣人。尚書文敏公孫，太傅大學士文正公子也。爲人謹飭，居家儉樸，克守素風。幼勤於學，屢試京兆不售，以父勞，蒙恩賜舉人。再試禮部，尋因兄卒，特恩移廕刑部郎中。洎太傅卒，復擢授四品卿。服闋起，補鴻臚寺卿，洊升通政使司通政使。道光二十四年三月二十六日卒於位，年四十有六。公爲余從妹壻，與余交厚，哀之曰：

惟韋平之貴胄兮，毓克家之世臣。誦鯉庭之彝訓兮，服仁義而書紳。承堯廷之延賞兮，荷三錫之殊恩。擢銀臺之峻秩，俾致身於青雲。將棟梁兮是任，酬輔弼之元勛。胡修齡兮弗劭，繁霜隕乎陽春。憶棄藐孤之無識兮，慟嘉偶之如賓。骨肉悲而腸斷，朋儕泣而聲吞。嗟茫茫兮天道，欲上叩兮紫閽。弱齡而岐嶷兮，結絲蘿之良因。余既長而蠖落兮，抗九陌之黄塵。嗟雪來兮柳往，感他鄉之苦辛。數晨星之故舊，君獨與我乎相親。洎中年而筮仕兮，欣接迹乎金門。被九重之渥洽兮，揚世德之清芬。謂修途其未艾兮，永夙夜之劬勤。曾崇朝而揮手兮，哀一逝而離羣。竟齎志以沒地兮，從隨武乎九原。搴繐帷而雪涕兮，招不返乎君魂。摛余懷之結轖兮，寫幽怨於斯文。

宋穉宣哀詞有序

宋氏子景宣，字穉宣，蘇之元和人，泰州教官翔鳳子，嘗以文字就正於余。幼承家訓，謹厚好學，甫逾弱冠，以應試卒於京師。哀其質美而無年也，弔之曰：

葑溪之宋多聞人，汝年最少謹且醇。從余考古兼論文，幾年講貫情相親。一朝奄忽命不辰，遺書盈篋委埃塵。天涯含斂親朋少，孤櫬還鄉嗟遠道。噫！吾謂汝有成兮，而天使汝夭。占素履兮無愆，等彭殤之遲早。返大樸於鴻鈞兮，奚羨乎罔生之壽考。

嚴介堂哀詞有序

介堂諱寅，蘇之長洲人。幼失學，年十四始讀四子書，三十遊於庠。志行高潔，無意進取。苦吟郊、島之詩，善學歐、虞之字，旁及斯、冰篆法，荊、關畫意，皆能陟其堂奧，見重於時。卒年七十有一。余與君自應童子試相識後，從君討論篆書畫法，稱莫逆交。老成凋謝，黯然神傷，作詞以哀之曰：

翳君平之苗裔兮，邈希世之高蹤。薄榮名而不繫兮，守澹泊之淵衷。耕硯田以食力兮，寫磊落之心胷。憶弱齡而結契兮，每染翰以相從。詫新吟之無匹，歎墨妙兮何工。迓徐穉而下榻兮，盤桓乎一畝之宮。喟歡蹤之不再，悵離别兮倥傯。折嶺梅兮遥贈，猶雁帛之常通。悔乘軺兮南去，慳一笑兮相逢。忽巫陽兮下召，歸曼卿兮芙蓉。失枌榆之老友兮，感吾生之飄蓬。緬遺型於黄髮兮，欽石隱之高風。望蘇臺兮雪涕，恨峻嶺兮千重。奠椒漿其莫致兮，寄哀思以無窮。

錢載川誄有序

載川諱欽浩，太倉州人，爲余姑之子也。父象武先生早卒，遺腹生欽浩，母氏教育之。年十四遭母喪，哀毁如成人，事祖盡孝，内行醇備。弱冠補邑庠生，文譽日起，好讀先儒語録，服膺朱子《小學》、王少湖先生《俟後編》。家非饒而能節儉，時以其餘恤饑寒，里中稱善人。生於乾隆癸丑，卒年三十有四，誄曰：

慥慥其行，惺惺其心。醇修實學，不忝儒林。上溯濂閩，古訓是式。孝弟慈祥，君之懿德。弱齡孤露，與我同悲。中年摧折，九族戲欷。君命弗延，君宜有後。子孫繩繩，家風克守。

節孝沈孺人誄有序

孺人爲余伯祖學士鏡瀾公側室。公殁，孺人年十九，無子女，而能矢志從一，爲人所難。居宅東小樓，家人稱爲東樓太君。道光元年膺旌門之典，又六年卒，春秋五十有五。誄曰：

幼不聞詩書之訓，長能砥節守身。既邀榮於綽楔兮，宜褒號曰孺人。喪所天兮猶弱小，詠《柏舟》兮憂傷老，不遇疾風兮安知勁草。皎皎其行兮嗃嗃其言，家人吉兮悔厲先。樓迎朝旭兮幾春秋，遺徽云杳兮令聞常留。

歸樸龕叢稿卷九

行述狀　傳　祭文　壽序

伯母朱恭人行述

恭人朱氏，父改亭公，諱宏基，以子應潮官贈修職郎、安徽亳州學正。母張，贈孺人。世居吴西郭外之楓橋。恭人年十九來歸，爲我伯父侍御公繼配。於時大母錢太夫人在堂，前出子藴輝生甫四歲。恭人事太夫人有禮，撫子有恩，門以内雍如也。逾年侍御公領癸卯鄉薦，又四年丁未成進士，入兵部，由主事員外郎郎中累遷御史。恭人隨至京師，經理家務，一不以瑣屑事關侍御。已而藴輝踵起，以戊午領鄉薦，明年己未成進士，入詞林。蓋自戊申至京師，其間十二年爲恭人一生順境云。

後一年，侍御公乞假還省大母錢太夫人疾，恭人亦隨到家，視湯藥者三閱月。而錢太夫人棄養，送終儀物，恭人必誠必信，勿使有憾，宗黨稱焉。比服闋，侍御公無意復出，居鄉好施，恭人實左右之。丙寅公遘疾，歿於家，疾亟時恭人叩天籲禱，願以身代。及公歿，誓以身殉。雖頻遇救解，然自此抑鬱成疾，常在牀蓐矣。公既歿之三年，藴輝以編修卒於京師，逾月而遺孤慰祖殤，又五月藴輝繼娶吴扶柩還，抵袁江併歿，先後訃至。恭人痛侍御公之無後也，求死者屢，繼又念似續無人，勉留有待。藴章少失父母，伯父母實撫育之。及是已娶婦，明年生子慰高，恭人不勝喜，命抱以爲藴輝後。先是侍御公與元配陶恭人合葬於穹窿之善人橋，蘊輝前配金別葬吴山，形家均言不吉。恭人乃卜地支硎之西隆池，以辛未十二月奉侍御公與陶恭人遷葬主穴，以蘊輝暨前配金、續配吴祔於穆位。蘊輝有遺女淑英，幼依恭人，後適今甘肅布政使商城程公國仁之子家潁。甲戌冬，家潁來婚，恭人愛之猶孫也。未二載家潁夭亡，淑英扶柩往侍其舅姑，恭人哭而送之，悲不自勝。由冬至春，病益劇，以丁丑四月二十一日端坐而逝。

恭人仁慈尚禮，深非世俗涼薄之行。居侍御公喪三年不矧，祭祀必泣下。在室時，父改亭公疾亟，封股以進。其後聞母張孺人訃，號慟奔歸，髮不及櫛，至性有過人者。嘗自謂女流不知外事，自侍御公歿，每事必諮於伯父秋岳公，然後敢行。自奉儉約，而饋遺戚黨必從厚，有告急無弗應者。遇婢媪寬，偶任勞苦，噢咻之如不及。居恆閉一室，焚香禮佛號，雖疾病不少懈。工楷書，所寫内典不下數百卷，所刊印諸善書無慮數千卷。其他修廟宇，造佛像，建醮修齋，布施不倦，冬施棉衣，夏施藥茶，朔望放生，歲暮濟急，不勝書。嘗肩輿過圮橋，見盲者墮橋下，心惻然，急命工修之。里中有羅雀者，與之金，令改業，羅者感，毁其具而去。持殺戒既久，不食雞鶩，魚方別孕則弗烹，蟲螘草木弗踐弗折也。烏虖！以恭人之存心忠厚，謂宜食報於將來。何意札喪瘥癘相仍，遭罹荼毒十餘年，迫於衰暮，不及俟慰高之成立而稍慰其苦心，冥冥者其可知耶？其不可知耶？

恭人生於乾隆甲申六月二十日，享年五十有四。累遇覃恩，由宜人晉封恭人。蘊輝，翰林院編修，前卒。孫崧高、慰祖俱殤，今以蘊章子慰高後蘊輝，實爲恭人承重孫。蘊章蒙恭人教育垂二十年，覆翼之恩等於生我。雖以慰高爲恭人嗣孫，年甫七齡，懵未有知，大懼恭人生平嘉言懿行久而就湮，則有善弗稱，誰執其咎？故謹述大概，俾慰高長而服念，庶幾流傳世世，勿忘勿斁云。

先妣江宜人行述

嗚呼！吾母生丁荼苦，年止三十三而從府君於地下，不及俟不肖等之成立，清夜悲思，百身莫贖。方吾母之歿也，不肖蘊章年八歲，弟翊年六歲。音容笑貌猶能記憶一二者，蘊章也，翊更不省矣。蘊章自握管爲文，每思追述梗概，自顧譾劣，慮不足傳吾母之彷彿，蓄於心者又十年矣。日月不居，由丁逮壯，學不能文，舉不成名，無可待也。大懼一旦填溝壑，而吾母之苦行不傳，不肖死不瞑目，爰就記憶所及，謹次成狀，俟乞言於表幽之君子焉。

吾母姓江氏，世居吳郡。外祖考慕邨公諱仁，例贈修職郎、陝西候補縣丞。外祖妣朱孺人，生女子二，吾母其仲也。幼習詩，工書及女紅事，歸吾父爲繼配，生一女及不肖蘊章。逾年而府君歿，遺腹生翊。前母顧宜人遺二女，及是又喪其次。方吾母煢煢衰絰，惟伯姊實在左右，其餘孩提襁褓尚勞顧復，而誰知吾母之悲者？又以大母錢太夫人哭府君慟，終不敢流淚於大母之前，吾母《述哀詩》嘗自言之矣。詩曰：『蓤庭侍疾藥初嘗，百卷金經保壽康。割股於今懷孝子，高堂那不鬢絲霜。』又曰：『隔年手澤看猶新，虛幌低垂硯積塵。未卜兒曹知護惜，一編遺稿舊精神。』嗚呼！是心聲也。

聞吾母爲諸姑言兒女衆，他時婚嫁艱，不得不自刻苦。既持長齋，每食以菜蔬自給，以肥甘飼不肖等，量口計錢，出入必有注記。及病且篤，伯舅客帆公來視，見之嘆曰：『何自苦乃爾耶？』又嘗手製衣裳帷被，不假縫人，歿之年爲不肖製半臂一領，比成童猶時時服之。噢咻不肖等飲食，寒暖纖悉畢周，讀書則不稍姑貸。每出塾，有餘晷，必更授數行，夜分溫誦或講說聖賢故事。寒燈一穗，白粥半甌，疊疊諄諄，言猶在耳。嗚呼！吾母之辛勤教養，冀不肖等有一日之成立以慰府君於泉壤者，蓋心力於是憊矣。素有肝疾，疾作，不求醫治。太夫人聞呻吟聲，遣問，則減其狀以對。己未正月，將歸寧外祖母朱孺人，於家晨起，同雲匝天，侍嫗曰：『天將雪，盍明日往乎？』母堅往，蓋自是與外祖母永訣矣。還，病日劇，以二月初五日卯時長逝。太夫人臥病，撫牀痛哭，不肖懵然頑穉，而烏識所以喪吾母者，嗚呼痛哉！

吾母自言幼時有媪來，指謂家人曰：『是有夙根，善視之，恐不能久也。』言訖遂去。故常自以爲不壽，由後思之，彼媪者豈果神仙中人耶？胡不幸而其言之驗也？吾母既修淨土，誦《阿彌陀經》，并稱禮佛號，日有課程。有《回向詩》云：『不生天亦不生人，願力唯憑一念真。離卻娑婆汙濁世，池蓮開處樂長春。』又云：『無量光中無障礙，迦陵常出好音聲。此時自得無生樂，回入娑婆度衆生。』又頂禮《西方公據》畢，誌以一絕云：『專修淨業圓成後，到處蓮花腳下開。感得彌陀親授記，一聲接引佛西來。』嗚呼！讀吾母之詩，其視死生如去來，非發於至性之真誠悱惻，何以及此？猶憶歿前一年，挈不肖上冢，徘徊涕泣，曰：『以後汝自來耳。』然則吾母其先知耶？

吾母謹於禮而訥於言，秉性慈惠，蜎蠕之細，戒勿傷也。人謂吾母篤心苦行蹇於前，當必亨於後，孰知夫艱難之歲月，猶且不能少留如此也。母歿之明年，太夫人歿，不肖等男女四人分依伯叔父母以居，並飲食教誨以迄於嫁娶。今不肖等美食暖衣矣，回憶吾母當日之辛勤，其何以自安耶？嗚呼痛哉！不肖早遘憫凶，凡所見聞率皆瑣細。其他嘉言懿行，非孩稚所能知者，概不得而稱矣。

母生於乾隆丁亥九月初四日，嘉慶四年恭遇覃恩，叔父葦間公以本身官階貤贈府君奉政大夫禮部祠祭司主事，加二級，前母暨吾母皆受宜人。贈初府君葬顧宜人於堯峯西麓月字圩之阡，府君及吾母卒，先後合葬，而以顧宜人出之仲姊祔焉。不肖藴章，嘉慶戊寅舉人。翊，監生。伯姊適元庠生汪澐叔，姊適長庠生謝騤。孫男四人，長慰高出嗣，次元夔、次祖芬、次祖賢，俱藴章出。孫女五，藴章出者二，翊出者三。嘉慶庚辰六月，不肖男藴章泣述。

從兄編修公行狀

余兄編修公之歿也，其座師今予告大學士儀徵阮公既爲誌其墓矣。顧誌墓詞畧，不可無行狀以詳之。憶余幼失怙恃，九齡依於伯父侍御公。公視余如子，兄之愛余亦無異同生也。乃未幾而伯父歿，兄又繼之。骨肉顛沛未有如余之甚者，追維往事，未嘗不盡然神傷。今自兄歿後三十六年，余長子之爲兄後者已舉於鄉，長孫將成童，而余年亦垂老矣。設一旦從先人於地下，則更無人知兄生平梗概而稱道之者，其何以示後？乃爲之狀以垂家乘曰：

公諱藴輝，字葆真，又字璞巖，號遠峯，一號蘧生，爲余伯父侍御公子。伯母氏陶，育兄五十日而卒，繼伯母氏朱。兄幼讀書資性魯鈍，塾師輒督責之。及學爲文，則穎悟絶倫。侍御公延同里陳柏亭先生超曾爲之師，居二年，盡得其祕。年十七援例入大學，應京兆試。既膺房薦，越三年爲嘉慶戊午科，遂中順天榜第二名。己未成進士，殿試二甲，朝考入選改庶吉士，學習國書。其明年，伯父假歸省親，兄從焉，旋遭祖母喪。是冬十二月入都，辛酉散館，名列一等，授職編修。兄入都後，原配金歿於家，是秋假歸，居一載，續娶於吴，爲協揆錢塘諱瓚公女。兄往就婚時，協揆任江南河道總督，後移任河東河道總督，兄亦往依焉。歲丙寅春，入都供職。是秋侍御公歿於家，奔喪歸，其明年三月葬公於穹窿山善人橋之阡，八月奉母往杭州雲栖，設水陸道場追薦侍御公。比還，仍往依協揆於東河督署，並主講任城書院。服闋後由濟赴都，充文穎館協修。歲己巳，恭逢仁宗皇帝五旬萬壽，恭進詩册，蒙恩賞賚。是夏南書房乏人，命擇翰林學優者試之，欽取一等四人，卽召入直；二等四人，兄名居首，復蒙賞賚。兄本好道家言，戒殺放生，持齋之日居多。又性勇往任事，不辭勞瘁，得咯血疾。至是復以詞章之學耗其精神，遂以十二月初九日歿於京邸，年三十一。列翰林十載，供職不及三年，未嘗與大考及考試差也。

兄歿後未幾，孤子慰祖殤。其明年七月，繼配吴歿於其父江南河督官署。當兄之歿也，余壻於徐未匝月，居妻兄宫保公端副河督署。聞訃，急歸省伯母朱恭人於家，至則伯母已臥病在牀，因侍湯藥，閲兩月始復往。時協揆公已遣人迎余兄柩於京，而别遣人先迎嫂至。嫂留協揆公署以待柩至，而命余挈婦先歸以侍伯母。余抵家後，復獨往視嫂，嫂亦病，無復生理，旋卒。至是冬，兄與嫂之柩始同歸里，皆協揆公爲之措置也。其明年，余長子生，族人議以爲兄後。朱恭人乃改卜吉地於支硎山西隆池之壤，遷葬侍御公、陶恭人，并自營生壙，而以兄與二嫂祔焉。

兄素行端謹，善事繼母，家無間言。處事通敏，又時有豪俠氣，所交惟脩身行善之士，引爲同志，餘皆落落弗措意也。少勤於學，精猛過人。舉鄉時年甫二十，讀其闈作者輒疑爲宿學，蓋其文從先輩名家陶鎔而出，精心結撰，不落恆蹊，其視流輩作，大都弗慊於心也。嘗見余遇事舒緩，爲學懈怠，砭之曰：『凡人於當辦事須立辦之，遲則前事未了後事復起，必有廢事矣。』又曰：『程子講讀《論語》，「未讀時是此等人，讀了後只是此等人，便是不曾讀」，讀古人文亦然。』余年十五應童子試不售，兄欲爲納粟應京兆試。余曰：『弟文見擯於童試，安望鄉薦？況祭掃無人，不如居家仍應童試。』兄以爲然，弗强也。丁卯家居，每教余作文之法，授以《夏小正》、《逸周書》、《竹書紀年》、《路史》、《白虎通》諸書，使誦習焉。臨別時舉伯父詩稿，命余收藏，卽今所傳《簡緣詩草》也。余家世有任恤之行，兄有志承先。其在袁浦，嘗因水災散金濟饑，復勸協揆公爲之，全活甚衆。在京亦有施衣、施藥等善舉。刊《道藏經》，築呂祖廟於德清山中，費各數千金弗惜。嗚呼！以兄之賢且才而又遇於時，乃天不假年以光門祚，誠不幸也。俯仰今昔，能不悲哉？

兄生於乾隆己亥年十二月初二日，嘉慶己巳恭遇覃恩，授奉直大夫、翰林院編修，加三級。元配金，同郡吳江人，尚書文簡公孫女，內閣侍讀諱芝原公女，溫淑儉勤，事姑惟謹，卒年二十四，贈宜人。繼配吳，慈祥爽直，待人有恩，封宜人，卒年二十六。金出子一，吳出子二，皆殤。金出女一，適商城程鶴樵中丞子家潁；吳出女一，殤。嗣子慰高，道光癸卯舉人。孫翰孫、巖孫。道光二十五年四月，弟蘊章謹狀。

歸蔣氏姑小傳

祖考贈榮禄公生女子四人，姑居其三。榮禄公早世，祖妣錢太夫人維持門戶，婚嫁男女。姑適同里候選訓導蔣君諱世駿。蔣本世族，姑能式禮承教，敬事舅姑，和於妯娌，族黨稱賢。訓導君早卒，有妾某氏生一女，姑善撫之。妾亦矢志無二，相與誦佛號、究內典，垂二十年無間言。余家雖非素封，以累世受禄，常出其餘以施濟鄰里。從祖二林公所行善事最廣，又教人專修淨土，閨中被其化者，余伯母瓊樓陶恭人其尤著者也。姑在室時卽慕二林之風，及稱未亡人，益苦志持常齋，竭力施濟，教孤子攻詩書、守家訓，以承先澤。生於乾隆己丑年，卒於道光乙酉六月二十三日。子泰均，元庠生。

歸錢氏姑小傳

姑生二歲而祖考榮禄公歿，祖妣錢太夫人躬親操作，婚嫁男女。姑適太倉錢君象武，卽太夫人從子也。甫一載，象武君早世，姑誓以身殉，以上有舅姑且有身，勉留有待。及產得男，始慨然以撫孤自任，不復萌殉夫志。錢本寒素，姑執筐績爲婢媪先，上奉甘旨，下畜孤兒。揞拄十餘年，家漸饒，延師課子，督責不恕。嘉慶丙寅九月，余伯父侍御公歿，姑挈子欽浩來會喪。欽浩忽患病甚劇，姑焚香籲天曰：『未亡人可死，毋絕錢氏一線也。』未幾欽浩病瘳，姑驟病而歿。生於乾隆辛卯，卒時年三十六，守節十四年。請於朝，得旌如制。後欽浩遊庠，克守遺訓，踐履篤實，里中稱善人，年三十四卒。今其子復有聲黌序，姑之遺澤長也。

沈師竹小傳

師竹沈氏諱林，字安雲，師竹其號也，世爲蘇之元和人。祖心伯爲名醫，以字行。父諱文英，早卒，母陸氏。師竹既少孤，長兄安伯世其祖業以贍其家。師竹孝於母，敬於兄，門内雍如。嘗就予家塾，與予同受業於袁韻亭先生。余幼承家訓，戒濫交，謝徵逐，時年十五，里中少年無一相識者。得師竹朝夕遊處，甚喜，共几席者二年，每篝燈夜誦輒至聞雞，應童子試必偕。予先遊庠，後三年師竹乃受知於學使諸城劉文恭公，時年二十三矣。癸酉七月二十日以瘵疾卒，年二十五。師竹爲人循謹篤實，勤苦嚮學。楷書宗率更，雖少年，蒼勁若老宿。生平無浮薄之情、矜誇之氣，端人也。嗚呼！以君之賢且才，使天假之年，當必有表見於世，遽以夭折，爲可痛矣！君歿後，配閔氏守志撫孤，後君二十一年卒，合葬於葑門外顧村橋。憶辛卯歲，余乞假旋里，過安伯門，見一蒼頭猶嘗負笈從師竹者。今閱十五年再過里門，安伯已歿，師竹之子毓崧亦逝，僅存幼孫德基，而應門蒼頭亦不復見矣。追維童年儕輩，不獨其人已杳，即其後嗣亦漸零落，能不慨然？嗚呼！善人無祿，天道難知，冀其孫能紹述焉。

杜拙齋傳

杜厚字載焉，蘇之元和人。以孝友聞於閭里，不治章句學，獨優游翰墨以終，吳中人士無不知君之名。爲人靜默寡言笑，與人交恂恂自下。有嗜古癖，習漢隸書三十餘年，蒼勁有法，人多宗之。與余兄弟友善。余嘗作《詠花十八生圖》，以君年最高且品節孤峻，宜詠菊。君詩云：『曠兮宇宙間，物各有本性。草木稟靈秀，敷華衒明靚。唯此耐懍霜，淡然心不競。耽幽誰云傲，賦色得其正。秋風厲南山，埽盪寒空淨。百卉謝枝葉，奇芬獨內孕。眷言知者希，千古一陶令。願當葆真素，晚節完堅勁。』詩品蓋在王、孟間。然平生不多作，偶有得，輒棄去，故世亦無傳焉，其意趣有可想見者。所居借月樓湫隘近市，乃卜地改築，面南園，帶葑水，郭西諸山蒼翠入几席間。因悉貯平生所嗜碑版書籍，而嘯歌其中，飄飄乎有憑虛之想焉。甫一載，遘疾而歿，年五十有六。

贊曰：《易》筮幽人，坦坦貞吉。豹隱鴻飛，大巧若拙。吉金樂石，好古多聞。孔門游藝，據德依仁。偉長五車，元龍百尺。願爾後昆，保茲手澤。重親致孝，門內蒸蒸。施於孫子，祖武是繩。

江春巖傳

江映鋆字靜涵，號春巖，吳縣人，爲余外祖慕村公諱仁家孫，伯舅客帆公諱廷訓長子也。其先有諱雲者，以孝行旌於朝，三傳至客帆公，教子讀書。君年二十遊於庠，又十三年始食餼焉。每試輒居高等，獨不得志於鄉闈，以歲貢生終。君內行醇備盡孝，於親母錢孺人卒哀毁盡禮。客帆公晚年失明，君既無兄弟，獨與其婦左右服勞垂二十年，筆耕以奉甘旨，門內雍如也。及遭父喪，入山營葬地，歸途遘疾，失足仆地，比至家，遂卒。時道光十五年三月初八日，年五十有二。配李氏，無子，以從弟文鳳子湜爲後。君所爲應舉文，氣清詞華，理法周密，里中後進多從之遊。詩學唐人，尤工琢句，存者若干首，又詩餘若干闋。平生交遊唯同里胡實甫希周、林慎齋衍源、沈雩門沂曾落落數人而已。余與君遊處最久，未嘗聞君言人過失，惟汲汲稱人之善。君之詩詞實足出而問世，顧常韜晦，不輕示人。嗚呼！以君之行求之古人中，當爲有道之士，況近世耶？歿之明年，鄉人重君行誼，請於有司，祀吾郡敦行祠，名副其實也。

讚曰：孝子之門，篤生端士。不忝純修，世濟其美。啜菽盡歡，緼袍匪恥。惟心之亨，惟命之否。坦坦何疑，貞其素履。敦行之祠，馨香梓里。令聞無窮，君死不死。式闡芳徽，以當銘誄。

程小棠小傳

小棠，程氏，諱家穎，河南光州商城人。父諱國仁，由翰林歷官刑部侍郎，浙江、山東、貴州巡撫，小棠其第四子，母洪夫人尤愛憐之。余兄編修公與巡撫同年進士，友善，遂以女訂姻焉。未幾兄歿，嫂吴宜人亦逝，惟余伯母朱恭人在堂。恭人晚歲骨肉凋零，愛女孫不忍遠離，乃招壻就婚，延師課之。小棠至余家時年十七，思其父母，歲時必具衣冠望北遥拜，甚至泣下。余憫其孝，而以伯母挽留，無術使之歸也。逾年小棠乃獨歸省親，未幾復至，又逾年患瘧驟亡，年止十九，時嘉慶丙子六月二十八日也。君歿時，巡撫公陳臬山左，使人迎其柩，而余從女亦隨之歸。迄今道光丙午，君之歿三十年矣，余從女守節例得旌於朝矣。回思當日遊處之樂、死喪之哀，歷歷皆在目前，而不覺歲月之長如此也，能不感慨係之哉？小棠好古人書畫，與余有同嗜，又善鼓琴。每與余談文字，披縑素，焚香啜茗，操琴一曲，意致洒如也。又嘗偕余兄弟及客數人遍探天平、靈巖諸勝，自謂不負姑蘇作客。自君歿後，余益寡歡。其明年春，嘗獨往山中居七日，遍尋諸山蘭若，觀數百年古梅，遊香雪海，泛舟太湖，登石樓、石壁，得詩數十首以歸，而悲君之弗與共也。今君歸葬商城，墓木已拱，而余亦將老矣。追維往事，爰爲之傳。小棠無子，今以其叔父之孫昌卿爲後云。

沈式如小傳

式如諱秉鈺，吴庠生。父俠侯先生，以經學名吾鄉。式如承家學，淹貫經籍，尤工應舉文，楷法師鍾太傅。嘗與井叔王君嘉禄及余同受知於學使新城陳侍郎，式如遂食餼焉。後余與井叔以詩文相切劘，無數日不相見。式如則不然，或數日亟見，或終歲僅一再見，而投挈之情無異也。沈本世族，所居懷雲亭止割舊宅一隅，尚有池塘竹木，頗稱幽居。俠侯任荊溪教官，式如時往省親，而家居之日爲多。式如爲人美容儀，善飲酒，與人交有肝膽。居雖貧，未嘗以斗米尺帛干人。其植品亦復峻潔，使得置身清祕，以文章風節表見於世，誰曰不宜？乃坐困名場，中年殂謝，爲可惜也。余既悲井叔早世，今去鄉數年，又聞式如之喪，里中一二舊交零落盡矣，能無慨然？爰書以志其梗概。

黃讓翁傳

讓翁黃氏，以字行，不傳其名。幼讀書應童子試，不售，遂棄去，日誦《文昌陰騭文》以自警。家貧無藉，間爲人司會計，取酬金以自贍。余從祖二林公爲善於鄉，設近取堂，行施衣、施棺、卹嫠、惜字、放生諸善舉，以讓翁經紀其事。二林公歿，伯父秋岳公踵行之，亦重翁使佐理焉。翁既終身行善，臨財不苟，又好道家言。里中有玉笙壇，諸善士禮《玉局心懺》於其中，或作或輟，翁獨久而不懈。卒年五十餘。越數年，其妻夢翁至，衣冠輿從如達官者，曰『吾將去，故來別汝』，問所往，曰『當爲貴家子矣』。東鄰某秀才素識翁，是夕亦夢翁至，曰『我欲以某日來汝家，如不至，則出門往水濱相引可也』。時某婦適娠，及期有難產狀，家人驚恐。某忽憶夢中語，卽往水濱。復入室，則已聞呱啼聲，時嘉慶辛未秋也。後秀才掇科第，仕於朝，官日顯，今其子亦登賢書矣。夫鬼神之事誠不可知，然《左氏》言夢無不驗者，今以翁素行推之，其理當不虛也。遂爲之傳。

靈鷲兩僧傳

吴之婁門有靈鷲寺者，與盤門之開元寺皆留行脚僧。靈鷲不能繼，有一彬者起而振之，重復舊觀。一彬退院，傳於永丰。是二僧者，余皆識之。一彬與余伯父侍御公相契，而先府君有《偕一彬遊淨慈寺詩》，曰『同遊一彬非凡夫，三十破參世所無』，蓋一彬先識府君，而佛門有所謂參透三關者，一彬能之也。先是，一彬之友有筆玉者，亦與先府君遊，既前死矣。余幼時，人或稱爲筆玉後身，蓋以神情、狀貌、言語、舉動之似，而生初亦有爲之兆者也。及余見一彬，一彬亦言其似，且言筆玉苦行，惟臨終一念繫戀，不得往生淨土爲可惜。余問其『他日能無繫戀否』，曰：『亦無把握也。』一彬持戒律甚嚴，獨言論通脱，口如懸河，或拊掌大笑，不類他衲子之貌爲篤謹者。永丰後至，亦能參三關，持戒律。且過午不食，夜趺坐不臥，嘗刺血寫佛經數十卷，苦志過於一彬。其爲人靜默寡言，亦與一彬異，而其務作功德，志在有濟於世則無不同也。兩僧者，於嘉慶間先後怛化，不著靈異。余意兩僧若不往生淨土，必當仍在世間，惜非肉眼所能識耳。後二十餘年在京師，見兩翰林皆年少，一似一彬，一似永丰，問其生年，亦在兩僧死後。余疑爲兩僧後身，然不知兩翰林生時有無爲之兆者，未敢以無稽惑世，終未嘗以語人也。及與兩翰林相處，愈習觀其神情、狀貌、言語、舉動，愈肖兩僧。因思今日余之視兩翰林，猶昔一彬之視余。余雖肉眼，固已若或啓之而心識之矣。古稱蔡中郎爲張平子後身，豈盡誕耶？唯是高行如兩僧亦未往生淨土，則其臨終繫戀同於筆玉可知，此一彬所云『亦無把握』爲可嘆也。作《兩僧傳》

誌之。

考亭書院祭朱子文

卓哉夫子，生聖人之後千有餘年。獨能表章六籍，紹洙泗之心傳。綜覽百家，折衷至當，以明大道之原。尼山木鐸，聲沈而復振；昌平禮器，數缺而重完。自明迄今五百餘載，設科取士莫不宗夫子之言，而名儒碩輔、忠臣孝子迭出乎其間。實人綱之所維繫，名教之所綿延。用能躋十哲，軼諸賢。祀泮宮而不朽，崇配享於文宣。嗚呼至矣！嗟南宋之失緒，混邪正而比肩。夫子立朝未久，位在講筵。旋召旋罷，厭聞夫子之討論，赫赫南康之政，又何罪而削其權？天地閉，賢人隱，其道不行於當世，而藏之名山。撫考亭之故址，乃杖履所周旋。千秋萬歲夫子之靈爽，應於是乎流連。小子躬逢聖代，職在輶軒。覽俊髦而問俗，歷甌越之山川。溯先賢之芳躅，覩祠宇之巍然。曠百世而起慕，信立懦而廉頑。薦椒馨而致敬，唯神明其鑒焉。

謁伯父秋岳公墓文

惟我伯父孝廉方正、贈通奉大夫、宗人府丞秋岳公歿之十二年，蘊章提學閩南，道出里門，始得偕弟蘊恭拜謁墓下，敢昭告曰：

嗚呼！宿草不哭，朋友之施。愴深猶子，曷禁漣洏？惟公敦行，孝友持躬。是亦爲政，何必在公。唯公直道，不諧流俗。內勵廉隅，外無表暴。惟公守潔，不染垢氛。戒奢儆惰，曰儉與勤。惟公樂善，恢張世德。閭左飢寒，周其衣食。公之懿行，後嗣其型。惟予小子，提命親承。憶悲岵屺，爰在弱齡。賴公之庇，拯墜扶傾。樂其成立，憫其伶仃。教之禮義，示以準繩。俾延門祚，弗喪厥名。歲紀壬辰，別公北去。公雖老病，扶杖猶步。戒曰慎旃，勉趨王路。公歿之年，小子登第。今一星終，駪征轡轡。道由故鄉，言尋松隧。堯峯東指，鳳皇之池。佳城手築，靈爽憑依。日暮雲陰，悲風蕭瑟。痛公永潛，自傷華髮。佇立空山，臨風嗚咽。尚饗。

祭梁母鄭夫人文

於虖！康成之裔，人號通經。伯鸞之宗，代傳嘉偶。宜室宜家，如賓如友。佐我方伯，爲時名臣。是爲賢婦，爰啓舍人。式亢清門，是爲賢母。食貧而不戚者德斯貞，履盛而不盈者道可久。胡天弗畀夫修齡，偕君子兮同躋眉壽。玉有時而折，蕙有時而摧。連理之木有時而中坼，七子之鳩有時而單飛。鼓洪鈞於大造，合散消息靡得而前知。惟其轉移而莫測也，貴余行之不迷。是以范滂之母，樂羊之妻，志希千載，迹奮一時。芳烈騰於往古，徽音播於來茲。曾女宗之無忝，而斤斤於修短之期。

懿哉！夫人之德，允協黃裳。清風林下，圖史流芳。夫人之才，庀治中饋。佩玉鷄鳴，夙夜匪懈。夫人之識，洪波不驚。從容出險，履尾心亨。夫人之惠，寒微共仰。江甸哀鴻，銘恩挾纊。奉身惟約，待物惟誠。貴能下賤，廉不忘貧。一椽初卜，九族蒙仁。是以彌留之夕，戚黨奔號；鼇山之麓，悲風蕭騷者也。章與令子，盟深金石。夙仰母儀，閨門楷式。燕臺秋迥，雁帛聲哀。束芻迢遞，削牘低徊。緬維夫人，久隨方伯。於楚於吳，四方是力。胡然偕隱，鹿門同遊。乃爲夫人，志遂營丘。翩翩雛鳳，遠舉雲衢。翻然歛翼，言集枌榆。綠柳春稊，公車不發。乃爲夫人，視含括髮。福其備矣，名其馨矣。竇家五桂，森植庭矣。薛門三鳳，矯刷翎矣。悠悠長夜，目其瞑矣。又聞夫人之卒，掌夢告祥。明瑺玉女，幢蓋迎將。伊昔雲臺峯下，縹緲仙蹤。步虛碧落，千載誰逢。非有慧因善果，而能致幽感之通若此耶？於虖！鬼神事祕，將信將疑。爰攄實行，弗飾華詞。千秋同暮，亦又何悲？臨風遙奠，彷彿靈旗。尚饗！

福寧城隍廟祈晴文

伏以惟春發生，播兩間之和煦；惟神慈惠，蘇萬物之困迍。具官某按試此邦，序逢如月，陰霾匝地，凛洌兼旬。豈曰無衣，傾在笥之春服；何其視夜，履中庭之肅霜。旁顧幕僚，下逮僕從，無不蠶僵蜩縮，蛩唧蟬嘶，相視生嗟，欲歸無術。人非金石，恐沴戾之爲災；神若矜憐，願陽光之普照。非徒哀我行旅，亦以惠此居民。俾禾稼不傷，夭札不作，神之賜也。尚饗！

阮芸臺協揆七十壽序

夫五星遊洛，大梁之次騰輝；　八伯賡雲，中天之期復旦。故知晷緯徵祥之代，必有岡陵嬔壽之臣。挺松柏於丹霄，炳鳳麐於赤甸。若乃衮衣分陝，弧韣來朝。侯三接而稱康，衡一德而爲保。受福《彤弓》之宴，升庸金鉉之尊。伊古所希，於今迺見。恭惟我公，學際天人，道甄苞籙。爰自英歲，早踐清華；　甫逾立年，洊登卿貳。承明獻賦，推第一之仙才；　鎖院論文，拔無雙之國士。駐輶軒於東岱，集古成編；　詁經籍於西湖，翹材闢館。石室名山之祕，辛彝乙甗之奇。邈、邕之所不窺，班、劉之所未覩。靡不憲章絕業，纂述舊聞。叩先聖之宮牆，躡儒門之堂奧。至若建旄閫外，授鉞戎行，羽檄星馳，牙璋電發。惟公定謀帷幄，決勝師干。汴水澄波，鯨魚不跋；　嵩山撥霧，鳳鳥重聞。則又文武兼資，恩威並濟，龍圖著號，麟閣齊勛。爰籌六路之正供，遂領八州之重任。楚江南北清風，則庾亮登樓；粵嶺東西甘雨，則盧鈞下馬。洎乎滇池移節，猓塞投戈，鸛陣演而止齊，鶴羽翔而朗潔。鑿紫冰於鹽井，沃擅熬波；　採赤仄於銅山，功資合範。在聖主因民之利，普大矩以生成；　而我公與物爲春，鼓洪鈞而輔相。允宜芝函畀寵，槐鼎翔華。郊迎畫鹿之車，廷啓匪熊之筴。茲者青陽應律，姑洗調鐘，頌吉甫之降生，美韓侯之入覲。履彤墀而舞蹈，開黃閣以論思。公惟時亮天工，其猷克壯；　帝用錫茲多祜，乃績丕嘉。上方之賜畢陳，天顏之喜可識。繩繩翼翼，藹藹萋萋。士忭於朝，民歌於野。而公方穆天綍，提玄綱。時雨時暘，慰四海喁喁之望；　作舟作礪，答九重贇贇之心。某等叨侍禁垣，欣依樞座。

奎壁所照，光輝日新，緝頌剬詩，情殷口拙。遡自紀分龍鳥，契合風雲，玉篋書名，金甌叶卜。黼黻宣猷之佐，球圖翊運之賢，接踵旂常，比肩竹帛。然而東西兩漢，惟韋賢以大儒當軸；魏晉六朝，惟杜預以開府通經。唐宋而還，人才斯茂。是故文章林藪，則燕、許先驅；邊徼干城，則范、韓並駕。攷古今，辨得失，司馬溫國之宏通；蒐金石，訂蟲魚，歐陽觀文之博洽。昇平潤色，則房、杜同音；壽耇維祺，則富、文合轍。煌煌典册，落落瑰奇。若規矩之各協方圓，如尺寸之互有長短。而公兼綜前哲，檃栝羣才。登泰岳而小眾山，滙百川而成巨海。福者備也，亶其然乎？今以杖國之年，入秉鈞之坐。撫八紘而載采，賡十賚以延釐。自天之命方申，如月之恆共仰。將見考逾廿四，唐宰相勿專美於前；壽越期頤，周太保可爭光於後爾。

王省崖相國七十壽序

夫飲醴泉，餌芝草，導引足以攝生；保真宅，叩玄關，逍遥足以養性。必榮名之不繫，乃純嘏之攸常。則夫周之邵公，臻百八十上壽；唐之郭令，閱廿四考中書。何以黼黻乎球圖，焜煌乎典册？是知鶴齡綿遠，紀海屋以京垓；松節輪囷，登巖廊爲楨幹。得天獨厚，受福孔多。恭惟我公學際天人，道甄苞籙。初題雁塔，即值鸞坡。三長標史館之才，萬選著文壇之譽。韋賢篤學，既躋清秩於翰林；李勣老成，旋領崇班於詹事。固已雲依五采，香案親承；花數八磚，玉堂近侍。攄真儒之實學，賡稽古之殊榮矣。洎乎玉尺量才，金鍼抽祕。騶軒再涖，秋風西子之湖；雀舫遥臨，潭影滕王之閣。勵經生以月旦，虎觀談雄；表多士以風裁，龍門望峻。迨持衡於京兆，復秉鑑於春官。試院煎茶，念褐衣之鵠立；鎖闈撤棘，知珊網之驪探。則又爲國儲英，預培公輔；因材篤物，盡入洪鈞者也。至若奉使乘軺，馳郵鞫獄。大江南北，花迎油碧之幢；泰岱東西，鳥避青髦之節。渡錢塘而濤靜，艤湘渚而波平。識真面於廬山，挹澄流於汴水。莫不高懸玉鏡，立辨妍媸；朗抱冰壺，盡融塵翳。佐時雍之聖化，法必持平；罄淑問之虚懷，讞無留枉。是以宸衷默契，要職頻遷。既疊長夫六卿，更兼權夫諸鎮。當開府中州之日，民樂拊循；此建牙畿輔之年，士遵訓練。升階晉擢，三台之位特尊；泰運同符，四輔之班並列。呼吸直通帝座，早掌絲綸；出納莫非王言，實司喉舌。曩者西陲八戰，羽檄馳星；上將一麾，金戈投地。賴運籌於帷幄，銘功鐵蓋之山；酬嘉績於衮裳，繪像紫光之閣。爰彯翠羽，特賜冰銜。公惟益勗靖共，上孚宸眷；帝用深資啓沃，俾贊元鈞。茲者彊圉紀年，夾鐘應律，蓂榮三莢，椿兆千齡。四字璇題，仰奎章之日煥；百朋錫予，瞻寶氣之虹騫。士賀於朝，民歌於野。將見大猷益展，自天之命重申；景福方來，如月之恒共祝爾。

歸樸龕叢稿卷十

雜著　書後

中庸鍥

性與天道，夫子罕言。子思慮其不明於後也，著書明之，又懼其流於晦、入於歧也，故名其篇曰《中庸》。若逆知後世異端之學將託於此，故二章曰『小人之反中庸也，小人而無忌憚也』，十一章曰『索隱行怪，後世有述焉，吾弗爲之矣』，十三章曰『道不遠人，人之爲道而遠人，不可以爲道』，反覆申明『中庸』二字之意，無非懼人之墮於幽渺而入於異端耳。後人解『中庸』，雖以楊氏講『未發之中』，游氏講『知風之自』，猶不免誤入歧途，爲朱子所辨正。他如張無垢之《中庸解》，又何論焉。竊謂居今日而解《中庸》，先當舉『反中庸』、『索隱行怪』、『遠人爲道』三語以爲戒，而後可探性道之微，舍是則已失著書本意矣。

性本有上、中、下三品，而善者多，惡者少。故孟子曰性善，就其多者言也。程子言『性分義理、氣質』，朱子於《中庸》『性』字專指義理之性。觀『率性之謂道』句，性惡者原不在列，子思亦就其多者言之也。又觀『道不遠人』、『可離非道』，則《中庸》『道』字亦與韓子所謂『道與德爲虛位』者不同。

《中庸》入手卽言『戒慎』、『恐懼』，歸於『慎獨』，與《大學》同，本曾子之教也。先儒有曰《大學》亦子思作，故於曾子之言稱『曾子曰』。

『喜怒哀樂之未發』，莫作『無喜怒哀樂』解。正是四者全備於中，如夏無雨雪，冬無雷霆，而雨雪、雷霆無日不藏於大塊之中〔二〕；至治無爲，而禮、樂、兵、刑無一不備於朝廷之上。

『小人之反中庸』，立異矜奇之士至有自放於禮法之外，如原壤之母死而歌者，故曰『無忌憚也』。

道之不行也，知者過之；道之不明也，賢者過之，皆未能守中庸者。蓋當時高明之士不免流入異端，故曰『人莫不飲食也，鮮能知味也』。日用尋常之道，人多忽之，亦如蔬穀水漿常食之物，厭其淡而無味，必別求爽口者，高明之士所以過之也。

爵禄可辭，白刃可蹈，雖不得謂之中庸，不猶愈於苟富貴、苟免死者乎？故下章曰『國有道，不變塞焉；國無道，至死不變』，實與上章相發明。

『素隱行怪，後世有述焉』，好名之士也。好名則必求異乎人，求異乎人即背乎中庸矣。故非遯世無悶者，不足與守中庸之道。

『道之費而隱』，極之莫載莫破，而仍察乎上下。語至此，恐開後人惝怳之思，故下章曰『道不遠人，人之爲道而遠人，不可以爲道』，提撕警覺之意深矣。

忠恕者，一貫之傳。曾子得於孔子，子思得曾子之傳，復於《中庸》發明之。其在《大學》，即所謂絜矩之道也。

人於庸德庸言，修其慥慥之行，尚何至索隱行怪，遠人爲道，流入無忌憚也哉？故於十三章申明『庸』字。

素位而行，卽所謂『庸』也。居易俟命，《中庸》之君子也。遯世不見，知而不悔，俟命之極功也。行遠自邇，登高自卑，下學而上達也。務爲高遠，則舍中庸，流入異端矣，故中庸以卑、邇爲基。卽鬼神以明道之微，而顯天下至幽至賾之端，無踰此矣。要歸於誠之不可掩，以明天下之道皆不虛也。虛則不誠，不誠則無物。鬼神亦物也，物未有不誠者。

孔子行在《孝經》，人生百行，未有不自孝始者。大孝、達孝，卽《孝經》所謂合萬國之歡心以事其親。故《中庸》不獨與《大學》相爲表裏，又與《孝經》相發明也。

萬物本乎天，人本乎祖。明乎郊社、禘嘗之禮、義者，爲能不忘其本。聖人以孝道治天下，放之四海而皆準，故曰『治國如示諸掌』也。

智、仁、勇三達德，其詣未易臻也，求之好學、力行、知恥而近之矣。非所謂下學上達，不務高遠者乎？

非明不能擇，非强不能執。愚柔之人方且奮其人一己百、人十己千之功，以求至於明强，《中庸》豈矜頓悟乎？

《九經》歸於一，一者誠也。明爲天下國家者，無一事可以虛假，與《大學》治、平始於誠意同。『至誠如神』，誠之極，明之極也，豈術數之學所得而擬之？『至誠無息』，天行健也。『不貳』，誠之極也。文王之德『純亦不已』，法天之學也，卽《大學》所謂『緝熙』也。

『三重』以下復推至事功，與『九經』章同，知《中庸》非空言德性，三十章尊仲尼以明學之所本。三十一章推言至聖之德時出不窮，而皆足以及民，誠之充積彌綸天地，至凡有血氣莫不尊親，始盡首章位育之功、二十二章參天地之盛。

末章又歸到慎獨。闇然日章，仍是遯世不悔，居易俟命也；內省不疚，不媿屋漏，仍是戒慎不睹，恐懼不聞也；不賞而勸，不怒而威，仍是喜怒哀樂未發之中，推而致之，足以位天地、育萬物也。『篤恭而天下平』，平於中和之德也。至於『無聲無臭』，始盡篤恭之妙，亦仍歸慎獨而已。

《中庸》一書始於天命，終於天載。善言天者必有驗於人，是書爲言天之祖，故後之爲二氏者得託焉。子思若早慮及之，故名其篇曰《中庸》，又於『素隱行怪』、『道不遠人』、『反中庸之小人』三致意焉。吁！以此爲防，猶有竊其說以害道者。

【校記】

〔一〕『於』，底本下衍『於』字。

讀孫子書後

《孫子》曰『上兵伐謀，其次伐交』，何謂也？伐謀者去其主，伐交者去其助。去其主則無兵矣，不得已則去其助以孤之，而皆在兵機未萌之先，非事既著而圖之也。修內政，定民志，振軍威，使敵不敢生窺伺之心，是謂伐謀，是兵法之上者也，不在用兵而在內治也。孟明增修國政，重施於民，懼喪師而民攜，民攜而晉得乘其隙也。句踐棲會稽十年，不收於國，載稻與脂以行。國中無不餔也，無不歠也，必問其名。一旦興師伐吳，國之人父詔其子，兄勉其弟，婦戒其夫，曰：『孰是君也，而可無死乎？』遂滅吴。蓋孟明三年行兵法於秦，句踐十年行兵法於越，而秦、越之人不知也。其得兵法之精者乎？

讀漢書昭帝紀書後

漢武帝時無利不興，然而海内虚耗，户口減半。孝昭承武之敝，不數年間蠲租賦，減漕三百萬及口賦錢，罷鹽鐵酒榷之利。然而百姓充實，耕桑益衆，雖文景之隆蔑以加焉，豈非善裕國，得養民之道哉？歷觀前史，極盛之朝往往傾府庫，恣奢侈，坐致耗竭。於是乎有言利之臣殫精肥國，不顧瘠民，民瘠而國復不肥，岌岌乎殆哉！苟非恭儉，何以善承其後？《易》曰『損上益下，民説無疆』，又曰『幹父用譽，意承考也』，其漢昭帝之謂乎？然非有霍光賢輔不能致此，亦非昭帝信任霍光不能致也。

讀孟子書後

《孟子》曰『遵先王之法而過者，未之有也』。蓋先王之法創之盡善，可無流弊也，行之日久，民習而安也。是以更張之禍甚於因循，前史所載詳矣。非獨更張不可，成法廢弛已久，亦未可驟議盡復。優柔漸漬以匡正之，則不嫌於操切矣。善爲政者，於法之將壞而修明之，默運潛移，復歸於正。未嘗見赫赫之功，而冥冥中已澤及生民，福貽後世。其斯爲見事於幾，先弭患於無形者乎？

讀易緯書後

經緯之義上法星辰，經正緯奇，理不相副，是以平子恐其迷學，仲豫稱其雜真，雖免煨燔，詎云典要？世傳《乾坤鑿度》、《是類謀》、《通卦驗》、《辨終備》等書皆屬殘編，語多隱怪，疑非聖人之作，有類漢代之言。儒者學《易》，將探性命之精，究陰陽之奧，上契義、文之學，下通民物之情，必當擇善而從，豈可好奇而僻？惟前代既以配經，未必盡歸僞託，是以千載以來莫之或廢。劉彦和謂『事豐奇偉，詞富膏腴，無益經典而有助文章』，研經之士引爲博覽之資，其亦可也。《詩》曰：『雖有絲麻，無棄菅蒯。』

讀戰國策書後

嘗讀《孟子》『匡章，通國皆稱不孝』，而孟子『與之遊，又從而禮貌之』，知其『爲得罪於父，不得近。出妻，屏子，終身不養』也。陳仲子，齊士之巨擘也，而孟子譏其『避兄離母』，未能充類。於此歎孟子知人之明，不爲世俗所惑也。匡章處不得事父之時，而知自怨自艾；陳仲子處可以事母之時而不事，此其所以異也。及讀《戰國策》，趙威后問齊使曰：『於陵子仲尚存乎？上不臣於王，下不治其家，中不索交諸侯。是率民而出於無用者，何爲至今不殺也？』始疑威后之爲政過猛也，殆所謂操切者也。既而思之，孔子爲魯司寇，誅少正卯，三月而魯國大治，沈猶氏不敢飲羊。戮一人而風俗爲之一變，豈得謂之操切乎？　夫刑之設，所以齊風俗也。陳仲子之爲人，孟子非之，威后欲殺之，皆懼其敗壞風俗而已。故威后此言，戰國人君所不能道，其得爲治之機者歟？

讀朱子全書書後

天之未喪斯文，越千百年必生大儒以紹先聖之心傳，使道之晦者復明，緒之絕者復續。孟子而後則韓子其人，韓子而後則朱子其人也。夫兩宋多賢，勝於唐代，濂溪、康節皆精理數，至二程子而其學益醇。朱子本謹嚴之性，務篤實之修，極廣大之情，究精微之藴。其注四子書，於聖賢之言融會貫通，一字不苟，毫釐悉當，發千秋之蔽障，集諸儒之大成，其功又在韓子上矣。蓋自程子昌明正學，上追孔、孟之心傳，爲宋儒一大宗，厥後楊、游、呂、侯諸子皆得程子之傳，各就其學之所近而傳之其徒，其間已不無參差互異之處。迄今讀《中庸或問》等書，辨於幾微，歸於中正，而後程子之學釐定而無歧焉。故不有程子，無以開先；不有朱子，無以善後，所謂相得益彰者也。觀朱子教人，必先從道問學始。《小學》一書，由孝弟入門，以收其放心，養其德性，此卽古人立教之法也。故由朱子之教，則漢以來名物象數之書未嘗廢，儒生之學未嘗遁于虛也。其爲教循序漸進，而不容躐等也；主敬存誠，而未可稍肆也。聰明之士聽其自悟，愚魯之資可以馴致也。惜乎後之學者，苦其難而不知其益，皆思頓悟，妄冀速成，故學術復有歧也。

此篇删改去八行。自記。

書許氏說文後

許氏《說文》，小篆也。今以李斯《繹山碑》攷之，『戎』下从『十』，《說文》改从『甲』；『㬥』下从『本』，《說文》改从『米』〔一〕；『竊』上有『宀』，今作『親』，皆與斯異。按，戎已从『戈』，而又加『甲』，似嫌意複；疑从本字得聲，改从『米』，亦未詳其義。豈不从李斯而從《爰歷》、《博學》耶？許氏但曰：『㬥，晞也，从日，从出，从収，从米。』徐鍇曰：『《南史》尚書孔琳曰：「姦僞之人，競濕穀以要利」，然則將糴必先日暴之也。』其說牽强，恐非造字本意。天下之物可暴者多矣，豈獨米乎？

【校記】

〔一〕《說文解字》實兼收二字，未曾改字。

書亭林集後

亭林欲以歲貢作令，稱職者世其官，蓋寓封建於郡縣之中也。其欲廢科舉，則有鑒於明季黨援之患也。又年未四十，雖舉不仕，曰所以息天下躁進之心也。夫三代多世官，抱道之士伏處者不少矣。故廢科舉即所以息躁進，又有鑒於明季用人太驟也。昔江西某鄉生神童，少年登第，傾動一時。鄉之父老督課子弟益嚴，子弟多夭亡。名利之相耀，其害可勝言哉？

又書朱子全書後

文公在閩，猶孔明在蜀，相傳遺蹟甚多，亦不無附會。然如閩俗婦人所戴兜名文公兜，所拄杖名文公杖，兜以蔽面，杖以防身，皆教之禮義也。以此見賢者處世，不在得位行權。兩賢開閩、蜀之狉獉，斯愛斯傳宜矣。文公不得位，尤難於孔明，所謂過化存神者耶？

文公生尤溪，閩人稱舊宅依山，山形如『文公』二字，其説近鑿。賢喆挺生，固由山川鍾秀，必謂如文公二字形，則未可信。惟卽此可見閩人之重公，故不當與辨。

書困學紀聞後

朱子教人先道問學矣，顧其時並世而生者多，高明之士或原於道家，或流於釋氏，宗其説者紛紛以理學爲名，而經術幾乎掃地矣。伯厚挺生，昌明經學，於是漢以來經師之説掇拾餘燼，復存於天地之間，伯厚之功偉矣。有明一代少見經術，至我朝崑山顧氏開其先，秀水朱氏繼其後，至乾隆間而極盛，凡漢儒餘緒可闡者靡不闡也。上自經訓，旁及《説文》，以至子史百家，有一名一義可備，説經者蒐羅殆遍，有太過無不及矣。南宋以來，開其先者伯厚也。

書顧亭林音學五書後

予來閩南，聞操土音者呼『俞』爲『尤』，呼『周』爲『俞』，而始知虞、尤相通乃天籟也。夫古無四聲之辨，亦無音韻之書，信口歌謠，自然合節，非所謂天籟乎？自吳棫《韻補》至邵長蘅《韻畧》，所謂古韻通者，其説不同，迄無定論。如江韻，惟『邦』字通『陽』，昌黎《平淮西碑》可證，餘字未見通者。因『邦』字而遂謂『江』可通『陽』，非也；謂陽韻爲古無通，亦非也。讀是書可得指歸矣。

書何大復集後

有明一代重科目，多氣節之士。信陽何大復仕中書舍人，以謀抑劉瑾，坐免官，李東陽薦復職。救李獻吉江西之獄，又抗疏言義子不當畜，邊軍不當留，番僧不當寵，宦官不當任，其氣節有足多者。後提學關中，以經術世務教諸生，關中士始知有經學。今觀所著《何子》十二篇，有志經世，非獨其詩可傳也，惜年止三十九，又位不顯，未竟其施。至其論詩文，謂『詩弱於陶，謝力振之，古詩之法亡於謝』，似矣；『文靡於隋，韓力振之，古文之法亡於韓』，則非也。蓋大復但知古文之有漢、魏，而不復知有周、秦。昌黎文出於《孟子》，安得以馬、班爲古？孟子非古哉？

讀陳氏禮記集說書後

陳氏《集說》言《禮運》一篇疑是子游門人作，篇首『大同小康』非孔子之言。陳氏此言真具巨眼。使觀『謀用是作，而兵由此起』數語，似老子之學。孔子爲魯司寇三月而魯國大治，沈猶氏不敢飲羊。使孔子久道化成，未始不可外戶不閉。然孔子論治至三代而止，未嘗希上古大同之治也。

又書何大復集後

前明以制藝取士，立法最嚴。題解偶失，文法偶疎，輒置劣等，降爲青衣社生。故爲諸生者，無不沈溺於《四書注解》及先輩制藝，白首而不暇他務。惟聰明之士不爲舉業所困，始得早屏俗學，致力於古文詞。甚矣，其難也！何大復生弘治時，正當制藝謹嚴之日，乃能偕李空同倡爲古文詞，以振興一世。蓋二公皆少年登第，而大復又有神童之號者也。余少時學詩，服膺何、李，顧亦爲舉業所困，未暇卒業。今來閩南，有縣丞彭海觀者，信陽人也，持是編相贈。歲首無事，讀之，累日始竟。回憶青衿時爲俗學牽挽，往往讀一家言不能竟。今從政之暇，可讀古人書矣，而目昏神耗，格格乎其不相入。夫乃嘆早離場屋，得肆力于古文詞者，誠厚幸也。雖然，世豈無山林遯迹之士，不求名位，縱心孤往，以成絕業者，豈舉業所能困哉？亦惟其人之自爲而已。

書白香山集後

樂天有志匡時，屢見齟齬，乃託于諷諭；又見擠排，始縱情詩酒，曠放以終，蓋非其本志也。東坡亦然。若處有爲之時，當遭遇之隆，而慕二公晚年之所爲，豈真能學二公者哉？

書二林公文集後

公爲先尚書第四子，性仁孝，穎悟好學。幼時傾跌，傷一目。年十八成進士，當宰一邑，公弗樂仕進，遂杜門。服同里汪大紳學識，訂爲文字交。謂大紳曰：『吾年少登科，於前賢制藝未窺堂奥，用自引愧，願復致力，將何以教我？』大紳曰：『子文未脱俗氣，難進于道，當先讀薛文清《『儀封人』題文》萬遍。』公如其言，果卒業，其猛鋭篤信，大率類此。後與大紳討論宋儒之學，從事居敬窮理，久而無所得。及讀子靜書，豁然悟入釋氏。遂不肉食，精究三乘，廣行施濟。歲饑，輒舉平糶以贍里黨，其他義舉不勝書。尤敦族誼，割其産以周族之貧乏，仿范氏義莊遺規，而不立義莊之名，名曰『潤族田』，至今賴之。或以不敷請益，公正色拒之曰：『汝亦當自謀，豈可恃此而惰其手足耶？』後尚書公年高，左右就養，往來南北，未嘗一日離。尚書公殁，始閉關文星閣三年，復往杭州、台州諸名山禮佛刹，訪高僧，或一年，或數月始歸。居鄉不乘車，不曳韡，不謁官司，名公卿之造廬者，不拒亦不答。晚年居文星閣，每月朔望必歸謁家祠。時余年四歲，以上猶及見也。嘉慶元年正月二十日卒，年五十有七，道光二十八年祀吾郡鄉賢祠。公於《左氏傳》、《史記》、《三國志》熟讀深思，能悉舉其詞。中年刊落浮華，好曾子固、虞伯生之文，别箸《測海集》、《一行居集》、《居士傳》等書，與是集並行於世。吾吳爲古文者，堯峯而後，公其一也。

書大理卿郭公所藏庾公德政碑後

大理卿郭蘭石先生早登詞館，以書名於時。嘉慶間，館閣書多宗趙承旨，先生獨宗率更。後進爭相慕效，京師書法爲之一變。先生爲人耿介有直節，嘗提學四川，革除陋規，廉俸外一無所取。按臨至南部，獲顔魯公書《離堆記》以歸，其高風有可想見者。先生爲余伯父侍郎公典試閩中所得士，余以是識先生。壬辰冬，余始挈家入都，適先生典山左試歸，相見於京師，更以所得《離堆記》本贈余，因言近歲頗喜作篆隸字。予舊藏篆隸碑版數十種，存梁固巖舍人齋中。先生自蜀歸，已從固巖借觀，頗稱善。因出其所藏篆刻四種示余，一《岐陽石鼓》，一《鐘鼎款識》，一《碧落碑》，一卽此李少溫書《庾賁德政碑》也。此碑自衡工後石已毁，雖唐刻可寶也。余方臨橅未竟，而聞先生病，未及一視，遽聞凶耗，時道光壬辰十二月廿八日，先生年四十八耳。於虖哀矣！爰書數語還其家，遺孤尚幼，異日能讀父書，珍而藏之可也。

書福建壽寧縣志後

《志》稱丙戌秋，大兵過壽邑，民間逃竄一空。兵屯城内，黄昏時忽旌旗影現，鼙鼓聲聞，哄傳有女將帶兵至，城内兵始出，人以爲馬氏天仙陰兵救護壽民也。丙辰秋，僞都尉逃兵過境，亦如之。案，吾蘇於嘉慶甲戌正月四日，亦黄昏時訛言盜從海至，葑門外居民扶老攜幼逃避入城。比夜深，城閉不得入者號哭于外，而官亦授兵登陴矣。余時年二十三，家近葑門，但聞城外人聲鼎沸，鑼聲及火鎗聲徹夜不息，以爲明日此地當作戰場矣。及天明，沸聲止，城始啓。皆言昨夜所見乃陰兵，兵皆乘舟，火光燭天，居民疑爲盜，乃鳴鑼放槍以拒之，其沸聲皆人聲，而陰兵無聲也。蘇人疑癸酉林清之亂，松江兵多亡於外，其魂爲祟，亦未必然。是年夏大旱，地生毛，斗米錢六百，此其爲灾也明矣。因見《壽寧縣志》『紀』所謂陰兵者，追憶吾鄉甲戌之異，故記之。

書福寧府志後

按，《福安縣志》載黄雲師撰《明劉中藻忠烈傳》，言中藻被我兵圍困，飲鴆不死，割手脈傅以毒藥，又不死。諸將請決戰，中藻曰：『死，吾分耳，僥倖屠吾百姓，無庸也。』即作書與二督，遂自縊死。以此觀之，中藻當危急之秋，尚不肯屠戮生靈以僥倖成功。而《福寧府志》載順治四年十月，福安進士劉中藻師兵稱隆武年號，來圍城七閲月。城中米貴，每石十兩，饑死者無數。後中藻於龍首山截松木爲礮，抛入城内。次年四月城陷，殺州尹，旋攻福安，銃斃知縣郭芝秀，恣行劫掠，殺人無數。是豈中藻之所爲，而《府志》何言之鑿鑿耶？康熙朝知府劍南李拔纂《府志》，謂中藻蹂躪桑梓，亂賊之行，不得列於忠義，遂削其名，而其子思沛仍得與焉，是可異也。夫以中藻之行，不應有舉兵圍福寧之事，而福安乃其鄉里，更不宜加以劫掠。豈當時擾亂，土賊託名於藻，而福寧之人未知耶？抑藻不能約束其兵將，而乘亂劫掠，藻亦無如何耶？又豈鼎革後傳聞之誤耶？今《府志》與《縣志》褒貶不同，當存其説以俟考證焉。

書耿恭簡公耐煩説後

有筮仕爲令者請教於先生，先生叩其要如何，曰：『要廉。』先生曰：『否否，要耐煩。廉乃本分，非奇節也。使自負其廉，則上弗禮必不耐煩而傲，下弗順必不耐煩而暴，諸過叢生矣。故耐煩爲要。』昔陸象山曰耐煩是學脈，非特爲令要術也。按，耐煩者卽《論語》『剛毅木訥』之『毅』字，士大夫得之，可勝重遠之任。

書敦艮齋遺書後

《敦艮齋遺書》，爲五臺徐廣軒先生著。先生湛深《易》理，能發先儒未發之祕，其説他經亦往往證以羲畫，左右逢源，在宋人中間或有之，求之近代，罕遇其人也。余入閩以來，得見明來瞿塘《易注》亦多出於妙悟。惟瞿塘止於説《易》，而先生由《易》理以鞭迫身心，其道又微異也。其《中庸解》一卷，講中和之義，曰『遊於倫理之内，平平常常，人我兩忘，不但無不好之可嫌，亦並無好之可驚，豈非太和氣象乎』。此數語，非真得中庸至理者不能道。

書尚書集注音疏後

江艮庭名聲，吾吳人，工篆書，著《尚書集注音疏》，手書篆字，刊版行世垂六十年矣。先生是書，凡有大篆之字必書大篆，大篆不足繼以小篆，不獨疏解精核，讀是書兼可識大篆，其有功於世不淺也。後其孫沅爲名諸生，亦能書大、小篆，晚年遯於釋。

書明戚少保紀效新書後

右明總兵戚繼光撰《紀效新書》十八卷，其言曰：『紀效者，明非口耳空言；新書者，出於法而不泥於法。』是非正其誼，不謀其利；明其道，不計其功，其孰能與於斯？故根之於性，發之於誠，令民與上同意，則固之不以城郭，居之不以宮室，藏之胷臆而三軍服者，此古之賢將也。善哉言乎！雖《諸葛心經》曷以過之？繼光歷鎮南北，皆有赫赫之功，乃以臺諫一言遽爾更調，爲可惜也。余視學閩山，嘗由羅田登白鶴嶺，遙望東海，礮臺舊址隱約猶存，相傳爲少保禦倭寇時故蹟，令人有餘慕焉。

書朱竹垞原教後

竹垞之言曰：『倡爲三教之說者，其小人而無忌憚者與！聖人之教非有所不足，必待佛、老濟之也。彼持其過高之論、不近人情之事行之中國有時，而窮愚者不察，遂惑其說，至等聖人之教而三之。彼之所奉者一，而我之所奉者三，曾彼之不若矣。』竹垞此言，昌黎、晦菴之言也，其無可議者也。然正其名可也，闢其教可也，至以此論人則不可。蓋自教化衰微，而佛、老之說流行於天地之間已千餘年矣。入乎彼者，雖理解超妙，固不足紹聖學之傳。然其屏嗜欲，絕聲色，懷清履潔，不染垢氛，不猶愈於世之急功近利，罔知自愛者乎？若概目爲小人之歸，則彼急功近利者其謂之何？子曰：『苟志於仁矣，無惡也。』於此見聖道之大。故狂狷之士猶將進之中行，彼懷清履潔，不染垢氛者，設生孔子之世，安知不可與狂狷之士同列門牆，而受裁成於聖教乎？即今出門交友，將取懷清履潔，不染垢氛者乎？抑取急功近利，罔知自愛者乎？吾知竹垞於此亦必有辨也。故竹垞之言可以正名，而不可以論人，果能志仁無惡，雖所託殊塗，猶望爲聖賢之所與。苟不能志仁無惡，雖日闢二氏，終爲聖門所棄耳。

書龍巖蔣丹峯雪堂退思録後

右《雪堂退思録》，蔣丹峯比部輯。丹峯名翎，篤學勵行君子也。輯先儒格言以勸世者多矣，顧或詞繁義奥，淺學不能卒讀，讀之而未必領悟，猶無益於世也。是編所録，皆切近身心日用，每則多不過數語，或偶句或排句，無曲折反覆、刺刺不休之處。讀之如青天白日，人人皆知，此丹峯之善誘人，使人卒讀而冀其悟也。余既采其語入《徇鐸莊言》，復題其後，謂所見格言此最善云。

書李九我宋賢事彙後

右李九我《宋賢事彙》，載孫莘老覺知福州，民欠官稅錢，繫獄者甚衆。適有富人出錢五百萬葺佛殿，請於莘老，莘老問其意，曰：『求福也。』莘老曰：『佛尚未露坐，孰若爲獄囚償官，使數百人免縲絏，得福不更多乎？』富人從之，囹圄遂空。夫用財貴得其當，權其輕重緩急而施之。莘老一轉移間造福無窮，爲守令者當知之。

又載新法初行，仕宦者皆欲投劾而歸。有以書問康節者，答曰：『正賢者所當盡力之時。新法固嚴，能寬一分則民受一分之賜矣，投劾而去，何益？』《魯語》曰：『居官者不避難，在位者恤民之患。』康節此言，得其意者矣。

又載范文正領浙西時，大饑，公設法賑捄，仍縱民競渡，太守日出湖上，居民空巷出遊。又諭諸佛寺興土木，又新倉廒、吏舍，日役千夫。監司劾杭州不恤荒政，傷耗民力，公乃條敘所以宴遊興造，皆欲出有餘之財濟貧。仰食於公私者日無慮數萬，荒政之施莫此爲甚。是歲兩浙惟杭州民不流徙，公之惠也。按，此乃善因民俗，杭州民多殷富，素習繁華，末技之民衣食於此，勝於賑給升合。夫勸民助賑則强所不樂，縱令游宴無不樂從，其有利於末技之民，則一也。至以工代賑，尤爲良法，在官經費無多，工程有限，杭人本信佛教，勸修佛寺尤所樂從。孔子曰：『因民之所利而利之，斯不亦惠而不費乎？』文正此舉近之矣。

葑溪同善錄書後

蘇之葑門外有法雲菴，從祖二林公嘗施棺木於此。後歸入近取堂，而法雲無復施棺矣。嘉慶辛未春，里人李薌林啓瀛集諸善士，在菴中供奉呂仙像，募舉施棺、施衣、恤嫠、惜字等善事，名曰『同善局』。薌林曾從先府君遊，因邀余往，余卽辦恤嫠一事，募貲於人，不敷者自任。後庵中香火漸盛，改建於附近地名靈官廟者，殿宇高峻，畧具園亭臺榭，皆出檀施。遇仙誕則張燈設樂，士女喧闐，而所行善事則未嘗推廣也。又數年，捐貲者漸少，任事者亦稀，有善士呂東林恆猶肯出貲維持不廢。比余入都，薌林、東林皆歿，惟施棺一事余家任之。前募恤嫠亦因集資日少，無力獨任，嫠有死者不復補，十餘年嫠亦殆盡矣。夫爲善以置產爲先，而布施之家每好造屋，故廟成而旋廢者不少矣。此《同善錄》，乃在法雲庵草創時記册，書之以志三十餘年舊事，兼勸世之爲善者當爲根本之計也。

書震川文集後

聞前輩論明代古文家，以震川爲冠冕，意以其言之醇粹也。後讀其文，醇粹固有之矣，又其意盡而止，與世之有意爲文者有別。夫有意爲文，則言未必由中，震川之言無不由中，所謂『修辭立其誠』，故其品高也。況乎如《易圖論》、《洪範傳》等篇，精理名言，發前人未發之祕，其根柢又足以勝人，而不徒文品之高，冠冕一代，不亦宜乎？後之爲古文者不務求其根柢，而斤斤於規製之間，抑末矣。

歸樸龕叢稿卷十一　評　跋

明人詩評

劉青田基

青田佐命，卓犖古詩。追韓遂杜，刊落華詞。孔明《梁父》，鄭公《述懷》。圖題釣渭，兆作帝師。

高青丘啓

季迪英妙，枕葄百家。探原漢魏，博采菁華。力追正始，泛掃淫哇。下開七子，雅奏皇夸。

袁景文凱

江左詩人，華亭御史。獻吉開先，追步子美。斷句清絕，賓客堪擬。風雅正聲，闢除纖體。

劉子高崧

司業英才，詞采繁縟。風月鑪錘，鶯花杼軸。織罷綺羅，唾成珠玉。妙擬飛卿，《蘇臺》一曲。

林子羽鴻

閩南詩派，儀部開先。追蹤大曆，陟峻攻堅。琳宫縹緲，清鐘悠然。遙師彭澤，《飲酒》一篇。

浦長源源

舍人詩品，清麗芊綿。馬頭秋色，衣上暮寒。詩中有畫，佳句流傳。長歌《白雪》，送客荊門。

高彦恢棅

翰林典籍，舉自布衣。五言流調，接迹左司。空山清磬，落日寒扉。涼涼子羽，共抱瑰奇。

袁敬所無名

靖難兵後，流落常山。或稱姓樂，編修其官。五柳詩成，擲筆潸淚。藜杖芒鞋，抒君忠思。

解大紳縉

參政詩裁，倡名臺閣。《繡衣》一篇，贈友所作。潤色有餘，希聲難索。賓之以前，傳人落落。

曾子啓棨

襄敏五言，中唐風格。京口斷雲，廣陵殘月。《車駕》一篇，氣潤金碧。赤嶺黄河，送人西域。

薛德溫瑄

文清學道，不以詩名。春風沂水，鼓瑟希聲。秉軸中朝，文淵祕閣。颯詠零篇，笛中《梅落》。

郭元登登〔一〕

定襄雄肆，轃轢詩壇。登樓送別，豪氣鬱盤。客路風霜，寒牕兒女。遷謫傷懷，引商刻羽。

【校記】

〔一〕『郭』，底本作『鄭』，據姓名改。

陳公甫獻章

檢討潛德，從祀宫牆。志崇實學，豈務詞章。非營口腹，當求菽水。《冬衣》一篇，古之孝子。

王世昌越

太傅詩豪，不假雕飾。抒寫性靈，惟意所適。忠吐肺肝，氣阻金石。雄鎮九邊，雲霄奮翼。

李賓之東陽

茶陵起衰，主持風雅。永樂以來，斷推作者。萬籟振風，一木支廈。七子踵興，誰云和寡。

李獻吉夢陽

獻吉雄健，逼肖少陵。激昂騰踔，千載爲傾。軼宋越元，風雅之盛。學步紛紛，衣冠優孟。

邊延實貢

華泉挺秀，風骨珊珊。徐前何後，並轡詩壇。斷雲白雁，斜日青山。希蹤大曆，高躅誰攀。

何仲默景明

信陽秀朗，笙磬和鳴。實偕北地，同祖杜陵。上追漢魏，鮑俊庾清。起衰振瞶，西涯是承。

徐昌穀禎卿

迪功超雋，應無盡無。李何鼎峙，盛名非虛。氣兼風露，光逼曙烏。方斯詩境，與古爲徒。

孫太初一元

安化王孫，太白山人。足踏五岳，奇氣超羣。零篇遺世，鶴唳鐘聲。青鞋布襪，埋骨吴興。

楊用修慎

升庵沈博，拔戟稱雄。陰陽爲炭，萬物爲銅。匪資人力，亦奪天工。五言穠麗，未造沖融。

薛君采蕙

吏部諍臣，詩追雅音。松間聞籟，石上調琴。淒涼滄海，寂寞黄金。草堂歸去，風月成吟。

文徵仲徵明

待詔詩名，掩於書畫。步武中唐，聲情豪邁。金陵之作，西掖之篇。玲玲振玉，風骨高騫。

王履吉寵

貢士摹古，軌範顔謝。刻畫求工，斧痕未化。七言高格，吴下所宗。《秋懷》諸什，想見高風。

高子業叔嗣

蘇門詩品，昌穀齊名。徐以雅韻，高以深情。琴心入妙，石氣自青。《古歌》一闋，畧見平生。

王道思慎中

遵巖著作，媲美歸唐。即以詩論，顔謝升堂。麻姑之山，白鹿之洞。勝地遨遊，佳篇堪諷。

皇甫子浚沖

子浚詩品，接迹高徐。五言淡古，遊心太虚。壎篪風雅，唱和不孤。秋蘭聲馥，流譽三吴。

李于鱗攀龍

歷下詩名，推崇失實。突過前人，斷歸長律。旁蒐斷句，語近情深。《塞上》諸什，作者之林。

王元美世貞

弇州博學，詩亦超倫。尤工樂府，古意今陳。長律高華，未歸鎔煉。託體大家，才終魁岸。

謝茂秦榛

四溟鍊句，氣逸調高。五言獨步，七子稱豪。古體師唐，未化拘守。風骨自超，夐乎尚友。

高雲從攀龍

忠憲純修，詩止一藝。偶合淵明，學非刻意。抒寫性真，獨標高致。《擊壤》餘風，悠然天籟。

程孟陽嘉燧

孟陽詩格，韶秀出塵。碧桃春晝，脩竹水濱。公安同調，變體日新。子湘蒙叟，毀譽非真。

陳卧子子龍

黄門崛起，壯思高騫。希蹤七子，追步唐賢。九龍移帳，萬馬窺邊。竟陵餘習，掃迹雲烟。

徐俟齋枋

俟齋忠孝，槁餓空山。詩緣畫癖，麋鹿往還。庵名落木，峻嶺高攀。蘼蕪一曲，別意人間。

黃陶庵淳耀

陶庵忠義，古文名家。鄉閭殉節，青史增華。朝政日非，顛倒黑白。仿佛《五噫》，野人嘆息。

顧亭林炎武

亭林純孝，爲古逸民。包羅衆蓺，鼓鑄洪鈞。詩篇末技，大雅扶輪。夷齊高躅，千載同論。

楊升菴石鼓文跋

岐陽石鼓始著於唐，昌黎歌之，後人莫敢易其說。歐陽三疑，不可廢也。所存字可覩者寥寥，明楊升菴補之，使皆可讀，奚免向壁虛造之譏？史載議大禮時，升菴率太學諸生二百餘人哭於午門。同姓承祧，鐘虡無恙，何哭之有？終明之世，儒生被禍，皆議大禮一端不得其平，有以開之。今觀石鼓，益知爲好名所累也。

先府君制義跋

不肖生二歲而孤，不及事吾父。側聞諸伯叔父相語及文字，輒推府君。府君性穎悟，早歲工爲文。年十六偕伯父侍御公同遊黌序，累試冠軍，文譽日顯。丙午領鄉薦。方是時，諸伯叔父相繼捷南宮，而府君不幸早世，吴中士大夫皆爲扼腕。府君於文趨向最高，方成童時，已取法先正，於正希、陶庵得力尤多。洎累赴鄉舉不售，始降格爲應舉文字，而先民矩矱，一步一趨，遺貌取神，其真自不可掩。憶自丁卯歲，叔父葦間公出府君遺稿若干首以付蘊章曰：『汝父所爲文十倍於此，今散佚僅存，然一生心血畧見於此矣。』蘊章受而藏之，迄今星紀一周，始得偕弟翊繕寫編次，以付剞劂。山陽汪瑟菴先生，府君同年友也，慨然序而行之。惟時又得伯父修田公所藏若干首，錄爲補遺。謹述顛末，以誌卷尾。時嘉慶己卯夏日。

陳白沙字卷跋

此白沙字卷，二林先生跋云：『以茅縳筆而書白沙詩，有「茅君始用事，入手稱神工」之句。』又云：『康熙年，里中某陷寃獄，先侍講爲白之。某持金以報，公擲金於地，乃以白沙字卷獻。』於此見侍講公之清操，而世風之直道而行亦可見也。近日士大夫居鄉任事者，或有所爲。其無所爲者，無不畏事。有所爲則失己，畏事則失人，二者皆非。權其輕重，不得已而從畏事者，何能白人寃獄耶？此卷別爲二林公得，非先世物，竹坡公以賜藴章，今藏之又三十年矣。道光乙巳五月，書於京寓詒穀堂。

志矩齋圖跋

六世祖雲客公以進士仕廣東長寧令，不得志而歸，閉戶潛修，從事居敬窮理之學。於里中結慎交社，講論義理之學，與科舉業兼，遠近負笈來學者幾三百人。此圖年七十時作，嘗曰：『我非敢希聖，蓋當聖人志矩之年，我方志學耳。』公少好道家言，究修養之術。有所傳《真詮》一書，不箸撰人名氏，蓋希夷抱朴之流也。圖脱帽持扇，作納涼狀。

黄忠端公儒行集傳跋

藴章讀先五世祖侍講公文集，載《黄石齋先生儒行集傳序》，知其博采古賢人事實，爲《儒行》十六條百二十二義之明證，洵足羽翼聖訓，昭示來茲，而惜未得見其書也。洎遊京師，僚友林君揚祖、江君鴻升皆閩人也，先後贈余《漳浦集》，皆存其目而不載其書。始知先生箸作甚富，集中不能全載，幾疑是書無復存矣。道光丙午，視學來閩，求之漳州不得。久之，漳浦教官林鳴宴、蘇克誠始從黄氏後裔錄一編郵至。余既快然得讀生平願讀之書，將謀付梓。適聞鼇峯書院舊有藏板，因向院長林太史春溥索觀，已不無朽蠹，遂取漳浦所録本補其殘缺，校其舛誤，刷印以廣流傳。夫儒行不一，自居何等，性之所近可勉，而至標前賢之言行，樹後學之楷模，必有讀是編而慨然興起者也。先生所箸書，今鼇峯藏板共有九種，曰《三易洞璣》、曰《易象注》、曰《洪範明義》，其《孝經》、《月令》、《儒行》、《緇衣》、《坊記》、《表記》皆曰《集傳》，康熙三十一年，侯官鄭宫諭開極視學浙江時所刊。宫諭作總序一篇，又别作《孝經集傳序》，餘皆無序。今是編卽刊先侍講序於卷端，而并識數語於末。

先尚書公入學試卷跋

道光丁未秋，章按試泉州，於遺卷内録取，佾生惠安林春光在列。翌日來謁，持先曾祖尚書公入學試卷爲贄。訝問何來，則其曾祖象湖中允諱之濬於康熙丙申歲視學江蘇，先曾祖爲所得士。中允旋罷官，攜卷歸閩，子孫藏之至今。因卽發篋視尚書公年譜所載入學名次、文題及學使姓名、籍貫、官階，悉合，遂再拜受之。并言於太守，使春光入清源書院肄業，以期學之有成焉。夫學使校士，三年所閲卷動以萬計，所録亦以千計。及其去也，將瓦礫視之，幾見輦至其家什襲藏之者。卽藏之，而子孫無讀書好古之士，亦必飽蠹魚之腹，或付之一炬，何能歷百數十年尚存乎？於以歎中允愛士之心爲不可及，而子孫之賢亦可見也。夫地之相去也四千餘里，時之相隔也百三十年，而故物復歸，亦世間希有之事，况章先澤所存，宜何如欣喜珍重也耶？爰付裝池，而志其所由來如此。

重刊侍講公小題文稿跋

先五世祖侍講公有《南畇文稿》行於世，迄今亦頗殘缺。歲辛丑，余在京師，由家郵至一部。旋因長樂梁中丞章鉅寓書言欲選刻名家制義，向余求先世遺稿，因郎以郵致中丞，後亦未見選刻。欲再得一編，家中已無藏本。近日寓書至家修版刷印，尚未卜能整理否也。福州王生道徵爲余所得士，出所藏先侍講《小題文稿》一編相示。余受而讀之，有已載《南畇文稿》者，有未載者。蓋是編刻於前，《南畇文稿》刻於後，且是編所載皆小題，故不無互異，亟付梓人重刊行世。予昨在泉州從惠安佾生林春光得先尚書入學試卷，今復從王生得先侍講遺稿，結文字因緣，復祖宗手澤，蘊章閩嶠之行誠厚幸矣哉！道光二十八年孟夏八日。

秋士先生集跋

族祖秋士先生布衣徒步，壁立千仞，至飢餓不能出門戶，未嘗丐貸於親朋，惟二林餽之則受。所箸古文似周秦諸子，非漢以下筆墨；詩工造句，氣骨超俊，不著纖毫塵垢。二林刊其詩文行世，并爲之傳。嘉慶間修家譜，偶遺其傳，他日續修，亟宜編入。甲辰十月書於京師。

二十二史感應錄跋

《易》言『積善餘慶』，《書》言『作善降祥』，經訓昭垂尚矣。《太上感應篇》雖出道藏，而『禍福無門，惟人自召』本《春秋左氏傳》語，其所勸懲皆切於民生日用，與道家諸書之尚符籙、講導引者不同。後人或援稗官野史及里巷傳聞爲之詮證，不免爲儒者所輕。余家自先五世祖侍講公以來，世守《文昌陰騭文》以爲束身寡過之資。先大夫少孤力學，刻意潛修，兼奉《感應篇》一書，嘗輯正史所載善惡報應之彰彰者若干條曰《二十二史感應錄》，以明勸戒。刊版行世垂六十年，吾吳及京師久已風行。今蘊章視學來閩，重刊以廣流傳，俾承學之士見援引皆本於史傳，益以信感應之不誣而檢束身心以迎善氣，未必無功於世也。夫人爲善爲惡未有不自知者，知爲善而充之，善心日擴，善氣日臻矣；知爲惡而縱之，惡心日熾，惡氣日盈矣。卽此善惡之心積而爲吉凶之應，則不待庚申三尸之奏，月晦司命之言，而始邀天鑒也。此心之烱然難昧者，卽謂之三尸司命可也。銅山西傾，洛鐘東應，以類相感，在物且然，而況於人乎？

王夢樓蔣山堂合璧書册跋

二林先生五十初度，丹徒王夢樓、杭州蔣山堂各書《阿彌陀佛經》爲壽，先生裝成一册，手加評跋，盛稱兩君書法，而於山堂尤推服焉。山堂書學鍾太傅，筆意淳古，非如夢樓之千人皆見者。相傳山堂作書，磨墨貯杯中，舉筆直下直起，墨皆聚於筆端，故雖閱數十年而其光如漆，淋漓若乍書者。此余聞江鐵君沅言之，鐵君事二林久，所聞當不誤也。是册亦竹坡公所賜，并志之。

先尚書公年譜跋

先尚書公《年譜》一册，前皆手書，六十以後間有人代書者，公殁後未及刊行。章嘗攜至京師，請同里潘相國爲之序，今又閱數載，因循仍未刊也。觀《年譜》所載，公於臚唱後即直南書房，當時膺此選者皆講讀以上，修撰入直自公始。又雍正九年初設軍機房，南書房翰林常鈔寫奏摺，特賜筆墨，此近日所不知，因讀公《年譜》并志之。

先祖榮禄公手書家塾規條册跋

先榮禄公殁時年四十，吾父暨諸伯叔皆幼，惟伯父侍郎公、侍御公已學爲文。塾師爲吾鄉名士吴賁園先生名智，其文樸實，説理有先輩餘風。每遇課期，先講題旨，再授作法。或先落此字，後出彼字；或先落彼字，後出此字。兩人作法不同，文成即改，改定講貫，令各繕清本，并呈榮禄公閲。公遇期雖至漏三下，必危坐以待，自爲講説文義，然後就臥。此章幼時聞之侍御公者，以此知當日父師之教，皆非晚近所能及也。此公所書《家塾規條》册，爲侍郎公所藏。嘉慶己卯，章應禮部試，在公案頭攜歸，及道光壬辰將入都補官，仍歸從弟茂孫，俾收藏焉。

黄石齋先生書榕頌跋

晦翁書石刻遍天下，閩中尤多。雖以人重，亦其書本卓犖也。石齋先生亦不以書名，今觀石刻《榕頌》，淳雅秀逸，脱胎晉人，乃知書雖一藝，從學問中醖釀而出，自有異於人也。先生當甲申之後將入南都，猶與諸弟子釋奠於先師，講書於書院，而後行。其視講學無一日可廢，成仁取義豈一朝夕之故哉？

從祖學士公手書經解跋

右《經解》百二十條，從祖學士鏡瀾公手書。公任國史館提調最久，性耿介不阿流俗，屢忤掌院大學士和珅，被沮罷職，旋病歿京師，時乾隆五十六年四月也。此手書《經解》，考證淵博，條理分明，大約爲翰林時所作，今曾孫孚甲藏焉。公所爲應舉文確守先輩準繩，精意内含，寶光外發，迄今幾及百年而光景常新，知其當時不揣摩風氣，故日久亦不隨風氣爲轉移也。先君子制義爲公手評者甚多，以此見古人雖入仕途，不廢故業，學之所以日進，而因此日遠流俗，故人品益高矣。

浯溪異石記跋

《浯溪異石記》，其文自左至右，與他碑異。惟『疏』從『柬』旁，不免見呵於墨守《説文》者，然書法古峭，豈得謂之俗手？

壇山石刻跋

壇山石刻『吉日癸巳』四字，金石家言穆王遊乎八極，而遺其馬蹬於茲山，故一名馬蹬山，其説已不經。又云『李斯見之，七日起歎』，其字既非蝌斗，亦非籀文，而云在李斯之前，未見可信。

吳禪國山碑跋

此碑爲師宜官書，如渾金璞玉，惜少可搨之字，其存者猶分明可見筆意也。皇象書《天發神讖》，自創一體，筆力嶄絶，與此碑異曲同工。唐李少溫自負其書，謂：『李斯而後，直至小生。』少溫書誠數百年冠冕矣，然云直接秦相，則尚有皇象、師宜官等，未可盡歸湮沒。

魏孔羨碑跋

《魏封孔羨碑》尚承漢法，有古拙意。至《上尊號》、《受禪》，則發越流麗，開唐隸之先聲矣。此碑拓本爲笪江上所藏，蓋明代物也。

祀三公山碑跋

此碑在篆、隸之間，筆意淳古，新莽始建國時作也。西漢碑已不可見，惟五鳳二年磚刻模糊，未見筆意，此碑在東漢之前，字法亦由篆入隸，余所藏舊拓，可珍也。

唐李少溫栖先塋記跋

居今日而觀秦、漢刻，苦於徒見形模，不見筆意。隸字尚有鍼線可尋，篆碑更少，竟乏準繩，是以學篆尤難。若不見抑揚起伏、跌宕頓挫之致，雖老於此事，亦木版《説文》耳。《繹山碑》杜工部時已木刻，漢及三國雖間有篆刻，存者字數太少。惟唐李少溫書傳世尚多，而亦有翻刻。此《栖先塋記》尚是原刻，結構謹嚴方正，筆意未湮，堪爲後學津梁。

漢孔宙碑跋

漢隸率多沈著充滿，少虚和之致。其腕下虚和、跌宕多姿者，惟《禮器》、《曹全》二碑。《禮器》活潑丰秀，已開褚河南先路。《曹全》姿媚而謹嚴，出土最後，前人所未見，然患太工，雖渾厚内含，終乏蒼勁矣。惟《孔宙碑》天骨開張，於蒼勁中仍帶虚和之致，鸞翔鳳翥，獨絶千秋，後人罕步後塵。

漢裴岑紀功碑跋

《裴岑紀功碑》在巴里坤，末云『立德祠以表萬世』。一本作《海祠碑》，在天山之上，疑『海』字爲訛。長樂梁中丞章鉅任甘肅布政使，贈余拓本，亦作『海祠』。後知天山常爲積雪所封，人跡不到。山下有翻本，過客所得皆非真本也。字形矩方，筆勢開拓，規模自在。

文衡山書金陵雜詩卷跋

此衡山自書《金陵雜詩》，凡二十首，皆七言律，蓋應秋試時作，書與寓主人沈先生者。詩曰：『紅塵來往十年交，三宿高齋不憚勞。脱略時情真長者，延緣世講到兒曹。』蓋衡山已三度寓沈氏，又與其子同赴試也。又云：『青衫潦倒髮垂肩，一舉明經二十年。老大未忘餘業在，追隨剛爲後生憐。』知同遊皆非儕輩矣。又云：『江上時情傳警報，樽前壯志說登科。』又云：『可憐劉濞區區業，贏得功名屬亞夫。』蓋時聞陽明平定宸濠也。衡山詩純乎唐音，爲書畫所掩，不以詩名。余每展此卷，輒擊節高歌，慨想前賢風度云。

李陽冰般若臺記跋

磨崖刻往往畧具形模，惟唐《紀泰山銘》礱石加刻，故筆鋒迸現，其他皆不及也。閩人刊碑多不礱石，而況磨崖乎？此《般若臺記》筆勢雄直，自見魄力，然終不及他碑也。

蔡端明萬安橋記跋

此記文法雅鍊，以少勝多，當爲名作，不獨書法雄俊，足追魯公也。大書深刻，故至今完好，尤爲難得。橋爲泉州至興化孔道，惟學政按試由泉至永春，由永春至興化，不由此橋。夫入閩非易，入閩而遍歷各府州尤不易。既遍歷矣，獨不得見萬安橋，豈非缺憾？

八世祖蓼蔚公手書試卷跋

蓼蔚公書秀骨珊珊，得虞、褚筆意。此卷爲同里潘農部師升所得持贈侍御公者，今藏之又四十年矣。公爲前明萬曆丙辰進士，觀政兵部，未幾卒於京邸。性慷慨，尚氣節，與同里周忠介公友善。舉於鄉，十六年始成進士。嘗語同學曰：『吾若以民社司鐸，終當循分爲先人博身後之榮。若登甲科，仕京秩，當捐軀報國，不顧身家也。』蓋前明京秩皆得建言，公見時政頽壞，故發此言。乃天不假年，而經世之畧未有表見，當代惜之。

從祖二林公書邵康節詩跋

二林公書初學香光，余幼時見家中藏書，公手評居多，筆意皆似董。後學蘇長公，筆勢開拓。進以顔魯公、鍾太傅，結體嚴整，氣象渾厚矣。最後學漢隸，於《衡方碑》得力尤多，故其古樸蒼勁如夏鼎商彝，迥非近代法物。武進莊寶琛先生嘗言：『公書不受右軍籠罩，即以一藝而論，空前絕後，可想見其爲人。』是真知公者也。相傳公舉筆懸臂，指尖向鼻，故直筆皆短。好古而不好奇，仍歸謹嚴端正，惟多參隸意耳，吳中收藏家爭購藏之。此録康節詩直幅，未脱鍾太傅筆意，尚非晚年筆也。又按公書應方外者最多，惟不書紅色紙，不書扇。

侍講公手書學易纂錄跋

先五世祖南畇公潛心理學，取法高忠憲，具見遺書。此手書《易經》附以注解，蓋本朱子説而間參己意者也。公守宋儒之學，其注《易》務在明理，不講象數，惟取錯綜之説。是書藏於家，未有刊本，先澤留貽，願子孫世守焉。

侍講公手評山谷誠齋二集跋

章幼時見先世書籍，皆貯鋤雲園之環蔭書屋及幔仙閣二處，其中二林公手評最多，南畇公評者已不可多得。此二書，猶章讀書園中取以藏之者也。公詩從德性中流出，春風沂水，和暢天倪，信足上追《擊壤》，非於字句求工者。山谷、誠齋雖皆詩人，而能剗削皮毛，獨抒心得，宜爲公所取法也。

先尚書公鍾園生壙圖卷跋

先曾祖母宋太夫人先卒，尚書公卜葬於香山鍾家園，因自營生壙，作圖志之，題詩其後。嘉慶初，伯父侍御公乞潘榕皋先生題其卷首，分書『思深隨會』四字，蓋先生爲尚書公典試浙江所得士也。先生享壽最高，道光初猶矍鑠，嘗過余，索觀是卷，讀尚書公自題詩歎曰：『吾師不以書名，今觀此卷，無一筆不從唐碑得來，神氣靜穆，豈後學所能步趨耶？』謹按，公書挺秀似率更，而天骨開張，又似從北海得來。是卷章攜至京師十餘年，今將赴閩，仍攜歸藏於家。丙午八月上浣記。

伯父修田公手札跋

章年二十以上，每歲必寄一二書至京師，或言家事，或賀遷官。伯父必有札答之，要言不煩，迄今思之，語多奇中。如一書云：『余年老思退，後來鵲起，非子而誰？』一書云：『學者以治生爲本，宜從節儉。』今章以不才忝居卿貳，而不善治生，退無可歸，公言皆驗矣，始知善觀人者於年少時即可定其生平。公書秀挺潤澤，得力於承旨，而不襲其貌。

伯父秋岳公臨黄庭經跋

公中年棄舉業，所觀惟先儒格言，書法渾樸，上追晉人。所書《黄庭經》數語，識者歎其筆無塵俗。公嘗手書《華嚴經》一部，閲兩載而成。平居無事，竟日染翰，有求書者必却之，曰：『吾非書家，何堪應人？』虚衷若此，非他人所及。

叔父葦間公書九成宫醴泉銘跋

章年十二三時，葦間公家居，日臨《醴泉銘》歐帖不下數十本，因向公乞得此册。公又嘗大書唐人七絶一首，令粘壁間，又爲書孫過庭《書譜》六幅。今惟《醴泉銘》及《書譜》尚存。公書學魯公，渾厚凝重，一筆不苟，如其爲人，都門及吴中多有流傳者。

葦間公汲雅山館詩稿跋

公詩初學西崑，後歸雅正，五言古窺王、孟、韋、柳之奥。今仲弟郵稿至京師，囑章删訂，雖所存止三卷，然各體之妙畧見於此，詩固不在多也。乾隆癸丑，先府君卒於家，公有《哭兄詩》五古四章，情文悱惻，尤爲卷中傑作。公歸田後，章嘗從公於問梅詩社，其時雖詩思漸減，而筆力益蒼，今所存亦有數篇。乙巳七月，書於詒穀堂。

叔父竹坡公臨蘭亭帖趙枯樹賦跋

公年三十餘卽棄舉業，惟觀史鑑及染翰而已。所臨《蘭亭》及趙承旨《枯樹賦》不下千本，秀挺中仍帶藏鋒。結體純乎承旨，惟用筆謹嚴瘦削，不類他人學趙但見癡肥。公有晉人之曠達，而天性肫誠，故書亦超雋。

先妣顧太夫人手書家信跋

余前母顧太夫人書法率更，倜儻有骨，不似閨中人作。所見惟家書二紙，乾隆丁未府君應試禮闈，太夫人作此以寄。比府君歸，而太夫人已歿於母家矣。著有《芸暉閣詩草》行世。十年前，河督麟公慶之母惲太夫人選刻閨秀詩，吾母作與焉。乙巳八月，書於京寓。

遠峯兄殘稿跋

余年十歲，兄以編脩隨侍家居，見其嘗出文稿一編示余塾師，第一篇題係『桃之夭夭』一節。及余學文，問兄此本何在，則已爲友人攜往雲南矣，予甚惜之，兄笑曰：『今復何用耶？』後伯父檢兄文二篇授余，一題係『如以朝衣朝冠』，一題係『曰得其所哉』二句，爲陳柏亭先生改本，然皆童年作，非其至者。後簡堂叔父出所存『子在川上』一節題文，讀之始見匠心之妙。即此爲殘稿，無他存本也。

退齋墨刻跋

右退齋墨刻，伯父守約公書。公以乙科當爲令，不就，家居守墳墓，奉祭祀，宗祏賴之。書法平原，退入香光，於近代書家逼肖張得天，以書名吴中。所箸有《退思録》，皆輯先儒格言，予猶及見之。

粤東詩鈔跋

右《粤東詩鈔》一卷，伯父藹堂公箸，篇什無多，未刊行世。公以乙科出宰合浦，遇鞫囚行杖，輒閉目不忍視，嘆曰：『是官非我所能爲也。』未幾遂引退。是編爲在粤所作，讀之猶想見天懷之仁厚焉。戊申六月，書於閩南。

董香光字卷跋

右香光行書卷，筆力遒邁，所書皆禪語。其一起四句云：『靈光不昧，迥絶根塵。體具真常，不拘文字。』跋云：『昔人讀張無垢《中庸解》，謂近於禪。今觀《横浦集》，平平耳，必如諸老宿此等語，方可爲《中庸解》。』夫以禪語解《中庸》非一日矣，然出於山林遁世之士猶可也，香光官宗伯，逃禪已非所宜，况援儒入墨耶？

東林山志跋

余從兄遠峯公早踐清華，好道家言，超然有出塵之想。嘉慶丁卯秋，居憂在籍，奉母至雲栖作佛事，聞杭之東林山有仙跡，歸途獨往遊焉。有山翁吳靈圃玉樹者，借與《東林山志》稿本，卷首載《榴皮仙蹟》二十八字曰：『西鄰已富憂不足，東老雖貧樂有餘。白酒釀成緣好客，黄金散盡爲收書。』其字在篆、隸間，而結體或整或斜，崟崎有致。相傳爲洞賓降於沈東老家，東老飲之，擘榴皮掃壁成字而去。後載名人題詠及山川人物，凡若干卷，蓋欲刊而未果者也。是年冬，兄往濟寧主講書院，以是書付余，余亦未詢其詳。後兄歿於京邸，越五年，吾鄉徐澹菴行醫至東林，東林人爲言其事。澹菴歸以告予，予始知是書所由來，乃付澹菴仍歸東林。靈圃及其山人不勝喜，復益以近人題詠，乞余删定而授梓人。予即請澹菴志其緣起，未及自綴一詞也。道光乙巳，偶憶此書，屬家人郵至京師，開卷黯然，不勝今昔之感，因書數語，俟他年泛舟浙西，訪吳翁後裔，俾附卷末云。

小谷口畫引跋

道光丙午冬，余視學來閩，夢白鄭中丞既持所箸詩相贈，復出所作《小谷口紀事畫引》見示。蓋舉生平所歷之境各繪一圖，而弁言以敘其事，微異於年譜，而命意不殊者也。畫凡六十幀，就公生平蹤迹而標題之。其間家庭之聚順，朋友之歡娛，仕宦之遷移，山川之閱歷，足以發忠孝之情，起經綸之志，紀遭逢之盛，寫恬淡之懷，非徒資博物、徵吟詠而已也。吾吳尤西堂太史曾繪生平事蹟若干幅刊於集首。顧西堂一名翰林，足迹所至，未若公之廣，且文學侍從之臣，無緣以事功表見，所處之境與公有不同焉者，而後人覽其圖猶慨慕其文采風流。況公鴻猷碩畫，經緯封圻，不徒以文采風流見重於世，後之覽此圖而想望公之爲人，又當何如也？余初未識公，當海氛未熄時，公方家居，慨然出爲其鄉捍患。浙之大吏舉以入告，時余備員樞直，因知公之賢且能，意其爲人必當魁梧奇偉，及今相見，則恂恂如老諸生。始知肩天下之重任者，必資學養而才智內含也。因書數語，以志雅尚。

太姥山圖跋

余聞太姥之勝，按試至福寧，距二百里，未獲遊也。福鼎洪廣文出《太姥圖》相贈，則其學陳生九苞所畫，披圖覽之，始知有所謂傳聲石、羅漢岩、滴水洞、棋盤石、九鯉石、象石、雷轟石、玉笏、摘星峯、鴻雪洞、馬龍岡者。其最高爲摩霄峯，其旁兩峯插天，其中曰天門，其下卽濱臨大海，洵天下奇境也。雖不得至其地，得此圖以當臥遊，亦差快意矣。陳生世修儒行，早踐黌門，翰墨之緣特其餘事。夫自古文人皆須佐以閱歷，史遷西至空同，北過涿鹿，東漸于海，南浮江淮，所歷山川有以開拓心胷，故其文章獨絕千古，畫家亦然。陳生嘗遊關中，覽太華、終南之勝，又隨林殿撰鴻年至琉球，島嶼千重，洪波萬頃，俶儻奇怪，皆入毫端，宜其畫法蒼秀不落恆蹊也。余既愛斯圖，又慕陳生曾乘長風破萬里浪，其胷襟磊落有足多者，因題其後。

唐莒國公唐儉碑跋

予弟翊得舊拓《唐儉碑》，以王氏《金石萃編》校之，其未經磨滅者凡多若干字，後之志金石者可采證焉。案，碑云『聲高彥伯之右功出孟堅之表見之開府莒公矣』，《萃編》闕『右功出』、『開府』五字。『司令『禁止令行有伯山之威福』，闕『止令行』三字。『抱廊廟之□□公輔之器』，闕『抱廊廟』三字。『司令□辛門華冑』，闕『司令□』三字。『藻□麗於翰苑，雄□□於談叢』，闕『於談叢』三字。『□地方馳則遺風追電』，闕『電』字。『昔長卿□□武騎』，闕『武騎』二字。『以今□古』，闕『今』字。『未建□□之策遽會孟津之期』，闕『之策遽』三字。『隱太子至晉陽高祖初申通家之交好』，闕『高祖』二字，而以『高』字上原空二格誤作闕文。『公□前載之□□及列代之廢興』，闕『前』、『廢興』三字。『有陳琳殊健之筆王粲宿構之才』，闕『王粲宿』三字。『洪溝若割滅項之□未期』，闕『項』字，『滅』誤作『城』。『或面水背山或先偏後伍』，闕『先偏後伍』四字。『昔孔演宏才將元規而並列王恬□□與真長而共□』，闕『列』、『恬』二字。『控弦之眾』，闕『弦』字。『高祖批患釋難』，闕『批患釋』三字。『實諧僉論』，闕『僉』字。『不勞飛箭便下聊城』，闕『下聊城』三字。『而馬邑之酋長』，闕『酋』字。『釁鼓染鍔』，闕『鼓染』二字。『徽男尚識尚豫章公主』，闕『徽男』二字。『夫人河南元氏考行儒』，誤作『行瑀』。『子孫之守宗廟□先祖無□而□』，闕『孫』、『宗』、『先祖』四字。『更刊琬□』，闕『琬』字。『遽見流言之□』，闕『流言』二字。『四氣迴環』，闕『迴』字。『超三台之上階冠五等之尊爵』，闕『三』、『冠五等』四字。『韋丞相之祖業不待飾於□□』，闕『飾』字。『□社追尊』，闕『社追』二字。『□□鑿沼聽鳥觀魚福兮所□』，闕『鑿沼』、『魚福兮』五字。『□邪構惑忠正戀君賢良□□』，闕『邪』、『戀君』、『良』四字。其餘如『氣爲』二字上有『殖物化淳正』五字；『匈匈』二字下有『鬬荒餘風旣』五字；『尊』字上有『社追』二字；『龍劍袨服熊軾照門』，《萃編》止存『龍劍』二字。又有『計賢草生墳歲月已』八字，并不知其次第之所在，緣所見係劃裝本，當俟博雅正之。

歸樸龕叢稿卷十二

奏　啓　劄　判　告示　條約

代王大臣謝賜御製文初集奏道光十一年七月

欽惟我皇上學懋緝熙，道隆兢業。溯開天於一畫，肇啓苞符；仰建極於九疇，式昭彝訓。丹毫闡蘊，摛經天緯地之文；寶笈成編，括帝典王謨之旨。聿自紀元伊始，歲陽再值夫重光；欣覩御製初刊，天藻爰釐爲十卷。際文治光昭之日，疊申講義於經筵；當武功耆定之年，遂勒碑文於太學。御辰樞而宣化，悉本敬天法祖之心；臨甲觀以敷言，胥徵勤政愛民之意。球圖炳耀，文萬旨千；雲漢昭回，襲六爲七。伏覩宸章之富有，皆由聖德之日新。言如絲而出如綸，八埏嚮化；聲爲律而身爲度，九譯同文。前此舜什歌風，捧瑤函而瑞呈解阜；今茲堯文煥日，閉玉檢而象協昭明。臣等智類扣槃，學慚窺管，編摩共效，膺服同深。萬理咸賅，誦聖謨者十六字；一詞莫贊，叨恩賚者八十臣。望鳳闕以歡呼，披龍縑而臚拜。如遊宛委，快覩赤文錄字之藏；喜識津梁，共秉玉律金科之式。

内閣恭上孝慎皇后尊謚奏道光十三年五月

臣等竊惟肅雝著美，郅治起於宫庭；令淑揚芬，懿範欽乎臣庶。宣瑤齋之惠問，儀炳金函；溯珩佩之遺徽，光昭玉册。敬稽令典，聿著隆稱。欽惟皇后道協安貞，德符厚載。椒塗正位，承天晛合撰之功；蘭掖凝休，象月叶方升至頌。奉慈闈而昭愉婉，女史垂箴；佐宸扆而秉柔嘉，内官修職。詵繩衍慶，早歌《樛木》之仁；澣濯成風，羣仰練衣之儉。愴徽音之遽杳，上軫乾衷；宜鴻號之攸崇，丕彰坤範。臣等欽遵諭旨，敬考彝章。謹擬恭上尊謚曰孝慎皇后，伏候命下云云。

謝授光禄寺少卿奏

竊臣奉職樞垣，備員水部。甫膺簡擢，俾襄茂典於九儀；更沐恩慈，預領大官之三署。拜命初逾四月，遷官又進一階。感茲稠疊之鴻施，彌切悚惶之螘悃。臣惟有恪恭自矢，修執事於烹鉶；慎密爲懷，勵微勤於橐筆。策駑駘而取路，益深隕越之虞；效葵藿以傾心，冀答生成之德。

謝授通政司副使奏

竊臣江左庸材，備員樞直。荷聖恩之優渥，叨卿秩之頻遷。京兆忝襄，獲覽人文於三輔；鎖闈迭至，未釐考政於兩科。方慚報乏涓埃，豈意恩隆拔擢。聞命之下，彌切悚惶。竊維通政職司章疏，納言首命於虞廷；副使業贊登聞，鎖院特開於宋室。清嚴之職，方待賢良；檮昧如臣，實虞隕越。唯有在公表節，常襄三事之勤；維允自箴，更頌四聰之達。

一統志告成謝議敘奏

欽惟我皇上德暢垓埏，恩覃陬澨。東漸西被，寰區慶洽夫珠囊；八會十華，圖籍光昭夫玉簡。臣等備員史館，獲覩成書。榮分太乙之輝，課協同寅之力。優叨甄敘，莫罄軒賫。伏念熙朝疆域，駕軼漢唐；大漠風雲，遙通回準。震威稜於紫塞，梯航效順以偕來；播闓澤於黎元，嵩華騰歡而獻祝。是用跨越百代，勒成一書。天馬籋雲而來，流沙無外；洛龜負書以出，括地有徵。禹甸春回，覩萬國會同之盛；堯階日麗，紀九州清晏之庥。

謝稽查右翼宗學奏

叨塵宗署，方瞻親睦之庥；善導天潢，幸附師儒之列。惟宗學人才蔚起，久沐甄陶；而小臣賦質樗庸，忝資講習。荷丹毫之特簡，矢素志以難酬。巽命恭承，觀摩攸屬。臣惟有隨時勸勉，俾知培植之恩；實力講求，竊效直温之義。庶此日振振公姓，已爲瑞於周家；他年蹇蹇宗臣，共齊賢於劉向。

謝充福建學政奏

竊臣樗櫟庸材，菰蘆下士。荷隆施之疊沛，階晉清卿；感逾分之叨榮，秩參宗署。涓埃未報，葵藿徒殷。兹復仰沐温綸，畀以學政重任。伏念閩省自南宋以來，儒宗蔚起，未沫朱子之流風；史籍專攻，共習鄭樵之《通志》。人文既懋，表率爲難。臣師法雖專，徒守前賢之矩矱；聖恩猥被，忝爲多士之儀型。聞命知榮，撫躬增惕。惟有盡心月旦，求符海嶠之公評；舉足冰淵，益勵草茅之素志。

謝授左副都御史仍留學政奏

伏念臣賦質庸愚，受恩優渥。備員樞直，愧未報夫涓埃；疊晉卿階，更時虞夫隕越。上年八月，奉命視學閩省，忝預衡文之任，鑑別爲難；　每思訓士之方，匠成非易。　兹復蒙恩，擢授今職。　鴻施逾格，得躋九列以分猷；　蛾術因時，仍傍三山而造士。　撫衷循省，感悚難名。　惟有勉竭愚忱，恪遵聖諭。　勗諸生以立品，毋蹈歧趨；　協輿論以秉公，不渝素志。　因文考行，敢辭董戒之煩；　責實循名，冀答生成之厚。

内閣公賀李鹿苹制府協揆啓

伏審發册彤廷，登賢金鉉。　樞衡宿朗，齊輝四輔之垣；　旌節花開，仍領八州之督。　簪纓臚慶，鐘鼎增華。　竊以紹天闡繹之朝，必有熙載調元之輔。　引星辰而順軌，傍日月以乘舟。　況乎壤祝堯天，寶籙正開夫十瑞；　琴諧舜陛，卿歌遂踵夫五臣。　方躋盛治於炳麟，宜懋師儀而譽燕。　恭惟我公經綸霄漢，黼黻共球。　通天地人曰儒，學賅道筦；　兼智仁勇之事，績冠侯鼇。　蓋自三清通籍之年，即占萬里垂天之翼。　銀花貼榜，拈毫則鳳蠟分輝；　玉尺乘軺，握槧則龍門著望。　冰心在抱，碧雞之潭月同清；　青眼持衡，金馬之山雲頓豁。　更浮楂於白水，乃弭節於紅崖。　奎光耀參井之躔，文武盡荊梁之産。　迨星驪之三駕，欣珊網之頻開。　衡嶽融峯，摛藻杜韓而後；　澧江鄂渚，搴芬屈宋之餘。　栽桃李於藝林，徵楩枏爲國幹。　運斤斲推匠氏，持鑑可識人倫。　洎乎繡廌臺端，花驄山左。　節旄東指，控三司鷺飾之車；　穗秸南來，騰萬斛龍驤之舳。　耀霜威於尺簡，勵淵操於寸衷。　由是膺特達之知，儆無方之立。　光弼堪當閫寄，吉甫早擅治名。　豫域宣防，賡瓠子秋風之曲；　炎方安撫，聽荔枝明月之詞。　迨單車莅夫皖江，更幕府開於淮涘。帆檣絡繹，尅期而早渡安流；　韎韐巡邏，畏法而羣趨嚴令。既而封圻全楚，八九之雲夢胷吞；　控馭三湘，卅六之沙灣牙錯。重望則司空出鎮，歡聲則僕射東行。江漢從風，獠獞向化，載移虎節，爰駐羊城。桄榔舊嘯於仁風，椰葉重沾夫甘雨。航海鮫人之貢，翠鳥香犀；　瀕江龍戶之租，綠蘆黃稻。杜元凱才堪經武，柳公綽意在除姦。島嶼參差，息鯨波而思訓練；　鉦摫駢比，羅蜃市而禁奇衺。卽觀邇日之敷陳，咸仰作霖之擘畫。爲民造福，重兩朝喉舌之司；　惟帝念功，升一德股肱之佐。外仍從於寇借，攀轅慰南國之謳思；　內實倚於房謀，舞羽聽西陲之凱奏。溯一十三科以上，首叶金甌；　閱二十四考之時，纔攜玉杖。方且進昭文之職，溥太極之泉，公衮揚華，桓圭秉瑞。某等叨依省戶，典籤交愧於菲材；　幸附門牆，賀笏得循夫故事。華蓋之擎，八柱早荷帡幪；　黃麻之似，六經喜聞綸綍。暫睽旅謁，有懷薇院之摳衣；　共仰鈞調，引睇鈴轅而奮札。珠江遙挹，先獻上公副相之詩；　金闕高瞻，式符聖主賢臣之頌。

檄各學勤舉月課劄

日省月試，百工尚有程能；　春誦夏絃，多士詎無考課。查興化、南靖等學月課最勤，業經本院或列上考，或加記功，所以風勵學官，俾知稱職也。乃此外申送課卷，仍屬寥寥，虛叨廩祿之班，有愧師儒之任。諸生不勤學業，必至日事閒遊，非分之爲，由此而起。青衿佻達，教人之咎奚辭；　白簡森嚴，糾下之條安在。各勤司鐸，免箠褫鞶。

請爲本生母服斬衰判

漳浦生員陳忠鄂以自幼出爲叔父後，所生父歿，持降服；所後父歿，持斬衰。今所後母改帷，有父無母，所生母歿，願服斬衰。判曰：

禮不貳斬，哀未忘而情弗過；孝先百行，喪有等而義始通。該生報本雖殷，承祧莫改。所後之母已絶，未容因母而遺父；所生之母難忘，豈可薄父而厚母？義所不協，心即難安，應仍持降服，准其心喪三年如制。

城甎砌牆判

政和知縣詳監生某屋後圍牆蠣粉脱落，露出城甎六塊，請照違制斥革訊究。判曰：

田宅踰制，固憲典所必加；羅織成寃，亦糾參所不貸。監生某行非梟獍，居本蓬蒿，牆内城甎，難科違制。數僅同於六鷁，非有百雉之觀；屋復購自十年，已閲兩家之業。欲指爲盜竊，則毁城證自何人？欲擬以僭踰，則築室成於誰氏？況蠣粉剝而始見，知出无心；若蠆尾令而必行，是爲枉法。難允褫鞶之請，聊紓刻木之銜。

福建學政關防告示

爲剴切曉諭以肅關防而整學校事。照得國家設立學政之官，所以宣揚聖化，振作儒風，責至重也。顧弊端不絶，無以遴選真才；人品不分，無以敦崇實學。士子中有躬行孝悌，砥勵廉隅，堪爲庠序楷模、里閭矜式者，必當甄拔而優異之。其或不惜聲名，致干條教，豈可加之姑息，弗示創懲？惟旌別之兼施，庶轉移之有望。閩中爲人文淵藪，我朝二百年來名臣大儒，後先接踵。或窺程、朱之堂奥，或抉孔、鄭之藩籬，正學昌明，流風未泯。多士薰陶有素，必能文行兼優。此日潛修，樹儀型於鄉黨；他年特達，資拜獻於朝廷。設或競逐浮名，漸漓實行，必至喪其素守，流入下愚。腹無邊氏之書，懷等禰生之刺。鶩名者助呼將伯，貪利者病類芸人。甚至糧稅遲供，罔念食毛踐土；觸蠻好鬬，不思虧體辱親。此皆俗士之澆風，非復儒林之雅操。雖幸逃法網，清夜終覺難安；況必有餘殃，天道從來不爽。願爾多士，共切省躬。比玉無瑕，斯爲美矣；如圭磨玷，有則改之。本院江左名門，代修儒行，八傳科甲，兩世狀頭。家承積善之餘，躬勵承先之志。恪遵祖訓，謹守官箴。曾掄文武於京畿，屢佐典司於鎖院。凡兹列弊，無不周知。兹者恭承簡命，視學名區。聆聖訓之諄諄，覩人才之濟濟。唯有先加啓迪，不辭口舌之勞；繼重防閑，必懲舞弄之弊。履文場者廿八載，忍負初心；依禁籞者十二年，敢忘溫諭。冀培士氣，仰答主知。鋤稂莠以植嘉禾，種芝蘭而芟蔓草。鄭公孫之火烈，豈得已哉；楚令尹之終朝，固所願也。至於地處海疆，宜修武備。集生童而校閲，雖無行陣之威；合步騎而參觀，兼重弓刀之力。各宜勤加練習，有勇知方。熟讀《韜》、《鈐》，以備干城之选；力持品節，以爲鄉社之型。此使者所厚期，願諸生皆自勉。其或翫而不振，驕而不馴，皆非禦侮之才，難與序賓之典。國家揆文奮武，原屬兼資；本院責實循名，亦無偏重。勸懲不異，共凜遵循。茲當下車伊始，特剴切曉諭士子等，毋得視爲具文也。

勸止溺女示

天地之德曰生，萌芽不折；父母之憂唯疾，襁褓尤憐。是以惻隱之心，徵諸乍見孺子；腓字之異，詠於厥初生民。何習俗之移人，竟忍心而溺女。初聞呱泣，遽占滅頂之凶；別具剛腸，罔念屬毛之愛。拂天理，乖人情，戾氣所鍾，召災匪細。吾吳潘功甫舍人作《勸濟溺說》，屬余攜入閩中，復得鄭夢白中丞文一篇，乃彙而刊之，以廣勸戒。充此仁術，厥有三端：勸而悟之，使自止者，上也；醵金贍之，使自養者，中也；設局收之，立法禁之者，下也。與其謂人父謂人母，痛癢不關；何如饘于斯粥于斯，恩勤足恃。醵金補助收養，仍屬本家按候稽查姓氏，存於公局，此爲中術，切近易行，而亦無弊。凡我生童，果能實力施濟，苦口勸戒。因物付物，仁人原不居其功；以心感心，赤子無不蒙其福。本院必當酌加獎勵，以爲矜式。其各勉之毋忽。

曉諭士子勸民戒鬬示

爲剴切勸諭事。照得本省漳、泉兩府素有械鬬之習，近聞興化亦染此風。前撫院鄭既譔《戒鬬説》一篇頒發各屬，開導愚民，復印數千本，託本院於按試時分給生童，以廣勸戒，誠仁人之用心矣。本院視學此邦，職司教化，所願返澆漓爲淳厚，變慓悍爲循良，風俗蒸蒸，媲美鄒魯。惟是關防嚴密，巡歷怱怱。雖時切夫隱憂，實難周於開導。思爾諸生四民首列，三物同興。身遊庠序之中，既自薰陶於詩禮；心識科條之意，尤資激勸於州閭。古者王烈居鄉，盜牛知恥；管寧流寓，汲井息爭，誠賢哲餘風。諸生取法是用，各給斯編，俾資善導。庶蠢爾愚頑各曉然於械鬬之風，實足以干天怒而拂人情，喪宗祊而速裁禍。將日遷月變，既克副中丞慈祥愷悌之心；即海澨山陬，亦共享聖朝康樂和親之治。爾諸生居鄉而能善俗，卽出身亦可臨民。非分外之責成，實相期以遠大也。如能實力申勸，著有成效者，許得由學申詳，或由縣具報，本院必當優加獎勵，非託空言。其各勉之毋忽。

禁童生假稱年老示

青春不再，方深慨嘆之情；白首有期，何不須臾之待？該童等問年已屆杖朝，覿面依然斑鬢。童試妄思弋獲，賓興卽可邀恩。積習相沿，居心不正。未卜青衿之厠，徒滋絳縣之疑。名器不可濫邀，宜加稽核；人品端於始進，慎勿虛浮。

問心堂示生童條約

一、正心術。孟子曰：『人能充無欲害人之心，而仁不可勝用也；人能充無穿窬之心，而義不可勝用也。』欲正心術，當將此二語默自提撕警覺，其所包者廣矣。

一、飭躬行。孝爲百行之原，將爲善，思貽父母令名，必果；將爲不善，思貽父母羞辱，必不果，故可以賅百行。多士先於此致力，則操其本矣。《周禮》『六行：孝、友、睦、婣、任、恤』，亦以孝爲先，推之倫理族類之間，各竭其誠躬行，所以粹美也。

一、勤學業。學業以讀書爲本，讀書以經訓爲先。漸漬於經訓之中，以明其理，則於邪正公私之界灼然無惑於心，而遇事不失其守矣。故勤學業，實有益於心術、躬行，而非徒泛覽詞章、矜言攷訂也。第詞章攷訂，亦賅乎其中，所謂由本以及末，當知先後耳。

一、戒躁進。窮達有命，非可以力致也；功令森嚴，未可以身試也。勿論求榮反辱，雖悔難追。卽使僥倖成名，而予之齒者去其角，亦理所必至。使者閱人多矣，願諸生各安義命，勤學以待時。

一、持節儉。士子坐守寒氈，白粥黄虀乃其本分。倘或習爲奢侈，必至取非義之財以供揮霍。喪聲名，罹法網，皆因乎此。先儒云『咬得菜根，百事可做』，宜常體味此言。其或家本殷富，不妨素位而行，當以其餘賙恤里黨，或資助地方義舉，方爲用財得當。一切奢華之習，仍必從刪。

一、息爭訟。『訟則終凶』，古人不我欺也。士子束身脩行，諒無與人爭訟之理。倘有鄉鄰親族遇事不平，以致涉訟者，務當力爲勸解。或以情原，或以理恕，使之消釋，則保全兩家，功莫大焉。

一、懲游戲。歲月如馳，無聞忽至。與其擲光陰於角逐之場，何如閉戶而修其業？古人分陰是惜，學問中汲汲不遑，實無暇爲游戲之事。況一拋正業，諸邪得而中之，可不慎歟？

一、勿言人過。伏波《戒兄子書》曰：『吾欲汝曹聞人過失，如聞父母之名。』蓋非獨遠禍，亦以養德也。君子以脩身爲務，見不賢而内自省可也。何忍宣之於口，以暴人之短哉？

一、勿看閒書。吾人讀一書卽有一書之益，上而明其理，有益於身心；下而掇其詞，有益於記誦。若稗官野史，詩文所不能用，閱之徒費工夫，有志者不爲也。

一、力行善事。如惜字、恤嫠、育嬰、施衣、施藥、施棺、收埋等義舉，卽小康之家亦當量力行之，久而勿怠。貧士則出力助理，或爲勸募，常存濟人利物之心，自不至流入谿刻一路。心地既厚，福澤自長矣。

以上十條，語雖淺近，要皆切於身心日用，非如好爲高論、迂遠難行者也。使者平時嘗舉此以教子弟、訓生徒，今願公之多士，倘不河漢余言，置之座右當箴規，亦未必無益云。

跋

癸卯六月，湜始謁彭表丈詠莪先生於京邸。後四年，先生視學閩中，復獲從遊，侍几席者餘一年。至是益窺先生學問之源，并獲與聞述作之旨。既得盡讀《歸樸龕文》，因類而録之，編爲十二卷。校勘已竟，謹舉平日所得於先生者，附載數語於此，曰：

先生幼攻詞賦，熟於漢、唐名家之作，故其文奇偶相生，華實並茂，然用以發抒心得，不繪鏤襞績以爲工也。其治經不改訓詁，而得其説。論《易》自九師以下元元本本，旁見側出，蓋潛心漢學而賅其説者。其平居議論和易淳實，戒學者毋騖高遠，謂二氏之學未始無好脩之士出其中，而以其説混於吾道爲防。今試取斯編讀之，精實如粟帛，簡貴如金玉，淵然粹然，無近代文人矜亢之氣。蓋表裏合一，即其文可以知其學，即其學可以知其人矣。尤所異者，先生每有所作，下筆千言，若書宿構，蓋醖釀既深，有觸而發，逢原之下，自協規矩。老泉謂歐陽子文『無艱難勞苦之態』，湜於先生之作亦云也。

道光戊申六月望日，表姪江湜拜手謹跋。

歸樸龕叢稿續編

歸樸龕叢稿續編卷一　賦頌箴銘

錢賦

有物於此，內方若矩，外員如規。能紀古今之年，秉堅質而不虧。不脛而能走，無翼而能飛。通四海而利用，準百物而咸宜。飢者得之而食，寒者得之而衣。野處得之爲大廈，疾痛得之爲良醫。崇山巨川得之而踰險阻，干戈饑饉得之而撫瘡痍。臣愚不識，敢告前疑。

疑對曰：此非金質而有文者歟？去故而趨新者歟？庸夫所慕而不慕於聖賢者歟？少年所賤而不賤於暮年者歟？寠人所輕而不輕於富人者歟？其爲功也，能使枯者蘇，瘠者腴；其爲罪也，能使潔者污，智者愚。如泉之流，流不已也；如刀之鍥，鍥不止也。九府立法，母生子也；三品不足，易以紙也。夫是之謂錢，理也。

古柏頌并序

余家有古柏一株，相傳爲北宋時植。枯其半已五十年，其半僅蒼皮連屬，不復成樹形，而其枝葱鬱不改。爰作頌曰：

木之壽，惟大椿。伊斯柏，齊輪囷。傲霜雪，八百春。枵其腹，鱗甲存。聳危幹，淩青雲。鬱蒼翠，垂芳芬。魯連特立志不羣，廉頗雖老猶能軍。鑒兹古柏德是薰，勿翦勿伐兮芘我後人。

石丈人頌

鉏雲園有巨石如人形者，仲山移於有懷廬之庭，并爲文以紀之。余又爲之頌曰：

蒼蒼之石，植立如人。來從震澤，集我家園。園石磥砢，丈人獨尊。平泉草木，北海琴樽。歲月云邈，流風日湮。喟兹瑰質，蕪没荊榛。百年感舊，遷地從新。言開北牖，忽覩嶙峋。臥游五岳，寂閉重門。閲人成世，孰主孰賓？

安節頌

道光庚戌，孟陬既望，爲余伯姊歸平陽太宜人七旬初度。蓋以節孝膺旌門之典已十九年矣，長甥以中書舍人侍養南陔，稱觴介壽，簪裾合遝，綵服斑連。時則梅萼敷春，椒盤獻歲，德星堂上，愉愉如也。竊惟松柏淩寒，芝蘭挺秀，晚年多福，庸行無奇。若吾姊今日則有可慶者三焉：自彈別鵠，躬益孱羸。藥裹常親，清齋奉約。迄今古稀之歲，矍鑠愈形，行不手笻，髮無點白。於以卜後福之無涯，耆齡之可券，其可慶者一也。甥年四十始育佳兒，似續初艱，關心門祚。乃今瑤環林立，亦既抱孫。絃誦在庭，青箱迪後，其可慶者二也。余達宦京門已逾廿載，每思手足，望切雲霓。削牘神馳，聞疴心擣。今適恭承簡命，視學還朝，道出里門，登堂捧斝。則又天假之緣，以遂太宜人友愛之懷，而慰余平生之願，其可慶者三也。有此三慶，不可以無言。夫作善降祥，報施不爽。姊能承平陽之世德，守余家之素風。任恤爲心，慈祥爲本。涓流匯海，撮壤成山。惟其行之有恒，故能積之至大。統數十年而計之，冥漠中必有或益之算、或畀之嗣。或錫平康之福，或予簪紱之榮。默爲轉移而人弗覺者，《左氏》所謂『惟人自召』者也。余在閩三年，表彰節孝八百二十餘人，誠以人倫之始、王化之基，職在輶軒，不敢忽也。今歸故里，適逢吾姊覽揆之辰，表行必舉其大，揚麻非私其親。敬作頌言，繫以安節。罄宜戩穀，義取吉祥，早歲境迍，槩從其畧云。頌曰：

吾家樂善，積累有年。二林擴之，徵士承焉。式化閨門，誼敦婣睦。澤潤羣枯，恩霑九族。吾姊垂髫，義方聰聽。愷悌肫肫，默觀感應。潛修淨土，著錄聖賢。姊聞緒論，繡佛圖蓮。爰在弱齡，重闈依侍。岵屺興嗟，撫循弟妹。結褵二載，獨鶴唳雲。三雛均哺，一室劬勤。兒詠青衿，克承世澤。並守縹緗，母訓是式。彤廷貢玉，職在師儒。皖江千里，欲奉板輿。志切承歡，言辭遠道。習隱吾廬，榮名是寶。鶴書旋畀，當判五花。欣承鸞誥，懿範褒嘉。象服邀榮，操勞靡懈。政肅閨中，譽流閫外。春秋追遠，享祀苾芬。日慈與孝，啓佑後昆。桐苗孫枝，森森擢秀。鞠腃堂前，以介耆壽。宜人令德，戚黨蒙恩。饑寒賙恤，惠及里門。善氣迎矣，德心臧矣。嘉祥集矣，長樂康矣。我來自閩，維冬之孟。茂苑停軺，梓鄉起敬。言登通德，躬進芳卮。暖吹葭律，彩耀萊衣。荼苦昔嘗，蔗甘今味。來日未央，景福方至。安受以泰，節而能亨。願書彤管，用揚頌聲。

將帥箴

養兵百年，不輕一試。先定吾謀，審敵之勢。士惟其勇，將惟其智。戰有必爭，亦有必避。謀在事前，豈曰無畏。決策而行，有死無二。不善將者，勇怯皆害。勇將輕生，三軍雪涕。未摧敵鋒，先喪我氣。怯將貪生，兵無鬬志。敵至則奔，渙如川潰。民命國威，豈堪兒戲。武之翫兮，禍之延兮。國之亂兮，民之顛兮。前車既覆，後車戒兮。敢告將臣，制閫外兮。戮力一心，算成敗兮。

日晷扇銘

紈素爲扇，持之貴平。立鍼作表，義取嚮明。二十四氣，布若列星。寒暑既定，朝暮有恆。秒分不忒，視影所經。夜則待旦，雨必望晴。毗陽之故，未究功能。土圭同技，刻漏難爭。

印匣銘

乾爲赤，坤爲文。如山之壽兮，如玉之溫。舍之則藏兮，用之則得其名。

歸樸龕叢稿續編卷二　論　辨　書後　說　記　祭文

尊韓論

戰國時楊、墨徧天下，孟子闢之；自晉至唐佛、老徧天下，韓子闢之，其功同也。性與仁義之說不明，而孟子明之；性與仁義道德之說皆不明，而韓子明之，其道又同也。夫韓子之所謂性，卽孔子之所謂性；韓子之所謂仁義道德，卽堯、舜以來之所謂仁義道德。故韓子者，禰孟子而祖孔子者也。夫性與仁義道德之說，能與天下共明之，不能與天下共精之。非性與仁義道德之必私於己也，慮夫人聰明才力之不齊，過求其深而入於晦也；語言文字之流失，不達其情而誤於歧也。故《原道》、《原性》，韓子之文也。別無韓子之書如荀氏、楊氏之自成一家者，韓子之意，謂性與仁義道德之說已明而可不作也。自宋以後謂韓子之言性道粗矣，然則韓子誤乎？曰未也。苟不誤矣，何患其不精？夫儒者之學，以躬行實踐爲本。非有上哲之資，無暇深求。夫性道苟能無歉躬行，雖不聞性道之深而無害也。所以孔氏之門身通六藝者七十二人，然而夫子『罕言仁』、『性與天道不可聞』者，慮不得其人而晦與歧也。韓子之心亦若是而已。道之不明也，韓子與天下共明之，懸其說以俟夫人之自得，而不肯精其說以開歧、晦之門，故其學無流弊而其道尊也。

四象辨

《易・繫辭》『兩儀生四象』，虞翻謂春、夏、秋、冬即《坎》、《離》、《震》、《兑》，周子謂水、火、金、木，惟朱子《啓蒙》謂太陽一、少陰二、少陽三、太陰四。按，《繫辭》又曰『法象莫大乎天地』，蓋言兩儀即乾坤也；『變通莫大乎四時』，蓋言四象即春、夏、秋、冬，即八、七、九、六也。春之數八，少陰數八；夏之數七，少陽數七；秋之數九，老陽數九；冬之數六，老陰數六。八、七、九、六，即四時之數。至『縣象著明莫大乎日月』，始言《坎》、《離》。夫自陰陽分出老少，切於揲蓍，而惠氏棟非之，誤矣。既欲由太極而遞生八卦，卦尚未成，安得有《坎》、《離》、《震》、《兑》，何以分水、火、金、木？惠氏主四時説，謂即《坎》、《離》、《震》、《兑》。夫謂兩儀生四時，原無不可；謂四時生八卦，恐不若老少陰陽成卦之切近。惠氏云陰陽可謂儀，不可謂象，不知儀、象有何分別？渾天儀即觀象之器，亦非陰陽，亦非四時，又何以名耶？況下文又云『易有四象，所以示也』，豈但以《坎》、《離》、《震》、《兑》四卦示人耶？按，揲蓍三次已成一畫，即分老少。是陰陽本兩，自分老少而成爲四，所謂『兩儀生四象』也。惟《啓蒙》以一畫一斷之上，再加一畫一斷爲四象，故開後人聚訟之端。蓋古法一畫之後即加至三畫，當其兩畫之時未有稱名，亦無一二三四之序。蓋本邵子之言，後儒所以惑也。其實朱子所謂太少即老少也，若勿指爲第二畫時，則有陰陽必有老少。揲蓍之通義，誰得而議之？惠氏言陰陽分太少則可，陰陽生太少則不可，不知分與生有何區別？太極生兩儀，兩儀非即太極所分乎？豈太極別爲一，兩儀不在其中分出乎？分而爲二之策，非卽未分時之蓍草乎？至陰陽老少分於策數，雖得一畫，老少已分。自一畫至三畫，一斷至三斷，又重之至六，每畫每斷，各有陰陽老少，卽皆在四象之中。故言兩儀亦不當指一畫一斷說，果成一畫一斷，已爲四象中物，不得復生四象。疑但當渾舉一陰一陽以當兩儀，不可以一畫一斷當之。蓋一畫包七、九，一斷包六、八，與紙上觀卦，但見一畫一斷者不同也。《易》有渾淪之太極，卽有陰陽；有陰陽卽有七、八、九、六，有七、八、九、六而後成卦，雖漢儒復起，無可議者也。邵子論卦皆從紙上觀其迹，而不論其義，故其《方圓圖》，《乾》一上缺而爲《兌》，中缺而爲《離》，上、中皆缺而爲《震》，其自得之妙皆在紙上，不在卦中。若論卦義，則《兌》何以爲二，《離》何以爲三，《震》何以爲四，自伏羲畫卦以來，至漢儒皆無其說，邵子竟何所本耶？愚嘗謂朱子講四象，深合揲蓍老少陰陽之旨。惜以二畫二斷當之，亦爲古人所未有，故不揣闇劣而爲之辨。

讀安溪李文貞大學古本說書後九則

《大學》用功之節次，觀幾個『先』字，幾個『而後』字，其不可淩節而施也，明矣。『誠意』一層，爲知既明而身仍不修者設也。所謂能知而不能行者，由於知其善而不爲，知其惡而不去，直與不知者等。故必好善如好好色，惡惡如惡惡臭，發於心之誠，而後善日臻，惡日去，心乃可以正，身乃可以修也。陽明《大學古本序》云『誠意之功，格物而已矣』，是畧去『致知』一層。又曰：『物格則知致、意誠，而自有以復其本體。』若知致、意誠不分兩候者，未免將能知不能行一等人忽過。

嘗謂『格物』之『格』，當從廬陵胡氏邦衡作『正』字解爲最妥。古注作『來』固非，《集傳》作『窮』字解亦不合訓詁。蓋『格』字訓詁止有來、至、正三義。朱子原云：『格，至也，窮至事物之理，欲其所知無不盡也。』然必上加一『窮』字，下加一『理』字，方能達其意。陽明所謂『若上去「窮」字，下去「理」字，但云「至事物」不可解』者也。第陽明以『物』爲物欲之私，『格』爲格去之，是視『物』字中有惡無善，則所謂『如好好色』者何指也？然此《大學序》則曰『物者，其事也』，尚不偏指物欲，亦仍有正字意。

『格物』之『物』當兼人與事說。『格』者，如今羅盤亦名格盤，用吾心之定南鍼以辨別其邪正是非，而知其善惡，善者從之，惡者違之，是謂格物。自程子言『一草一木亦皆有理，不可不格』，其徒呂氏大臨遂墜於禪，王陽明格竹成疾，幾棄所學，豈不誤入歧途與？

古人十五而入大學。聖人設教，舉天下之人皆可與於斯道，非止爲上智言也。故先之以格物，使其明邪正是非之辨，而隨時隨事以致其知。又恐其知而不行，故又示之以誠意，使其好善惡惡皆極其誠而無自欺之弊，自然能正其心而修其身矣。身修而齊、治、平之道可漸推矣。

陽明《答羅整庵書》曰：『格物者，格其心之物也，格其意之物也，格其知之物也。正心者，正其物之心也。誠意者，誠其物之意也。致知者，致其物之知也。』似乎四通六闢，語妙盡矣。然未嘗無是理而却不當如此立說。蓋《大學》一書所以教人，非欲自明其本領也。愚智皆可入學，使之循序漸進，皆可以入聖域，故爲之心苦以分其次第，不患其無下手處。若一涉圓通，則智者可知而愚者難明。雖曾子之賢，亦當在聞呼一貫之後，方能徹上徹下，觸處皆通，非所以語十五以上之中人也。故孔子至聖，不聞進三千弟子，而盡詔以一貫。子貢之智，始聞性道，孔子固不欲盡人而知其本領矣。聖人知此道，惟恐人之不知，而不欲詳言； 後儒知此道，惟恐人不我知，而必欲詳言。不言者，待其人之自得於心也； 詳言者，慮其學之不明於後也。

秀水朱氏竹垞云：『必待窮知事物之理，而後可以入大學。』直從格物至平天下一線穿成，非聖人不能使人無從下手處，蓋患宋儒言之過高也。然玩『欲其所知』之『欲』字、『以求至乎其極』之『求』字，皆是未然之詞，仍非必謂窮知而後可與入學也。若陽明之說，則皆在一旦豁然之後，非若程、朱尚有層次。至陽明以爲當從古本，其說良是。宋以後諸儒如蔡虛齋輩言之者多矣，固不自陽明始，至論《大學》義理，仍當從程、朱爲是。

『在親民』之『親』，程子謂當作『新』，蓋因《金縢》『親迎之』，『親』作『新』，謂『親』、『新』古一字也。先儒有言《康誥》『作新民』乃在洙土淫酗之俗，故必新之。設逢堯、舜之世，民又安用新哉？《大學》一書垂教萬世，不當偏指薄俗。陽明《傳習錄》亦云：『下文「如保赤子」、「民之父母」等語，皆是親之之意，「親之」卽「仁之」也。說「親民」便兼教養意，說「新民」便覺偏了。』此說存參。

陽明篤信程、朱，獨於《大學》不以析本爲然。安溪李氏生於閩，尤篤信朱子，而亦作《大學古本說》，以爲不如舊貫之，仍文從字順。顧安溪於程子所謂『格物時宜加誠、敬二字』，雖亦以爲可不必，而猶曲爲之護； 陽明則直以爲不必。安溪但疑篇章，謂當從古本，至於訓釋多從程、朱，陽明不然。今二書皆在天壤間，惜未有以胡氏『正』字之詁詁『格』字者。

《大學》一書本於《禮記》，漢初有古經出魯淹中，河間獻王得而上之，凡五十六篇。至宣帝時后蒼明其業，所傳《曲臺記》凡百八十篇，以授梁人戴德及德從子聖，於是有大小戴之學。後鄭康成爲之注，迄於宋千餘年，未有言其書之錯亂闕失者。程子起而爲分經傳，謂『經是孔子之言，傳乃曾子之言』，何所據而知之？又析爲十章，既顛倒其前後，又疑亡其一章。夫千餘年完備之書，一經分析而轉亡其一章，此南宋以來諸儒之所以嘵嘵不已也。陽明、安溪皆篤信程、朱，而獨於此書未能無間言，蓋惟其尊程、朱之學，故惜之深而不能自已也。兩賢豈好爲異論哉？安溪云『將以質千載以後之朱子也』。

科舉說

國家以文取士，科舉之設，擇其文之堪膺鄉薦者，令試於闈也。自科舉日濫，而作姦犯科者不絕，雖防弊日嚴，弊終不止。今欲正本清源，當先於錄取遺才時嚴加淘汰，則闈試弊端自少。定例，科試一二等及三等前列生員，並貢監生之考取者皆准應鄉試，其餘本不在列。錄遺之設，原因諸生有游學、患病、居憂，未及科試之人，而科試新進生員亦當擇其文理較優者，俾應鄉試。又或科考距鄉試日久，三等生員學業或有漸進，是以於鄉試之先復加考校，拔尤錄取，非謂與考遺才之人皆當令應鄉試也。近日錄遺絕少屏棄，大都藉口於乾隆間所定入闈人數，分別大省、中省、小省，多者萬餘人，少亦不下數千人。人少之處則以尚未及額，不妨盡收；人多之處往往有紳士添建號舍，又以號舍有餘，何必令人向隅，遂至漫無區別，幾乎與考者皆得收錄。不知定例之初，原就最多之數示以限制，其數本寬。至錄送仍歸考校，則去取自有權衡。如乏可取之文，原當任缺無濫。近日廣收劣卷，實開舞弊之門。今欲從嚴陶汰，則謗讟四起，積習使然也。然爲掄才大典剔除弊竇，豈可存避謗之心耶？作《科舉說》示應試諸生。

漳州募修朱子墓亭堂記

余在京師，與桐城方鶴田比部賓慶居相近，又樞廷時有案牘與比部會讞，相交契。比余視學閩南，方君已分符漳郡。丁未秋按試到漳，與言重整建陽考亭書院事。方君云：『漳爲朱子舊治，紳士多尊信朱子，倘加勸募，必易集貲。』余以未便爲辭，君乃愿自出募册以勸。洎明年夏，得銀一千二百餘兩，解至建郡。時考亭經費，余已集貲於省中大僚，足敷支應。適因嘉禾朱子饗堂久燬於火，賢裔謀重建而未有其貲。余即撥漳州捐項改建，估需工費一千兩，又撥置器刻碑之費一百兩餘銀收入。考亭於戊申十一月二十二日鳩工，命生員朱桂元等三人承辦，由建寧嘉應溪太守委員督工，請於徐松龕中丞，俟落成撰碑記焉。是舉也，微鶴田之力不及此，而鶴田已下世矣。朱氏子姓感其德，設栗主於享堂旁屋，春秋附祀，以志不忘云。

重修新安舊城關帝廟記

關聖帝君於我朝疊著靈祐，廟貌遍於天下。我皇上隆報功之典，升入中祀，御書『萬世人極』四字扁額，頒發各直省摹勒，懸之廟中，甚盛事也。直隸新安舊城有廟，建自前明成化年，我朝歷次修葺，日久漸失舊觀。邑之人士暨行商茲土者集貲鳩工，咸豐八年七月落成。新安縣裁於道光十二年，而城郭猶存，今并屬安州。廟在舊城之中，四面環水，殿宇巍峩，祈禱之民畢至焉。遂作頌曰：

於昭聖武，佑我皇清。丕彰靈異，禍亂削平。禦災捍患，澤被羣生。報功崇德，牢醴維馨。近自畿甸，遠至寰瀛。焜煌其像，幽邃其庭。恍馳鐵騎，儼拂蜺旌。神兮降福，永奠斯城。

重詣考亭祀朱子文

哲人彝訓，啓迪千秋。停驂仁里，景慕前修。章等顓蒙，昧道懵學。尚德微忱，此邦是淑。儒風未泯，爰整考亭。成人講藝，小子横經。墓堂斯築，恒產是營。匪支一木，實賴眾擎。念茲草創，未覩厥成。惟公默佑，無墜無傾。服疇食德，絃誦在庭。明德有後，永垂令名。

歸樸龕叢稿續編卷三　序

建寧耆舊詩序

距邵武府治之百里有邑名建寧者，山川幽秀，風物都麗，人文蔚起，美盡東南。予嘗按試至其地，時值春雨連旬，山溪暴漲，不得渡，遂留信宿。邑人士聞之，多以先世著作乞序言者，知其代有聞人也。是編爲邑舉人張亨甫際亮所錄，李君雲誥續成，凡若干卷，自前明嘉靖以迄於今，邑之能詩者萃焉。覽之可以知風氣之淳龐，人才之閒雅，山川草木之名狀，歲時習俗之異同，堪與地志相爲表裏，不獨詩而已也。余未識亨甫，往在京師，嘗聞僚友林岵瞻、江翊雲嘖嘖稱其才，顧以清狂不諧於世故，當時士大夫自楊雪椒光祿、姚石甫觀察而外，罕遇知音。今亨甫既侘傺以終，而余始得觀所錄耆舊詩，因知其所趨向不落恆蹊，不禁悠然起慕，惜相遇之終疎也。徐生顯炳謀刊是編，請序於余，因書於卷端。

閩縣何氏孝義錄序

《周官》『六行：孝、友、睦、婣、任、恤』，誠以誼篤本原，風化之所首重也。余視學來閩，兩年間會題孝友凡若干人； 按試所至，以耆年孝義獎給匾額者郡各數十人。區區勸善之心，不能自已。因以見閩人恪守先儒遺教，涵濡聖化，風俗蒸蒸，采風者爲之肅然起敬焉。道光十四年，閩邑何明經慎齋及其弟樂崇、拔崇並以孝義聞於朝，旌其門，當世榮之。既裒其事實爲一編，將鋟版流傳，以廣風勵。孔子曰『里仁爲美』，《小雅》曰『君子是則是傚』，有賢者作於前，既實至而名歸矣，鄉之人必有從而則傚之者。其流風餘韻，不且日引月長乎？ 成人有德，小子有造，吾於此卜之矣。何本世閥，其掇科第仕於朝，能文章顯於時者，指不勝屈。信乎積之厚者流之光，知其熾昌之有自也。

退密齋制義序

制義之作，迄今五百年矣。其始不過闡明朱子注釋，後乃運以機局，著以議論，吐其光芒，騰其藻麗，與時通變，惟其所尚。其以古文爲時文者，在明有黄陶庵，在我朝有方望溪，矯然拔俗，不逐時趨，然皆能榮世而傳世。余生也晚，所及見諸先輩中猶有陳稽亭、顧南雅兩先生，其所爲文皆自暢己意，無揣摩之見存乎胷中。然兩先生亦皆登甲科，以文名，以此見應舉之得失，誠不繫乎揣摩也。世儒或沈溺顛倒於其中，得則以爲吾術之工，失則以爲吾術之拙，其師若友亦相與喜其工而病其拙，而古人代聖立言之意蕩然無存矣。五臺徐松龕中丞，理學傳家，德性沖粹。自余來閩南，以文字商榷，知其枕葄羣籍，多識博聞，聰明才力又足超出儕輩，特未嘗與談制義。今余瓜代有期，得讀所作《退密齋存稿》，始知其獨抒心得，不事揣摩，蓋亦以古文爲時文者。然公年少登科，不汲汲求知於世，而世亦未嘗不知。

彼沈溺顛倒視爲操術之工拙者，亦可憬然悟矣。夫文以載道，文體雖與時變遷，其爲載道則一也。《詩》曰『昔我有先正，其言明且清』，又曰『巧笑倩兮，美目盼兮，素以爲絢兮』。彼言之『明且清』者，道亦因之而明。若其雕飾藻繪，則必視乎其質，夫亦曰讀書明理而已。中丞方出其道德之華以撫綏海嶠，區區制義，久薄爲小技而不屑講求。然卽此可以見公之學與公之爲人也，是宜傳之剞劂，以貺來學矣。爰書數語，以識卷端。

小有竹石齋詩序

詩本性情，始於倫常之際，而後可推及其餘。苟得其本，則工與拙乃其末也。教諭王君家璵之在平和也，有同僚馮訓導卒於官，家貧子幼，去鄉千餘里，骸骨不得歸。王君經紀其喪，卒歸故里，其篤於友朋之誼如此。推而至於《論語》所云『邇之事父，遠之事君』者，吾知其必無遺憾。是其性情純摯已迥異恆流，觀於此，則其詩可知也。教官有訓士之責，立品勤學爲先，而詞章爲後。觀王君之性情，則其品其學可知。所以啓迪英髦、陶情淑性者，豈僅在篇章之末哉？

盛漢柯氏家譜序

柯之族出於周仲雍，唐代由河南遷閩，其分居盛漢又百餘年矣。有拔貢生兆鼇，奉其父命，以所輯家譜乞序於余。首錄南陽祖訓八條：曰立志勉學，曰孝，曰弟，曰忠，曰信，曰修身，曰齊家，曰睦族，其啓迪後人之意蓋有在矣。夫世族之所謂家譜者，大抵誇耀其科名仕宦之盛而已，然世祿之家不數傳而降爲皂隸者，豈少也哉？柯氏之譜首重家訓，其後人能遵而行之，將見澤流緜遠，代有聞人。其所以保宗祊而垂餘慶者，迥異乎世俗之所期，豈惟科名仕宦之自誇耶？如水有源，源清者流潔；如木有本，本固者枝榮。吾於是編，卜柯氏之昌矣。

俞黻庭廣文寧化學規序

國家設學校之官，所以廣教化，美風俗也。自爲師者視爲無足重輕之官，徒糜廩祿以娛老，而學校中幾不知有師，師亦不能徧知其弟子之爲人，尚何論講學業，期相長哉？黻庭廣文之在寧化也，爲立學規：一曰明理，二曰定志，三曰讀書，四曰作文，五曰課蒙，六曰立品，七曰慎習，八曰擇交，九曰改過，十曰遷善。孜孜焉以振作士風爲己任，是豈近世所數見耶？廣其陶淑而裨益膠庠，不亦善乎夫？朝廷授教官以課士之任，其任未嘗輕，其權未嘗替也。而世人視爲養老藏庸之地，不曰無可爲，卽曰力不能。因循苟且，以便身圖，相習成風，夫亦自輕而自替之也。得黻庭之卓然自立者，故樂得而序之。

黄生三善録序

余聞閩南有溺女之風，下車之始，首刊潘功甫舍人、鄭夢白中丞所撰《勸濟溺文》，以示士子，附以《惜字勸戒録》。鄭中丞又以漳泉多械鬬，自撰《戒鬬説》，頒發各府州縣，復以三千本屬余於歲試時散給生童。次年科試，余復攜三千本以往。士子中能勸止一方械鬬者，惟南安生員王昌南一人，此外少所感發。其能開誠向善，或廣勸育嬰，或立社保嬰，或廣惜字紙，或廣刊善書者，不乏其人，以此見閩人好善之心有叩而卽應，爲可喜也。

晉江黄生貽楫髫齡入泮，有志修身。己酉八月以應秋試來省，出其所輯《三善合編》，乞爲序言。所謂三善者，一惜字，一戒淫，一戒殺也。此三者見於袁了凡《功過格》，先五世祖侍講公文集中亦有惜字、遏欲、愛物諸説，莫不本省身克己之功，以推爲仁心仁術。蓋戒淫所以守身，守身所以事親也；惜字則畏聖人之言也；戒殺，惻隱之心，仁之端也。黄生年少乃能知所向往，輯是編以勸世，其必先能見於躬行，無疑也。得士如此，吾爲之喜而不寐矣。《詩》曰『敬之敬之，天維顯思』，又曰『相在爾室，尚不愧於屋漏』，又曰『鳶飛戾天，魚躍于淵』，其三善之謂乎？生其勉之哉！

石幢詩稿序

作詩先去一俗字，胷懷瀟灑，則其體自高。故凡冶豔之情、塵俗之見，皆不可存，而詼諧嬉笑、叫囂怒罵之習，尤所深戒，庶乎可以道性情矣。至欲精於此事，則必寢饋於古，窺其用心，別其體製，掇其芳腴，汰其疵纇，而後修詞醇雅，繩尺無愆。於是博之以典籍，恢之以游覽，約之以寄託，寫之以悲愉，縱目古今之大，抗懷身世之間，俾讀其詩可以知其人，則卓然有成矣。是非積數十年風雨晦明之功而能臻此境乎？方生又韓爲余所得選拔生，出其所爲詩，乞序於余。觀其所作，若余所謂胷懷瀟灑者則有之矣。如其寢饋於此，以底於成，尚俟與年俱進。又韓方年少，其天懷高曠，已具詩人之體。漸而充之，吾烏能測其所至耶？

月山遺書序

自楊、羅二先生開閩學之宗，朱子因之，而其學遂盛。迄於今數百年，流風餘韻尚有存焉者。故閩之他郡文風或盛於延平，而士子或不如延平之醇厚。孟子曰『君子所過者化，所存者神』，豈曰小補之哉？將樂梁月山茂才生長此邦，能究心理學，型於鄉黨，始歎山川靈秀所鍾正未有艾，而惜乎不獲見其人也。邑人既刊其遺書，乞余爲序。觀其修己之嚴，誨人之切，洵足提撕髦俊，啓發愚蒙，闡先哲之微言，示後來之準則者矣。余嘗病説理之書往往不入於歧卽入於晦，皆求深之過也。若是書之切於身心日用，昭昭乎揭日月而行，何有歧、晦之憂耶？爰書數語，以志慕忱。

廣惜字録序

丙午冬，余刊《惜字果報録》，明年攜以按試，散給生童不下數千卷。誠以字爲經藝之本，學者當推尊經之心以尊字也。浦城生員周三連，余歲試拔置前茅，食餼於庠。今持所刊《廣惜字録》請余爲序，其所輯較廣，而《果報録》亦載焉。《易》曰『同聲相應，同氣相求』，物固各從其類。周生以文字受知於余，而其生平好尚亦與余有同焉者，爲可喜也。夫勸善之書，其效不在一時。舉千百卷書以勸千百人，或有數十人因是書而感發者，未可知也；或并無一二人因是書而感發者，亦未可知也。要其書之流傳宇内，或數十年後尚有讀是書而感發者，亦非必無之事。夫至數十年後讀是書而感發，則其人已非吾所勸之人，而奚啻爲吾所勸之人耶？由此言之，則其感發者正未可限量。而或謂目前之人未必得是書而皆能感發，因而阻其勸善之心，是猶見之未恢矣。是爲序。

韻學指南序

古無音韻之書，其詩乃天籟而已。後人析之愈精，而切韻出焉，字母又出焉。崑山顧氏亭林論音韻之學，約分十大部，備載所著《音學五書》。故古所謂叶韻者，以亭林攷之，本爲通用，無待於叶者有之矣。沈約本周氏之説而分四聲，《唐韻》條分縷析，尤屬精詳，此後來韻書所自昉也。長樂王成旗廣文精於切韻、字母之學，詳載字母於韻字之上，纂成《韻學指南》一書，所以啓發童蒙共知音韻，其爲功於藝苑良不少也。是爲序。

彤管揚芬録序

有夫婦然後有父子，故閨門之内，王化之基。《關雎》一詩以言其正，《柏舟》一詩以言其變，而處變之難有倍於處正者。疾風標勁草，歲寒知松柏，氣節之衰，名教之憂也。朝廷例旌節婦，由有司申報畺吏，與學政彙題，或慰晚年之苦志，或彰潛德之幽光，甚盛典也。然窮陬僻壤，採訪無人，因而湮沒者亦不少焉。道光丙午，余奉命視學閩南，令生員有尊親守節者，准於應試日自呈，給予扁額。洎歲科兩試畢，給扁者凡七百三十餘人。其既由有司申請旌門，願給扁者亦與焉。是可見閩中風俗之美，宋儒遺澤猶存也。憶吾鄉前輩吳伯新宗丞視學閩中，曾刊《旌淑録》一編。爰師其意，臚列姓氏，彙爲《彤管揚芬録》，庶幾後之君子得所考證，采入志乘，以垂久遠云爾。

念念集序

侯官林濾洤先生著《勸孝》十詩、《遏淫》十二詩，自題曰《念念集》，將以守其身者訓其子孫，并以勸世也。林爲閩南望族，科名仕宦甲於閩，子姓繁衍亦甲於閩。以余按試所歷州縣，生童之應試者，他姓則或有或無，而林則所在多有。其文才傑出者亦不乏人，且非獨文才已也。往予在京師，識可舟觀察及勿邨太守，皆恂恂篤雅，有古君子風。今讀是集，始知其家碩彦挺生，淵源有自。後之人服先生之訓而代起儒風，將見品重珪璋，芬留史册，豈惟科名仕宦之足云耶？

鈍硯卮言序

五金鑄器，此器爲彼器所改造者多矣；百家著書，今書爲古書所已載者多矣，此皆異其名而同其實者也。惟崑山顧亭林《日知錄》可比於采山之銅，以其爲前人所未發耳。古今著作汗牛充棟，往往有所沿襲，其爲采山之銅者寡矣。映江錢君《鈍硯卮言》一書，自天文以至一物之微〔一〕，凡所立說，皆能精思其理，有得於心，發古人未發之祕，是以博物君子多推重之。陸士衡云『謝朝華於已披，啓夕秀於未振』，論文若是，況著書乎？余去鄉日久，未獲聞君之名而與訂交。壬子夏日，胡仁齋孝廉持是編見示，讀之稱快。倘異日把臂山林，亟聞緒論，其必有以開拓我之心胸，爲多聞之益友也。爰書數語，以

志欽尚。〔二〕

【校記】

〔一〕『天文』，稿本下有『輿地』二字。

〔二〕稿本末署『同里愚弟彭藴章拜撰』。

馬首農言序

五方之氣候不齊，故其樹藝亦各異，先王所爲物土之宜而布其利也。壽陽踞太行之項，環山爲邑，獨西北通黄嶺一峽，故其氣候特寒。『穀雨布種，秋分隕霜』，傳諸農諺者，言穡事之尤艱也。吾師春浦相國居邑之平舒村，民風淳樸，比戶勤農。人無猗頓之資，家有山樞之儉。上自鮐背，下至垂髫，莫不以占晴雨、力耕耘爲治生之務，此《農言》一書所由作也。其書先辨種植，次及農器，繼采古諺方言，附以占驗之術、畜牧之方、水利救荒之策，於農事本末既賅備矣。復録前賢訓俗之文以敦規勸，如戒淹喪、禁囤積、懲游蕩、儆刻薄，又於務本之中約舉大端，與世指迷。是有裨於風俗人心，豈可與《齊民要術》等書同類而觀哉？夫晉人多居積，善行賈，今漸有中於奢靡而入於匪僻者矣。壽陽之土獨瘠，此天與以嚮義之資而使之無過也。生斯土者，誠知稼穡之惟寶，抑末伎而重本圖，庶幾灾禍不侵，人登仁壽也夫。

丙辰會試録前序

咸豐六年丙辰，會試屆期，禮臣以考官疏請得旨，以臣彭藴章爲正考官，而以臣全慶、臣許乃普、臣劉崐副之。伏念臣江南下士，學識迂疏，由京卿出典文衡，洊貳冬官。皇上建元之歲，恭承恩命，俾贊樞機。五載以來，涓埃未報。乃正卿未久，遽擢參知。茲復命典禮闈，逾格鴻慈，莫名感悚。爰偕諸臣，恪恭將事，悉心校閱，得士百九十三人。謹擇其文尤雅者，恭呈御覽。臣例得颺言簡端。

竊維制義代聖賢立言，必取理正詞醇，所謂言之有物，一切支離詭誕之詞宜力掃也。若夫根柢六籍，挹其膏腴，所謂『遊文章之林府，嘉藻麗之彬彬』者，既非空疏之士所能襲取。至其『謝朝華於已披，啓夕秀於未振』，陳言務去，戛戛其難，尤非深造者不知也。我朝以八股取士，人材輩出，理學名儒、閎通碩輔，蔚爲盛世，人文者炳炳麟麟，後先相望。豈不以讀聖賢書，先明其理，而後驗諸躬行，施諸政事，皆非無本之學，斯爲有用之才乎？夫因文可以見道，聽言可以知人，竊本此意以爲甄録，雖不敢謂去取悉當，庶有合乎理正詞醇之旨。我皇上勤求治理，樂育人材，誠期得明體達用之儒輔翼聖化。職司鑒衡者敢不黜浮崇實，冀得真才以儲他日棟梁之選乎？

柏院授經圖序

家園有古柏一株，爲北宋時舊植，園中林木之最古者。余家居時，嘗課諸兒讀書其下。洎宦遊京國三十年中，僅以視學閩南一歸故里。諸兒或仕於朝，或居家巷，或往來南北，欲如從前之聚處一堂，不可得矣。丁巳夏五月，慰高由國學助教分守浙江，因作此圖，將攜之南行，其勿忘幼學壯行之意可也。

慕虞軒駢體尺牘序

吾吳宋氏自忠烈公在明季殉流寇之難，文恪公在我朝爲時賢輔，科第簪纓，數傳不替，實爲吳之望族。他姓之後起者雖赫奕當時，或一再傳而無繼，殆不少矣。夫所謂有繼者不在名位，而視乎其人。苟文章經術足以表見於時，則其承先啓後，豈不勝於名位乎？夫言者，身之文也。軒冕而無文，朽同草木矣；疏布而有文，榮於華衮矣。宋之科第簪纓，今亦漸衰，顧尚有于庭大令之博通經史者，巍然耆儒，卓立閭左，非無繼也。契蓮先生雖遭逢不偶，流宕江湖，而其學有本原，胷懷磊落，曾無小儒齷齪之氣攖其筆端。如桂生高嶺，蓮出淥波，其所託者殊，故其所成者異，非所謂疏布而有文者耶？先生既刊其詩、古文詞行世，復以所作駢體尺牘徵序於余。夫文章之流别，與時代爲轉移，大約奇偶足以盡之。奇偶分於卦爻，亦如陰陽判乎律呂，迭相爲經。近代文人競趨奔放，飾虛車以騁康莊，而羌無故實者比比然矣；詞煩意複，刺刺數千言而約之可以數語該者，又有之矣。是何詞之費耶？殆未盡操觚之術者也。駢體雖探源六代，沿流唐人，而劉彦和所謂『乾坤兩位，獨著〈文言〉』者，豈不以其駢哉？是編也，選言宏富，藻麗彬彬，根柢蟠深，枝葉峻茂。攄淵雲之奥博，掇徐庾之芳馨，抽子祕思，裒成鉅制。洵爲藝林楷則，豈惟蓮幕取材？余與先生居同里巷，總角相隨。中年萍聚京師，切磋學問，青燈孤館，貰酒敲棋。往往鬬一字之推敲，含毫索句；吐寸心之滂沛，抵掌劇談。年少氣盛，其樂如何？惟時同遊之侶如胡實甫太守希周、高魯峯大令毓岱、林子安孝廉奕構、陳綬卿大令慶恩，迄今三十餘年，皆淹忽殂謝。而先生與余雖天涯迢隔，謦欬無聞，猶得白頭相望於千里之間，能不爲之幸而又爲之悲也哉？讀是編而拉雜言之，他日于庭見此，必笑其語多踳駁也。是爲序。

竹柏山房家刻總序

閩故多理學之儒、通經之士。自余視學此邦，鄉先生之高年碩德，科目最先，歸田最久，爲俊髦矜式者，首推翰林鑑塘林先生。惟時掌教鼇峯書院，因得讀所著《開闢傳疑》、《古史紀年》、《孔孟年表》、《戰國紀年》、《四書拾遺》等書。別後數年，復郵致所著《春秋經傳比事》一書，卷帙更富，余亦受而讀之矣。蓋先生自通籍後，淡於進取，年四十餘卽隱居家衖，閉戶著書。積之既久，遂成充棟，而學以年進，復時加删改，以期衷於一是，益見先生無自足之心，故有日新之業也。今年開九袠，重宴鹿鳴，子若孫之掇科第、仕於中外者踵相接，而先生猶孜孜以編刊舊稿爲了平生之願。蓋其所樂在是，所謂三公不易者乎？夫人即有志簡編，而或中更作輟，則奪於人事而其業不精者有之矣。或末路志衰，則限於天定而其功不竟者又有之矣。若先生之著作，則數十年如一日，惟其無間斷，故日進不已，而能成此鉅觀也。至其取材之博、考訂之詳、採擇之精，讀者當自得之，而不待余言之贅。憶余與先生別，迄今纔十載，而世故多艱，非復往日。三山樂土，近亦滿目風烟，雖如先生之以耆宿居鄉者，亦恐未能如疇昔之優游杖履，而況當局者乎？興言及此，又感慨係之矣。

歸樸龕叢稿續編卷四

議　墓志　誄　傳

清節堂議

嫠婦不能守節，上棄翁姑，下棄孤稚，因而門祚中絶者有之。故守節者例得旌爲節孝，重其處人倫之變而能不失其正孝之至也。其有貧乏不能自存，而里黨善士賙恤之以遂其志，亦宜體此意以爲法。吾吴善堂皆有恤嫠會，擇貧婦之守節者，醵金以給於其家，俟其子成人能自養母始裁撤，更給他婦，其法甚美。自嘉慶中，有吴姓者實始建清節堂於虎丘，收節婦之貧乏者居焉。蓋愚人無識之所爲，其用心雖善，而其法非古。嘗試議之曰：

夫所貴乎節婦者，上事翁姑，下撫孤子，祭掃其夫之墓，使其夫之父母無子而有子，其孤兒無父而有父，其夫雖死而猶生也。今閉之堂中，吾不知有翁姑者並奉之入堂乎？其夫之墓仍令歲時祭掃乎？婦之父母兄弟得入堂存問乎？如皆不能，則廢人倫成枯槁，其家又安賴此節婦爲耶？如翁姑得入，父母兄弟得歲時存問，丘壟得以時祭，則何不令其家居之更善乎？夫築堂以處多人，其屋必蜂房鱗次。男子既聽出入，則此婦之親屬非彼婦所宜見，而以不相識之人往來嘈雜於其間，孰若使居其家或依其親族之爲便乎？況堂中必有司事之人、司閽之役、洒掃執爨之徒，豈能盡用女子？其多所窒礙可知也。建安教諭陳贊平欲舉此堂，捐百金爲倡，卽有浦城善士季肇文慨然捐錢三千貫，將鳩工，是誠仁心仁術，可敬可嘉。顧予既謂清節堂之不便者如此，又以爲持此三千貫，取什一之利，可賙節婦數十人。若以建堂，則僅敷工作之費，其經費尚待再謀，亦非計也。茲因教諭之請，以事關風化，有不能已於言者，又嘉季君之好施而願其行之盡善也，爰書此議，以復教諭，并令示季君，可與耆年有識之士妥爲籌議焉。

內閣學士兼禮部侍郎吳公墓志銘

公諱式芬，字子苾，號誦孫，山東海豐人。先世自恭定公諱紹詩以侍郎起家，代有聞人。恭定子壇官，江蘇巡撫，政績赫然，迄今吳人祀爲都城隍神，是爲公之曾祖。公祖諱之勷，湖北安襄鄖荊道。父諱衍曾，俱以公貴，贈光祿大夫。

公幼而岐嶷，博覽羣書，道光二年壬午應順天鄉試中式，充咸安宫教習，選授臨清州學正。乙未成進士，改庶吉士，明年授職編修。戊戌五月，宣廟召見翰詹，每日二員，有卽膺外簡者，公蒙特簡江西知府，補南安府。時粵東用兵，轉輸軍餉，以南安爲後路，公措置裕如，民不擾而供億無誤。甲辰授廣西右江道，次年抵任，權按察使事，虛衷研鞫，務得其情。擢河南按察使，越二年擢直隸布政使，尋調貴州。今上咸豐建元之歲，復調陝西，以倡捐軍餉，賞戴花翎。癸丑冬，有旨來京引見。甲寅補鴻臚寺卿，提督浙江學政。明年補內閣學士兼禮部侍郎銜，充鄉試監臨官，旋引疾歸。抵里六閱月而卒，時咸豐六年十月初八日也。生於嘉慶元年二月二十四日，享年六十有一。

公性和易，平居無疾言遽色，與人交必相規以道義。故自京僚以至外吏，莫不慕公之篤雅而樂與相親。好金石文字，凡鼎彝、碑碣、漢甎、唐鏡之文皆拓本藏之，於古人書畫尤工鑒別。善鼓琴，每訪山川名勝，必攜以自隨，雖處貴顯，其意趣泊如也。夫人劉氏，高陽望族，勤儉治家，待族鄰有恩。隨公宦轍所至，賙卹貧乏，助公善政。先公一年卒，年五十有九。累遇覃恩，封一品夫人。子重周，廩貢生，以廕生候選通判；次重意。女一，適同邑陝西知縣張守嶠孫峋，庠生。重周等將以咸豐八年三月十六日奉公暨夫人柩，合葬於城南徐家莊祖塋之次，而屬余爲文以志墓。余與公爲同年進士，知公行誼爲詳，不敢以弇陋辭。銘曰：

海豐世閥，令德遙承。篤生儒雅，祖武是繩。詞章流譽，經濟垂名。蕃宣四國，迴翔九卿。秩遷祕省，職典文衡。大猷未竟，沈疴遽攖。抽簪慮澹，易簀神清。素車會葬，千里馳情。澤詒後嗣，積善有徵。佳城永固，爰勒斯銘。

布政使銜江西按察使賜謚貞恪周公墓志銘

公諱玉衡，字器之，號潤山，本鍾祥王氏。年十三失怙恃，旋遭祖母喪，與弟三人依其外祖周君晴宇，遂從外家姓爲周。嘉慶十年補庠生，丁卯舉于鄉。道光丙戌大挑，以知縣分發江西，署會昌、龍泉、大庾，補龍南，調贛縣，署寧都、新建，補義寧州。保升知府，補南康府，調贛州府，升贛南道，賞戴花翎，升江西按察使，加布政使銜。咸豐五年十月，總理吉安軍務，率其子恩慶帶兵勇三千餘人迎剿賊匪，克復吉安，又克分宜，遂攻萬載。賊以二萬衆衝突，公身先士卒，奮勇鏖戰。恩慶繼之，斬馘無數，克復萬載，軍威大振。擬卽進攻袁州，賊又由間道竄入吉安，公率兵馳救。賊衆圍城一月，城中食糧既盡，公猶開城拒敵，與將士誓以死守，屢戰殺賊不下萬餘。援兵不至，賊以地雷轟城而入，公猶巷戰，手刃數賊，遂被戕，恩慶亦以身殉。吉安遂陷，時咸豐六年正月二十五日也。大吏入告，奉旨照布政使賜卹，子恩慶江寧布政司理問，奉旨照知州議卹。於吉、南、贛三府各建專祠，並給世職，公賜謚『貞恪』，予祭葬。生於乾隆四十六年十二月十九日，歿時年六十有六。

公以縣令起家，循聲卓著，長於聽斷，勤於緝捕。民不敢爲非，畏公如神明，愛公如父母。爲歷任上官所重，遇艱鉅必以相授，雖糾衆叛逆之案，靡不開誠解散，其膽識有過人者。及其身在戎行，與士卒同甘苦，故能人思效命，古之名將不是過也。雖未竟其才，竟以援絕與城俱亡，朝士大夫聞之惋惜。然與睢陽、常山千秋爭烈，豈不偉歟？配氏饒，誥封恭人，例晉淑人。子厚基，同知銜，山西大同府通判；次烺，監生；次卽恩慶；次炎，候選知府；次瀚，道光己酉拔貢，同知銜，分發四川知縣，俱饒淑人出；次澐，監生，側室劉出。女四，長適蕭節；次適向春；三次適李譽价，次幼，俱劉出。孫貽元等十四人，曾孫一人。厚基等奉公柩卜葬有期，乞余爲文以志其墓。自公爲州牧時，余卽慕公名，相識于京師，傾蓋如故。公嘗命其子瀚受業于余，不敢以不文辭，系之銘曰：

惟楚多才，兼資文武。赫赫周公，備嘗險阻。百里晳鴻，三軍哮虎。恤其飢寒，齊其步伍。性米情田，禮干義櫓。單騎折衝，危城禦侮。取義一朝，成仁千古。閟此幽宮，流馨抔土。

郭生逵階誄

逵階郭氏，諱運和，蜀之瀘陽人。父今涿州牧忠山公，與余先後仕内閣，相契，遂命逵階受業於余。時方應秋試，乃與講貫制藝理法。見其文温粹和平，無時俗叫囂之氣。又聞其先從洪錦帆侍御受《近思録》、《朱子全書》，切究身心之學，益期爲遠到才。嗣余視學閩南，三載始返，塗次涿鹿。忠山款余就館，時逵階抱病，不克一見。明年冬勘工易州，再至官廨，則逵階病且危，旋棄世。時道光三十年某月某某日，年三十有四。

逵階孝於親，友於兄弟，持躬端謹，未嘗有疾言遽色。平居靜默，終日據几案博覽羣書，不事少年遊戲。行文以大家爲標準，精心結撰，力掃浮靡。書法晉人，駘宕有逸致。使天假之年，俾掇科第，必卓然有所表見。乃不幸而遭摧折，茫茫天道，誠不可知耶？余忝一日之長，既悲逵階抱此美質，齎志以終，復自嘆生平於世落落，一二後生執經問業爲忘年交者，又不克共保歲寒，不禁感慨係之矣。爰灑淚而誄之曰：

虢叔之裔，代有令名。瀘陽世閥，毓秀鍾英。幼而岐嶷，觴豆不爭。長而儒服，圖史延情。敦行孝弟，雍睦家庭。友直友諒，克敬克誠。博文勵志，集益窮經。待驤驥足，會展鵬程。詞林振藻，册府流馨。天畀美質，胡促其齡。濺空血碧，埋土霞青。家山萬里，嗟哉郭生。

貞女張重姑傳

貞女張氏名重姑，湖北潛江縣人。父惟剛，母胡氏。父早卒，遺子女各一，未幾其子殤，胡氏遂自縊。重姑從父邑諸生炳、從母文氏撫重姑有恩。比長，許字江陵鄭本功，昏有期矣，鄭生以病夭，重姑知之，闔戶絕粒，誓以身殉。五日不死，復吞金以畢命。女年十八，時咸豐六年某月某日，距鄭生之死甫三閱月也。鄭生從兄國子監學正本玉哀之，請爲之傳。余惟士未仕、女未婚，皆曰處。處女未全乎其爲婦，猶處士未全乎其爲臣也。古有以處士而殉國難者。夫處士於未仕而存君臣之義，處女於未婚而全夫婦之倫，其求仁得仁，豈有異哉？貞女之母志在撫孤，孤亡而以身殉節而烈矣，女能志母之志，效死以殉未婚之夫，不又貞而烈歟？是可傳矣。

汪甥易門傳

君諱棨，姓汪氏，字伯衣，易門其號，又自號玉田生。系出唐越國公後，卅八傳至諱尚禮者，由歙遷吳，代有隱德。又數傳至君曾祖諱元鏊，家益昌。祖諱爲仁。兩世俱以君從弟藻官贈通奉大夫。考諱澐，吳縣附貢生，以君官贈奉直大夫。妣氏彭贈宜人，爲余從姊。繼母氏彭，欽旌節孝，封太宜人，爲余伯姊。君孩提失恃，稍長，知善事其父與其繼母。年十三遭父喪，即能率兩弟擗踊號慟，盡哀盡禮。太宜人以境遇坎坷，中年多疾，君躬親湯藥，至廢寢食。友于兩弟，門内翕然。

嘉慶戊辰歲，年十九，受知於學使江右萬和圃侍郎，補弟子員。次年復受知於滿洲玉硯農侍郎，以高等食餼，自是每試輒居前茅。比蕭山湯敦甫侍郎視學江左，兩試皆列首選，遂舉優行，以己卯歲貢入成均。蓋文行交修，惟君實足當之。試省闈者十七，屢薦不售，人爲君惜，而君處之澹然。至道光甲辰，以貢班部選安徽太和縣訓導。時太宜人春秋漸高，君不欲遠離，遂引疾，遵例改内閣中書，加四級，以五品階贈封父母，不復有進取之志。君專攻文藝，不問家人生産，弟桼亦翛然有遺世之想，家政悉委之弟槃。洎兩弟皆卒，君仍料檢諸務，不貽母憂。

汪自入籍於吳，至君祖通奉公始饒於貲，而力行善事，與余從祖贈光禄大夫二林公相契，結爲婚姻，迄於今三世矣。通奉公子孫衆而且賢，類能修身行善，不干外事。君守其家法，又承母訓，存心長厚，施濟不吝。年逾四十，連舉丈夫子三，豈非作善降祥之效也哉？余年少於甥二歲，自成童後，每應試必偕行，同游庠。洎丁丑春，復以詩、古文詞同受知於敦甫先生，各冠其曹。彼時意氣之盛，謂激昂青雲，可立而俟。乃余自舉於鄉，閲九科始成進士，而甥竟抑塞以終，俯仰今昔，良足慨矣。雖然，君行誼無疵，文章有本，非名位之顯晦所得爲之重輕也。士之汲汲於名位者，一旦得志而喪其所守，詬病於當時，貽譏於後世，曾不若抱璞以終之爲愈矣。君年六十有四，長子已食餼於庠，君之歿宜若無憾。獨念母太宜人辛勤撫孤垂五十年，至於今三子皆逝，晝夜之哭，其何以堪？然則君之歿猶有未能瞑目者耶？

君長身玉立，德性溫粹，善飲不見其醉，善弈不見其爭，終身無放縱之情、忿戾之色，其涵養有過人者。所爲制義，刊落浮華，獨標雋旨。其詩、古文詞，亦駸駸入古人之室。後生從游講論不倦，往往各如其意之所欲得。教子有法，易簀之日猶呼宗泰等以善事祖母爲勖。君生於乾隆庚戌四月十三日，卒於咸豐癸丑五月初三日。嘉慶己卯優貢生，例授修職郎、安徽太和縣訓導，誥授奉直大夫、內閣中書加四級。配彭氏，余從兄前湖南石門知縣吾岡公諱蘊琨女，淑慎儉勤，事姑維謹，先十四年卒，贈宜人。側室張氏，亦先卒。子鼎培，殤；　宗泰，元和縣廩生；　次宗堃；　次宗度，出爲叔父後。女三，皆側出。孫贊紛，孫女三。

節孝歸程門姪女孺人傳

孺人彭氏諱淑英，字素琴，爲余伯父贈光祿大夫、工部侍郎、原任福建道監察御史簡緣公孫女，余從兄、原任翰林院編修遠峯公女也。母金宜人，早世，時孺人生纔四歲。遠峯公繼娶於吴，嘗依其妻父或宦京師，孺人仍依於祖父暨祖母朱太夫人以居。余幼失怙恃，奉祖母錢太夫人遺命，屬伯父簡緣公教育之。甫九齡，卽與孺人共居處。孺人少余六歲，稍長，復與余同塾誦《女誡》等書。簡緣公歿，朱太夫人以憂傷攖疾，孺人雖弱齡，而侍奉湯藥惟謹。未幾而遠峯公歿於京師，遺孤又殤，次年繼母吴宜人歿，柩先後歸。時孺人年甫十三，哀毁盡禮。遠峯公與商城程鶴樵中丞諱國仁爲己未同年翰林，以道義相切磋，以孺人許字其第四子家穎。嘉慶甲戌歲，家穎來就婚。逾年，欲挈婦歸，朱太夫人不忍孫女遠離，未允所請，而家穎思其父母，遂獨歸省視，閲數月仍至吾家。時鶴樵中丞陳臬山東，亦有書來，欲迎其子婦一見，未果行，而家穎遘疾歿，年甫十九，時嘉慶丙子六月二十八日也。孺人雖適程，未及見舅姑，適遭此變，幾死者數矣。秋九月，遂扶柩歸山東，舅姑哀之，善相待，無間言。後隨舅姑甘肅、浙江、京師、貴州。及中丞歿，夫兄小槐太守家頲由中書選湖北宜昌知府，復從其姑洪太夫人由京往楚居數載。太夫人歿，小槐與其兄小鶴觀察家督居憂歸里，孺人亦與諸眷屬同歸，卜居金陵。道光庚戌移家，仍歸商城故里。小鶴、小槐相繼卽世，孺人庀其家政，持門戶秩然也。中丞公嘗以俸餘置義田贍其族，比遭凶歲，又值捻匪爲虐，田無穫，而族人之待哺者不稍諒。孺人遂負重累，憂勞成疾，以咸豐七年丁巳八月初三日卒，距生於嘉慶三年戊午五月初八日，享年六十。道光丙午，守節三十年，膺旌門之典。無子，以從子昌卿爲嗣。孺人性慈惠，好施與。持長齋四十年，清修奉佛，苦志過人，嘗於蘇州結一菴，使婦人之奉佛而不削髮者居焉，給其香燈蔬米之資，至今賴之。道光丙戌，余由京下第歸，孺人嘗從余還家省墓，居一載餘。比僑寓金陵，又嘗還家居一載，常偕弟姪輩瞻省松楸，依依不忍去。前年商城寇至，從弟鳳高仕上蔡令，迎孺人往避難，事平始返。孺人旣修淨業，與人無競，又能以恩誼相洽，故自本宗至夫家長幼男女無不敬而親之，其素所樹立然也。夫人莫不樂生而惡死，若孺人者，其在世也攖於樊籠，其辭世也脫於桎梏，而余又何悲？讚曰：

死喪相繼，我生不辰。孑然在世，閱四十春。克修婦職，以事二親。繼嗣成立，母教是遵。族黨子姓，人無間言。長齋繡佛，慈惠及人。蓮臺花果，種此善因。一朝萎化，蟬蛻紅塵。

吳門韓恭人傳并哀詞

天下事有不可知而卒無不可知者，禍患之來，玉石俱焚，賢哲何嘗獨免？此其不可知者也。若夫危而復安，死而復生，似天爲之委曲周旋以佑善人者，又其理之昭然可信矣。吾蘇吳氏世有隱德，近數十年科名鼎盛，其子弟類能敦本務實，讀書明理，里鄰無間言。引之侍御元配韓恭人隨侍御都門十餘年，勤儉操作，克盡婦職。咸豐三年春，聞粵匪陷金陵、鎮江二郡，蘇人震恐，流離遷徙。恭人念舅姑年高，急欲歸里侍養，以江路梗阻，不果行。比秋，知有繞道仍通行旅，遂決意挈子女遄歸，有阻之者，弗聽也。以九月十六日舟至青縣迤北，猝聞賊至，恭人屬其弟文煜挈子女二人乘划船逃避，而自攜一女，投水盡節。划船行不數里，見二尸漂至，撈起，則恭人及其女也，救治得甦，次日行至靜海縣東南郇舍避焉。時賊踞靜海，無由寄書達京。全家居一土炕，衣秋衣，煨爐火，以度嚴寒，每日或一餐，雜以糗糒，免死而已。至次年正月初九日賊始竄去，乃得脫歸京師，骨肉重聚，而恭人旋以病歿，時咸豐四年二月初十日也。嗚呼哀矣！當此烽烟滿地，誰不知行路之難者？恭人之急於歸爲侍養舅姑也，假使骸骨竟付東流，子女或亡或失，亦意中事。乃無何而危者安，死者生，苟非冥冥中有爲之默相者，而能若是耶？此則吳之世德與恭人之孝思有以致之矣，迄乎父子夫婦相見而慶更生。恭人雖死，其何憾焉？因侍御之請而爲之傳，并繫以哀詞曰：

蒼蒼者天豈不仁？孝思感召若有神。入水不溺全其身，爰率幼穉棲荒邨。三冬無衣炊積薪，充飢蔬糲不得溫。刀砧瀕死經十旬，雪消茅屋回陽春。全家始得還京門，京門翦紙早招魂。相逢歡極重酸辛，已寒骨肉幸尚存。從今偕老保百年，詎知中路仍棄捐。今終牖下手足完，勝葬魚腹海之濱。惟孝格神神鑒焉，維持冥漠理則然。我欲勸世孝道敦，請書彤管吳門韓。

節孝歸汪門長姊太宜人傳

太宜人彭氏，爲乾隆丙午舉人、誥贈光禄大夫、武英殿大學士、先考蘭臺府君長女。妣顧氏，繼妣江氏，俱贈一品夫人。太宜人爲余前母顧太夫人出。乾隆丁未春，先府君應禮部試，顧太夫人病歿於崑山王義田母家。時太宜人年甫七歲，有一弟一妹，旋亦殤逝。太宜人稍長，依先祖妣錢太夫人居。年十三而遭府君喪，又六年而先妣江太夫人卒。其明年，錢太夫人卒，遺命以蘊章兄弟姊妹四人分依伯叔父母以養以教。於是蘊章依伯父監察御史贈光禄大夫、武英殿大學士簡緣公，伯母贈一品夫人朱太夫人；弟翊依叔父湖南常德府知府贈光禄大夫、工部尚書葦間公，叔母贈一品夫人瞿太夫人；姊二人，一依伯父誥授榮禄大夫、刑部右侍郎修田公，伯母贈一品夫人張太夫人；太宜人依伯父孝廉方正贈通奉大夫、宗人府府丞秋岳公，伯母贈夫人錢太夫人。以嘉慶庚申十二月十七日遂分居。

其明年，太宜人適同里茂才汪君澐爲繼配，撫三子一女，皆有恩。又明年，遭夫喪，太宜人哀毀骨立，幾死者數矣，因翁姑諭以撫孤事大，勉自抑制，然自是得咯血疾，羸弱多病矣。是時遺孤桀年十三，桼、槼更幼，教之讀書勵志。洎戊辰，桀遊於庠，旋食餼，有文名；槼尋亦遊庠，太宜人始稍自慰，一意以治家行善自勵。里中文星閣、流水禪居，爲叔祖進士贈光禄大夫、工部右侍郎二林公參禪奉佛之地，太宜人各建大悲殿一座於中，至今香火不絶。其他施衣、施棺、恤嫠等善事，靡不勤懇爲之。道光元年，戚串中有兄弟構訟者，太宜人命余調處之，析其産，遂息訟。嘗肩輿過王廢基，見有棺木本厝於屋，因屋坍暴露，上書『增生』字樣。太宜人曰：『此文士也。』命余偵其家，已無人，乃倩人覓地葬之，其慈祥惻隱類如此者。

憶己酉冬，余由福建視學還京，道出里門，以次年正月爲太宜人七十壽，乃先於是冬稱祝。迄今又閲十年，太宜人年八十，今年正月孫宗泰等稱觴祝壽，里黨榮之。不意未及數月，忽遭寇亂，蘇城以四月失守，宗泰等奉太宜人避居常熟城外之西塘橋。太宜人已老病，常在牀蓐，舉動須人扶掖，迄七月初三日歿於塘橋旅舍。嗚呼痛哉！宗泰等視含歛甫畢，突聞賊警，卽舁柩遠避，而賊亦踵至。孫浙江縣丞宗和以募勇協防，不果行，洎常熟陷後三日，力戰死之。十一月下旬，余已罷官僑居保定，始知其事，乃爲位而哭之，既而筆之以示其後人。太宜人生於乾隆辛丑正月十七日，以苦節三十年膺旌門之典，以長子棨官内閣中書加三級，誥封如例。乃系之讚曰：

爲善無不報，而遲速有時，信哉古人不我欺。年躋大耋浩劫罹，死先一日免於危。卽此天佑善人理，萬家顛沛一木豈能支？虞山烽火蓮蘇臺，海濱孤櫬不得歸。旅魂煢煢何所依，三千里外招致之。故鄉南望肝腸摧，臨風彷佛瞻雲旗。

松風閣詩鈔

松風閣詩鈔

序

羅惇衍

長洲彭氏興於前明，至我朝而儒術大顯。恭讀《四庫全書提要》云：『彭定求之學出於湯斌，斌之學出於孫奇逢，奇逢之學出於鹿善繼。』蓋理學宏儒，心傳相接，世所稱南畇先生者也。自是而後，代有賢哲，芝庭、尺木兩先生尤爲後學埻的。越五世，而相國文敬公出焉。公承儒宗一脈之延，篤守家學道德之華，發爲經濟，入綸扉，參機務事，實登國史，不待以文辭傳，而文辭自足垂後世。今讀公集，而後知公之醖釀深也。

公少受業於同邑楞伽山人，工駢儷文，古茂淵懿，駕六朝而上之。其爲詩也，雍容揄揚，則燕、許之正軌也；沖和夷憺，則王、孟之高致也。晚歲中原多事，蒿目時艱，憂思慨忼，激爲吟詠，則又少陵忠君愛國之忱也。不作佻張鼃咬之音，不蹈飣餖矜炫之習，優游乎入淵雅之室，而得其真傳焉。

乾嘉以來，經師輩出，專精漢學，詆諆宋儒。公則生平學行以朱子爲宗，集中間有駁難，無害爲紫陽諍臣。其視學福建也，修復考亭書院，建立文公墓堂，尤服膺於安溪李文貞公。學養深邃，故發爲文章，和平中正，弗事縋幽鑿險，而義理暢達，蘊蓄宏深。辨論時事，揣摩縣斷，動中窾要，粹然皆儒者之言。精於《易》學理數，兼爲發明，旁及篆隸碑版，靡不研究。凡爲《松風閣詩鈔》二十六卷、《歸樸龕叢稿》十二卷、《續稿》四卷、《老學薺讀書記》四卷，制藝及年譜坿焉。先已刊行數種，哲嗣輩續有所輯，裒成《全集》，屬序於余。余與公同舉進士，同立朝垂三十年，交公久，諗悉其先世嘉言懿行。爰不辭爲之序，以箸公之學問文章淵源有自云。

同治戊辰冬十二月，賜進士出身、誥授光祿大夫、經筵講官、戶部尚書加一級、武英殿總裁、署翰林院掌院學士年愚弟羅惇衍拜序。

序

祁寯藻

詠莪先生生平好爲詩，嘗自訂其稿，起甲戌，至丁巳。其詩和平中正，專寫性情，不求工而自成家數。曩與先生同直樞廷，又同寓金鼇玉蝀橋西，退食之暇，時承教益。比寯因病致仕，移居城南，先生時復過從，仍以篇什相示。寯亦間有和作，得以挂名集中。今先生已作古人，追念疇昔，不勝感愴。適哲嗣芍亭通政編次戊午以後詩，將謀付梓，因以《全集》見示。寯讀至辛酉、壬戌歲諸作，見先生遭遇時艱，覽物興懷，每多感慨，而憂國憂民之心，雖在引疾賦閒時未嘗少置。寯嘗贈先生詩有『論事不阿，存心獨厚』之語，蓋當其時密勿共事，固確有所見，非徒託諸空言也。讀是集者，庶可考先生之用心焉。

同治三年十月，年侍生祁寯藻序。

序

王嘉祿

余與詠莪，交十年矣。方在齠丱，獲攬丰采。鴻騫鵠舉，慕尚不置。歲紀甲戌，挾策鹿城；過辱暱就，邀同借榻。風雪打窗，修夜不寐。出覽箸饌，互相誇詫。遂吐肝膽，言誓胏附。既旋里閈，益事款洽。謁余先人，執贄門下。受經問字，涼燠罔勌。兩家老屋，距不數武。烟晨月夕，揭裳往來；抵掌軒眉，猋馳雲上。年少氣盛，磅礴上下。先人命題，輒課同賦。每一屬稾，競先攜質。墨瀋猶濕，誦聲間作。一篇劇賢〔一〕，五字銜口。流連激賞，動廢餐寢。當斯時也，嗟乎樂哉。

年運而往，菀枯異致。鯫愚累困，萊孱尠歡；丁丑之冬，摧失乾蔭。煢煢雞骨，奄息苫經。惟君摯誼，溫如藹如；遺車贈舟，傾褚輟馬。經紀始終，實賴無闕。銘心泣血，罔知所報。逾年秋試，君擢乙科；康莊驪騄，謂宜歷塊。再上春明，顧猶頓轡。舟轍所及，益昌其詩；清淮濁河，南陲北際。山縣川亙，霜辛露酸；人事離合，風物遷貿。抒情奮藻，霄崢烟軋。葝然一變，以洎於成；屬當寫定，謬責玄晏。雖慚蕪言，敢辭秕導。

蒙謂此事，首原性情；風騷正變，一慍倫理。自非然者，排比修襮。拔本塞源，詅癡而已。君生鼎門，稺齒孤露。鑿楹泣硯，溺苦於學。字以表德，可知純孝。間關壯歲，操危慮深；出交師友，敦愨獨至。閻左英彥，鵲起鷺振。文壇詩幟，競角浮譽。君獨退然，貌若粥粥。扃門下帷，湛思博涉。枕葄百籍，盧牟羣言；說經硜硜，尤邃《易傳》。爻辰卦氣，勃窣理窟。荊關水石，斯邕隸篆。箸書一子，餘技十人；詩不苟作，力崇體要。婉篤諄復，蕩掃凡豔。譬如施嬙，不炫粉黛。亂頭麤服，天然絕世。又如儒將，不尚膂力。輕裘緩帶，賁育退舍。東莞有言，義極辭匠。斯之謂與？

抑有進者。隴西甲族，江東峻望。侍講尚書，龍驤于前；尺木秋士，豹炳于後。以君鴻材，蜚聲踵武。蟬蛻滓濁，鳳鳴歸昌；雍容雅頌，裨補風化。燕許嗣軌，颺朏紹芬；一昔相期，庶幾在是。來程無涯，詩云乎哉。余自失怙，悼心怫慮。流浪江海，蜷局樞牖。鎩鶴不舞，寒蟲自呻。泚筆首簡，拊膺滋愧。回盼景光，纍欷而已。

道光元年歲次辛巳人日，同邑王嘉祿拜譔。

【校記】

〔一〕『劇腎』，道光本《澗東集》作『鉢脣』。

序

吴清鵬

詠莪侍郎與先小穀兄同官内閣時，余獲交焉，得見其所刊詩初稿，其續刊則已在余南還後。庚戌詠莪自閩視學還京，過揚，始贈以全稿，讀之。余謝以書，詠莪遂以余爲能知，來乞序。然則余固知詠莪詩者，即前書意申述之，可乎？

詠莪初擬古，而有《神仙樂府》二十篇、《古詩十九首》。非擬爲古也，有出世之想，故假以託於仙事；有入世之感，故借以發其古懷。亦曰寄興述情，於兹始焉耳。既而取之陶、韋以潔其體，參之太白以逸其氣，兼之杜、韓、白、蘇諸家以博大其情，則務欲其盡變也。若夫縱心而言，隨物而應付，有天得之機，有自在游行之趣，其理質而真，其氣靜而細，其思清窈而曲達，其語和近而溫醇。真故不浮，細故不亂，曲達故不澀，溫醇故不激，乃詠莪詩也。於諸家不執一焉，人之求詠莪者，亦皆可得之。而余則以詠莪亦似東坡耳。夫詠莪能盡諸家之變，而獨東坡未變去者，何也？詩必有我也。諸家皆非我，故詠莪盡變去之。至於東坡，則變盡而我見，詠莪固不能亦變去其我也。然而詠莪自成矣，詠莪亦終不似東坡也。東坡之似少陵，終不似少陵，有東坡在也；詠莪之似東坡，亦終不似東坡，有詠莪在也。皆自成也，變則自成矣，自成則不變矣。

咸豐壬子仲夏，錢唐愚弟吳清鵬序。

松風閣詩鈔卷一　澗東集

古今體詩九十九首

種竹吟〔一〕甲戌

種竹種竹，逸於種穀，穀遲竹速。一解。種竹種竹，賢於種木，竹直木曲。二解〔二〕。

【校記】

〔一〕『吟』，道光本《澗東集》作『詞』。

〔二〕『二』，道光本《澗東集》作『一』。

詠懷四首〔一〕

皓月臨太空，纖塵本無著。靈頑雖云異，天賦總不薄。胡持皛白身，去善而就惡。浮生有涯水，徇物無底橐。守身固難言，靜觀得大畧。但於世所趨，嗜之宜淡泊。

廉恥既下衰，衣食乃民防。飢寒迫其後，鞭扑徒胥戕。所以古循吏，足民務耕桑。外戶而不閉，安用藩與牆。達哉蒙莊言，扃鐍禦探囊。强者負之趨，適以齎盜糧。胡爲狃末俗，論治躂申商。譬如本先撥，枝葉安附將。民風日頹敝〔二〕，止沸無揚湯。清波一舉手，涸轍成濠梁。菟絲中道合，蘭芽末路分。終身久綢繆，莫若弟與昆。終身雖云久，昏宦漸離羣。時乎不再得，攜手及今辰。不見瓊雷隔，日夜勞心魂。白頭戀官職，亦傷手足恩。鴻鵠志四海，脊令鳴共原。願閉蓬蒿徑，同飽疏糲餐。

言登寒山麓，坐看寒山泉。涓涓不盈勺，其下乃成淵。持滿始充量，慎微當塞源。一朝下山去，何日復還山。

【校記】

〔一〕詩題，道光本《澗東集》作「雜詩」。

〔二〕「民風」句，道光本《澗東集》、道光本《松風閣詩鈔》作「淳風日以渺」。

將進酒

如陵之肉不入飽人腹，如澠之酒不下醉人口。人生萬事不知足，富貴於人竟何有。將進酒，春鶯辭巢絮辭柳〔一〕。桃花亂落君知否，勸君一杯常在手。丈夫行樂貴少年，安用白頭金印懸如斗。將進酒，不須愁。歌幽蘭，彈箜篌。滿堂美人爲君醉，對君起舞君千秋。將進酒，樂陶陶。典鷫裘，貰寶刀。麒麟之脯不足爲君美，珊瑚之樹不足爲君豪。但須一飲醉千日，世上餘物如鴻毛。鸕鷀杓溫鸚鵡熱，燭花墮淚東方高。東方高，朝露多，雙丸出沒迅擲梭〔二〕。春江一日變春酒，地下劉伶空奈何。

【校記】

〔一〕『春鶯』句，道光本《澗東集》作『春風辭鶯絮辭柳』。

〔二〕『雙丸』句，道光本《澗東集》作『六龍鞭羲兔搏娥』。

擬唐人五律十二首〔一〕

蘇許公應制

仙嶺鬱岧嶤，飛旗上九霄。雙流橫地軸，萬丈轉霞標。佳氣迎龍袞，春聲入鳳簫。乘乾方在德，岡阜聽甿謠。

王待詔野望

登高望天末，薄暮意如何。日色隱寒樹，山陰涵夕波。雲隨眠犢起，風帶斷鴻過。遠念采薇客，遲迴發浩歌。

王朝散送友

山中人一去，春色滿天涯。碧草幾時路，白雲何處家。年華逝流水，旅思逐飛花。不斷征鴻影，誰憐音信賒。

楊盈川從軍

諜騎入回中，貂蟬出總戎。令嚴秋雁斷，敵破陣雲空。拂劍霜華白，彎弓月暈紅。羽書方奏捷，論爵賞邊功。

陳拾遺晚次

悠悠驅馬路，獨客怨長征。壯懷春草盡，歸思暮雲生。烟火迷新市，山川繞故城。如何念鄉國，中夜聽猿聲。

張中令望月

烟色暝高秋，秋風滿畫樓。關山今夜月，碪杵幾家愁。捲幔燈逾暗，鳴琴水欲流。城南思婦夢，飛落大刀頭。

李供奉北樓

樓高山盡入，坐對敬亭雲。四望皆秋色，蒼茫積翠分。殘虹收雨氣，遥夕煥星文。遠念斯人逝，長歌思不羣。

劉長卿秋眺

夕陽冷蕭寺，秋雨弔荒臺。落葉千巖淨，長空一雁哀。江平帆影直，閣靜磬聲回。欲問南朝事，浮雲自去來。

韋左司草堂

背山結茅屋，地僻謝塵喧。柳下嵇康竈，桐間庾信園。危檐枯樹閣，亂石野泉吞。竟日無人到，惟聞鹿打門。

杜工部悲秋

秋氣蒼然至，飄零劍外身。鄉關猶夢寐，風雨總酸辛。物候逢搖落，悲歌泣鬼神。淒涼數聲雁，天地汝爲賓。

白尚書宴散

燭房除夜宴，月沼俯秋河。紅袖停歌倦，青衫浥酒多。薰風歸岸柳，涼露響池荷。抽簪難成寐，園林聞雁過。

李書記曉起

夢醒啼鶯歇，春陰壓畫簾。柳疏殘月挂，花重曉寒添。金鴨歕綃帳，紅鴛貼錦匳。綺窗人獨坐，蓮漏數銅籤〔二〕。

【校記】

〔一〕詩題，道光本《澗東集》作『擬古十二首』。

〔二〕『綺窗』二句，道光本《澗東集》、道光本《松風閣詩鈔》作『晝長生午倦，階漏遲銅籤』。

詠史六首〔一〕

鵑啼博物靜中參，十葉存亡事不堪。開國重權移外戚，中興碩輔誤清談。銅駝荊棘先時恨，石馬歌謠繼世慙。太息戎華征戰日，三公折臂大江南。

牙旗西指定三秦，九錫文章竟卽真。從此江山成逆旅，豈因社稷少功臣。頭羊引駕諸宮晚，尾燕巢林上國春。獨有編年陶靖節，桑麻惆悵武陵人。

領軍東府起戎行，第一勳名玉殿旁。果有《孝經》垂大政，豈應嚴辟按諸王。永明事去憐昭業，拓跋軍來笑霍光。愁煞華堂名閱武，牙旗影裏見垂楊。

拜命襄陽忽倒戈，隱侯斷舌夢如何〔二〕。開基政亦尊儒術，臨難身還捨曼陀。不見烽烟收北地，空餘詞賦似東阿。千秋圖籍焚除盡，法藏龍華竟不磨。

仗義雄圖一旅收，未年嗣統只風流。六宮醉倒題清樂，三閣春深照夜遊。貢卻青牛懷有道，兵來朱雀悔無愁。秋風忽湧臨平水，爲送降帆出石頭。

寡恩共説開皇世，大業空聞法駕勞。漠北旃裘趨殿闕，江南錦繡被林皋。龍因水戲開鱗甲，鶴畏官征獻羽毛。四十離宫何處所，雷塘秋柳晚蕭騷。

【校記】

〔一〕本組詩，道光本《澗東集》於六首之末分別自注『晉』、『宋』、『齊』、『梁』、『陳』、『隋』。

〔二〕『隱侯』句，道光本《澗東集》、道光本《松風閣詩鈔》作『漢家清淨誤人多』。

蒲生我池中〔一〕乙亥

蒲生我池中，其葉何萋萋。臨風嫋蔥蒨，不知秋色衰。上山種黃蘗，黃蘗多苦心。采蘗染練絲，練絲變黃金。無裘而飲酒，雖煖不能久。無媒而踰牆，雖愛不能長。莫以蕿苓貴，棄捐蕭與艾。莫以賢豪親，棄捐婭與姻。危流無失櫂，坦衢有覆輈。思患乃預防，處順少自謀。蒼蠅何薨薨，白璧何斌斌。君心如明月，不見徒自憐。

【校記】

〔一〕詩題，道光本《澗東集》作『擬古塘上行』。

田家四時

和風渙池冰，農事歲云易。休力感經時，荒穢忽云積。礰礡曳平疇，鋤犂出南陌。我畦宜豌豆，我隴宜蕎麥。區區肥瘠間，殷勤費擘畫。晴日蒸晚暄，輕雷南山側〔一〕。造化方絪緼，草木爭甲宅。四體不勤動，愧兹時雨澤。

蒔秧須下隰，灌水省人工。我田河之側〔二〕，黄梅插青蔥。區分過旬日，稂莠茁茸茸。努力耘稂莠，甸匐田水中。蚯蚓齧我蹠，田水流殷紅。豈不惜勞苦，家世本爲農。

火雲猶未收，織蓑待霖雨。屈指十日晴，看曆過處暑。青青隴上禾，炎熇或熯汝。草棚蔽水車，轆轤日當午。水車一日停，我禾色如土。富農叱犢勞，貧農胝足苦。往往傾家出，役及穉兒女。慚余食粟人，摇扇清涼所。

篝車上西疇，西疇刈稻時。閉門舂石臼，當風揚竹箕。相將輸税去，多寡卻不知。何用識多寡，父母不我欺。我田亦云少，猶贍來歲糜。豈惟三冬日，可以無寒飢。

【校記】

〔一〕『南山側』，道光本《澗東集》作『作驚蟄』。

〔二〕『河』，道光本《澗東集》、道光本《松風閣詩鈔》作『湖』。

虎丘

太原公子此家山，伯仲風流去不還。上界雲烟歸佛土，下方花鳥付人間。劍池尺水騰虹氣〔一〕，磐石千秋蝕蘚斑〔二〕。盡道銀塘風日好〔三〕，百枝柔櫓幾時閒。

【校記】

〔一〕『劍池』句，道光本《澗東集》作『陰池半璧含冰氣』。

〔二〕『蝕』，道光本《澗東集》作『出』。

〔三〕『盡道』句，道光本《澗東集》作『攬煞銀塘三尺水』。

詠古四首

年少才名動洛都，上書痛哭策籌紆。欲醫大瘇安天下，不忘中行在絕區。宣室獨言神鬼事，漢廷方切治安圖。美人香草存忠愛，爲弔湘江屈大夫。

石渠明詔策賢良，東魯遺書急表彰。一自《春秋》開絕業，徧令郡國誦先王。匡時才畧懷伊呂，經術文章壓馬楊。零落膠西稱病後，大儒終不愧行藏。

少遊梁苑識鄒枚，病臥臨邛失意回。千古琴心成累德，一朝犢鼻溷奇才。宣恩曾憶馳書去，《諫獵》終聞抗疏來。遺篋尚留《封禪》稿，茂陵知遇亦堪哀。

三朝散秩盛文章，卻埽岷峨書一牀。奇字蒼茫追頡史，《玄經》奥衍到羲皇。《長楊》別館秋時賦，叢桂南山歲晚香。可惜露才投閣日，漫將符命美新王〔一〕。

【校記】

〔一〕『可惜』二句，道光本《澗東集》作『獨恨露才遷鼎日，莫逃斧鉞戮臣綱』。

夏日流水禪居

板橋流水野池寬，楊柳陰陰六月寒。欲買一船來放鴨，怕人疑把釣魚竿。

況公祠丙子

吳趨古名都，物力號昌阜。繁華中人心，蓋藏實無有。嗟哉勝國時，履畝稅八九。苕華願無生，彫敝難爲久。況公古循吏，乘傳此邦守。推心安善良，執法除稂莠。黠吏憚神明，愚民愛慈母。善政難具陳，減租衆善首。前者金公絅，抗疏檻車走。公不避斧鉞，請命籲乃后。精誠感穹蒼，損上恩膏厚。永樂一石糧，宣德徵七斗。巡撫周文襄，擘畫承公後。從此三吳農，再熟餘棲畝。公去人攀留，公沒祠不朽。盛德施於民，民不忍公負。迢迢四百年，獨立誰與友。

長相思

長相思，久離別，春鶯緜蠻思儔匹。急機轉，愁心結。鳳城柳含烟，龍塞春飛雪。不成織錦書，坐看珊瑚玦。

述祖德詩

顔公著廟碑，陸機記祠堂。卓彼古賢哲，祖德同宣揚。念我彭鏗胄，上世家臨江。元季遘百六，海寓紛欃槍。我祖躬奮臂，團兵崇學鄉。堅壁觀秦楚，投戈全梓桑。粤在洪武初，遷徙來南邦。尺籍隸兵衛，轉餉苦輪將。三傳至朴公，陰德門閭昌。藏書齊鄴侯，折券師孟嘗。南窗服儒素，西枝揚令芳。一實始成進士，保障出荊湘。一言忤權貴，解組詠滄浪。英英梧山公，繼志自南窗。不及挂朝籍〔一〕，一辟孝廉郎。蔚菴光述作，翰墨妙鍾王。空懷經世畧，通籍未登場。明經實耆彦，皓首窮青緗。痛哭周忠介，緹騎失披猖。我朝布闓澤，發使減吳糧。公膺當路聘，擘畫改絃張。一菴本廣文〔二〕，擢第令南疆。讒嫉爭羅織〔三〕，枳棘愁鳳凰。南畇急親難，徒步入炎荒。相持獄中哭，至孝感蒼蒼。網羅已云脫，鶴和喜常羊。彤廷方選士，三策冠賢良。修身從格致，抱道慎行藏。没而祭於社，俎豆依宫牆。守先鄉飲賓，積善流餘慶。築室聞鄰愁，命匠斵榱梁。至今仰遺構，高蓋還相妨。篤生大司馬，芝草呈奇祥。方寸含太古，風猷迪前光。巍科繩祖武，盛德啓後行。或登循吏傳，或擅史才長。或辭榮樂道，渺懷琴點狂。我祖秉孝弟，蔚然内行臧。迎賓長倒屣，拯急輒傾囊。貽謀及諸父，闔達皆巖廊。我父躬苦行，不獨工文章。子高不履影，原憲安糟糠。時命嗟不遂，春陽隕秋霜。小子竟無造，潛德懼弗彰。鰓鰓懷繼述，惻惻結衷腸。緬維五百祀〔四〕，世澤亦孔長。忠厚爲藩籬，樸素爲隄防。詩書爲文繡，禮義爲膏粱。流聲馥蘭芷，植品重珪璋。窮達各自立，盛衰何足傷。我歌述祖德，祖德今未央。願言後世人，志之永勿忘。

【校記】

〔一〕『及』，道光本《澗東集》作『樂』。

〔二〕『一菴』，道光本《澗東集》作『長寧』。

〔三〕『織』，道光本《澗東集》作『質』。

〔四〕『維』，道光本《澗東集》作『惟』。

龍潭舟次和王井叔嘉祿韻〔一〕

疏樹漏寒日，野花明碧溪。背溪有漁屋，飯熟鳴村雞。欹橋斷行迹，知是隱者棲。殘雲暝將夕，微爽西山西。歸鳥投古塔，倦牛臥荒蹊。揚舲發清謳，吹袂風淒淒。菰蘆滿江岸，月上秋蟲啼。

【校記】

〔一〕詩題，道光本《澗東集》作『龍潭舟次和井叔韻』。

明孝陵

松柏園林鎖寂寥，遊人下馬説前朝。江山未失蟠龍勢，骨肉先悲逐燕謠。古殿香燈光黯黯，荒原禾黍影蕭蕭〔一〕。宸章今日豐碑焕〔二〕，屋社千秋祀典昭。

【校記】

〔一〕『古殿』二句，道光本《澗東集》作『磐石臺堦空磊磊，夕陽禾黍自蕭蕭』。

〔二〕『今日』，道光本《澗東集》作『聖代』。

秦淮水榭聞琵琶聲

金琶續續誰家子，隔岸樓臺一水遥〔一〕。飛盡楊花春店酒，載來桃葉暮江潮。青衫涕淚尊前落，金縷歌詞指上調。夜半月明燈火歇，更聞人語教吹簫。

【校記】

〔一〕『隔岸樓臺』，道光本《澗東集》作『咫尺銀河』。

秣陵懷古四首

小隊紅粧出漢宫，武皇遊獵上林東。會須逐鹿中原去，射雉親彎玉靶弓〔一〕。

第六神絃樂府題，蔣侯三妹住青溪。繁霜唱罷箜篌冷，白水中橋烏夜啼。

玉樹雙沈金井梧，渡江桃葉任蠻奴。長繩一束韓擒虎，叔寶心肝自此無。

歇絶風流歌舞場，南朝祠墓劇荒涼。美人名士俱黄土，寒食飛花石子岡。

【校記】

〔一〕『靶』，道光本《松風閣詩鈔》作『弝』。

龍潭柳并序

戊辰省試，同遊汪少山貽德曾繪《龍潭柳圖》。距今八載〔一〕，余又三過其地，而少山下世已七年矣〔二〕，追想曩蹤，愴焉賦此。

龍潭柳，貌汝丰姿昔吾友。秋雨秋風十載經，幾回攀折離人手。依舊蟬聲帶夕陽，差差倒影横江口。獨留青眼盼故人，故人别來無恙否。水天一碧無前後，下有蘆花悲白首。纏緜猶似畫中情，嘆息人生不如柳。

【校記】

〔一〕『八』，道光本《澗東集》、道光本《松風閣詩鈔》作『十』。

〔二〕『七』，道光本《澗東集》、道光本《松風閣詩鈔》作『八』。

秋窗詠物四首

秋蟬

斷續寒蟬韻，秋心入緩歌〔一〕。曉風楊柳岸，墜露木蘭柯。薄蛻經霜健，高林得暖多。有人調玉軫，聽此意如何。

秋蜨

栩栩到今忙，飛飛著翅黄。不知芳草暮，猶戀晚風香。零粉辭殘夢，孤花墮夜涼。小山秋士在，招隱共徬徨。

秋蟲

素節鳴商籟，蟲吟得氣先。空牀殘夜月，古砌冷秋烟。絕調哀蟬外，清愁落葉前。一燈人嘆息，蕭瑟感流年。

秋雁

陣陣賓秋雁，哀音聽不分。夜寒隨夢到，人定背燈聞。影斷江南月，書留塞北雲。孤懷誰與訴，有客感離羣。

【校記】

〔一〕『斷續』二句，道光本《澗東集》作『落葉飛空盡，寒蟬出緩歌』。

十月望夕追懷程小棠家穎

昨歲征帆重此遊，故人今夕話綢繆。誰知世事榮朝槿，頓覺歡蹤幻水漚。歸櫬荒山何處驛，孤燈寒雨舊時樓。陽關笛裏魂飛去，灑淚西風弔古丘。

江守愚舅氏自甘肅遊幕歸里〔一〕

西風吹度雁聲哀〔二〕，獨客新從朔塞回。入幕曾遊張掖郡，思鄉還眺李陵臺。關前曉月催笳動，隴上秋雲拂馬來。卻憶年年霜雪夜，邊愁飛落掌中杯。

【校記】

〔一〕詩題，道光本《澗東集》作『江守愚母舅歸自甘肅賦呈』。

〔二〕『度』，道光本《澗東集》作『墮』。

戲爲井叔寫小漚波漁莊圖因題〔一〕

石湖湖上楞伽山，三間茅屋藤蘿纏。安排漁具習漁隱，紅塵不到蒼松關。胷中丘壑君自有，無意得之假我手。十里平湖靜不波，春光綠到門前柳。短短蘆芽出水肥，弄船人去掩柴扉。幾行白鷺飛晴雪，一缺青山銜落暉。不知此境何從得，境曠不須多著墨。圖成頃刻報君知，尺幅生綃愁疥壁。

【校記】

〔一〕詩題，道光本《澗東集》作『戲爲王井叔嘉祿寫小漚波漁莊圖因題』。

春日花山丁丑

啼鳥不知處，春山雲幾重。亂泉流曲澗，清磬下高峯。壓屋千竿竹，當門十里松。摩挲古題壁，多半紫苔封。

文硎吾與菴題壁

先人契方外，寒石託知音。香積遲余到，禪房空素琴。寒石，吾與菴住僧也。與先君子相契〔一〕，今已化去。山花春自媚，風樹夜還吟。洗鉢清齋罷，鐘聲度遠林。

【校記】

〔一〕「相契」，道光本《澗東集》作「有舊」。

題畫

一點離愁三疊琴，淡烟疏雨寫秋心。東君爲惜當門刈，吹向空山草色深。蘭

斷腸幽怨有誰同，露冷瑤階語暗蟲。玉簟花寒秋夢醒，自翻翠袖拭啼紅。秋海棠

鉏雲園八詠

漱玉亭

默默池上亭，池水漱寒玉。人來雨乍過〔一〕，一鏡春波緑〔二〕。

延緑軒

插苗在南園，苗緑入我軒。當軒無雜木，榆莢隨風翻。

涵青閣

青山如列屏，繚繞池西閣。蝶引暖風香，茶花黄出郭。

待月坡

磐石可横琴，松風豁烟霧。銀蟾生夜涼，朦朧出疏樹。

見山岡

入花轉層梯，一岡平似掌〔三〕。時聞踏葉聲，石徑有人上。

漪漣橋

鑿池亙西東，石橋枕其腹。園丁鼓枻來，闌影隨波曲。

蜨夢龕

精舍徑方丈，知歸此坐禪。先叔祖尺木公自號『知歸子』。莊生還有夢，無夢了塵緣。

放生池

荒園花木稀，留此活潑機。碧藻絡巉石，水清魚自肥。

【校記】

〔一〕『乍』，道光本《澗東集》作『初』。

〔二〕『一鏡』句，道光本《澗東集》作『對鏡髩眉綠』。

〔三〕『平似掌』，道光本《澗東集》作『夷且曠』。

學書四首

秦邈作隸書，造端求便易。後人好爲難，變本而加厲。作俑始鍾王，同源派差異。至今揚其波，矻矻疲神智。直欲棄萬端，壹志成斯藝。更或慕張顛，狂草使豪氣。博得龍蛇驚，不堪名姓記。縱擅千載名，何關六書義。

誠懸有遺言，心正筆亦正。信乎觀人書，可以知其性。奈何事矯揉，專以娬媚勝。南威與子都，氣骨乏剛勁。滔滔世共趨，實爲儒詬病。試觀古端人，其書皆瘦硬。但勿乾其中，庶不類優孟。

古人勵躬行，戶牖皆有銘。觸目自警戒，非藉爲光榮。不知何年製，撰句書貼楹。瀰漫及四壁，不辨縱與横。其詞多誇耀，畧無箴勸情。又或錄閒文，取義無由明。上書伯某甫，下自署其名。無當贈言意，徒爾諛友朋。

籀書久不諷，點畫存彿彷。隸法既趨便，索解或多强。之本中地文，三折義惝怳。春秦及泰奉，無別亦疑爽。俗學況沿訛，面目改疇曩。千古一右軍，書快乃成快。卓哉顏魯公，規模追既往。

觀畫

人物繪維肖，愚夫見共知。山水無定形，竟堪智者欺。我愚喜真山，觀畫心不怡。謂不如人物，刻畫致出奇。英姿狀褒鄂，媚骨摹嬙施。蒼鷹怒將攫，玉驄驕欲嘶。當其下筆時，心與造物諮。毫釐一失次，神理乃盡乖。觀彼畫山水，丘壑從心爲。沄沄從蒼蒼〔一〕，非必潁與箕。因此判難易，軒輊定不疑。況稽作會始，匪曰供娛嬉。華蟲及藻火，炳煥十二衣。神姦鑄禹鼎，怪物鏤山魑。下迄炎漢代，五瑞勒黽池。或圖聖賢像，戡壁武梁祠。皇初創制遠，近古儀型垂。沿流及後世，游戲等小兒。壯哉《崑崙圖》，十日費構思。八駿不重駕，悠悠當問誰。

【校記】

〔一〕『從』，道光本《松風閣詩鈔》作『復』。

支硎中峯晚眺戊寅

白雲遲遲四山起，中峯窈窕白雲裏。行穿密竹始知門，一杵鐘聲清入耳。門外山僧導我行，危樓倚空矗壑晴。峯坳倒栝留雲氣，石上飛泉帶雨聲。春陰漠漠籠花竹〔一〕，幾處春山聞啄木。落日千巖送晚晴，迴飆一陣飛寒綠。縹緲身疑住翠微，短笻斜倚久忘歸。須臾暮色無邊暗，但見歸鴉繞樹飛。

【校記】

〔一〕『漠漠籠花竹』，道光本《澗東集》作『日夕生虚谷』。

八雕行〔一〕有序

楊鐵崖爲天台令〔二〕，台故多黠吏，先以利餌官，然後執其短長，號爲八雕。鐵崖廉其姦，中以法，民稱快。然其黨蚓結不解，鐵崖卒以是免官，語詳貝瓊所撰《傳》中。卽仿鐵崖《詠史樂府》意〔三〕，作《八雕行》〔四〕。

天台吏，號八雕。羽翼盛，爪距牢。戲弄官長囊中鶉，把握肥瘠使擾馴。囊鶉嗉飽不得呻〔五〕，然後顛倒黑白惟雕所欲云。天台尹，甘清貧。發姦摘伏何其神，芟夷桀黠蘇愚民。嗟爾八雕昔爲雲中翮，今爲入網鱗。入網鱗，猶能嘘霾吐霧坐令天日昏。吁嗟乎！爲貧而仕古所聞，術中一墮非完人。鐵崖能剛在無欲，一官雖棄幸不污其身。嗚呼！一官於我如浮雲。

【校記】

〔一〕詩題，道光本《澗東集》作『天台吏』。

〔二〕『令』，道光本《澗東集》作『尹』。

〔三〕『意』，道光本《澗東集》無。

〔四〕『八雕行』，道光本《澗東集》作『天台吏』。

〔五〕『嗉飽』，道光本《澗東集》下有『引吭』二字。

棲霞晚次

濕翠接空烟，江村暮雨天。屐聲黄葉裏，帆影白鷗前。涼葛秋先到，輕蕉暑未捐。悤悤驢背客，輸爾泛槎仙。

夜泊燕子磯

江闊天低似覆盤，推篷一碧浸闌干。北山樹色窗中合，南極星文掌上看。蘆荻蕭騷秋氣迥，魚龍寂寞夜潮寒。十年五度秦淮月，愁見槐花白露團〔一〕。

【校記】

〔一〕『十年』二句，道光本《澗東集》作『平生雅慕蘇公事，夢到黄公月未殘』。

棲霞夜泊

柔櫓搖風趁夜闌，載將詩夢度江干。千巖霜氣因鐘散，八月濤聲到枕寒。村柝近隨秋杵動，漁燈遠帶曉星殘。扣舷三弄桓伊笛，疑有潛蛟舞急湍。

野步

浴水烏犍出石陂，牧童横笛向風吹。飛鴉亂點斜陽外，十月江村種豆時。

王愓甫先生芑孫逝後重過芳草堂感懷示井叔〔一〕

我遊先生門，忽忽三年久。於學無所窺，洪鐘惜小扣。先生敦古歡，心賞出牝牡。勖我器識先，浮華無足取。南畇與二林，文物尊山斗。子歸有餘師，當在今人右。堪嗟時俗師，門戶判誰某。坐令卓犖姿，依樣成窠臼。安知末座才，必出先生後。我文無定法，我詩混妍醜。書紳蔽一言，信心慎無苟。欺世適自欺，千載安能守。紬繹先生方〔二〕，意味一何厚。悔哉提耳時，藐藐聽多負。及兹長別離，追憶珍瓊玖。迷津浩無涯，仗此辨然否。日暮草堂寒，悽悽唁我友。春風何時來，綠此閒庭柳。髣髴几杖間，光景存八九。逝者不可追，往迹徒回首。咄咄我何悲，先生方不朽。

【校記】

〔一〕詩題，道光本《澗東集》無『王』字及自注。

〔二〕『方』，道光本《澗東集》、道光本作『言』。

除夕書懷

草草情懷逼歲闌，流光濬壑下飛湍。閒抛白日敲棋過，慣對青燈把卷看。有雪翻添深夜暖，無冰恐釀早春寒。試燈風裏行裝促，且醉屠蘇一盡歡〔一〕。

【校記】

〔一〕『試燈』二句，道光本《澗東集》作『蓮壺漏盡房櫳曉，喜聽梅枝鵲噪乾』。

元夕舟泊毘陵己卯

輕帆初挂趁新晴，一夕能兼兩日程。水驛烟花回淑景，春街簫鼓動歡聲。東風聊慰征人望〔一〕，圓月難爲旅客情。來日江頭沽酒處，鄉音不似闔閭城〔二〕。

【校記】

〔一〕『聊慰征人望』，道光本《澗東集》作『未解勞人意』。

〔二〕『來日』二句，道光本《澗東集》作『聊假庾詞作兒戲，傳杯列坐薦吳羹』。

紙鳶

春風著意欲相撩〔一〕，翦紙淩空度影遙。一片晴雲裁錦繡，九天儀鳳奏《簫韶》。漫收羽翼棲珠樹，好引絲綸上碧霄。微雨不須愁濕翅，預知暖氣日邊饒。

【校記】

〔一〕『著意欲』，道光本《澗東集》作『驀地忽』。

上巳口占

千門桃李競良辰，旖旎風光嬌上春。文杏高棲雙燕穩，綠楊低囀一鶯新。青驄陌上尋芳草，繡袷河邊祀解神。無力最憐花際蝶，隨風吹傍七香輪。

移榻疑埜山房叔父儀部葦間公寓〔一〕

兩行藤格任攲斜，隨意好風吹著花。此是江南晚春色〔二〕，慣看點綴野人家〔三〕。

看花人近海棠枝，落絮風軒對弈時。斜日上簾簾半捲，一雙燕子故飛遲。

疊石玲瓏曲磴盤，兩三吟客倚闌干。同寓胡實甫孝廉、周晴溪上舍。見山岡下花零落，家中鉏雲園有疊石，名見山岡。只有清陰竹數竿。

客中送別不勝情，余初入都，依伯父少司寇修田公居，公旋赴閩臬任，乃移榻於此候榜。雁影飛飛入鳳城。回憶閒房春草緑，風光彈指六年更。春草閒房，叔父假歸所築，今出山又六年矣。

【校記】

〔一〕詩題，道光本《潤東集》作『疑埜山房』，僅録其一、其二兩首。

〔二〕『江南』，道光本《潤東集》作『南中』。

〔三〕『慣看』句，道光本《潤東集》作『清明時節慰思家』。

筆玉僧有序〔一〕

予爲天台僧筆玉後身〔二〕，孩時於前身事頗能了了，漸長漸忘，成童後乃真如隔世耳。僧名永淨，號雪綏者，係筆玉舊侶，爲予述前身事甚悉〔三〕。己卯五月〔四〕，予歸自京師，雪綏亦化去矣，感而有作。

筆玉僧，六根清淨可成真，何爲辛苦來紅塵？紅塵富貴世亦有，爾來此處何緣因？當時僧年二十七，禪牀僵臥攖沈疾。隴西居士舊知僧，療以葠苓餌芝朮。僧言我命不再延，但感居士心茫然。臨終稱偈謂儔侶，不生極樂不生天。當讀居士書，當耕居士田。壬子七夕時嚮晨〔五〕，居士抱子僧後身。

梵音入耳輒成誦，較聞經史意轉親。舊遊緇客或相訪，呼名一一如其人〔六〕。輪迴之説果虚誕，兒童知識何由神〔七〕。因茲靜悟游魂理〔八〕，如香著花影在水。僧原非我我非僧，即我即僧無彼此。宗門一叟號雪綏，能言筆玉事終始。祇今亦上北邙山，不知更作誰家子。百年塵海儻相逢，安得同開法眼視。

【校記】

〔一〕『筆玉』，道光本《澗東集》作『碧玉』，詩、序中同。

〔二〕『天台』，道光本《澗東集》無。

〔三〕『前身』，道光本《澗東集》作『碧玉當時』。

〔四〕『五月』，道光本《澗東集》作『閏四月』。

〔五〕『嚮晨』，道光本《澗東集》作『加辰』。

〔六〕『呼名』句，道光本《澗東集》作『一一皆可呼其名』。

〔七〕『輪迴』二句，道光本《澗東集》作『輪迴虛無不足信，獨於此事嗟通神』，下有『前生割愛拋耶娘，此生孤露堪悲傷。前生不師周孔訓，此生欲讀過輒忘』四句。

〔八〕『因茲』句，道光本《澗東集》作『循環果報眼前是』。

夜意

烏棲人亦眠，簌簌聲如雨〔一〕。枇杷熟多時，開櫺走松鼠。

【校記】

〔一〕『簌簌』句，《澗東集》作『撲簌響何處』。

葵

衛足有良知，傾心表正色〔一〕。幸逢堯日中，亭亭自孤直。

【校記】

〔一〕『表正色』，道光本《澗東集》、道光本《松風閣詩鈔》作『標正節』。

苦旱四首

桐魚叩罷石牛鞭，依舊雲峯插碧天。一臥荒園纔十日，蒺藜生到最低田。

龍祠古井壓龍堂，終古凝陰此閟藏。掘石噴寒壯夫死，飛來白雨夜珠光。

一溉終教抱甕勤，忽驚螟螣失如雲〔一〕。吳都故事空聞說，象替人耕鳥替耘。

瞥眼登場節候過，道逢縣吏說時和。田家不怨秋禾少，只怨春耕我最多。

【校記】

〔一〕『螟螣』，道光本《澗東集》作『蜚蜮』。

秋感四首〔一〕

閉門風雨感離居，劍氣難消繡澀餘。碪杵送寒斜日短，江湖滿地一舟虛。莊生曠達能齊物，宋玉登臨且著書。放眼乾坤吾事少，狂歌聲已出蓬廬。

廣陵門外湧秋濤，堰築浮山出堞高〔二〕。深夜鼉鼉移窟宅，清秋鴻雁滿蓬蒿。雲蒸海國空鹽井，浪急江村散米舠。屬邑流亡憂不淺，妍歌還聽《鬱輪袍》〔三〕。

鯉魚風急夜招魂，帝遣巫陽下九閽。秋盡荔枝消雪色，歲寒古柏出霜根。鵾絃瑟縮風經柱，鶴氅淒涼月在門。尚有白頭兄弟在，天涯惆悵菊花尊。

荒廚齏給腐儒餐，樂府新歌來日難。卒歲樗茶違老物，隔年桃棘失司寒。蟬吟涼露秋衣薄，雁帶離聲客夢殘。臣朔不愁飢欲死，幾人索米住長安。

【校記】

〔一〕詩題，道光本《澗東集》作『秋感八首』，此處四首爲其一、其五、其六、其七；道光本《松風閣詩鈔》作『秋感七首』，無其八。

〔二〕『廣陵』二句，道光本《澗東集》、道光本《松風閣詩鈔》作『維揚亦是儲財地，隔堰洪湖出堞高』。

〔三〕『妍歌』句，道光本《澗東集》、道光本《松風閣詩鈔》作『大官莫視九牛毛』。

耳疾自嘲

人間無處聽鈞天，罰作聾丞計亦便。不怕地中鳴鼓角，空憐山下滿風泉。疾雷破柱人危坐，夜雨滴階吾獨眠。隔壁漫防釵釧響，當頭棒喝學逃禪。

題王井叔嗣雅堂詩集

入門意氣盡如虹，一笑相逢白雪中。鎖院春寒摇賦筆，甲戌二月望後一日，學使鍾溪陳公覆試古學，雪中命呈《勵志酬知詩》四章。試者凡五十六人，余因識井叔於同列中，歸而訂交焉。草堂夜雨點詩筒。言歌伐木求良友，喜識斜川似阿翁。歲月忽驚飛鳥過，六年陳迹付東風〔一〕。

【校記】

〔一〕『東』，道光本《澗東集》作『春』。

松風閣詩鈔卷二　澗東集

古今體詩八十六首

立春日作庚辰

東風一夜度芳津，魚陟冰開萬象新。七種菜挑人日市，九微燈試上元辰。尊前柏葉容拚醉，餅裏梅花待放春。聽到黄鶯啼出谷，南園步屧草如茵。

堯峯墓舍落成誌感

茅堂開墓北，予季手經營。屋後諸峯出，門前一澗横。春秋來埽榻，風雨住炊羹。靈爽應依此，迢迢明發情。

揚州即景

迴塘薄暝林霏合，風入蘆花鳴颯颯。踟躕不見蘆中人，一陣寒鴉過白塔〔一〕。

斜陽墮嶺月弦魄，一星熒熒浸空碧。江頭風緊潮欲來，添纜人喧燈火夕。

【校記】

〔一〕『白』，道光本《澗東集》作『古』。

由沂州府至泰安車中作〔一〕

沂水沿餘一短吟，春風童冠古狂心。雪消凍樹回新綠，何處間關鶯出林。

巾車坐臥亂山中，雨鬢烟鬟看不同。三日羊腸行郤曲，芒鞋幾兩破春風。

風搖鈴語五更闌〔二〕，燈火零星夢未殘。十里高岡三里澗，鞭絲聲裏馬嘶寒。

山頭碧火閃星星，點破芙蓉曉色青。疑有神靈朝岱岳，九天風露返雲軿。

【校記】

〔一〕詩題，道光本《澗東集》作『由沂州府至泰安』。

〔二〕『鈴』，道光本《澗東集》、道光本作『鐸』。

濼水源二首有序〔一〕

濟南府城內行宮有池，方廣數十步。俯瞰瑩徹，中有源泉，纍如貫珠，自下而上，凡百千道，名珍珠泉，其流爲濼水。庚辰計偕，道出濟南，謁程鶴樵中丞於節署。公子小槐孝廉家頲邀余同泛舟焉，因紀以詩。

濟水當伏流，濼源出其所。因源匯成池，觱沸清可俯。平量萬斛珠，倒飛一潭雨。龍涎水面浮，蚌胎月中吐。一沸生旋渦，圓花那可數。有時竅石生，天巧奪巖乳。向晴轉成迷，入幽乃全覩。異態出不窮，泛舟自容與〔二〕。夙昔愛觀水，見流未見源。不圖風塵裏，獲此千潺湲。此斷彼復續，橐籥誰爲根。時出本至靜，下流漸成喧。其究爲泡影，諦觀妙道存。憑欄鏡顔色，瀹茗清夢魂。軼唐醴泉美，陋魯沂水溫。自從翠華汹，千載流聖恩。

【校記】

〔一〕詩題，道光本《澗東集》作『濟南府城内行宫有池方廣數十步俯瞰瑩徹中有源泉纍如貫珠自下而上凡百千道名珍珠泉其流爲濼水庚辰計偕道出濟南謁程鶴樵中丞於節署公子小槐孝廉家頲邀余同泛舟焉因紀以詩』，無序。

〔二〕『泛舟』句，道光本《澗東集》、道光本《松風閣詩鈔》作『臨流久延佇』。

登泰山觀海日

山腰出雲山脚雨，山頭蒼蒼插天宇。天耶山耶遠莫知，興雲出雨無盡時。但見丹梯萬仞盤蛇勢，仰首層霄豁澄霽。肩輿如箕絡用韋，横行天半天風厲。初經犖确漸崚陗，舉趾憑空一分蹈。猨猱連臂失攀援，鷹隼迴眸怯飛掉。是時陽春日當午，陰崖積雪白如羽。上方豈識入雲深，下界茫茫不可俯。槎枒參立秦時松，蒼皮漏雨蟠虬龍。磨崖刻文倚青冥，不知何代金泥封。千尋石壁根出土，狀如斧削勢不同。蒲英蓮葉千萬態，疑是五丁一夜施神工〔一〕。兩峯矗似羅浮開〔二〕，飛流直瀉從天來。浮虹横亙下不測，深潭晴日轟春雷，散咽白石聲聲危。最高真似登天門，鐵索援引驚心魂。攝衣琳宫謁青嶽，待看日觀扶桑暾。天雞一鳴衆星散，火燄燒空渤海爛。宿鳥枝頭破暝飛，山精窟外追風竄。誰爐天地鑄羣生，指使飛廉夜扇炭。須臾金鏡騰虞淵，榮光炳爍起燭天。人間昏黑夜將半，笑指齊州九點烟〔三〕。

【校記】

〔一〕『疑是』句，道光本《澗東集》下有『不然媧皇鍊後位置此山中，文飾造化羞洪濛，至今谽谺崱屴風雲通』三句。

〔二〕『矗似』，道光本《澗東集》作『高處』。

〔三〕『齊州九點』，道光本《澗東集》作『九點齊州』。

胡實甫希周登第余下第獨歸錄别〔一〕

流水高山綠綺琴，偶逢牙曠託知音。如何譜入鈞天曲，不似人間吳會吟。

君言此事亦須工，未可消磨冷淡中。不見畫樓新燕子，年年學語向春風。

【校記】

〔一〕詩題，道光本《澗東集》作『胡實甫希周上第錄別二首』。

茌平與戴葶峯壽南分途遇雨卽次書懷〔一〕

京華攜手子偕行，一笠飄蓬又獨征。老我陌頭芳草色，伴人門外亂蛙聲。天涯聚散渾閒事，歧路低徊感至情〔二〕。誰道今朝行不得，山頭啼鳥喚新晴。

【校記】

〔一〕詩題，道光本《澗東集》作『與戴葶峯壽南同年分途遇雨卽次書懷』。

〔二〕『低徊』，道光本《澗東集》作『丁寧』。

繹山碑

祖龍六刻石，千載無一存。《繹山》最後毀，摹本文寶翻。結體頗嚴峻〔一〕，不盡肥失真。臣斯變籀法，自謂萬世尊。《詩》、《書》既煨燼，殳璽創紛繁。之罘巡海嶠，赫然耳目觀。轀輬亂鮑臭，終讖鎬池言。賜劍效朋比，誰知反掌間。悔不牽黃犬，遊戲咸陽門。趙高實同惡，荀卿豈誤人〔二〕。師心而蔑聖，足以殺其身。

【校記】

〔一〕『體』，道光本《松風閣詩鈔》作『東』。

〔二〕『趙高』二句，道光本《澗東集》作『荀卿實無學，趙高豈不仁』。

秋窗卽景四首〔一〕

黃蝴蝶棲紫蝴蝶〔二〕，莊周幻相是耶非。誰能了此幻中幻，紫蝶無言黃蝶飛。紫蝴蝶，花名。〔三〕

竹牀石几野人家，獨坐西風聽暮鴉。一雨閒庭秋草綠，蜻蜓小立馬蘭花。

空廊東畝足徘徊，落日風簾次第開。居士正披蓮社卷，僧鞵菊影上階來。

繡徧苔紋石徑深，閒花新種滿園林。東籬消息霜中晚，秋色先看滴滴金。花名。

【校記】

〔一〕道光本《澗東集》無第四首。

〔二〕『紫蝴蝶』，道光本《澗東集》下有自注『花名』。

〔三〕道光本《澗東集》無此自注。

詠雞冠花

荒園夜雨滴簷牙，染出猩紅朵朵斜。名字到君成磊落，秋容爲爾著繁華。未妨溷迹隨凡卉，不是當頭莫放花。水榭芙蕖零落後，十分顏色照山家。

冬杪雨後步南園

寒夜集微霰，暖風吹散之。蒸潤作朝暄，起著單袷衣。時和興俱適，覽物生光輝。開軒面南園，散步臨荒陂。桑塍無坼土，菜圃有新荄。啄雀飛上屋，涓泉流在池。誰言隆冬節，滿目皆生機。歸問候門子，釜飯熟多時。

春日山居辛巳

春光三月暮，蘭若結幽棲。雜果當軒落，流鶯上樹啼。亂雲沈石壁，急雨響山溪。卻憶南園望，青峯繞郭西。

中峯精舍

紅塵吹不到，仙境畫中看〔一〕。瘦石孤花媚，高樓萬竹寒。鐘聲迴半嶺，塔勢聳千盤〔二〕。宿我茅亭下，聽泉到夜闌。

【校記】

〔一〕『仙境畫』，道光本《澗東集》作『空翠鏡』。

〔二〕『鐘聲』二句，道光本《澗東集》作『山僧供茗荈，坐客解衣冠』。

流水禪居看桃花

止水靜涵流水活，禪機偶與化機逢。花開花落皆初地，客住客行何定蹤。三畝池塘三畝竹，六時清梵六時鐘。此間人淡如雲淡，世上春濃似睡濃。

山房消夏

南陸回曦似小年，藤牀鎮日愛高眠。自栽松桂未成把，且喜借聽鄰樹蟬。
紅暾初下竹梢頭，曉霧濛濛濕不收。憑仗啼烏催客起，葛衣先占一分秋。
池館輕陰六月寒，芙蕖未蕊石榴殘。可人昨夜瀟瀟雨，爲展蕉心綠上闌。
檻外亭亭碧玉姿，撲簾香氣靜中吹。兒童只解蓮房好，纔到開時問落時。
鑑影頻來瞰小池，游魚噴沫碧絲絲。解衣自洗端州石，研露晨臨《竹葉碑》。
隔水簾櫳薄暝初，有人引睡更繙書。搖搖燈影浸空碧，破寂一聲池躍魚。

槿籬門帶夕陽開，野蔓孤藤著意栽。坐待閒庭消暑氣，山僮抱甕灌花來。

夏夜

荒園無客到，枯坐學逃禪。露下夜初靜，月沈人未眠。澄光半潭水，涼意五更蟬。天末秋風起，疏櫺一葉穿。

松棚十二韻

北牖三弓亞，清陰只數竿。涼輕因樹短，暑逼爲庭寬。分得龍鱗勢，撐來鶴蓋團。牽蘿牢補屋，折竹曲遮欄。泫露千鍼密，穿花一缺安。無根香氣滿，有隙月光攢。雨過生濃綠，霜前變渥丹。黑雲當戶壓，火繖下檐寒。謖謖濤輕送，蕭蕭秋近殘。自從遷地後，漸覺蔽人難。薇架周圍敞，蘆簾次第攤。出山奚改節，終作後彫看。

山房十詠

古柏

三年前種樹，離立未成林。幸有半枝柏，能留一院陰。榮枯今異勢，培植昔同心。一枝枯瘁，僅存一枝矣。作枕頽垣古，雕訛歲月侵。

叢竹

曲欞開雪澗，北牖樹檀欒。雷雨千竿出，風霜六月寒。鳳笙聞夜籟，龍籜薦春盤。寄語攜鋤客，休將惡竹看。

新松

畧具參天勢，居然遷地良。枝低無鶴到，花冷有蜂忙。怪石一拳枕，潛虬萬甲藏。濤聲來咫尺，戞戞和風篁〔一〕。

盆池

勺水清如此，拚閒學養魚。活看雨過後，明到月來初。落葉浮沈幻，圓萍點綴疏。漫云能待涸，泉脈自天儲。

短籬

繁藤齊綴朵，出竹爛如霞。風暖香逾近，花低樹不遮。千絲纏馬尾，一穴放蜂衙。不羨桃含笑，秋來插菊葩。

雪澗

鑿池頗幽險，因以澗爲名。積雪便成窖，灌花時度甖。當階承屋霤，急雨作溪聲。淺水魚還樂，從知濠上情。

疊石

拾得黿山石，庭前位置來。鬬花開壁壘，薙草出崔巍。有窟皆穿竹，無紋不繡苔。年年增幻相，蜂蝶莫相猜。

甘蕉

手植蕉三本，今年一試花。垂頭如熟果，放瓣尚含葩。未解抽心苦，相期入夢賒。緑天人聽雨，寒意滿山家。

花牆

修篁濃緑裏，繚繞一垣斜。抱月常棲蝠〔二〕，環廊不隔花。簾開山半現，苔繡樹全遮〔三〕。莫惜當秋月，餘輝借別家。

月洞

居然一輪月，飛不上青天。桂影秋先到，蟾輝夜對圓。有人曾斫斧，無夢卜乘船。欲乞姮娥藥，紅塵作地仙。

【校記】

〔一〕『和』，道光本《潤東集》作『韻』。

〔二〕『月』，道光本《松風閣詩鈔》作『穴』。

〔三〕『簾開』二句，道光本《潤東集》作『木雕休共誚，瓦合道非誇』。

嚴華峯丈壽圖舊藏漢孝廉柳敏碑拓本仲山弟以古隃麋易之戲作柬嚴丈

君平久翫世，世亦翫君平。對酒詠諧善，雜技星卜并。嗜書兼四體，八分勢縱橫〔一〕。比聞藏古碑，《柳敏》漢東京。吾弟聚碑版，列宿羅精英。吾亦從所好，歲歲囊爲傾。籀文先石鼓，孔蹟傳延陵。嵩山啓母石，焦山周鼎銘。秦斯吳皇象〔二〕，及唐李陽冰。隸書五鳳刻，八珍先太羹。磨崖縋陝蜀，刻石淩滄溟。紀功勒夷落，留題集仙靈。其餘百碑碣，錯遝益十朋。心鄙棗木刻，杞宋不足徵。率或用覆瓿，安能望貼屏。網羅偏孔翠，不宜遺鶴翎。胡乃《柳敏碑》，不屬我弟兄。豈伊五行宿，碑云『五行星中廿八舍柳宿之精』也。潛耀同恆星。由來希世物，所在世必爭。換得古隃麋，焚香寫《黃庭》〔三〕。翫世豈翫物，翫物喪其精。吾儕特好弄，常受外物驚。君言天地間，萬物皆飄萍。不脛而能走，不口而能鳴。其去難可料，其來本無情。銜巾感青鳥，坡老何怦怦〔四〕。媵以《蒼頡廟》，歸娣占《義經》。華峯丈又以所藏《蒼頡廟碑》贈仲山，亦係舊拓，勝於《柳敏》。

【校記】

〔一〕『嗜書』二句，道光本《澗東集》作『嗜書兼四體，硬黃或殺青。童時索書扇，八分勢縱橫』四句。

〔二〕『秦斯』句，道光本《澗東集》作『秦漢魏三國』。

〔三〕『焚香』句，道光本《澗東集》作『且寫黃庭經』。

〔四〕『怦怦』，道光本《澗東集》作『丁寧』。

題顧茂才沅靈巖訪碑圖茂才訪得古碑不下數十種，茲於靈巖得宋韓蘄王墓碑，故作此圖

客有抗志尋巖阿，斷碑殘碣供搜羅。象犀珠玉聚所好，涓流萬派趨洪河。野王吳門古桑梓，芒屩靈巖暮雲起。金徽月夜弄琴臺，紅艇花朝泛香水。館娃響屧久銷沈，牧笛荒原弔古心。春風蕙畹游馴鹿，秋雨梧園啼怪禽。童童松蓋蘄王墓，寂寞寒區鎖烟霧。巨檻黃龍百戰勛，銘詞白石三江路。金繒社稷議和戎，花石朝廷泣兩宮。墮地星光埋寶劍，挂天月影挽珠弓。穹碑十丈鐫功德，龜趺剝落苔花蝕。留與名山數寶珍，不逢好事終荊棘。鐵畫銀鉤翠墨新，千秋名蹟出風塵。至今駐馬山中客，共說騎驢湖上人。

徐州道中〔一〕

山到彭城繞翠屏，車輪搏石走雷霆。天低芒碭誅蛇路，人去雲龍放鶴亭。萬里河源沈白璧，千秋虹氣結青萍。控連淮泗咽喉地，形勝東南一井陘。

【校記】

〔一〕詩題，道光本《澗東集》作『徐州』。

行曹濮間作

我來在平南，雷雨息征軸。冠莘兩邑間，朝暮缺饘粥。去年罹玄冥，下流當舊濮。水萍蔽徒杠，斷梗浮喬木。轅駒跳井蛙，汙泥漬背腹。十里不見人，迷塗泣痛僕。望烟得草棚，人似哀鴻宿。言更兩晦明，沮洳漸平陸。塗泥曬日堅，坼裂如龜卜。茫無軌轍尋，搏石愁顛覆。或止盈尺乾，其下仍滲漉。驅納陷阱中，不察機械伏。并力掀出淖，淩兢折馬足。村落忽在前，揚鞭恐不速。荒畦有人耕，責我行郤曲。問罪牽牛蹊，舉耒怒橫稍。下車急致詞，迴車入林樸。白茅亙迷津，居人理浮舳。臨津一長嘆，問道不吾告。但言渡汝去，千錢我不欲。落日淹西馳，傾囊喚其族。馬浮赤水窪，車脫宗丘輹。脫輹入扁舟，浮窪出新浴。蓼花棲水紅，柳葉覆船綠。禿竹兩竿撐，肥魚一罾捉。頗似江南風，風塵舒額蹙。誕登轄我車，黑夜投茅屋。

曹河官舍晤徐雲客司馬章二首

黃河一去官閒甚，時上游決口〔二〕。白日蕭齋數漏籤。引睡文書遲畫諾，避炎庭館早垂簾。呼童細瀹甆何妨雪滿鬢，酡顏雖好總清癯〔一〕。一官落拓貧如昨，垂老心情壯不殊。已有飛仙傳藥石，無勞漫士寄尊鱸。年時桃浪添三丈，截竹搴茭役萬夫。

看茶經熟，愛客無勞酒令嚴。餘事更饒山水癖，丹丘圖畫理殘縑。

【校記】

〔一〕『矍鑠』二句，道光本《澗東集》作『紅頰蕭蕭上白鬚，相逢淮北十年餘』。

〔二〕道光本《澗東集》無此自注。

曹河答太倉畢菊農韞珍

次公筆陣復堂堂，古製千言重柏梁。憐我相逢當失意，喜君聊與佐清狂。三春好夢隨流水，千里歸人話故鄉。午日天涯一尊酒，江關回首莫淒涼。

程鶴樵中丞國仁見貽蓍草賦謝

靈蓍一生一百莖，沐日浴月含精英。千年獨秀姬孔宅，天生神物非人爭。岱東中丞清且嚴〔一〕，懷方嶽嶽齊魯瞻〔二〕。我獨向公乞土物，緣知此物無傷廉。果然驛使西北來，封題周密重緘開。安排香爐置木案，假爾泰筮參三才。鯫生少習荀虞說，旁羅崔鄭蒐遺缺。數家泥象理不伸，乾坤鑿度藩誰抉。旁通反對久支離，卦氣爻辰率詭譎。比來好讀朱子書，始知啓蒙探最初。先天圖位姑闕疑，卽論挂扐人人殊。孔氏挂一謬居右，郭氏誤挂爲歸餘。乃至再揲不復挂，陰陽老少無分區。或以過揲計多寡，本末倒置非吾徒。紫陽説《易》取邵子〔三〕，邵子言數朱言理。理數從來會一源，輔嗣忘象非古矣。同符奇偶出方圓，此是揲蓍玄妙旨〔四〕。櫝中一策潛龍身，太極元氣含渾淪。中分信手不知數，究極造化參天人〔五〕。我公品節爲時望，鐘鼎勳名未可量。爲公揲卦得泰亨，小人道消往有尚。

【校記】

〔一〕『嚴』，道光本《澗東集》作『賢』。

〔二〕『懷方』句，道光本《澗東集》作『所至輟不名一錢』。

〔三〕『取』，道光本《澗東集》、道光本《松風閣詩鈔》作『宗』。

〔四〕『同符』二句，道光本《澗東集》下有『若論儀象更僕陳，金木水火紛亂真。伊川悟兹加倍法，後儒推演徒斷斷』四句。

〔五〕『中分』二句，道光本《澗東集》下有『京房强欲分八純，然於卜筮嗟通神。游魂乃值第六變，六爻精氣相彌綸。晦弦朔望納甲壬，盈虚默觀天地心。青龍朱雀應列宿，離傳方伎火珠林』八句。

鞠歌行壬午〔一〕

九方按圖索良馬，一顧驊騮空四野。卻笑燕臺市骨時，枉教老死風塵下。烈士常懷報主心，窮途局促誰知者。終軍請纓去，相如獻賦來。茂陵舉異才，臣朔飢勿哀。一朝被殊遇，彈冠豈徘徊。負薪吳中叟，淪落五十年。逢時當命達，五馬稽山前。方其道上歌，誰知翁子賢。風雲有期會，貧賤安足嘆。

【校記】

〔一〕詩題，道光本《澗東集》作『鞠歌行擬李太白』。

夏日都門鄉館陳綬卿孝廉慶恩貽晚香玉〔一〕

一笑開簾破寂寥，妍花入手比瓊瑶。晴窗六出飛香雪，涼夜雙鬟著霧綃。石几拂塵看緻緻，銀瓶换水記朝朝。夢回紙帳孤燈暗，瘦影嬋娟舞細腰。

【校記】

〔一〕詩題，道光本《澗東集》、道光本《松風閣詩鈔》作『陳綬卿孝廉慶恩以晚香玉見貽』。

通州沙淩齋同年思祖屬題尊甫肖峯先生桐陰讀書遺像

清風林下來，綠影媚几席。幽人手一編，貞性介于石。盤桓滌煩營，高歌且岸幘。蓬生仲蔚廬，桂燠揚雄宅。想見安節心，灑落無滯迹。焚香展遺容，古思茫然積。走昔少年時，烟霞頗成癖。轉徙五載間，勞勞事行役。欲撲五斗塵，靜觀百家籍。安得彈指間，仙境當空闢。月華苔井寒，露氣虚庭白。高風不可追，遐矣丘園客。

中秋望月感懷二首

九陌紅塵靜不飛，天低河漢眾星稀。西風獨客聞吹笛，涼夜孤鴻伴掩扉。何事關山成繭足，幾家燈火綻寒衣。遙知千里清輝共，浪迹年年不憶歸。

涼風獵獵暮雲開，如許清光帀地來。寂寞還能對歌舞，登臨何處好樓臺。辭秋落木貞心在，泣露寒蛩絮語哀。爲爾尊前一搔首，百年圓月只千回。

題宋定城令趙諱用墓碣搨本碣在滸墅之南岡

殘碑一片紫苔深，怊悵千秋弔古心。南渡衣冠存想像，西京閥閱久銷沈。碣云：『曾祖伾，管當西京留司御史臺。』荒榛石馬餘陳迹，老樹文禽空好音。保障功名今寂寞，岡前流水憶鳴琴。

鐘聲

空齋獨坐一燈青，古寺鐘聲隔巷聽。萬瓦濃霜隨雁落，五更殘月照人醒。誤縈朝士終宵夢，好伴山僧幾卷經。侵曉寒風吹瑟瑟，簷前枯葉打窗櫺。

除夕宣武門圓通觀作

閉門風雪裏，掩卷對孤檠。已歷關山遠，還驚歲月更。梅花縈別夢，爆竹送春聲。舊侶胥江上，懸帆計客程。

芳草 癸未

芳草愁羈客，燕臺欲暮天。他鄉散朋好，歸路渺雲烟。春盡黃塵裏〔一〕，愁來綠酒邊〔二〕。莫開匣中鏡，坐對感流年。

【校記】

〔一〕『春盡』，道光本《澗東集》作『白袷』。

〔二〕『愁來』，道光本《澗東集》作『青春』。

蘭山道中

風鐸夜淒淒，牽衣候曉雞。茶鐺寒宿火，芒屩濺春泥。月落山全黑，沙深路欲迷。孤村人迹少，野鳥一聲啼。

刺促行

桑乾水〔一〕，清且沃。予髪曲局，不可以沐。回車悲歌，刺促刺促。荒途緜緜，駑馬躑躅。上有千仞之青山，仰見高飛之黄鵠。雲漫漫兮路迢迢，車逶迤於山之麓〔二〕。驚飆忽起而捲地，吹花落兮塡空谷。落花辭條不再榮〔三〕，人生後會誰能卜。彈綠綺兮無聲，揮干將兮折鍔〔四〕。我田有螿〔五〕，我禾不穫。我倉之雀，不鳴不躍。雷聲轟轟雹爚爚〔六〕，走者龍蛇屈者蠖〔七〕。桑乾水，纓可濯〔八〕，回車悲歌歌刺促。

【校記】

〔一〕『桑乾』，道光本《澗東集》作『易之』，下同。

〔二〕『雲漫』二句，道光本《澗東集》無。

〔三〕『落』，道光本《澗東集》作『春』。

〔四〕『彈綠』二句，道光本《澗東集》作『水犀作惡，干將折鍔，男兒有淚天涯落』。

〔五〕『螿』，道光本《澗東集》作『蚩』。

〔六〕『爚爚』，道光本《澗東集》作『燿燿』。

〔七〕『走』，道光本《澗東集》作『蟄』。

〔八〕『纓可濯』，道光本《澗東集》作『清且沃』。

菜花

半畝春菘半畝苔，嬉春蜂蝶莫相猜。荷錢瑟縮東皇惱〔一〕，先擲黄金買夏來。亂落天花敞畫圖，達多禪語記模糊。要抛金粟誇秋桂，莫道東風半點無。

【校記】

〔一〕『瑟』，道光本《澗東集》作『澀』。

秋夜

雲容淡如水，明月近高樓。落葉飛何已，寒碪響不收。亂螢依永夜，隻雁弔清秋。有客懷天末，銀河隔女牛。

重九前夜雨〔一〕

未許登高吟客狂〔二〕，天教風雨作重陽〔三〕。菊花開到幾時偏，竹葉漉成誰共嘗。心事孤懸燈在壁，年華暗蝕蘚生牆。偏逢佳節晴光少，欲與西皇訴短長。

【校記】

〔一〕詩題，道光本《澗東集》作『重九夜雨』。

〔二〕『未許』，道光本《澗東集》作『天厭』。

〔三〕『天』，道光本《澗東集》作『故』。

秋暮書懷

春明門下度新年，倦客南歸秋雁前〔一〕。病態百般塵鏡影，愁情一縷藥爐烟。黄花欲發先儲酒，白袷新寒已上棉。漫倚柴荊聽雀啄，隔溪還有未耕田。

【校記】

〔一〕『春明』二句，道光本《澗東集》作『幾多心事擬箋天，坐惜驊騮晚著鞭』。

贈方外鏡菴二首

昔無方外侶，近有鏡菴知。善學王維畫，工吟賈島詩。飛笻來雁宕，結屋住雞陂。相望何時見，紅塵日日吹。

寒山留石刻，丈室號銘心。所居金井菴舊號銘心菴，有趙凡夫書額。緇客翩然到，白雲從此深。疏花明舊圃，清磬度空林。遥想龕燈下，低徊出苦吟。

介堂誦新詩頗愜予意題贈四首〔一〕

雪裏梅花徹骨寒，詩人品格到應難。三年不見羊裘子，膝上瑤琴古調彈。

民俗歌謠入紀聞，淒涼七字弔斜曛。簞瓢志節真儒語，胞與關心冥漠君。介堂弔餓夫詩云：『物我同胞應下淚，飢寒出戶亦何心。』

試馬原從相馬來，誤題詩句不須裁。憑將三寸毛生舌，掉得平原歃血回。介堂爲人題試馬圖，誤作相馬。後乃爲詩以解之，舌本瀾翻，真有逼肖古人處。

灰裏陰何詎是奇，春光多在最高枝。人傳花下一僧臥，未盡吾家秋士詩。介堂論詩極服吾家秋士先生。先生詩有『花下一僧臥，階前雙蝶飛』之句，膾炙人口，余謂尚非集中最上乘也〔二〕。

【校記】

〔一〕『題贈』，道光本《澗東集》作『奉柬』。

〔二〕『謂』，道光本《澗東集》作『以爲』。

救姑行有序〔一〕

汪婦吴氏，夫死，奉舅姑居吴郡臨頓里。里中災，延及汪屋，孝婦扶翁出，復入火救姑，遂與姑共被焚〔二〕，事在嘉慶丁卯年〔三〕。惟時詠歌其事者甚衆，余茲仿古謠諺之詞，俾里巷婦孺皆得誦其芬烈焉。

汪孝婦，母家吳，良人早没無孤。執筐績，潔中廚，婦代子職手拮据〔四〕。譆譆出出火入廬，披衣握髮將翁扶〔五〕。老姑憑牀哭嗚嗚，迴身救姑入火趨。入火趨，婦何愚？婦不愚，婦生姑死，婦罪當誅〔六〕。力不能救死與俱，天乎天乎〔七〕！嗟爾孝婦生卒瘏〔八〕，死骨枯，殺身成仁古丈夫〔九〕。東家婦，亦有姑。微勞薄譴父母呼，何能急難捐其軀？吁嗟孝婦爲人模！

【校記】

〔一〕詩題，道光本《凋東集》作『汪孝婦詩』。

〔二〕『被焚』，道光本《凋東集》作『災』。

〔三〕『丁卯』，道光本《凋東集》作『戊辰』。

〔四〕『執筐』三句，道光本《凋東集》作『持門戶，職中廚。舅姑爲，婦歡愉』。

〔五〕『譆譆』二句，道光本《凋東集》作『譆譆出出，火入室廬，披衣握髮翁賴扶』。

〔六〕『婦罪當誅』，道光本《凋東集》作『婦心何如』。

〔七〕『天乎』句，道光本《凋東集》作『天乎無辜』。

〔八〕『嗟爾』，道光本《凋東集》作『嗚呼』。

〔九〕『生卒』三句，道光本《凋東集》作『生集蓼茹荼，死而白骨焦枯，委身畢命世所無』。

雞鳴高樹顛甲申

雞鳴高樹顛，犬吠深林中。天下方太平，豪俠爲無功。腰間步光劍，寶氣騰白虹。持用報知己，百年難可逢。貰酒邯鄲道，趙女攜相從。爲君彈箏唱，寫君磊落胷。驅車遊冀北，一顧凡馬空。據鞍日千里，年少欽英風。

祈麥曲

吹龍笛，擊鼉鼓，靈旗翻翻風以雨。桐葩萍見春暮時，中田有鼠新麥稀。農壇祈麥使麥肥，鶉火煌煌昏中起。臺笠東皋共舉趾，陰晴問卜番風裏。雨淫淫，水深深，禾黍不穫愁我心。種榆榆棉薄，種桑桑葚枯，飢烏夜啼尾畢逋〔一〕。願祈岡田蕎麥實，隰田小麥腴。家家若持牛酒酺，坐使蒼髫黃髮鼓腹相嬉娛。盎中有酒釜有魚，歈𪓐里社人樂胥。我歌《祈麥曲》，父老且徘徊。一歌陰雲豁，再歌朗日開。日開雲豁風光媚，句芒夜拜天公賜。萵葉青青隴雉飛，農官上獻雙歧瑞。

【校記】

〔一〕「飢烏夜啼」，道光本《澗東集》作「哀鴻嗸嗸」。

蠶市謠

清明晞蠶穀雨浴，倉庚鳴矣柔桑綠。姑婦相呼著意忙，蠶市紛紛競吳俗。去年蠶盛絲價微，今年絲貴桑葉稀。年年採桑今買桑，頭眠典盡寒時衣。誰家女兒曳長袖，鴛鴦一雙五紋繡。可憐蠶婦筐中絲，連朝入市沽不售。辛勤只有阿嫜知〔一〕，頭髮不梳春盡時。欲把儂心比作繭，抽將萬縷愁腸迴。菰蒲青青滿水國，農家半食漁家食。昨日西鄰換米歸，黑雲山頭又翻墨。平明曉日東窗紅，桃漿滴滴鼓鼕鼕。願祝宜蠶又宜麥，晴天吹過楝花風。

【校記】

〔一〕『嫜』，道光本《澗東集》、道光本《松風閣詩鈔》作『璋』。

折楊柳

折楊柳，贈遠行，玉關迢迢傷客情。腰間寶劍黯無色，馬上坐看愁雲生。驚飆捲沙撲人面，冰天回首腸應斷。羽書消息竟如何，關心欲問南來雁。

鰕鮔篇

鰕鮔游潢汙，不堪逢小旱。神龍作霖雨，崇朝千里遠。千里潤枯槁，默贊造物功。非爲鰕鮔故，受命於天公。

明蹇文成公畫臥龍松障子歌

虛堂晴日壁蟄雷，黑雲入牖真龍窺。潛潭埋壑不知幾千歲，剝落鱗甲生蒼苔。何人巨手作此畫，蹇文成公明代才。署言臣義奉命摹於閣，洪熙二年正月時。洪熙海宇昇平日，一人垂拱臣簪筆。因思梁棟重人材，爲寫風雲屬良弼。藍本從窺內府藏，殿前捧出重琳瑯。揮毫宛轉參天勢，潑墨淋漓帶夜光〔一〕。君王嗟歎稱奇絕，御屏琉璃眼生纈。銀濤掀舞犯星辰，玉鬌横飛散霜雪。青花歷歷磨巨鉞，黑幹錚錚屈生鐵。中間一節痕斑斕，猶認玄黃戰時血。文成畫松真似松，不惟似松兼似龍。滄桑迢遞四百載，故紙流落來吳中。朱泥私印蠹蝕半，鐫文古樸追漢銅。拂拭塵土挂高閣，青燈獨夜聞天風。

【校記】

〔一〕『揮毫』二句，道光本《澗東集》下有『貌出堅心存骨鯁，噓成靈氣報君王』二句。

白木老人歌有序

余家近南園，爲宋蘇子美故里。庭前古柏一枝，著有靈異，久戒翦伐。甲申九月〔一〕，以築室闢場，除其枯瘁，并删其旁叢竹數竿。夜夢偉丈夫，幅巾緑衣，鬚眉皓然，曰：『余白木老人，荷子美栽培之力，垂七百年。近託君家，七世安居。月夕風晨，共君延賞。六君子近勞翦伐，余亦生意盡矣。』覺而感寤，作歌紀之。

虬枝參天黛雲碧，茅堂庇蔭稱嘉植。翩然入夢數生平，此地無疑子美宅。子美一去七百秋，老人忽忽成白頭。滄浪花石虚陳迹〔二〕，東海風烟入古愁。我家南園始明季，飛雲傑閣傳靈閟。開卷朝參河洛圖，焚香夜語神仙事。鸞飛鶴降到塵寰，老人不聞一叩關。何因枕上南柯夢，卻爲階前惡竹删。喬枝百尺原無恙，桃僵李代增惆悵。含怨含愁付夢占，老人高義雲天上。人世交遊漆與絃，榮枯異勢不相憐。欲將白首同歸語，獨向空林弔七賢。

【校記】

〔一〕『甲申』，道光本《澗東集》作『今秋』。

〔二〕『陳』，道光本《澗東集》做『成』。

餘不溪

清溪昔隱區，風景果然殊。一水侵橋直，諸峯抱郭迂。桑麻收早歲，菱芡入輕租。鼓枻者誰子，烟波一釣徒。

黎里鎮〔一〕

一櫂烟波裏，孤村抱水斜。荻蘆仍野色，雞犬漸人家。菱浦朝乘艇，漁舟夜放叉。盤飧何所薦，秋雨上爬沙。

【校記】

〔一〕詩題，道光本《澗東集》、道光本《松風閣詩鈔》作『黎里』。

雲林寺飛來峯

虎林山麓飛來峯，蒼崖兀立雲林東。渾沌鑿破千萬年，五丁來下施鬼工。人間斧鑿不到處，斲削奇狀何玲瓏。初疑峨嵋千尺壁，羊腸一線猿猱通。又疑羅浮兩山合，中有雲氣騰蛟龍。天生奇秀并一處，移之豈必煩愚公。我來正當飛雪後，入門忽失青芙蓉。峯坳豁霳露棱骨，石缺歕水鳴琤瑽。闍黎法象何嵸巃，騎獅伏虎貌不同。洞中兀坐幾千歲，眼耳剝蝕蒼苔封。料知佛心喜寂滅，屏除色相還虛空。僧來邀我食蔬飯，山寺日午聞清鐘。更探奇勝上天竺，卻看來徑寒雲重。

冬杪雨後望湖樓作

西湖一鏡寒波白，搖蕩寒光照顔色。青山如帶繞湖隄，倒影湖流浸空碧。錢塘巨浸吞東南，潮頭如山落夜潭。跳珠歕雪詫奇景〔一〕，未若萬象空明涵〔二〕。我來細雨湖山曲，湖烟濛濛障寒綠。忽看半壁挂斜陽，螺髻青青出新沐。東坡先生去不回，湖山岑寂鶯花猜。丹梯重開七百載，阮芸臺制軍重建望湖樓。一收嵐翠當空歸。望湖樓，宜春秋，春秋風月澄雙眸。湧金門外北風緊，柳色蕭條惹客愁。

【校記】

〔一〕『詫奇景』，道光本《澗東集》作『足險怪』。

〔二〕『未若』句，道光本《澗東集》作『不如平淡心所安』。

冬日登穹隆山〔一〕

莫道山如睡，還看積翠濃〔二〕。陰崖殘雪點，荒徑晚烟封。雲影一潭水，風聲萬壑松。大羅仙侶近，一杵上方鐘〔三〕。

【校記】

〔一〕詩題，道光本《澗東集》、道光本《松風閣詩鈔》作『登穹隆山』。

〔二〕『莫道』二句，道光本《澗東集》、道光本《松風閣詩鈔》作『數里入危峯，峯峯積翠濃』。

〔三〕『一杵』，道光本《澗東集》、道光本《松風閣詩鈔》作『落日』。

松風閣詩鈔卷三　澗東集

古今體詩五十二首

文硎山何亭月下乙酉〔一〕

寺藏修竹裏，犬吠野梅間。明月上東嶺，老僧猶未還。苔痕緣石壁，雲氣合柴關。舊侶今何在，鳴琴空此山〔二〕。

【校記】

〔一〕詩題，道光本《澗東集》、道光本《松風閣詩鈔》作「何亭月下」。

〔二〕「舊侶」二句，道光本《澗東集》下有自注「去年偕小棠遊此」，道光本《松風閣詩鈔》下有自注「去年偕程小棠遊此」。

葦間叔父新居懸橋巷庭有花石乙酉四月既望招石琢堂師張蒔塘黃蕘圃尤春樊三先生集汲雅山館爲問梅詩社第二十六集分韻得安字〔一〕

結社今三載，清吟出再刊。摳衣陪末座，授簡溷詩壇。蓮漏如年永，茅堂卜地寬。羣仙來得得，老樹舞珊珊。欲叩靈書穴，先憑亞字欄。牆分螺髻碧，盆擁鶴頭丹〔二〕。稚竹苞紅籜，新櫻薦玉盤〔三〕。一甌纔脱帽，六角試題紈。盥露摹張草，薰香佩石蘭。吳鉤曾入詠，春樊丈壁間古劍，曾以徵詠〔四〕。鄴架許同看。蕘圃丈多藏書〔五〕。即此逃塵網，相期把釣竿。湖山尋舊約，花月接餘歡。漉酒延秋爽，去年作東籬會，有詩〔六〕。探梅保歲寒。海棠庭院晚，春色憶長安。己卯春日，侍叔父京寓疑野山房，海棠花發，吟玩累月〔七〕。

【校記】

〔一〕『樊』，道光本《松風閣詩鈔》作『帆』。詩題，道光本《澗東集》作『葦間叔父新居懸橋四月十八日招石廉訪竹堂先生韞玉張大令蒔塘先生吉安黄主政蕘圃先生丕烈尤舍人春樊先生興詩集汲雅山館爲問梅詩社第二十六集分韻得安字』。

〔二〕『牆分』二句，道光本《澗東集》下有自注『盆中紅杜鵑盛開』。

〔三〕『稚竹』二句，道光本《澗東集》下有『風光催擘韻，節物勸加餐。揮麈談頻劇，傾壺醉屢拚』四句。

〔四〕『春樊』，道光本《澗東集》作『月舫』，道光本作『春帆』。

〔五〕『蕘圃』句，道光本《澗東集》作『見復丈多藏宋本書』。

〔六〕『去年』句，道光本《澗東集》作『去秋曾結東籬會』。

〔七〕『吟玩累月』，道光本《澗東集》作『飲酒爲樂』。

題虞山蔣霞竹寶齡霜葉簃詩稿

人皆愛君畫，人亦愛君詩。我謂君書法，守駿跛亦奇。雋如惲南田，珊珊秀骨支。放如吳匏菴，空闊勢不羈。君書妙乃爾，妙乃人不知。諒爲詩畫掩，坐使茅君悲。陳白沙詩『茅君始用事，入手稱神功』，謂以茅作筆也。咄哉題詩卷，刺刺稱君書。得毋類皮相，買櫝還其珠。然我喜獨見，有見敢不攄。鄭虔擅三絶，書豈詩畫輸。君書旣如此，君畫亦不殊。君詩定何似，靜籟鳴太虛。

霞竹索題所作破樓風雨圖

昨題君詩卷，落想頗出奇。今覿風雨圖，蒼茫思難裁。不問誰家畫，知君手自爲。題詩亦不多，落落數子才。諸體競神駿，閣筆吾何疑。念君集中作，未有憂貧詩。因知作圖意，非寫牢騷懷。徒欲託風雨，一暢筆墨機。藉此偏徵詠，冀獲幼婦辭。似君耽翰墨，兀兀忘寒飢。硯田無豐歲，瑟縮生涯微。君樓能勿破，風雨能勿摧。君豈知樓破，豈知風雨淒。三更燈火下，細字牛毛窺。似聞妻孥言，吸吸若或悲。君言風雨過，明月清光來。

嚴介堂寅示自勵詩次韻奉酬〔一〕

世人衒才華，之子守樸實。儼如禪定僧，皈心持戒律。玉池湛靈光，一燈熒漆室。居貧能樂飢，勵志師甘節。游藝豈好名，聊爾自怡悅。君能寫性靈，我亦忘工拙。有生自有營，無得亦無失。秋月照空庭，焚香理瑤瑟〔二〕。

【校記】

〔一〕詩題，道光本《澗東集》作『介堂示自勵詩次韻奉酬』。

〔二〕『秋月』二句，道光本《澗東集》作『反覆讀君詩，輒令思焚筆』。

題嚴介堂春郊散步圖四首

百舌啼春風，喚起幽人睡。出門步東郊，花柳依依媚。涓泉流活機，細草懷生意。遠山如佳人，窈窕横纖翠。俛仰乍忘憂，行吟使心醉。玉輪滿香陌，驕奢道所棄。漫士何閑閑，輭笻當緩轡。

洪鈞鑄萬物，四序殊形容。唯春象發生，和氣含虚空。古有巖棲客，覽物心沖融。興言託豪素，刻畫奪化工〔一〕。寫魚能躍浪，寫鳥能啼風。豈伊善體物，遊目藏胷中。不惜腰腳苦，芒鞋蹴蒙蘢。

閒居寡儔侣，晝吟長閉門。翩然一笠去，暮與樵子還。投囊句已滿，刻燭裁成篇。觀物資神悟，寓言屢更端。落落古狂質，詠歸趣陶然。童冠且勿喧，鼓瑟方安絃。

我家住南園，春至林木茂。東顧帶迴溪，西眺紆層岫。平疇錯散金，野花繁縟繡。時見踏青人，廣陌聯長袖。一遊黄金臺，三年誤飣餖。御溝春水生，苑柳春陰覆。五陵盛少年，金鞍倏馳驟。明鏡使心寒，長帶知腰瘦。不免櫻桃嘲，終輸蟋蟀鬭。步屧還鄉園，親交欣話舊。滄浪好風土，虞魏古婚媾。兩三把臂行，歌嘯同蘭臭〔二〕。幽谷亂鶯啼，柔桑聞雉雊。暖風蝶翅忙，活水魚鱗皺。極茲視聽娱，相睨亦孔厚。披圖發長謠，齒頰清泉漱。

【校記】

〔一〕『興言』二句，道光本《澗東集》下有『嵐氣麗晴碧，花顔倚嬌紅』二句。

〔二〕『兩三』二句，道光本《澗東集》下有『穿林忽分岐，出竹仍邂逅』二句。

衣言堂前三椽歲久將圮從兄玉樵偕余同力葺成有詩志喜和韻〔一〕

我家頖宮旁，自明中葉始。亦越萬曆間，卜宅依葑水。八世祖蓼蔚公始創衣言堂基址，公爲萬曆丙辰進士。屈指今十傳，歌哭猶在是。世守得非幸，焚香禱桑梓。小子念詒謀，黽勉仍故址。昔爲埃與塵，丹雘清如洗。昔爲朽與蠹，輪奐今重起。吾身倘終庇，還祝庇孫子。曾昺及雲礽，悠悠力勿弛。貍石鎮自今，一壤羣陰否。謝彼皰𢈔緣，迓茲昌盛理。井泉溢香醪，階草茁甘薺。檐隙散鳥雀，砌穴空螻蟻。稚兒從旁笑，所欲得毋侈〔二〕。惟願春秋日〔三〕，有鵲來報喜。舊宅在長元學前，八世祖以上明成化間居也。七世祖敬輿公築室，則已崇禎十三年矣。

【校記】

〔一〕『和韻』，道光本《澗東集》作『敬和』。

〔二〕『所』，道光本《澗東集》作『翁』。

〔三〕『惟』，道光本《澗東集》作『吾』。

鏡菴上人住流水禪居有詩見贈和答〔一〕

飄飄岫中雲，隨風捲無定。悠然出岫去，遂爾濟物性。涼雨灑空界，煩惱化清淨。灌頂願無窮，未解憂缾罄。非雲戀人世，普茲功德盛。寥寥靜中吟，清籟虛林應。早從智慧根，流出迦陵詠〔二〕。忽移遠公社，高棲元亮徑。禪居爲先叔祖尺木先生習靜處。夕梵鳥飛迴，晨鐘魚出聽。坐令諸佛子，磨甎豁明鏡。言念素心友，抽毫發清興。超脱禪三乘，破除詩八病。化機日川上，膠著空心競。

【校記】

〔一〕『上人住』，道光本《澗東集》作『主』。

〔二〕『流出』句，道光本《澗東集》作『覓得安心竟』。

嘉定潘望之孝廉鴻誥示所著詩題贈四首〔一〕

吾生多所嗜，所嗜率不工。頗聞同袍子，秉性聊復同。仙樂奏繁會，高人方耳聾。才智騖外鑠，靜者守其中。何時屏煩慮，浮雲觀太空。

岷江濫觴水，千里經沅澧。萬櫂揚其波，何能清見底。才人墮末流，志士追正始。風雅如可作，未知孰臧否。閒看沸鼎渦，只自中心起。

嗟哉苦吟人，冥心搜一字。譬如決疑獄，務與科條避。流派一以分，嚴辨淄澠味。一團活潑機，都被名韁繫。嶰谷鳳鳴初，何物非天籟。

新聲曲沃匏，古調龍門桐。平心一傾聽，各有黄鐘宫。我讀誠齋詩，激越生清風。皮毛脱落盡，真詩偶可逢。野人食芹美，獻君侑千鍾。

【校記】

〔一〕詩題，道光本《潤東集》作『嘉定潘望之同年孝廉鴻誥見示所著詩題贈四首』。

六月十二日偕問梅詩社諸先生集黄蕘圃丈丕烈百宋廛祀黄文節公和韻〔一〕

百宋廛翁嗜古書，丹文緑牒宛委儲。譬求珣玗醫無閭，古人與稽今人居。瓣香虔奉雙井廬，十三甲子揆生初〔二〕。社中一翁慣祀蘇，尤春樊丈〔三〕。蘇黄匹敵楚與吴。畫疆而霸才不殊，豈應六蓼同忽諸。蕭齋展像清且癯，神之來兮雲模糊〔四〕。案陳宋槧珍瓊琚，魯魚舛誤知其無〔五〕。祭詩並作勘書圖，公如降鑒心歡娱〔六〕。祀公乙酉歲不幸，公生乙酉〔七〕。千秋尚友古爲徒〔八〕。諸公大雅輪同扶〔九〕，得毋嘲我蠅蠓吁。

【校記】

〔一〕詩題，道光本《潤東集》作『蕘圃丈招集百宋廛祀黄文節公即和蕘圃丈韻』。

〔二〕『瓣香』二句，道光本《澗東集》下有『世間韻事若合符』一句。

〔三〕『尤春樊丈』，道光本《澗東集》無此自注，道光本《松風閣詩鈔》作『尤春帆丈』。

〔四〕『蕭齋』二句，道光本《澗東集》下有『筍蒲蔌肴酒百壺，兩三吟客相招呼』二句。

〔五〕『魯魚舛誤』，道光本《澗東集》作『金根舛僞』。

〔六〕『祭詩』二句，道光本《澗東集》下有『鯉魚涎洗九芒珠，梅社清吟候與俱』二句。

〔七〕『公生乙酉』，道光本《澗東集》無此自注。

〔八〕『千秋』句，道光本《澗東集》作『蘇黄雅頌之博徒』。

〔九〕『諸公』，道光本《澗東集》作『祇今』。

陳仲飛貫霄索題所鐫印譜〔一〕

吴鉤切玉龍虎章，誰其著者陳與張。友樵。張生采藥從岐黄，陳生獨立追渾茫。奇文盤拏森劍光〔二〕，錚錚直上斯冰堂。鴻毛蠶絲屈曲詳，一髮滿控千鈞强。五丁鑿山通夜郎，離婁抉眥窮毫芒。行間瑟瑟飛秋霜，如君一技終擅揚。吾儕還羞錐處囊，嗚呼君技今莫方，三橋雪漁古頡頏。

【校記】

〔一〕詩題，道光本《澗東集》作『陳仲飛貫霄索題印譜』。

〔二〕『盤』，道光本《澗東集》、道光本《松風閣詩鈔》作『蟠』。

張蒔塘丈屬題大滌山洞霄宮圖丙戌

天目峩峩南戒鬬，旁羅大滌神仙宅。南湖直下秋水清，天柱中擎嶺雲白。宋時遺構洞霄宮，宮在諸巖迴合中。月夜笙簫橋舞鳳，秋山風雨洞鳴龍。鳴龍舞鳳羣仙集，六甲靈符傳寶笈。共羨窪樽餌玉芝，不須丹竈炊瓊粒。三池流水作雷聲，九鎖迴嵐劍氣横。吴筠藏劍於此山。石上祥光開霸主，空中佩響報先生。天台雁宕稱神岳，並峙東南絶塵俗。朝闕千官想大羅，隔凡一石同林屋。山人彈冠宰餘杭，政成蠟屐此徜徉。畫圖載石理歸櫬，歲歲南山書一牀。山川能賦復能説，拂紙雲烟迴清絶。欲叩靈扉訪杜琛，駐顔指授長生訣。

謁鄒縣孟子廟敬賦〔一〕

赤紱尼山後，鍾英屬此鄉。七篇傳道正，三宿寄心長。濁世存堯舜，孱邦出井疆。天方開戰國，終不怨臧倉。

【校記】

〔一〕『謁鄒縣』，道光本《澗東集》作『鄒縣謁』。

郵亭題壁

我行猶未遲，況瘁僕夫知。曉月空庭秣，斜陽野店旗。邨醅聊引睡，木榻偶支頤。無限勞人意，夷歌一寫之。

邵伯埭〔一〕

細雨輕帆甓社湖，天光雲影接模糊。烏犍碌碌眠青草，白鳥飛飛出短蒲。兩槳船移春水闊，一蓑人立野烟孤。而今洗盡風塵色，縹緲身疑入畫圖〔二〕。

【校記】

〔一〕道光本《澗東集》此詩作《邗江舟次》二首其一。

〔二〕『縹緲』句，道光本《澗東集》作『好覓黃公舊酒壚』。

邗江舟次

陰雲漠漠走輕雷，白雨跳珠雪作堆。臨水樓臺添碧蘚，過江時節近黃梅。一枝柔櫓搖鄉夢，半卷新詩撥古灰。寄語瓜皮船上客，莫吹鐵笛使人哀。

舟行遇雨〔一〕

雷公鞭蟄龍，雨勢拔山起。暝色迷津梁，孤舟行未已。推篷趁電光，繫纜宿淺水。林莽振涼颸，秋聲迸入耳〔二〕。傍曉月窺人，一隙射窗紙。坐令軫結心，光明亦如此。

【校記】

〔一〕『行』，道光本《澗東集》、道光本《松風閣詩鈔》作『中』。

〔二〕『林莽』二句，道光本《澗東集》下有『延佇感飄飖，寂坐成隱几』二句。

八月潮日泛舟石湖次葦間叔父韻

古塔楞伽地本偏，高吟重此袂相聯。水天放棹延新賞，烟雨憑欄説舊年。一鏡湖光臨傑閣，登范公祠、天鏡閣。千潭月影載輕船。留人桂樹還開徑，得句秋風欲滿川。香火荒祠今寂寞，笙歌畫舫自喧闐。耆英會裏追陪慣，真率齋中去住便。潁上泛舟懷散誕，山陽聞笛意纏綿。誰知題硯詩成後，叔度汪波竟渺然。同社復翁丈新逝。

題石竹堂先生韞玉所藏曝書亭硯〔一〕

草堂日午秋雲紫，琉璃硯匣當窗啓。塗蠟曾封卽墨侯，蘋藻溶溶點春水。分書款識曝書亭，《曹全》體態何輕盈。摩抄良久向日視，一埽敗錦與繁星。不須員眼鸜鵒碧，亦無斑粟硃砂赤。觀其質色潤而凝，決爲中巖青花石。竹垞自言嶺表遊，水巖購石滿歸舟。見《硯說》。集中硯銘四十六，丹鉛矻矻老不休。羽翼經訓大儒筆，揚厲功德詞臣職。玉堂樣翻丁寶臣，冰壺製摹黃魯直。硯乎在野或在朝，不改虹氣干青霄。發揮道德出醇粹，濯磨品質除譁囂。竹垞珍爾識其側，先生好古銘詞勒〔二〕。欲託平生金石交，相期蘊蓄圭璋德〔三〕。巧匠年年雕琢新，如何古製完天真〔四〕。端溪片石非無價，吳越百年有替人。

【校記】

〔一〕詩題，道光本《澗東集》作『竹堂先生招集五柳園出所藏水巖石硯囑題硯側有分書曝書亭三字背係先生自銘』。

〔二〕『先生好古』，道光本《澗東集》作『傳之五柳』。

〔三〕『相期』句，道光本《澗東集》下有自注『銘云「珪璋德」』。

〔四〕『完天真』，道光本《澗東集》作『不埃塵』。

詠張莳塘丈吉安所藏趙忠毅公鐵如意丁亥〔一〕

今日君子堂，來觀鐵如意。想像忠毅心，忼慨前朝事。入坐爭摩挱，錯落戧金字。銘詞戒勿折，覽物堪明志。瑠飬熾熹朝，白日行魑魅。道義守東林，衣冠激清議。豈無昆吾劍〔二〕，光氣干時忌。豈無朱亥椎，俠烈道所棄。鑄成鐵如意，內含勇與智。繞策贈同朝，段笏心相類。羅網竟高張，三案中陰計。謫戍雁門行，骯髒英雄氣。時平飲太和，讀史感風義。九原忠佞呼，一字衮鉞快。狂歌消古愁，擊節唾壺碎。徒言百鍊剛，毋乃觀其外。

【校記】

〔一〕詩題，道光本《澗東集》作『莳塘丈招集鐵如意齋詠趙忠毅公鐵如意』。

〔二〕『昆吾』，道光本《澗東集》作『劉琨』。

蜂有刺

折花行階下，蜂來刺我肌。誓欲拔蜂刺，蜂向牆頭飛。呪蜂此去觸蛛網，來朝蛛網乃見蜻蜓衣。蜂兮蜂兮汝亦何能久，花事闌珊穀雨後。

元朱碧山製銀槎酒器歌

君不見海水上與銀河通，浮槎八月海西東。客有好事建飛閣，齎糧乘之牛女逢。仙家異事古來有，鑄成酒器前無偶。杈枒靈木千年根，上有仙人勸行酒。閱盡人間醉態狂，何妨我亦醉爲鄉。瀛洲寶甕金成瀣，蓬島銀罌玉作漿。誰識仙人意否否，百斛香醪不濡口。胷中本無磈礧澆，錚錚枵腹誰見嘲。羣仙會裏看浮白，銀濤腳下清風激。前身合是釣鼇人，不然長嘯騎鯨客。仙兮仙兮探源宿海捫青天，飄然揮手來塵寰。躍入洪鑪身百鍊，儼如監史在我前。問君何時到酒泉，碧山造此至正年。禁楸古制存規戒，莫作尋常酒器看。

花朝雨中琴南訂同人虎阜探梅

尖風細雨送花朝，九十韶光半寂寥。賴有尋梅詩太守，不然春事竟無聊。
萊州風雅繼蘇州，點綴叢祠花石幽。琴南新葺白公祠。好雨不教茅屋賞，飛凫艇子水西頭。
舞衫歌扇逐年新，臨水樓臺住玉人。孤負瑤姬支病骨，空山深鎖十分春。
一枝瓊雪倚柴關，料峭春寒破笑顏。若向羅浮尋蛺蝶，未應無夢到人間。時吳藹人學士新逝，家居虎阜。

宋于庭學博翔鳳歸自粵東示所著詩因題〔一〕

名山事業託舟車，十八灘頭穩著書。浪迹不憂虛歲月，生涯何必問樵漁。竹林繁露大儒學，于庭習漢經師之說，著有《樸學齋稿》〔二〕。椰葉東風博物儲。掬取珠江作玄酒，幾人知味慕皇初。

【校記】

〔一〕詩題，道光本《澗東集》作『宋于庭學博翔鳳歸自粵東出所著詩見示因題』。

〔二〕『樸學齋稿』，道光本《澗東集》作『樸學齋叢稿』。

陪葦間叔父訂同社諸先生山塘修禊二首

烟雨垂楊岸，流觴禊事修。花香迎醉客，山翠入飛樓。已續蘭亭本，琢堂師有《重敘蘭亭》。還同曲水遊。銀塘風日美，索句泛輕舟。

柳色清明近，山容淡冶中。畫樓歌扇月，花市酒旗風。尚友如新友，蘇公更白公。是日集白公祠，晚登仰蘇樓。看山好腰脚，天付老詩翁。

上巳後二日同里書畫諸友集蓮溪坊顧氏草堂〔一〕

插柳今朝例禁烟，是日寒食。浴蘭佳節卻開筵。特寬酒令收三雅，漫試琴歌上七絃。酒令不過三爵，筵散後聽宣也憨彈琴。桃木仙符虛法曲，吉道士不至。梨花僧院落空妍。鏡菴上人居金井菴，梨花已謝〔二〕。晉卿本是西園客，太倉王子若，麓臺曾孫也〔三〕。偶入蘭亭第一篇。

不愧嘉名擬六如，謂介堂〔四〕。吟成七字酒巡初。蒼髯歷亂星星感〔五〕，介堂去歲有《留鬚詩》，今已見斑〔六〕。斑管迷離款款書。獨客陽春歌郢曲，是日只介堂有詩，無人屬和。幾人寒食薦山蔬。鏡菴暨諸君持齋者別爲一席。小冠子夏商圖畫，杜拙齋首倡作圖〔七〕。茅屋中間若個居。

【校記】

〔一〕詩題，道光本《潤東集》、道光本《松風閣詩鈔》作『上巳集蓮溪坊顧氏草堂修禊』。

〔二〕自注，道光本《潤東集》作『鏡菴上人所居金井菴梨花極盛，今云已謝矣』。

〔三〕『太倉』二句，道光本《潤東集》下有『時亦在座』四字。

〔四〕『謂介堂』，道光本《潤東集》下有『名寅』二字。

〔五〕『蒼髯』句，道光本《潤東集》作『白嶺宛轉深深摘』。

〔六〕『今已見斑』，道光本《潤東集》作『今忽已見斑』。

〔七〕『杜拙』句，道光本《潤東集》下有『趙湘帆畫』四字。

徐重侯竑自山左歸里翦燈夜話卽送返櫂清溪二首〔一〕

揮手宿南國，去年途遇於宿遷，停車一日而別。清愁兩黯然。過江春又暮，竟夕客無眠。缺月低松蓋，輕雷出竹鞭。爲君重翦燭，此別恐經年。

之子來何暮，風塵浣客衣。落花飛不盡，春水送將歸。惜別燈初暗，忘言瑟欲希。誰知千里夢，一夕會相依。

【校記】

〔一〕詩題，道光本《澗東集》作『德清徐重侯竑歸自山左下榻小園翦燈夜話卽送返櫂清溪』，道光本作『徐重侯歸自山左翦燈夜話卽送返櫂清溪二首』。

睡中得句云秋風樓閣松聲滿春雨池塘柳色深因足成之

累月不遊亦不吟，夢魂依舊託山林。秋風樓閣松聲滿，春雨池塘柳色深。此境卻從真處得，當時翻向幻中尋。何如鱗甲笙鐘句〔一〕，五字堅城比鑄金。

【校記】

〔一〕『何如』，道光本《澗東集》作『應慚』。

懷山陽毛子喬孝廉松齡

寂寞江南第二人，子喬領丁卯鄉薦第二。文壇憶我十年親〔一〕。上書蘇季黃金盡，擲果潘郎白髮新。吴苑梅花愁裏發，淮陰芳草酒邊春。道山亭畔横經客，猶慕林宗折角巾。

【校記】

〔一〕『文壇憶我』，道光本《澗東集》、道光本《松風閣詩鈔》作『憶投縞紵』。

午日偕同社諸先生山塘觀競渡

蒲葉榴花對酒尊，爲看競渡到山村。綺羅豔拔吴宫隊，蘭芷香銷楚客魂。打槳更番排鸛陣，搴旗一鬨奪龍門。中流簫鼓豐年景，白髮詩翁笑語温。

鶯脰湖泛舟

落日蒼蒼鶯脰湖，韡紋十里細模糊。銀魚出水思風味，白鳥銜烟入畫圖。傍水柴門分小市，臨波傑閣住浮屠。漁歌前路溪聲合，催上明星一點孤。

吳兼山司馬嵰招同詩社諸先生集逸園

問梅詩社開吳趨，良朋勝地相招呼。園林昔傳靜甯慕，園爲靜甯慕鳴鶴漕帥遺構。今見重葺虞山吳。虞山門閥承忠藎，司馬聲華重時俊。辟疆丘墟繡野歇，樓臺新闢元卿徑。荷池渌波半畝寬，池邊孤亭石磴盤。數株垂柳映簾幙，兩三吟客憑闌干。主人酒半發清興，石笛一聲六月寒。席上聽吹石笛。神仙合住華陽洞，慙余未斷長安夢。秋風秣馬別吟壇，千里思君明月共。

韓桂舲大司寇葑引疾歸里屬題秋帆圖四首

屈指懸車近，公時年六十九。臣心憶故園。溫綸來北闕，祖帳設東門。紅杏題詩句，黃花對酒尊。篷窗風日好，展卷課諸孫。

竹箭東南美，迢迢錫貢年。公以拔萃科起家。白雲平犴獄，珠海靖烽烟。解組情何決，投綸意自便。焚香深夜望，紫氣斗杓前。

連城和氏璧，未解畏青蠅。一夕浮雲散，三霄寶氣騰。祇因磨不蝕，轉覺價逾增。同被陽光照，嶙峋笑鏤冰。

秋風吹木葉，霜月挂高巖。畫景江南路，歸人天際帆。移家無釣具，在笥有朝衫。好著《歸田錄》，名山貯石函。

桂舲丈屬題小寒碧第二圖

黄巖遺愛浙江東，公五世祖開雲公官黄巖令，有董文敏公書『寒碧齋』額。寒碧嘉名奕葉同。養志早吟將父句，公昔侍封公樂餘先生，嘗自顔其堂曰『養志』。有懷如見古人風。公曾伯祖文懿公著有《懷堂集》。林泉娱老身非隱，桑梓分憂望屬公。已聽西郊停采石，雲根寶氣夜如虹。形家言吾吴西山不宜采石，公言於當事，設爲厲禁。

菊塔有序

琢堂師疊盆菊爲七級，如浮圖形，重九日招同人爲詩社四十一集，因賦。

南圃新開野菊芳，玲瓏盆盎疊書牀。七重欄影樽前合，四照花容眼底忙。珠網明時擎曉露，金旛淡處著微霜。淩空色相三秋現，多寶莊嚴一塢藏。倦蝶夢成馴鴿繞，寒蟬吟出梵鐘涼。齋中運甓英雄氣，籬外懸燈舍利光。須插滿頭誇韻事，未知絕頂有奇香。欲呼東晉陶彭澤，共禮西方阿育王。

琴南服闋入都餞別

蓬萊仙郡乍分銅，計日陳情一表通。君初以御史拜萊州太守，未及之官，聞封翁病，卽假歸。西磧問梅移箬艇，南廳煮茗憶花驄。山林結習談黃老，香火因緣證白公。君倡修虎丘白公祠。何日重逢尊酒會，出山雲影任西東。

詠雪羅漢

捲幔閒庭絮作堆，莊嚴寶相出塵埃。都因測佛心難了，急與呼童面別開。證果四禪參玉版，慧燈一點照蒼苔。懶從長老遊西域，卻伴詩人眺北臺。磨鏡夜飛窗外月，拈花春破嶺頭梅。現身超脫聲香味，彈指消除今去來。入世是誰能不滅，觀空到爾亦須才。化爲功德池中水，灑遍靈山法雨回。

松風閣詩鈔卷四　花南集　古今體詩八十一首

庭梅歎戊子

空園有老梅，寒花耀古春。攀條折其芳，持用贈美人。美人隔湘浦，欲贈無會因〔一〕。彼姝者誰子，羅綺振鮮新。豈不慕顔色，奈非心所親。豔陽來何遽，桃李媚芳津。茲花誰與賞，零落霑泥塵。泥塵何足惜，惜此高潔身。

【校記】

〔一〕『美人』二句，道光本《澗東集》、道光本《松風閣詩鈔》無。

項王墓

鎬池璧讖祖龍死，奪鹿羣雄相角掎。鬼火狐鳴戍卒驚，粗耰白梃如蠭起。想當破釜沈舟日，英姿颯爽宜無匹。猛將皆從壁上觀，降王已分車前桎。天心無奈厄英雄，神器終歸隆準公。關内漸聞兼雍塞，鴻溝無復劃西東。沐猴獻嘲立烹醢，問王天亡豈無辠。斗撞進諫置不聞，印敝與人更追悔。漢軍四面皆楚歌，八千子弟降者多。烏江自愧田橫島，駿馬名姬奈爾何。

董琢卿司馬國琛謁選入都寓齋夜話二首

翦燭重來天一方，廿年陳迹記名場。秦淮秋月催鐘盡，易水春波喚艇忙。共擬灌花稱漫士，不圖焚芰學山郎。何時同聽瀟瀟雨，風物吳趨好故鄉。

問梅社裏元方識，令兄琴南太守與余同在問梅詩社兩年。異地逢君思不禁。孤館殘燈吟對榻，閉門春雨話同岑。桓寬《鹽鐵》新書出，君撰《淮南鹽法論》。賈讓河渠上策尋。君嘗修書南河，曉暢河防。愧我端居聞見少，閒評風月擲光陰。

對月感懷

咫尺堂坳芥作舟，何能直達海西頭。宗生虛抱乘風願，費氏空勞縮地遊。《齊物論》中參變化，《惱公曲》裏寫煩憂。良宵不秉西園燭，明月簾櫳又上鉤。

行路難

脂車懸崖下，秣馬深林中。蕩子何所之，草莽多伏戎。蝮蛇盤我前，狂兕蹲我後。彳亍荒山道，寶刀常在手。鴆酒來止渴，毒脯持救飢。不如還故鄉，閉門共哺糜。今時清廉，難犯教言。願君自愛莫爲非，行路難，望君歸。

慷慨歌

生不願封萬戶侯，但願足踏五嶽遍九州。宗生欲乘萬里浪，向平妻子徒懷愁。人生亦有命，戚戚何所求。昔時兩青髩，今看成白頭。胡不飲美酒，良宵秉燭遊。山行有輿水有舟，勸君登臨躋勝幽。攀崖騎白鹿，淩波戲海鷗，何爲鬱鬱心煩憂。君不見朱門碧瓦長安道，幾處悲風吹蔓草。慷慨歌，歌慨慷，何日青山成獨往。

臨高臺

臨高臺以軒，上有萬里之長天，下有千仞之深淵。我身如一粟，寄迹于其間。仰視黃鵠摩空翔，遊子何時還故鄉。故鄉茫茫遠千里，碣石秋高暮雲起〔一〕。

【校記】

〔一〕『起』，道光本《松風閣詩鈔》作『紫』。

續成夢中句

侵曉夢遊山，作詩頗突兀。醒時窮力思，惝怳忽已失。喬松冠朝霞，石缺架初日。惜乎未成篇，如獲古殘碣。

淀園内閣直廬卽事四首

僕直離宫外，身疑傍九霄。月催鐘漏盡，風送珮聲遥。虎旅森周衛，鵷羣集早朝。綸扉咫尺近，橐筆記朝朝。

帝語分俞咈，廷章別薦彈。微臣先入手，天下快同觀。馬背傳郵速，蠅頭校字難。不辭銀海眩，看到燭花殘。

鷺羽飛分序，來朝有替人。攤書逢故我，欹枕卽閒身。窗暝月光薄，簟涼秋意新。輕雷驚夢覺，牆外走車輪。

凌晨辭梐枑，策馬扇湖東。影照芙蓉水，襟披楊柳風。吟蟬聲易老，浴鴨鬭難工。西望羣山峻，仙禽巢此中。

獨居吟

四友且勿從，二豪且勿侍。獨坐還獨吟，獨吟獨居意。獨居寡言笑，耳無嘲謔聞。獨居惜光陰，坐無博弈羣。獨居勤睹記，晤對惟古人。獨居捐嗜好，淵默養天真。孰云我無徒，乃與德爲鄰。德鄰誠不孤，居敬有誰詔。宰我嘲朽木，晝寢眸子眊。子桑不衣冠，太簡仲弓誚。四美固堪樂，二病亦易蹈。自勸還自懲，時時自檢校。惟有惜光陰，惟有寡言笑。惟有勤睹記，惟有捐嗜好。

囊琴己丑〔一〕

幽棲梧桐院，石几琴高張。忽悟無言意〔二〕，韜之古錦囊。深情閟金玉，其外猶文章。牙曠久不作，海波空渺茫。

【校記】

〔一〕詩題，道光本《澗東集》作『集延月舫詠壁間囊琴以題爲韻和葦間叔父』，此詩爲其一。

〔二〕『言』，道光本《澗東集》、道光本《松風閣詩鈔》作『絃』。

庭中鵞

有鵞有鵞在庭中，黄觜唼喋尾氉毦。一日飼爾粱十龠，主人清貧爾亦薄。有時昂頭仰天叫，孫登半嶺舒長嘯。有時曲頸抱莎眠，畢卓甕頭中聖賢。雪衣終日沾塵土，北風吹來一尺雨。潢汙游泳比池沼，濯濯階前鼓翅舞。羽毛潔白不能飛，飲啄從容不見肥。鴻雁一聲雲外響，江湖萬里與君辭。

潘芝軒先生贈手書竹扇賦謝

褦襶嘲難解，清風忽到襟。沈吟題扇語，感激贈言心。扇書范文正、范忠宣語。用舍隨舒卷，方圓變古今。惟應支瘦骨，不受軟紅侵。

新秋淀園直廬作〔一〕

平湖如帶繞紅牆〔二〕，牆外青山眉黛長。岸柳微黄秋作態，池荷深翠水生香。疎簾月影回清夢〔三〕，高樹蟬聲送夜凉〔四〕。何處輕雷催陣陣，門前走轂早朝忙。

【校記】

〔一〕詩題，道光本《松風閣詩鈔》作『新秋淀園直廬』。

〔二〕『湖』，道光本《松風閣詩鈔》作『隄』。

〔三〕『影』，道光本《松風閣詩鈔》作『霽』。

〔四〕『聲』，道光本《松風閣詩鈔》作『疎』。

潘星齋曾瑩畫蝴蝶團扇題句〔一〕

冰綃如月一輪裁，橘蠹雙飛畫本開。更倩右軍題六角，新詞好寫祝英臺。春郊烟景望模糊，粉翅顛狂戲綠蕪。最是河陽花滿縣，風光占盡玉腰奴。詩名不讓謝蝴蝶，彩筆滕王圖並傳。試與舊聞搜日下，幾時飛到太常仙。新裂齊紈皎雪肌，將衰華葉怨班姬。憐他捐篋秋來早，留待西園八月時。

【校記】

〔一〕詩題，道光本《松風閣詩鈔》作『題星齋畫蝴蝶團扇』。

蘆花和顧南雅先生蒓韻〔一〕

瑟瑟花難好，蕭蕭水更明。深留孤雁宿，疎遣一舟橫。日薄秋無色，江空月有聲。此中人不見，搔首若爲情。

【校記】

〔一〕自注，道光本《松風閣詩鈔》無。

冰牀

臥遊忽到水晶宮，一兩芒鞋看轉蓬。巧索詩情驢背外，別開寒境馬蹄中。飛瓊仙去留蹤在，羣玉山遙有路通。聽取喚君行不得，靈臺三日候東風。

蠟梅二首和吳小穀清皋韻

空庭殘雪照斜陽，一樹西風動暗香。花冷故宜無蝶戀，蜜成不見有蜂忙。何年天女頒宮樣，昨夜瑤姬換道裝。盼到全開開不盡，十分春事讓東皇。

黃羅廣袂笑相逢，莫是瞿曇世外蹤。秋菊未宜專晚節，早梅還倩作先容。橫斜月下色初淡，點綴春前香轉濃。報道東風消息到，蠟丸書札拆重重。

擬古十九首并序　庚寅

世傳《古詩十九首》非一人所作。太羹玄酒，鮮能知味；千載而下，難爲繼聲。余濩落中年，飄零京國，春風秋月，卽事感懷。聊託擬古之詞以抒鬱紆之意，非以優孟衣冠自誇形似也，存之以俟知言者。

行行重行行，江湖阻且長。親交曾莫覯，身在天一方。回首望鄉國，浮雲蔽青蒼。仰見雙黃鵠，奮翅東南翔。辭家日以久，素衣日以垢。春谷變鳴禽，寒沙搖弱柳。羈旅感年侵，煩紆催白首。遠遊令人老，寄語山中友。

青青河畔草，灼灼園中桃。的的倡家女，靡靡吹玉簫。豈意金吾子，贈妾英瓊瑤。妾心水與萍，君心漆與膠。萍水一時散，膠漆幾時銷。

青青陵上柏，離離山下苗。人生百歲間，忽如暮與朝。勸君飲美酒，秉燭遊良宵。良宵西園宴，月華被林皋。謳歈爲君放，絲竹爲君豪。不惜青玉案，何吝金錯刀。不見北邙山，墓樹風蕭騷。乘雲躡仙闕，千古惟松喬。

今日良宴會，知交敦古懽。佳人抱瑤瑟，倚我銀牀彈。坐客盡傾耳，曲終起長嘆。新聲世所悅，古意良獨難。奉君金卮酒，努力勸加餐。人生瀛海內，飄忽若飛翰。何不振毛羽，翱翔鵷與鸞。無爲終顑頷，詰屈泥蛟蟠。

西北有高樓，巀嶪淩蒼穹。飛闥軼神雨，畫梁橫采虹。上有笙簫聲，泠泠散虚空。誰吹紫鸞曲，毋乃白玉童。秦女去千載，知音難可逢。不惜知音少，但愁曲未工。願爲廊門鶴，奮翅起高翀。

涉江采芙蓉，打槳弄潮水。相思江水深，苦心擘蓮子。泛泛鄂君舟，望望長千里。烟霧何蒼茫，日暮秋風起。

明月皎夜光，鴻雁西南翔。嗚聲何哀厲，客起聽傍偟。微霜被原野，百草爲不芳。歲月忽云暮，煩冤結衷腸。念我同袍子，青雲共頡頏。前綏肯枉駕，戴笠嗟道旁。西家梧桐樹，掩映東家牆。樹木還相庇，朋友何相忘。

冉冉孤生竹，不如連理枝。依依思遠道，不如攜手時。連理結同林，夫婦豈異心。蹉跎秦嘉別，沈疴歲月侵。方舟遲不駕，軒車勞豈任。一身如飛蓬，旋轉不自禁。策馬去京國，悠悠我思深。

庭中有奇樹，百尺陰四垂。謂當逢匠石，斲成棟梁材〔一〕。蟲來齧其根，枝葉何離披。思茲生意盡，不愁果實遲。願憑雨露力，槎枿發華滋。

迢迢牽牛星，盈盈河漢水。寂寂填津鵲，悠悠寄書鯉。報章久不成，七襄空若綺。停梭赴佳期，褰裳涉河涘。河廣水增波，落日驚飆起。

迴車駕言邁，他鄉輕作別。他鄉有朋好，要我重來日。慷慨語朋好，不忍相決絕。順逆路有歧，出處蹤匪一。長安盛英才，華實相劘切。琢玉生光輝，沐蘭染芳烈。殷勤矢後期，腰解珊瑚玦。

東城高且長，下眺平蕪綠。兩三羽林郎，馬射爭馳逐。聳身據雕鞍，回眸飛勁鏃。問爾何官職，升斗霑微禄。前年征西陲，冰天怒橫稍。脱甲喜時平，復恐髀生肉。跳踆豈不勞，所期在嫻熟。愧茲儒冠人，端居養庸福。

驅車上東門，東門列紈綺。姹女來河間，褰裳入闠市。十三能度曲，十四學彈箏。十五工巧笑，十六號傾城。誓當從年少，不願侍公卿。何來遊俠子，解佩玉鏘鳴。三十侍中郎，華容燦朝英。青錢齎百萬，繡轂馳相迎。陽春二三月，桃李增光榮。輕身欺舞燕，嬌語妒啼鶯。謂是百年好，豈知一日情。傷彼紅槿花，朝開暮還零。

去者日以疎，幾家婦作姑。來者日以親，幾家兒抱孫。親疎誠代謝，奄忽爲陳人。瘞骨黄泉下，鴟鴞啼墓門。白楊何蕭騷，悲風吹斷魂。及時不行樂，千載同埃塵。

生年不滿百，心事爭千秋。千秋名未立，送君成白頭。白頭君勿嘆，日暮還平旦。蔡邕復著書，未滿張衡願。邕爲衡後身，見《殷芸語林》〔二〕。

凜凜歲云暮，遊子衣裳單。崎嶇世路狹，窮阨誰相憐。黄金市駿馬，不犂二頃田。白金鑄寶刀，不斲三尺椽。治生誠急務，夸者召飢寒。懷哉張仲蔚，獨閉蓬蒿門。

孟冬寒氣至，愁雲斂風色。衆鳥不敢翔，飢鷹思奮擊。由基挽强弓，一發落雙翮。坐令陰霾消，仰視日光赤。寄語鸞鶴羣，層霄共摩翼。

客從遠方來，貽我青銅鏡。但照妍與媸，不辨凡與聖。澹臺惡更昭，南威美堪證。臧否盡如此，勸戒何由正。慎勿鑒吾形，吾衰且多病。

明月何皎皎，白露何團團。良人遊燕趙，風氣苦早寒。纖手引刀尺，夜裁綺兩端。迴文錦字匝，細訴關山難。秋蟲鳴唧唧，助妾空房嘆。願化雙飛翼，從君伸舊歡。

【校記】

〔一〕『楝梁』，道光本《松風閣詩鈔》作『梁楝』。

〔二〕『殷』，底本作『商』，沿宋代避趙匡胤父弘殷諱之改字，兹回改。

神仙樂府二十首并序

仙蹤縹緲，六籍無徵。確士患其不經，隱流聞而起慕。山圖園客，子政志其幽奇；碧樹瓊林，景純誇其美麗。淩霄著雲間之賦，步虚撰新野之詞。亮結契於丹丘，豈馳情於碧落。作《神仙樂府》以消遣世慮，山深林密中，必有屬而和者。

采藥父

采藥父，號偓佺。食松實，不紀年。體毛數寸輕如猨，能逐飛鳥升山顛。憫陶唐氏之憂勤，授以松實還童顔，壽如日月行中天。陶唐願爲天子不願仙，還君松實，我與四海同艱鮮。陶唐不願仙，亦不願天子。拱手讓許由，許由聞之爲洗耳。

彭祖壽

服藥百裹，不如獨卧。四十九妻，彭祖一個。尊官大神天上多，新仙卑位何幺麽。奉事非一畏勞苦，聊避人間久婆娑。久婆娑，八百八。夏殷周，日出沒。

魚腹鈐

隱南山，釣下谿。三年無魚釣不止，遼東隱士王者師。蜚鴻在野，夷羊在牧。鈐出魚腹，火流王屋。鎬京逐得中原鹿，澤芝石髓君仍服。服食還丹二百年，空棺惟葬鈐書六。

巾金巾

巾金巾，入天門。呼長精，吸玄泉。鳴天鼓，養泥丸。老君聞之起長歎，是真祕語傳列仙。鍊形服氣駐爾顔，使爾夏不暑，冬不寒。不寒何衣，不飢何餐。高不畏山，深不畏川，御風泠泠八極寬。金巾歌終人去矣，世間傳是長桑子。長桑子已去東周，采薪行歌遊十洲。

緱山鶴

王喬吹笙去不還，浮丘挾之登嵩山。嵩山月下鳴鳳凰，寄語桓良良勿忘。七月七日緱山上，故鄉我欲登高望。登高望，騎白鶴。家人來，仰碧落。舉手謝家人，白鶴銜天門。

吹簫史

吹簫史，鳴鳳臺。引鳳來，隨鳳飛。嗟爾弄玉願作吹簫婦，不願諸侯公子妃。君不見男臣女妾，更爲重耳捧盤匜。當時匹偶道淪喪，吹簫志節青雲上。至今鳳女祠邊路，簫聲月夜秦川度。

出函關

騎青牛，出函關，函關留著五千言。著書本非老子意，後來作者盈空山。何人作俑函關尹，老子無爲守虛牝。立言有責歸聖賢，著書一事神仙省。

華陰女

阿房宫人字玉姜，秦亡不從楚漢王。但從道士食松葉，不飢不寒毛髮長。後人莫笑宫人愚，珠簾翠幙未若山中居。君不見漢王宫裏夫人戚，楚王帳下美人虞。烏騅不逝猶歌舞，黄鵠高飛泣如雨。華陰山下秦宫人，避世入山良苦辛。

賣藥翁

瑯琊賣藥翁，人稱千歲公。去時遺君白玉舄，期君千載遇我蓬萊宫。奈何蓬萊宫，直下海底尋無蹤。嗟爾千歲公，三日三夜誑祖龍。

臘嘉平

茅初成，入太清。下玄洲，戲赤城。祖龍聞之臘嘉平，蓬萊方丈祈長生，詔使徐福入海行。入海行，舟千百。三山下有蛟龍宅，驚濤萬丈天昏黑。不遇神仙不敢歸，童男丱女海島開新國。

黄石書

媧皇補天擲下一卷石，千秋萬歲中央色。何年南極感星精，化作老人圯上行，授爾孺子《陰符經》。《陰符經》亦人間有，當時正值秦燔後。伏生轅固皆不知，一卷天教黄石守。

揖金母

揖金母，拜木公，漢初小兒語路中。子房聞之往肅拜，云是東王公之玉童。由來紫府尊公姥，仙籍書名公姥主。瓊宫羅拜搵霓衣，不是神仙那得知。玉童去後良辟穀，赤松遊耳辭榮禄。

青鳥來

承華殿前青鳥來，斑龍駕輦雲屏開，玉盤精饌桃七枚。問桃何年華，問桃何年實？瑤池彈指一千春，姬滿來時不堪折。此桃一食延千齡，茂陵松柏何青青。

昇天行

子欲長生，當服山精。子欲輕翔，當服山薑。古人服食求地仙，黄白之術乃昇天。淮南著書有《鴻寶》，八公丹經復傳道。藥器猶令雞犬仙，少年窈窕何由老。

赤龍吟

安公安公，冶與天通。七月七日，迎汝赤龍。朱雀上冶作人語，紫色衝天公無苦。赤龍來，天門開，安公騎龍久徘徊。久徘徊，過城邑。城邑千人向公揖，赤龍宛轉天門入。

戒鬼壇

戒鬼壇，走霹靂。擊鬼雄，擒鬼伯。鳴鶴山中修道成，雲臺峯下升太清。神仙夫婦歷三世，帝令玉女雲幢迎。軒轅龍虎中丹術，符籙千秋傳正一，辟邪玉印弭灾疾。戒鬼壇，非異端，黄金四目詳《周官》。

句漏令

句漏令，鍊丹砂，羅浮本是仙人家。仙之從祖卽仙去，弟子鄭隱高風慕。隱傳洪，祕術工，鍊形服氣空山中。《抱朴》著書成一子，伯陽《參同》差可擬。

踏踏歌

踏踏歌，藍采和。紅顔春樹，流光擲梭。破衫黑帶跣一足，三尺拍板行且歌。行且歌兮墮濠梁，忽輕舉兮雲中翔。雲中翔兮青鸞座，歌踏踏兮無人和。

炊黄粱

鍾離炊，洞賓睡，一夢黄粱等遊戲。洞賓夢，鍾離知。神仙可學真我師，去去辟穀終南陲。終南陲，一劍孤。劉海蟾，張珍奴，空山鍊形吾與徒。

華山隱

希夷不求仕，初隱武當山。後移雲臺止石室，辟穀服氣蒼崖間。太平興國曾應詔，和詩便殿仍放還。平生所好惟讀《易》，一臥空山人不識。先生飲酒度百齡，麞皮處士尋無迹。

春寒和星齋韻

料峭尖風送，陰陰欲暮天。禽聲春樹裏，雪意酒杯前。破寂琴三弄，支寒衲一肩。因懷故園客，野鶴共翛然。原作《懷令兄功甫》。

讀番禺張南山大令維屏聽松廬詩鈔服其五言律之妙因題一首以仿佛其詩境云

仙山鶴一聲，子晉下吹笙。碧月破天出，白雲隨地生。鴻毛輕太華，杯勺吸滄瀛。采藥人間侶，金丹煉不成。

杏樓喜用險韻屢疊不窮四月望日折柬見招懼其先薄我也詩以挑之

虎頭才絕癡還絕，對壘詩壇聽鼓錞。腕底烟雲驅冟霍，胷中山嶽吐嶙峋。酒人興比巵無當，吟客聯如爵有僎。天上白榆歌樂府，中廚芳脆薦冰䱊。

午日芝軒先生招集園中作

又見榴花照眼明，旅人撫景不勝情。南天無雁銜書到，北海有尊遲客傾。畫壁雲深山黯黯，壁間新補周芸皋觀察畫山水。投壺晝永矢錚錚。庭槐卓午清陰滿，喜聽新蟬第一聲〔一〕。

【校記】

〔一〕『喜』，道光本《松風閣詩鈔》作『佇』。

庚寅七夕書懷

忽忽年開三十九，歐陽當日已稱翁。朱顔玄髮都無恙，只有看花似霧中。

漢家殘碣晉家甎，直溯秦丞《倉頡篇》。學得屠龍無用處，簪花體格重時賢。

廿載耽吟郊島詩，未工猶喜少人知。漚波王惕甫師晚年自號去後誰堪證，一點靈犀是我師。

東華橐筆閲三秋，虚説移家范子舟。遥憶今宵小兒女，中庭瓜果拜牽牛。

九日書懷

斜陽一角照城樓，篳篥聲高起暮愁。雅陣送寒催落木，雁書緘恨到深秋。泉明種菊吟情減，子政然藜心事悠。聞道征西官屬盛，有人投筆覓封侯。

酬韓桂舲先生見懷之作〔一〕

世事浮雲百不聞，西風獨客對斜曛。江湖千里征鴻影，雨雪三邊戰馬羣。投筆誰爲班定遠，據鞍豈少趙將軍。騎驢去後心霄漢，應憶珠崖舊策勛。

【校記】

〔一〕『酬』，道光本《松風閣詩鈔》上有『奉』字。

紀夢

迢迢寒夜夢，飛落故園中。桂酒碧雙盞，蠟梅黄一叢。自言經歲別，不負看花同。照影蘭缸炯，秋衾孤館空。

寒花和紱庭韻

膽瓶瘦影夜缸闌，伴我清吟徹曉寒。多謝幽人深谷采，最宜名士晚年看。霜前芳訊傳來久，天外春風吹到難。酹與花魂一尊酒，廣庭瓊屑灑重欄。

凍硯和紱庭韻

琥盂水凍夜寒知，棐几燈昏試墨時。若個吟梅花著管，有人詠雪絮飄池。指來鸜眼更番澀，畫到蛾眉訝許遲。移傍薰爐成煖玉，好翻新樣寫生枝。

問梅詩社一百集適桂舲先生種梅書屋落成有詩誌喜和韻郵呈二首

盼到騷人攬揆期，歲值庚寅。好將韻事報花知。同時相望七千里，琴南在滇。後會當吟《百一詩》。慣替老梅添典故，爭攜瘦竹討幽奇。華陽小築新鉏月，來歲寒香拂酒巵。

別來文讌記頻仍，林下風流見幾曾。斗酒只宜呼李白，萬錢底用傲何曾。花枝簪處人休笑，詩卷刊餘壽共增。臨頓三弓新拓地，相州畫錦合同稱。

庚寅除夕

曙色春光動，和風柳上回。燭花良夜永，爆竹喜聲來。感逝心猶昨，十月悼亡。無聞歲忽開。九衢看走馬，簪笏集鸞臺。

松風閣詩鈔卷五　花南集

古今體詩八十二首

幽州土風吟十八首有序　辛卯

燕京，古幽州之域。攷《日下舊聞》所紀風俗，多沿遼金之舊。僕僑寓城南，三閱寒暑。行吟衢巷，流覽土風，爰仿謠諺之詞，以紀歲華之麗。因非一代之俗，故以古疆域冠之。

咬春詞

羅蔔辛，名咬春。此是古人菜根意，可愧一食萬錢人。食萬錢，恣游戲。笙歌叢裏朝朝醉，不到山村水邊寺。九十韶光睡夢中，春人誰識春滋味。

太平鼓

太平鼓，聲鼕鼕，白光如輪舞索童。一童舞索一童唱，一童跳入光輪中。廣場駢集四方客，曼衍魚龍鬧元夕。姹女弄竿竿百尺，驚鴻宛轉淩風翼。今夜金吾鐵鎖開，銅街踏月人不歸。

夜摸釘

春書刻青繒，幟畫蟾蜍形。畫蟾製起遼俗婦，後來宜男夜摸釘。夜摸釘，女子行。走橋踏穿雙繡履，入市看徧千珠燈。月斜星散珠燈落，歸倚紅爐飲羊酪。

五花帚

五花帚，上市來，家家粉糝白玉堆。王瓜豆莢千錢貴，椿芽碧乳茶甌沸。珠絡青驄笑買花，花房雪裹蒸紅霞。攜歸金谷籠絳紗，十三嬌女彈琵琶。

燕九節

白雲觀中燕九節，跳丸舞劍誇方術。盡言是日真人來，或化冠纓或行乞。冠纓行乞皆神仙，著意求之無夙緣。赤龍不救陶安冶，紛紛羽士青松下。

禱碧霞

貼黃金，禱碧霞，繡龕羽帳仙人家。篆烟五色爐中裊，時花一枝瓶裏斜。碧幢十二玉童引，鸞笙吹到靈祠近。雛姬桃頰芙蓉粉，翻身逐彈馬如雲，兩彈空中并作塵。

賣冰詞

銅盤磕磕玉有聲，寒食街前始賣冰，置君牀頭午夢清。牛家賀客凍且死，銀壺登筵鼓翅起，墨痕點點污窗紙。污窗紙，麈尾揮，冰寒不及重簾垂。

浴佛日

佛本清淨身，土木招埃塵。塵污土木非污佛，浴佛奔走尋常人。尋常人，慕玄妙。不誦藥師經，空詣藥王廟。藥王廟前桃李開，折花一枝騎馬回。

女兒節

女兒節，女兒歸。耍青去，送青回。毬場紛紛插楊柳，去看擊鞠牽裾走。紅杏單衫花滿頭，綵扇香囊不離手。誰家采艾裝絮衣，女兒嬌癡知不知？

看洗象

宣武城南塵十丈，揮汗駢肩看洗象。象奴騎象遊玉河，長鼻捲起千層波。昂頭一歕一天雨，兒童拍手笑且舞。笑且舞，行蹇蹇，日暮歸來洗貓犬。

卜巧鍼

浮鍼水面，視影百變。如花如雲，如椎如線。七月七日卜聰明，皓腕凝脂搖玉釧。曝衣樓頭笑語喧，願乞雲錦裁天孫。天孫巧被燕姬乞，採桑羅敷妒煞人。

月宫符

月宫符，畫成玉兔瑤臺居。月宫餅，製就銀蟾紫府影。一雙蟾兔滿人間，悔煞嫦娥竊藥年。奔入廣寒歸不得，空勞玉杵駐丹顔。駐丹顔，瑳兮儺，癡兒紛紛還羡我。阿姨贈爾新葫蘆，不須月下陳瓜果。

賣餻人

菊花酒，鹿舌醬，九日登高卓卓帳。幽州古俗重圍場，雕弓射獵西山上。時平久覺猛虎馴，馬上健兒多好文。今日登高遇佳節，去尋市上賣餻人。

花花曲

清明中元十月朔，短轅犢車上冢哭。紛紛陌上紙錢飛，豆泥骨朵沿風俗。前朝此地尚火化，近來比戶牛眠卜。牛眠卜兮馬鬛封，銘旌五丈淩蒼穹。猩紅一點風吹帽，孫曾還是花花孝。

擊羯鼓

玉面童，雙文舄。石彈丸，隨轉側。鐵圍皮，羯鼓擊。是時黄昏東壁中，家家墐戶爐火紅。紅爐煮得兔羹熟，替娘濯衣女歸宿。

射草狗

束草稈，射草狗。草狗爛，祭羊酒。圍場紛紛祈脫灾，可惜健兒好身手。南山有貔，北山有熊。爾何不彎百石弓，一發長嘯生雄風。牆邊草狗射何用，玉勒珠鞭成一鬨。

拽冰牀〔一〕

拽冰牀，城濠下。疾如帆，駛如馬。朱軒繡轂黄塵中，凌牀十里生清風，泠泠踏遍白玉宮。白玉宮，芒鞋路。幾日東風吹烟霧，提壺挈榼公無渡。

【校記】

〔一〕『冰』，道光本《松風閣詩鈔》作『凌』，下同。

焚竈馬

焚竈馬，送紫官。辛甘臭辣君莫言，但言小人塵生釜、突無烟，上乞天公憐。天公憐，錫純嘏。燔熊豢豹充庖厨，黑豆年年飼君馬。

九陌

九陌穹廬夾路衢，五營兵制重皇都。執鞭漢代歸司隸，聚橐周官屬野廬。翠幕星羅防市虎，黑衣霜冷聽城烏。宵行有禁稽難徧，朝闕千輪夜載塗。

春暮遊尺五莊歸至花之寺和星齋韻

黄塵催白日，出郭暑悠悠。鳥語脆醒耳，池光清洗眸。楊花撩客思，魯酒沃春愁。爲惜芳華晚，重尋古寺幽。

顧南雅侍講蒓屬題令弟蕢洲丈竹趣圖二首

涼翠一天秋，青鸞戲上頭。三徵永嘉士，千戶渭川侯。聽籟攜詩坐，裁筇挾客遊。何年文與可，成竹萬竿留。

人似白沙館，詩如新浦齋。蕭蕭聽不厭，濯濯洗逾佳。雅尚歸盤谷，家風憶拂崖。顧野王有《拂崖篠賦》。逍遥堂後木，送雨念同懷。

杏樓屬題先世俠君先生小秀野圖

東絹重南金，風霜久不侵。林泉今日夢，堂構百年心。藝苑留先澤，詩壇振古音。絲蘿共衣鉢，人海話苔岑。先五世祖侍講公與俠君先生本師生，而申以婚姻。

消夏雜詠八首

梧院

閒房消夏地，百尺老梧桐。金井緑陰裏，碧天紅日中。捲簾當晚霽，欹枕待清風。北牖涼尤早，蕭蕭竹一叢。

竹窗

此君無俗韻，繞屋景清幽。淡影篩新月，涼聲送早秋。鄰翁隨意看，佳士幾回留。个个琅玕字，誰將筆底收。

涼棚

避暑無深屋，空庭結構便。紅塵吹不到，綠樹隔猶憐。日度上清景，雲低下界天。廣寒容暫住，隱几小遊仙。

冰箸

滴滴波成瀣，峩峩雪作堆。漸看金掌滿，可惜玉山頹。紫李沈無數，青蠅卻幾回。瓊宮藏寶甕，何日爲君開。

羽扇

青鸞仙去後，鎩羽到微禽。懷袖憐新寵，雲霄負夙心。清風思翮健，皎色畏塵侵。欲問何年製，遲徊《梁父吟》。

塵尾

笑指青絲幔，人來話六朝。珠塵揮不盡，蕉夢漫相撩。窈渺三宗說，詼諧九錫邀。惟應支遁輩，竹杖共逍遥。

椒囊

何人投雜佩，輕縠裹丹椒〔一〕。騷客香魂返，書生腐氣消。漫拋金縷贈，恐賭紫羅燒。叩叩憑君致，繁欽不復聊。

【校記】

〔一〕『裹』，道光本《松風閣詩鈔》作『貯』。

藤枕

鹿角溪藤枕，花陰逐簟移。空牀涼意到，客夢早秋知。翡翠情何豔，珊瑚贈亦癡。十洲三島事，吾欲問龜茲。

送星齋南歸應省試

蕭齋讀畫復敲詩〔一〕，別緒無端落酒巵。春色挂君千里夢，秋光引我十年思。人從水驛兼山驛，花發南枝更北枝。令弟紱庭應京兆試。歸及洞庭盧橘熟，故鄉風味幾人知。

【校記】

〔一〕『復』，道光本《松風閣詩鈔》作『共』。

金石雜詠三十五首

扶風盩厔草蓁蓁，列敦周宮耀古春。已信《竹書》毛叔鄭，舟姜龔伯更何人。

雒鼎長安字亦奇，萬年麋壽古文詞。如何十四堪書月，原父君謨總不知。

崑玉瀛珠入網羅，《韓城》點畫古文多。知書賴有楊南仲，賈許千秋嘆逝波。

尚書好事剔苔斑，戡壁空嗟趙將頑。八駿浮雲遊四極，卻留馬蹬贊皇山。

王朴編鐘製不員，太常奉詔考宮懸。寶龢一出人知貴，夷則清聲嘉祐傳。

奕奕藍田張仲銘，篆文兩度炳丹青。當時紫氣函關滿，鶉首文昌見六星。

帝典皇墳付劫灰，金權還費勒銘才。咸陽宮裏程書急，不是巡方角正來。

瑯琊臺迥接之罘，白帝東巡海若愁。千載臣斯六刻石，可憐片木出登州。

林華鐙共博山鑪，谷口還遺赤水珠。雁足有銘時代古，黄龍五鳳盡西都。

郡吏逢仙跪進瓜，金丹塗屋度全家。如何齧被關心甚，萬里歸來一鼠拏。

生徒百八勒題名，講學文翁去錦城。一炬華陽傳地志，空留石室記初平。

填麫殘碑記博聞，殺阬蓄洩補遺文。東臺西戍餘香火，同恨千秋冥漠君。

女冠江夏道家風，白髮蕭蕭至德宮。眼看瓊華銷歇盡，三千殿腳散飛蓬。

朱甍碧瓦眾香國，虎鬭龍爭古戰場。還是裼裘公子度，六朝結習未全忘。

常洧開元孝女傳，又看尹氏闕文鐫。旌誾不待清平世，萬歲通天第二年。
石浮圖下墜天花，詫絕人名喚野叉。不有河清年號紀，渾疑碑在梵王家。
流杯亭裏宴羣臣，侍從新詩間八珍。一代文章歸女主，可憐殷李并傳人。
上清弟子乘雲去，南嶽真人受籙來。留得華陽明詔在，投龍文豈愧仙才。
璇閨仙偶豔房璘，繡罷鴛鴦筆有神。龕壁數行彌勒頌，簪花格擬衛夫人。
顏公風節道能迂，乞米曾呼李大夫。模本流傳《干祿》字，千秋衣被到寒儒。
窪罇銘屬次山詞，令問工書亦好奇。更有華陽巖勒字，求名卻被後人嗤。
武昌江島散花灘，灘上怡亭石刻殘。庶子泉空成古井，陽冰手蹟竟誰看。
道士來鐫碧落碑，閉門三夕不知飢。一雙白鴿窗中出，石上螺書到眼奇。
仙姑皺面死衡山，零落當時兩翠鬟。誤讀《黃庭經》一卷，未堪遊戲住人寰。
龍公體濕返雲霄，說與夫人膽欲銷。明共騎牛爭勝負，可令九子射青綃。
一柱居然免劫灰，倒書題字亦奇哉。謝仙夫婦雙雙玉，雷部中間掌火來。
何年瘞鶴到名山，石鼎丹成去不還。未識華陽真逸者，江聲終古自潺潺。
《磻溪廟記》出高駢，脫臂雕弓筆似椽。不信將軍騎木鶴，淩虛縹緲習神仙。
白樓刻賦啓雕甍〔一〕，語簡果然是性成。入寺飯僧僧判了，跪聽兩字佛知聲。
自傳平生語率真，《茶經》一卷出風塵。清嚵竟作千秋俑，唐突壚邊甆偶人。
欲知阮客身何在，試看仙雲洞口橫。此是縉雲高隱士，千秋書姓不書名。

小篆昇元少見聞，紫陽石磬爛星雲。後來衣鉢何人付，南岳師傳《千字文》。
石室嵩山絕頂開，西京遊蹟記歐梅。莫教妄語龍神怒，吏部晴空聽疾雷。
金裝玉軸剔唐陵，贋蹟人間費剡藤。署識《蘭亭》真面目，歐陽傳本殿中丞。
五代干戈浪得名，二徐篆法少縱横。陽冰而後推能事，惟有《陰符》出郭生。

【校記】

〔一〕『啓』，道光本《松風閣詩鈔》作『貯』。

寄慰仲山

盼到傳經亦偶然，袞師嬌小竟無緣。春風卜宅支公嶺，秋水移家范子船。須向耕桑尋故業，未堪哀樂逼中年。而今收拾西河淚，投杖曾聞悔古賢。

竹聲

青鸞昨夜下瑤京，風送翛翛拂羽聲。秦女有名宜弄玉，王喬無恙試吹笙〔一〕。裁來嶰谷音難合，訴到湘江恨未平。佳士若逢文與可，聽君石上話三生。

【校記】

〔一〕『恙』，道光本《松風閣詩鈔》作『意』。

題畫五色菊花

腕底霜枝綴曉霞，朱朱碧碧儘繁華。感君收拾三春色，并作東籬隱逸花。

到家哭亡婦徐孺人四首

落日寒江小艇呼，余由滸墅呼小舟到家。入門慘淡訝今吾。歸鴻遠道憐孤影，乳燕空巢泣眾雛。繐帳燈懸秋寂歷，鏡臺塵掩月模糊。憑棺一慟知何益，曾記當年勸駕無。

憶從簫史鳳凰臺，弄玉仙姿亦可哀。丹竈紫烟吹不起，雲軿青鳥誤相猜。榴因結實花難久，桑爲成絲葉漸摧。一夢蓉城驚乍醒，廿年陳迹付寒灰。

浴蘭佳節與君辭，余以戊子上巳入都。獨客關山繫夢思。已向藥鑪尋活計，更題錦字寄天涯。仙人導引三秋別，神女梳粧九日期。未若蜀臺身化石，哺糜望斷古今悲。

落葉添薪樹樹空，更攜刀尺對秋風。早憂向子難償願，未是韓公那送窮。弟肯燎鬚宜有望，孺人弟徐重侯大令謁選入都，爲留數月，親調湯藥。女能刲股竟無功。上年病劇，女月高刲股入藥而愈。出門已作千秋別，環佩聲來入夢中。

杜拙齋厚示述懷詩賦贈〔一〕

昔訝高常侍，五十始學詩。讀君述懷作，聊用析我疑。交君逾十載〔二〕，與君討古碑。李潮工八分，不學王羲之。坐中譚文字，嗛嗛謝不知。不圖五言句，久奉淵明師〔三〕。非君自韜晦，胡爲至今茲。吾儕不讀書，亦不免凍飢。吟詠特小技，五十君未遲。

【校記】

〔一〕詩題，道光本《澗東集》作『拙齋示述懷詩賦贈』。

〔二〕『逾十載』，道光本《澗東集》、道光本《松風閣詩鈔》作『及五載』。

〔三〕『不圖』二句，道光本《澗東集》下有『疏篁寒映水，野菊横出籬。始知向時見，如馬但相皮』四句。

贈江鐵君明經沅

先人文字交，里中一漚翁。吾曾及祖輩，了了心目中。談藝兼話舊，更僕無倦容。小子生已晚，傾耳聞遺風。漚翁今已去，猶喜有鐵君。升堂而入室，遊乎二林門。同時執經彦，碩果嗟僅存。遺文搜《測海》，《測海集》，二林公著。猶賴考證編。決疑歸《一乘》，微茫溯心源。《一乘決疑論》，二林公著，明三教同源之旨。小子墮塵劫，末由聞妙詮。觀君躬儒行，誠樸操彌堅〔一〕。及探知聞畧，所識皆前言〔二〕。矻矻蛾勤術，飄飄鶴謝樊。老矣竟無遇，固窮理則然。士生愧不學，識學忘歲年。終身樂其樂，爲己功夫全。瑟希志風浴，毋乃儒門禪。邈哉古狂狷，吾子其庶焉。

【校記】

〔一〕『誠』，道光本《澗東集》、道光本《松風閣詩鈔》作『淳』。

〔二〕『所識』句，道光本《澗東集》作『多識心益潛』。

余自京假歸計別問梅詩社三年餘矣仲冬月望棣華先生設尊池上草堂爲詩社百十八集

問梅幾度負花期，重喜今朝倚墨池。千里歸人雲共岫，三冬故事雪翻匙。耆年凋謝嗟臣叔，叔父輩間公先於六月逝世。先輩文章盡我師。京洛緇衣塵乍洗，且呵凍硯草新詩。

卜葬亡婦於虎丘之長涇橋

撫棺已是過祥期，虞殯初從葑水湄。海湧雪深翻土鍤，白楊風急捲靈旗。銘成石闕吾猶待，典盡金釵君豈知。腸斷荒原相送處，魚軒鶴蓋似來時。

寒風栗烈伐冰堅，舟行阻凍。似爾清溪歸棹年。孺人於癸未冬自母家回，阻凍吴江，乘肩輿歸家。卅里肩輿來水次，一家把盞話燈前。於今埋骨青山畔，何處招魂落日邊。同穴千秋誰復望，生前萬事付雲烟。

待雪

雨濕行雲凍不飛，白垂絲脚認依稀。瓦爐香熟頻溫酒，茅屋燈寒静掩扉。柳絮飛遲三起倦〔一〕，梅花留欠一分肥〔二〕。望君望歲心相似，鶴氅空山未擬歸。

【校記】

〔一〕『飛遲』，道光本《澗東集》作『慣遲』，道光本《松風閣詩鈔》作『遲飄』。

〔二〕『留』，道光本《松風閣詩鈔》作『還』。

踏雪

庭樹今朝開玉顔，相將乘興出柴關。芒鞋不著些子土，竹杖先登何處山。便是陽春無脚到，早知荒徑有人還。騎驢忙煞尋梅客，說與詩人亦等閒。

爲徐重侯竑題五老燕集圖有序

五老者，含山王檢討勳輝，年九十三；臨汾王待詔孫武，年八十七；桃源薛徵君懷，年八十五；安東程司馬易，年七十五；德清徐大令振甲，年七十四。以嘉慶壬戌春，仿宋耆英故事，修禊於淮安城北之荻莊。漕使長白鐵公保作記紀其事，云：『扶鳩矍鑠足精神，醉舞歡場氣絶倫。若合五人論甲子，計年應是宋元人。』『耆英佳會豈尋常，海上誰傳卻老方。笑我春秋過五十，對君纔入少年場。』鐵公本善書，遂書其詞，刻石行於世，今閲三十年矣。道光辛卯徐公子竑倩畫家補圖，而以鐵公墨蹟冠其首，屬題。

淮水東南趨，駛流平竹箭。郭北地本偏，五老開文讌。二王異地才，程薛此邦彦。徐君舊令尹，前任淮安府清河令。序齒當居殿。勒石紀以詩，漕使書名擅。壬戌迄今兹，卅年驚物換。古蹤不可追，楮墨烟雲散。令尹有佳兒，述作存文翰。補兹燕集圖，仍以鐵詩冠。鄭笏重家傳，披圖孝思見。勉追循吏聲，君今領山縣。重侯任安徽黟令。

松風閣詩鈔卷六　花南集

古今體詩七十一首

題魏讓泉翁瘞冢文有序　壬辰

讓泉爲魏荇汀大令文瀛尊人，嘗於廢園中掘得古冢，泥色如墨，似骸骨所化，遂掩之。夜夢絳衣人來謝，感其靈異，因書所作《瘞冢文》徵詠。

萬物各有盡，石槨聖所譏。千載犂爲田，死者亦奚悲。徒以人事鬼，封植固其宜。衣冠來夢中，豈云神所爲。卽此不忍心，恍惚如見之。榮悴理前定，是非心獨知。讀君《瘞冢文》，令我起長思。

題魏孝女綠筠傳後有序

綠筠者，魏荇汀大令之妹也。兄病，禱於神，願以身代，未幾病卒，年甫十七。荇汀哀之，爲作傳徵詩。余以爲女之死未必因乎禱，而其志可表也，爰書數語於後。

求死曷稱孝，代兄情可哀。女命會當盡，豈與兄轉移？獨此一念間，人倫實扶持。懷哉鴒原義，表揚理則宜。女死終不死，千秋令問垂。

題泖東西林寺寄亭上人所藏惕甫師書卷

先生昔年官泖東，秃毫滿檻詩滿筒。重遊作圖方蓮社，一時唱答稱同工。東林雅集西林繼，遠公而後有寄公。先生作《泖東蓮社圖》，上人在列，卷中卽書先生所作圖記并詩及佛門語數則，上人先後集成。寄公逃禪耽翰墨，先生琅篇徵象龍。大書沈雄臥虎子，小者綽約翔驚鴻。藏諸名山足千古，紗籠寶襲如球共〔一〕。揭來徵詩亦到我，謂曾執卷陪春風。三年望斷遼東鶴，先生丁丑十二月下世。對此遺墨心忡忡。吾儕抵死講文藝，藝成人去烟雲空。還君此卷三嘆息，眼中誰似漚波翁。先生晚年自號。

【校記】

〔一〕『襲』，道光本《澗東集》作『龍』。

題梁莅林方伯章鉅目送歸鴻圖辛卯秋，淮安水灾，流民渡江者，公捐俸贍之。明春送歸，因作此圖

閶闔城頭春風來，春人鼓腹登蘇臺。烏篷銜尾歸何處，淮海流民渡江去。去時回首憶來時，洪濤十丈傾金隄。自憐倉猝辭鄉井，其死其生那得知。民兮何幸適兹土，得遇神君更慈父。分俸先輸月萬錢，儲糧遍給人三斛。朔風捲地衣裳單，此時流民共苦寒。袴襦重拜仁人賜，更覺挾纊心同歡。飢寒

悉力籌相濟，野寺閉門歌卒歲。應識分憂共患心，此邦亦復嗟薪桂。樂國徘徊冬復春，故鄉水落草痕新。室廬漂泊田疇在，莫作江南游惰民。提筐彳亍心猶戀，全家骨肉還鄉縣。不知誰賜再生年，長樂梁公今侯甸。侯甸旬宣大澤敷，扁舟淞泖舊成圖。自今樂歲無荒政，但訂農田水利書。

飼鴿

馴鴿慣依人，階前覓食頻。稻粱曾不惜，飲啄喜能均。已共鳩巢穩，何嫌鶴俸貧。波斯書可寄，千里度迷津。

放雀

惜此羅中雀，攜來放入林。碎聲騰一沸，樂意許重尋。鎩鶴看猶羨，枯魚泣不禁。弋人何所慕，刷羽傍高岑。

石佛洞

萬仞陰崖試一登，崖根古洞夏含冰。自然凹凸三茅勢，豈有莊嚴七寶增。雨過雲烟生石鼎，夜來星月作龕燈。蒼苔不蝕須彌座，還向蒲團問老僧。

文硎訪友

指點幽居一水遥，垂楊踠地影蕭蕭〔一〕。行人莫笑看山客，側帽春風度雁橋〔二〕。

【校記】

〔一〕『垂楊踠地影』，道光本《松風閣詩鈔》作『丹楓黄菊晚』。

〔二〕『春』，道光本《松風閣詩鈔》作『西』。

過韋君繡光黻在山草堂

何山佳處草堂開，草堂在城西何山之麓。樵隱於今有逸才。佐酒盤飧收雜果，避人門徑長新苔。祇應獨鶴爲儔侶，未許閑雲識去來。我欲攝衣從子逝，春蘿秋桂漫相猜。

春帆先生招集花步劉氏寒碧山莊

城市居然有洞天，探幽士女袂相連。似因結習耽丘壑，豈爲移情屬管絃。異石奇花終有價，清風明月不須錢。兩三吟客論詩罷，斜日金閶起暮烟。

沈春江大令治屬題令祖友陶先生畫龍冊

神龍宛轉濕雲生，似挾豐隆出地聲。窺牖不嫌真氣逼，藏溪多恐夜濤驚。舟中雷煥初舒劍，壁上僧繇乍點睛。分得片鱗南楚去，會看霖雨及時行。春江將赴湖南華容令任。

題張君度仿普明禪師牧牛圖

著力馴調溯最初，禪機雙泯入空虛。笑他扣角南山矸，一點名心總未除。
里閈頻逢饑饉年，道旁菜色儘堪憐。何能化作千頭健，付與農家墾廢田。

四月望後一日邀桂舲竹堂棣花春帆諸先生集葑溪網師園爲詩社百二十三集〔一〕

彈指韶光五載間，人如隻雁倦飛還。余自戊子三月入都，迄今五載。江南二月多風雨，孤負寒香鄧尉山。今春風雨居多，未曾入山探梅。

草長鶯飛瞥眼過，閒中歲月坐消磨。一樽棼尾風光在，莫惜三春付逝波。

感逝同聲起永嘆，未堪重話舊吟壇。諸先生作均追念先叔父。階前紅藥都消瘦，不爲春陰特地寒。

白髮經師鬬酒兵，林泉樂事傲公卿。閒雲無力不飛去，且傍先生杖履行。

【校記】

〔一〕詩題，道光本《松風閣詩鈔》作『壬辰四月望日邀桂舲竹堂棣華春帆諸先生集葑溪網師園爲詩社百二十三集』。

桂舲先生屬題埽地焚香圖圖爲悼亡姬作

飛飛花片貼苔斑，裊裊爐烟傍翠鬟。不似素蠻嬌態劇，漫將歌舞攬香山。

一自瑤英返十洲，每聞孤鶴不勝愁。先生有《孤鶴詩》。幺絃中斷傷心甚，秦掾能無悔宦遊。去冬余始歸里，距室人歿已一年矣。

滄浪亭圖爲顧湘舟題

突兀空亭倚水濱，荒凉誰與翦荊榛。紅橋綠柳新陰合，寫出蘇臺一點春。

梓里儀型奉瓣香，蒐羅遺蹟賴長康。試看龕壁名賢像，難得千秋共一堂。壁間勒吳中先賢五百人像。

送梁茝林方伯乞假回里

激揚心事少人知，千載名流入夢思。已勒畫圖子美宅，蘇子美。更留香火伯鸞祠。清嘉風土宛如昨，芰䓇歌謠今在斯。歸到故園秋色近，鼇峯頂上好題詩。

蘇城夏旱林少穆中丞則徐步行禱雨奉柬〔一〕

火繖當空熯稻田，使君禱雨步行先。披衣五夜愁無寐，懸磬千家望有年。平糶原爲荒政首，近郊不礙受恩偏。何人議發常平粟，欲召甘霖理或然。

【校記】

〔一〕『蘇城』，道光本《松風閣詩鈔》作『壬辰』。

得謝安山先生希曾自書題畫作和陶飲酒詩即持贈喆嗣屺望茂才騤

持杯欲飲意茫然，斗酒何能繼謫仙。先生平生不善飲酒。題畫偶逢書舊句，和陶猶喜賸零篇。千秋郡志垂文苑，一卷《羲經》企古賢。先生著《易學指南》，名載郡志《文苑傳》。今日烏衣門巷裏，彬彬絃誦慰重泉。

琢堂桂舲兩先生同時重遊泮宫賦呈

滿城桃李鬬清妍，瞥眼韶華六十年。白社千篇新事業，青衫一領舊因緣。秋風家巷添春色，斜日圜池起瑞烟。各有平泉嘉植在，孫枝早傍五雲邊。

八月望後將之都門同社諸先生設樽池上草堂餞別以小欄花韻午晴初七字分韻得午字〔一〕

行行望關山，惻惻慕儔侣。故人知我心，勸我酌清醑。念洗緇衣塵，吟壇迭賓主。交誼篤荀陳，詩國開秦楚。坐令侘傺人〔二〕，伊鬱胷中吐。羲娥疾轉輪，忽忽徂寒暑。又聽驪歌聲，停歌重延佇。丈夫生四十，如日正當午。胡爲久蹉跎，得無誚懷土〔三〕。飛鳥思舊林，游魚戀故渚。何况勞人心，儲糧就行旅。兗冀苦年饑，江淮漲秋雨。既恐芻秣艱，更慮方舟阻。且共竹林賢，閒訪謝公墅。吹帽撰佳辰，登高醉言舞。余訂諸先生復爲重九之會。

【校記】

〔一〕『八月望後』，道光本《松風閣詩鈔》作『壬辰八月』。

〔二〕『令』，底本作『今』，據道光本《松風閣詩鈔》改。

〔三〕『無』，道光本《松風閣詩鈔》作『毋』。

棣華先生復舉詩社招同諸先生以佩聲歸到鳳池頭七字分韻贈行謹用末韻成七言一首志别〔一〕

涼風獵獵動高秋，催送移家范子舟。此去故鄉期契闊，更陪諸老話淹留〔二〕。花間聽雨吟情劇，先期琢堂師招集花間草堂，賦喜雨詩。池上開樽暑氣收。是日集棣華先生池上草堂〔三〕。正擬新詩敲馬背，先傳吉語屬龍頭。諸先生作均寓期望之意。江干木葉迷前路，陌上槐花感舊遊。未卜薦文稱似馬，慣聞下第惜如劉。三年清夢依雙闕，幾輩飛仙戲十洲。漫耀羽儀隨振鷺，難馴野性是閒鷗。鼋鼉窟外歸帆急，鴻雁聲中仰屋愁。去秋假歸，適淮湖水漲，江南水灾，年穀不登。卒歲光陰何短短，中年哀樂竟悠悠。燕棲故壘飛猶戀，蟬入寒林噪不休。春至名園看躑躅，雲深水郭聽鉤輈。宦情未共金鑪冷，别緒應同玉繭抽。畢竟窮通歸定數，敢將清白負前修。南山桂發辭臣里，北極星明望帝州。回首耆英佳宴處，好從輦下說風流。

【校記】

〔一〕『棣華先生復舉詩社招同』，道光本《松風閣詩鈔》作『壬辰八月將之都門同社』。

〔二〕『陪』，底本作『倍』，據文意改。

〔三〕『華』，道光本《松風閣詩鈔》作『花』。

秋夜送徐師竹大令琢之官粵西

秋風撥雲天泬寥，星河爛爛懸清霄。飛鴻影斷蛩聲急，送客乘槎桂水遥。桂水盈盈七千路，江流不到羣山鶩。憐君墨綬銜鑾烟，終勝白袍粘飛絮。憶從挾策走長安，擬向蓬萊作散仙。覽鏡忽驚蒼鬢改，著鞭敢薄折腰官。儒生伏牖書充棟，盡言才大難爲用。一朝梁父輟悲吟，幾人不愧青錢俸。君昔居鄉拯歲饑，傾囊曾給萬家炊。分憂桑梓心猶爾，保障身膺事可知。粵西風物窮遐僻，嚮義不憂土磽瘠。灕江風暖鬱金香，雪洞春融荔枝白。殊方衣食各因天，何必桑麻更稻田。泥古不登《循吏傳》，治繁常誦《牧民篇》。青囊家學桐君得，盄餌逢人究息脈。持此盧扁濟物心，播作龔黄救時績。政成他日賦歸來，松菊園林薙草萊。鄧尉梅花留索句，天平楓葉待銜杯。茫茫人海存知己，歷歷平生堪屈指。萬事君當笑置之，十年吾亦成翁矣。葡萄且酌送君行，古驛寒蟬唱別聲。更脱征鞍移雀舫，大江南北看山青。

重九日邀詩社諸先生虎阜登高

去鄉豈合説蹉跎，喜及登高一放歌。綠樹未凋秋不覺，黄花初對意如何。拂衣巖岫寒雲重，極目江湖逝雁多。幾日征帆渡揚子，金山有約待攀蘿。

舟中卽景二首〔一〕

潮落恰宜艇小，人稀不礙橋欹。衝烟白鷺拳立，浴水烏犍背移。

汀蘆倒影迎棹，水芰殘香襲衣。雲戴山頭絮帽，風裁雨腳絲機。

【校記】

〔一〕詩題，道光本《潤東集》、道光本《松風閣詩鈔》作『舟中卽景同汪易門甥桀作』。道光本《潤東集》前後二首順序顛倒。

舟過金山風急不得登寺僧真性送中泠泉水

夙慕中泠水，何緣瀹茗嘗。山僧真好事，箬艇遠相將。至味原無味，心香豈有香。片帆風浪急，未許叩禪房。

由焦山遇順風渡揚子

焦山蒼蒼竹木深，參差樓閣山之岑。俯瞰長江亙千里，征帆片片東風起。我來焦山不得登，乘潮直向瓜步行。忽看浮玉出篷背，炊飯晨過邵伯埭。

自瓦窑鋪挂帆入邵伯湖至高郵夜泊

邗溝連甓社，漭漭水雲鄉。巨浪浮千頃，全家托一航。白鷗翔海國，紅樹識漁莊。薄暮西風緊，抽帆趁夕陽。

東阿懷古〔一〕

大君制一國，賞罰固其端。孰是塞黈纊，而能圖治安。表海俗誇詐，鏡機良獨難。威王端近習〔二〕，迷惑爲多盤。東阿小邑吏，懵然大戾干。達聰貴遠佞，持猛聊濟寬。不惜一大夫，坐令正百官。

【校記】

〔一〕詩題，道光本《澗東集》作『東阿』。

〔二〕『端』，道光本《澗東集》作『耽』。

唐山旅次

山石犖确車輪摧，下車徒步足力微。上山下山入山谷，斜陽蒼蒼挂山角。山迴路轉見人家，門前大樹栖昏鴉。

閏重九日吳紅生舍人葆晉招集同人出所藏陳未齋太史乾隆丙子閏重九楚北山亭晚眺贈其令祖湛山先生詩徵和時余尚在途未獲同吟抵京後補作次韻

百年九日重逢閏，難得今人似昔閒。爲愛菊花宜晚節，慣攜佳客看秋山。結廬綠水蒼葭外，索句碧雲紅樹間。未齋太史原唱有『縹緲江帆紅樹外，岧嶤仙閣碧雲間』之句。應識籠紗珍惜意，幽懷世澤兩相關。

宋西樵丈簡見貽所作篆書同時獲見丈所摹趙松雪白描麻姑仙像因題奉寄〔一〕

昨得先生小篆書，星斗錯落光芒舒。今見先生白描畫，娉婷仙子雲中居。何因書畫兩奇絕，夢裏曾傳五色筆。世人作篆如白描，寸量分度難爲豪。先生白描如作篆，細筋入骨跟肘辨。拈毫雅俗如雲泥，此畫高古非時蹊。魯公千秋磊落人，淋漓大筆壇記垂〔二〕。羣仙紛紛不足數，抗衡一讚偷桃兒。古來畫史少傳作，子昂才妙猶能爲。子昂亦兼工篆法，白描故似沙畫錐。先生筆力透紙背，直以畫續顔書奇。相逢昔歲緇塵客，春風攜琴萊子國。昔歲晤丈於京師〔三〕，時方銓萊州府高密令。劬勞撫字訟庭空，始得餘閒親翰墨。知君非畫麻姑顔，知君非畫麻姑鬟。但畫麻姑長手爪，萬人痛癢心相關。

【校記】

〔一〕詩題，道光本《澗東集》作『宋西樵丈簡見貽所作篆書同時獲見丈所摹趙松雪白描麻姑仙像因題』。

〔二〕『淋漓大筆』，道光本《澗東集》作『蠅頭小字』。

〔三〕『昔』，道光本《澗東集》、道光本《松風閣詩鈔》作『昨』。

都門寓齋庭前有樹人言是黄梅也姚雪逸衡見之審知爲桃紱庭乞黄梅余無以應作此卻柬

盡道瞿曇有約來，誰知小謫絳仙才。含顰留待東君看，孤負瑤緘一度開。

大雪曹艮甫比部楙堅招飲爲消寒第四集

臥聞朔風吹四壁，起視寒月挂簾額。連番釀雪不成點，鞭龍鏖戰天公力。是時嘉平月幾望，壓檐大雪深一尺。早知四野已均霑，京兆連章慶膏澤。祕殿虔祈慰九重，方書占驗符三白。今年畿輔蝗爲災，幸值秋田已登麥。共憂遺孽春復萌，豫事搜除費籌策。今看六出飛春前〔一〕，不殊烈火驅蟊賊。吾儕雖糜太倉粟，瞻雲望歲情同劇。呼朋燒燭開清樽，不醉無歸永今夕。

【校記】

〔一〕『出』，道光本《松風閣詩鈔》作『尺』。

出郭癸巳

出郭方知眼界寬，郊原春色壓餘寒。不教桃李輸松柏，吹到東風一樣看。

郊行聞鑿石聲憶堯峯先壟

春郊喜趁馬蹄慵，鑿石聲聲和晚春。著個閒人來叱犢，眼中山色便堯峯。

京師長元吳會館爲先曾祖尚書芝庭公創建自乾隆庚辰至今道光癸巳已閱七十三年矣仲春三日芝軒冢宰暨同郡諸君供奉文昌神位於館中附設先尚書公神位以志不忘敬成二律志感

館闢上章歲，迢迢七十年。人懷渠夏蔭，祀比繡絲虔。玉局盟仙侶，金泥榜後賢。并懸壬辰科吳君鍾駿狀元、馬君學易會元、曹君楙堅、嚴君良訓進士題名扁。苔岑敦古誼，靈爽合流連。

撰辰逢吉日，鳴珮講筵來。冢宰自講筵歸主爵。執爵春光動，戴筐雲色開。楷模尊古哲，陶鑄領羣才。俎豆名山外，年年酹綠醅。先尚書祀吳郡鄉賢祠。

花市

灌溉辛勤不自看，擕來市上錦成團。名花晚景售還賤，春色貧家貯亦難。留得風光四時共，任教霜信十分寒。傲他金谷珊瑚樹，只是無香空有觀。

木廠

楩柟栝柏九州來，大廈無難次第開。繩墨一朝歸匠氏，棟梁從此少奇才。斷成舂杵心猶直，曲作車輪骨欲摧。聞說廣渠神木朽，馬湖當日走風雷。

劇場

羣仙玉佩戲塵寰，錦繡堆中破笑顏。到此賢姦如照鏡，幾人哀樂不循環。共來歌舞銷魂地，虚擲光陰彈指間。眼底繁華誰悟徹，蓬蒿有客卧空山。

酒樓

高樓飛旆柳花香，有客雕鞍七寶裝。釀酒那如沽酒便，醉人翻覺醒人狂。半帘紅雨迷春影，一桁青山墮夕陽。紫綺仙才今不見，玉壺齊唱《羽林郎》。

檢書

舟車南北慣隨身，破簏傾餘更積塵。學樸未堪華士賞，官閒得與古人親。劇憐舊帙飄零盡，猶望殘編領悟新。幾卷丹黃留世澤，牙籤羅列比家珍。

雁孤飛 哀親迎之禮廢，夫婦之道苦也　甲午

孤飛雲中雁，嗚聲一何哀。峩峩玉顔女，逼迫爲鬼妻。一解。
今夕何夕兮明星爛。入空房兮不見生郎面。郎死視含殮。二解。
吳山高，高以平，江水深，深以漸。山高水深，不及人心險。三解。
父母兮生我，長姑兮育我。他人兮毒我，行路兮哭我。寄書與我父，兒命當窮兮父無苦。四解。
乃知親迎之禮行。非惟謹夫婦，亦以明死生。雁孤飛，天冥冥。三日三夜，不見日星。五解。

春日靜明園偶直

春山雨後佳，飛瀑散懸崖。曉色開雲罕，清音戛玉階。宸遊臨勝地，仙境拓詩懷。歸路鞭聲緩，輕

塵淨六街。

春日七峯別墅

半年別墅懶題詩，襆被重來節候移。隔岸風光催柳色，空庭日影上槐枝。難除幻想三春夢，未化矜心一局棋。賴有清吟消永晝，惜陰應共古人期。

廢寺

古廟無人門自開，山僧沽酒出山來。同龕彌勒不知飲，怪底佛䡟生綠苔。斷鈴殘桷鎮相連，花木禪房別有天。階下一叢天竹子，未經霜信已封棉。

扇子湖晚眺

天光雲影鏡中明，徙倚湖邊眺晚晴。著個烏篷應更好，便攜吟侶掠波行。萬壽山邊一塔孤，團團雲樹望模糊。夕陽明處湖光接，好寫溪山烟靄圖。

栽菊

小院行吟退直餘，手栽野菊雜園蔬。根依霜砌骨逾傲，影落晴窗畫不如。人與花光共清絕〔一〕，詩緣秋氣益蕭疏。何時歸到柴桑徑，斜日東籬自荷鋤。

【校記】

〔一〕『絕』，道光本《松風閣詩鈔》作『寂』。

元夕淀園退直玩月乙未

無復魚龍戲，上年有旨，停止兩淮烟火貢。冰輪傍玉岑。觀燈嘉客宴，是日宴外藩。卻貢聖人心。兩岸樓臺迥，三山烟靄深。香山、玉泉山、萬壽山，今名爲三山。瓊宮連咫尺，豈有軟紅侵。

乙未三月應禮部試畢扈蹕南苑

鎖院春風角藝還，簪毫更逐侍臣班。南宮七發皆虛擲，不及中黃玉弝彎。余應闈已八度〔一〕。

【校記】

〔一〕『闈』，道光本《松風閣詩鈔》作『禮闈』。

觀榜

觀榜於今十七年，成名縱晚亦欣然。同袍寥落餘顔宋，衮衮諸公早著鞭。顔君于鎬、宋君子昌皆余江南同榜，今復同登。漫言得失了無關，千里風塵幾往還。可惜華詞刊落盡，未堪珥筆侍蓬山。

輓座師少宰張小軒先生鱗〔一〕

爨桐爲世棄，拂拭感公知。一面緣何吝，師於出闈日逝世，不及謁見。終身慕亦宜。題名看蕊榜，執贄奠靈帷。惆悵音容隔，悠悠託夢思。

【校記】

〔一〕小字，道光本《松風閣詩鈔》無。

輓相國曹文正公二首

久處論思席，謨猷有本原。博聞羅學海，令德繼清門。書比秀才熟，心忘元老尊。不言溫室樹，密勿道常存。

賜謚崇文正，我朝有幾人？淩烟帷策重，平定回疆，勦捦逆裔，公繪像紫光閣。捧日寶箴陳。一德聯堂陛，千秋視友賓。公蒙御書『一德資良弼，單心輔治樞』楹聯。耄年神更炯，玉局定歸真。

題尤篴軒錫齡梅鶴雙清圖四首

夢到孤山處士家，風廊月檻路横斜。仙禽解作蹁躚舞，琪樹能開頃刻花。引得清聲終有和，探來春色總無涯。披圖人在冰壺裏，欲向紅塵障碧紗。

一自鴛湖作寓公，故園香雪怨東風。篴軒後移居嘉興。郁玄壟畔思横笛，支遁峯頭憶放籠。祇爲燒丹求作令，不妨采藥暫稱翁。隔垣聊試神仙術，揮手成功一笑中。篴軒精醫術。

草緑南園鶯亂啼，燕臺回首感淒迷。阿儂舊宅鄰梅里，名士書堂榜鶴栖。鶴栖堂爲君先世西堂先生故第。五世絲蘿甥似舅，百年縞紵阮攀嵇。傳家自有青箱在，眉向人前未肯低。

滎澤銷沈吏隱才，尊甫藹庭先生仕滎澤主簿，卒於官。蹉跎歸計亦堪哀。鵾鵬有翼憐程遠，松菊無苗待徑開。此境清宜歌白雪，幾人廉比啄蒼苔。說經尚有遺編在，想見康成入座來。藹庭先生撰述甚富，今笵軒刊行《禹貢示掌》一書。

扇子湖觀荷有感

淀園地擅湖山勝，扇湖瀲灩開明鏡。隄邊楊柳籠千絲，水面芙蕖搖萬柄。湖濱襆被幾星霜，對花酌酒呼朋忙。喜見田田初貼水，旋驚翠蓋如雲張。秋風忽來吹敗葉，嬌紅無復淩波粧。玉泉山上月初吐，但見雲水空蒼茫。花開花落今幾度〔一〕，人與荷花共新故。安得兩鬢不成絲，愁思迷離挂烟樹。

【校記】

〔一〕『今幾』，道光本《松風閣詩鈔》作『嗟十』。

寒夜聞鐘聲

霜華如水月如烟，何處清鐘一杵傳。人與孤燈消永夜，夢隨征雁度遥天。吴山古寺寒江外，禁苑秋衾落葉前。鄰笛參差更相和，終宵欹枕不成眠。

消寒第二集喜董琴涵觀察國華自滇南至

南來雁足報經年，短巷花驄入暮烟。賞雨昔陪林下客，琴涵與余同在問梅詩社，嘗以花朝泛舟山塘賞雨。消寒今集酒中仙〔一〕。同坐八人。頻年宦轍思天末，一夕鄉音到酒邊。萬里相逢容易别，殷勤後會緩歸鞭。

【校記】

〔一〕『酒』，道光本《松風閣詩鈔》作『飲』。

松風閣詩鈔卷七　竹西集

古今體詩九十三首

元旦入直丙申〔一〕

雞鳴紫陌禁城開，朝闕千官策馬來。乍聽清鐘分五夜，早看星馭集三台。珠燈曉色迎初旭，爆竹春聲蟄嫩雷。西掖旋聞傳警蹕，壽康宫裏問安回。

【校記】

〔一〕詩題，道光本《松風閣詩鈔》作『丙申元旦入直』。

元夕書懷〔一〕

橐筆歸來日又西，辛盤依舊斷黄齏。愛聽鼓樂兒童鬧，懶向春街趁馬蹄。
索米長安年復年，每逢佳節意茫然。關心冬雪琪花少，麥飯瓜羹費俸錢。
江南水旱已頻仍，紫粒紅蓮比不登。幸沐聖恩蠲舊賦，催租還恐唤難譍。奉詔蠲免道光十年以前民欠錢糧。

太息同懷弱一人，女嬃芳躅委埃塵。去秋歸，謝氏女兄逝世。卅年哀樂都如夢，欲向蓮池一問津。

幾個蓬頭似我長，半隨京國半江鄉。慣教兩地看明月，何日燈前話一堂。

莫讀柴桑《責子》詩，芝蘭蕭艾本差池。且拈火樹銀花句，暫乞雲卿作塾師。以『火樹銀花合』句爲題課兒子。

【校記】

〔一〕詩題，道光本《松風閣詩鈔》作『丙申元夕書懷』。

野馬

扶桑萬里白駒馳，九點齊州任所之。豈有魯陽揮日馭，慣隨夸父到天涯。飛來直似名無翼，鶩去還如士不羈。一控先鞭塵網擾，何時歸息華山陲。

樞直同人許玉叔銓部球汪竺君比部元爵鄭春溪水部喬林徐韞齋水部堪湯海秋儀部鵬陳子鶴銓部孚恩朱慎菴水部應元劉仲寅樞部晟昌皆善圍棊每退直時楸枰相對日暮始散或繼以燭致足樂也余因作七峯別墅敲棊圖並題

嘉樹軒別墅軒名，德州盧文肅公題中歲月長，爛柯仙侶對斜陽。八方無事逢今日，應笑山陰折屐忙。

祖芬自家來言山房花木無恙因志八首

古柏依然在，蒼虬墮片鱗。故鄉千里夢，喬木百年春。感彼雪中質，念茲塵外人。君看桃李樹，何處覓輪囷。

南坡數竿竹，春雨茁貓頭。雪潤濃陰合，風檽暑氣收。題詩懷舊侶，煮茗憶清遊。蕭瑟頻年甚，懷哉王子猷。

短松吾手植，今傍小樓高。月上一簾影，風生滿壑濤。栽培思物理，灌溉勖兒曹。應共籬邊菊，他年侑濁醪。

小山有叢桂，露冷夜聞香。白石鋪金粟，丹梯傍粉牆。簪花人寂寞，對月影淒涼。便化雙黃鵠，無心入故鄉。

紅梅摧折盡，綠萼一枝存。春老花還瘦，風多日不溫。遲徊無驛使，搖落竟芳園。欲伴林和靖，孤山晝掩門。

櫻桃花滿樹，花落子垂垂。嫩綠兒童摘，微紅鳥雀窺。登盤仍瑟縮，當戶自離披。勿翦還相戒，濃陰夏日宜。

鼠姑紅紫雜，爛漫喜今年。翠幄春風裏，清樽縠雨前。孤蹤留北地，客夢落南天。憶昔花開日，飛觴共惠連。

雜花常滿樹，不斷四時春。一一皆無恙，枝枝欲傍人。歸田非下策，辭禄養天真。嘯傲南窗下，翛然遠俗塵。

林少穆中丞入覲卽拜開府湖廣之命贈行二首

憶昔焚香迓使車，嗸鴻滿野救荒餘。倉儲已仿建安社，水利更成樊惠渠。漸詠樂郊還舊業，歡聞重鎮拜新除。便從述職移旌去，父老攀轅願望虛。

湘北湘南亦舊遊，歡聲知已滿江州。丹霄路近心依闕，黄鶴詩成夢倚樓。吴楚山川通一脈，范韓旌旆照千秋。荊門東下岷江隘，疏瀹功應次第籌。

輓石琢堂師

先生真率古爲徒，湖海元龍興不孤。一自簪纓辭九陛，漸看桃李滿三吴。先生掌吴中紫陽書院二十一年。梅開西磧扁舟共，草緑南園步屧俱。臨别贈言韋佩勖，舊題重展淚模糊。壬辰秋，先生送余北行詩，諄諄以立品爲勖。

重九日黄樹齋師暨汪孟慈比部喜荀招集城南龍樹禪寺

帝城風日迥清秋，有約登高結勝遊。人與新吟共瀟灑，寺藏古樹更深幽。林間鐘磬一時歇，畫裏雲山尺幅收。共題畫卷。若對佳辰懷落帽，香廚西畔有層樓。

少宗伯卓海帆師屬題居庸關題壁圖先生官太僕卿，時奉命往察哈爾查馬作

嵺嵺絕塞闢雄關，大漠風雲自往還。鸞掖一書馳太僕，龍媒千里貢天閑。偶因相馬尋沙磧，更爲題詩剔蘚斑。巨眼豈惟能索驥，冰壺江上對青山。時先生典江南試歸。

寄懷潘功甫舍人曾沂二首丁酉

辭榮人似雲歸岫，一閉衡門歲月深。已向千秋期不朽，豈於海内覓知音。遊心釋氏參三昧，同調吾家有二林。尚友如君且難得，應從高士傳中尋。

愛聽鐘魚悟靜機，名韁一繫與心違。强隨朝士趨槐棘，豈念山僧採蕨薇。筋力漸衰身欲退，田園落盡去何依。紅塵回首茫茫感，盤谷逍遥世所稀。

吾鄉鄧尉山司徒廟有古柏四株以清奇古怪得名司徒者相傳爲東漢陽夏侯馮異

大樹將軍有古祠，庭前翠柏挺虯枝。仙蹤縹緲雲霄迴，俠骨崚嶒鐵石支。星漢浮槎驚海客，天門掣電走山魑。漫求琪樹寰瀛外，鄧尉春光引夢思。

奎玉庭總憲照示承暉園紀恩詩冊題贈

潞公耆宿三朝望，嘉植平泉敞畫圖。園本尊甫煦齋協揆賜第，今復賜公。自昔華堂翔乳燕，於今喬木返慈烏。一庭花竹新山墅，半畝池塘舊鑑湖。聞說登臨腰脚健，瘦笻攜手不須扶。公迎養協揆於園。

送王若溪舍人積順典試黔中

洞霄仙吏把芙蓉，絳節天南踏萬峯。祕閣文章尊典誥，羅施風俗古黃農。十年京國鳴騶去，九面衡山陣雁逢。盼到歸期呵凍筆，鳳池還共聽清鐘。

采風吟送鴻臚卿黄樹齋師爵滋典試山左

熙時重采風，采風闢言路。峩峩辟邪冠，彈章亦無數。吾師諷議冠柏臺，霜華落簡羣小猜。擊姦鉏暴皆得實，帝曰納言汝懋哉。擢之大鴻臚，重申且有命。清卿本合陳封事，毋以遷秩虛朝請。公酬主知戒緘默〔一〕，未辭言責敢忘直。江南豪猾久病民，蔓如荒谷生荊棘。又如天鳥巢深林，庭氏張弓不敢弋。一疏達明光，風雷下九閶。馳命亶吏按其罪，一一俛首罪狀詳。良民歡呼蟊賊去，萬戶樂業安耕桑。吾師采風張國紀，股肱耳目聖心倚。皇華出使歌駪征，更爲朝廷得賢士。豈惟得士賢，使車所致民瘼闢。我聞今年夏，山東大旱粟騰價。萊夷小醜初殄殲，脅從愚民荷矜赦。民貧每易生姦邪，誰令務本涵醇化。我歌采風吟，悠悠我思深。由來致治尊儒術，泮水飛鴞懷好音。

【校記】

〔一〕『公』，道光本《松風閣詩鈔》作『師』。

自題金陵策蹇圖寄汪甥棨

一別秦淮二十年，歌聲燈影渺雲烟。每思打槳長千里，不負秋光落葉前。

清涼山翠六朝秋，策馬城闉記舊遊。丙子秋偕家玉樵兄、仲山弟、仰山姪騎馬遊清涼山。彈指光陰人易老，莫愁湖水古今流。今仰山已逝世。

十里秋山敞畫圖，鞭絲帽影認模糊。槐花時節多風雨，曾記茅菴信宿無。癸酉歸棹阻風，與甥同住攝山寺。

芝軒相國贈盆桂時花事已闌藏之窖中以待來歲賦謝

天香吹罷廣寒宮，舁向城南野菊叢。只爲託根憑尺土，慣遲出窖待東風。小山築後探幽便，嘉樹封餘拜賜同。分付園丁勤抱甕，秋來金粟滿堂東。

十月望後偕胡典齋農部增瑞直宿西掖

料峭新寒小雪天，人來西掖對牀眠。得閒聊復評詩卷，無事還思愧俸錢。記詠賜瓜如昨日，去年與典齋同直，賜哈密瓜。豈知橐筆又經年。斜陽影裏收魚鑰，坐看飛鴻度遠烟。

何一山舍人桂馨提學蜀中悤悤別去未有贈言十月八日

淀園對雪奉懷二首

講學文翁秉鑑衡，油幢遙指錦官城。似聞鼙鼓喧夷落，時馬邊夷落滋擾用兵。況值風霜賦遠征。別墅敲棋如昨日，函關立馬數前程。爰知鳥道千盤裏，聽徧猿聲杜宇聲。

小謫還堪住玉京，蓬萊仙籍久知名。白華早遂娱親志，紅藥重賡筮仕情。官職如君真大耐，文章自古本天成。開軒獨對西山雪，應與峨嵋一樣清。

知病吟戊戌

知病不知藥，《黄帝内經》空糟粕。知藥不知病，《神農本草》戕性命。知病知藥求速瘳，毒藥何異吞戈矛，元氣暗損盧扁愁。更有未病先服藥，自謂攝生莫我若，反招二豎來作惡。吁嗟乎，隔垣之技世無人，但當食粟飲水全天真。

送潘順之明經遵祁歸里

盡道功成咳吐中〔一〕，多君恬退守家風。雲霄會趁雙飛翼，猿鶴招還一畝宫。驛路蟬吟秋柳碧，江城帆挂夕陽紅。惠連莫惜樽前别，謂星齋昆季。春草池塘有夢通。

【校記】

〔一〕『吐』，道光本《松風閣詩鈔》作『唾』。

贈秀水朱慎菴比部應元

幾載論交懶贈詩，因君樸素厭華詞。家風不數鴛湖曲，世德常遵鹿洞規。入座衣冠存古意，盈囊篇帙富新知。五陵年少多輕薄，應倩先生作灸師。

行吟

行吟喜趁晚風涼，遠樹蟬聲帶夕陽。雲外秋山無俗態，湖邊殘芰有餘香。那知世路塵埃滿，但覺閒身歲月長。愛諷詩篇消永日，不論漢魏更三唐。

詠五代史十六首

八牛讖應轉天歌，宣武軍威竟若何。已見神人來踏棘，不須文面健兒多。

漫將穿眼恨錢塘，一見元璙喜欲狂。使者不知加字令，淮南空戴斫頭楊。

中牟諫獵叱沙陀，挽袖諸伶進責訶。犬走鷹飛閒地少，詼諧還賴鏡新磨。

翠輦親臨倉草場，民膏不惜惜官償〔一〕。穿墉雀鼠從增耗，狼戾千秋此濫觴。

雲霞道服上清回，節度中原走馬來。樞密若辭金百兩，蜀山霸業豈重開。

蓍躍江陵問卜奇，高平策馬奪牙旗。病龍臺畔雄圖盡，大繖仙經入夢時。

怡州仙侶築靈壇，皂莢林中久鍊丹。神識早傳逢二乍，爛柯他日發書看。

休休亭子倚中條，避地禎貽隱士招。散盡虞鄉千匹絹，王官谷裏自逍遥。

翰林撰勅賜希夷，四海閒人答詔詞。一拜拾遺辭不就，翛然歸隱華山陲。

後苑調鷹叩閣難，河橋兵叛起長嘆。磨穿鐵硯終何用，眼看雄州陷契丹。

九龍宮殿玉爲梁，漁父詩篇諷諭長。堪嘆舉骰分手去，碧湘湖畔斷君腸。

牛背微吟畫竹枝，道林古寺久棲遲。早梅賦就前村句，膜拜袁州一字師。

步輦珠簾數里香，打毬内廄瘦飛黄。朝天法典高冠子，萬里崎嶇歸帝鄉。

漫將蒱博喻從戎，迎立湘陰訝侍中。聽到琵琶雷繞殿，太常藝事比耶工。

乘醉金輿下綵山，畫船千炬放歌還。大家自製《甘州曲》，説與賢王涕淚潸。

懸羅百匹狀銀河，延巧中庭七夕過。染出露華天水碧，家山一曲恨如何。

【校記】

〔一〕『惜』，道光本《松風閣詩鈔》作『恤』。

周容齋水部爾墉以惕甫先生手書直幅見貽賦謝己亥

楞伽山人惕甫先生自號是我師，平生著作古文詩。卽論書法嗟神妙，風骨遒勁超凡姿。芳草堂先生堂名中曾捧硯，慣看先生書白練。揮毫一霎走雲烟，疾如駿馬追奔電。先生言書在腕下，以目諦視非至者。譬如行文誦在心，借書於手爲心寫。世人舉筆苦模形，塊然土木何由靈。前賢下筆風雨快，矯如神龍迅飛鷹。此書頗得眉山意，吾家二林亦相類。晚年叄半諸城劉，歷落嵚崎出古致。感君令我念友生，投來拱璧儕連城。二十三年悲宿草〔一〕，先生往矣吾亦老。

【校記】

〔一〕『三』，道光本《松風閣詩鈔》作『五』。

春日訪王魯園農部璪城中寓齋卽葦間叔父疑野山房故宅

憶余己卯歲應春官試嘗寓於此感而有作

螺髻當窗石磴盤，森森喬木蔭逾寬。一簾花雨迷春書，廿載光陰下急湍。海湧峯頭悲宿草，桑乾河畔憶征鞍。忽因訪友添棖觸，獨立空庭曉日寒。

送阮芸臺相國致仕歸里

詔許平章遂乞身，冰銜重錫拜恩綸。二分明月縈鄉夢，一代靈光屬老臣。解組幾回邀篤眷，歸田難得是清貧。蒲帆去去邗江近，杞菊門前秋色新。

輓蔣我持表兄泰均

綠水蒼葭舊宅荒，卜居聊復慕韓康。采蘭已畢承歡志，蓄艾誰傳卻病方。別去相看年鼎鼎，書來早說視茫茫。不堪重聽山陽笛，烟樹江南望斷腸。

病假懷同直諸友

人倚藥爐邊，愁心共藥煎。家餘桑落酒，病過菊花天。月色看如畫，鐘聲聽隔烟。西山違咫尺，悵望倍悠然。

君子行庚子

君子期報德，宿怨非所思。天懷常浩浩，不知世路危。如何睚眦忿，相復無已時。身處荊棘中，何時釋憂疑。韓侯雖不學，千金酬一飯。袴下被羞辱，曾不尋舊怨。奈何一室中，兩心如冰炭。夷齊怨用希，千秋令聞垂〔一〕。

【校記】

〔一〕『聞』，道光本《松風閣詩鈔》作『問』。

淀園拱宸樓晚眺懷典齋農部

獨上高樓眺遠岑，詩情畫意此中尋。蟬聲宜近復宜遠，山色乍晴還乍陰。楊柳弄姿風裊裊，芙蕖含笑水深深。遥憐臥病蘇臺客，何日重來話素心。時聞典齋臥病蘇州。

題沈曉滄太令炳垣詩稿

塵海何人聽郢歌，沈侯詩卷妙沖和。飛來燕市雙鳧舄，夢到吳山萬翠螺。民望歡如思愛日，宦情笑共指秋波。誰言簿領無清興，自古才人吏隱多。

題文信國書册

字水文山挺異才，悲歌燕獄亦堪哀。闗心海島龍歸日，不斷風烟萬里來。第一仙才賚祐年，文章氣節冠羣賢。捐軀不待臨柴市，千里鯨波送海船。萬騎倉皇起一呼，落花臺殿冷西湖。傷心鼇背舟中句，剩有容州哭秀夫。《湖山類藁》、《水雲詞》，寥落琴師更畫師。應共參軍《晞髮集》，化將碧血灑江湄。

箜篌引辛丑

海天烟霧，將公無渡。公不顧身，撫劍震怒。一解。
慨當以慷，憂思難忘。洪波萬頃，長鯨吞航。二解。
公身則喪，公心則壯。公乎公乎，古之名將。三解。
酹酒重淵，弔公之魂。魂兮歸來，海邦是蕃。四解。

淀園七夕陳子鶴冏卿孚恩飲同人於七峯別墅口占〔一〕

幾樹吟蟬報早秋，肯教佳節負清遊。閒情只許談風月，別意何勞問女牛。漫説巧從天上乞，須知仙向飲中求。同座八人。撥開醉眼看山色，共上元龍百尺樓。

【校記】

〔一〕『冏卿』，道光本《松風閣詩鈔》作『銓部』。

梁吉甫逢辰登第省親於吳門節署贈行一首

五花同判鳳池邊，西掖讐書更幾年。老大登科吾輩健，飄零作客主人賢。庚寅冬，君招余同寓上斜街，文酒之讌殆無虚日。思親復泛江頭棹，送友重攜陌上鞭。正是石湖秋月朗，畫船簫鼓讓君偏。

九日大司馬卓海帆師招飲用斌笠耕冏卿良游寶藏寺韻二首

雁影横斜字數行，寒雲如絮作重陽。西山眼底撐空碧，南圃霜前著嫩黄。惜别詩情縈畫舫，探幽秋色滿風廊。座上披《湖山話別圖》，前二日游寶藏寺，秋海棠盛開。停杯覓句神清絶，曾向花溪問草堂。

卜築城南欲避囂，去天尺五望逾遥。爲招吟客佳辰選，共對清樽逸興饒。人憶秋風登太華，公有《登華圖卷》。心如明月傍層霄。梅花社裏如相問，不讓吴山載酒邀。公寓吴門，曾入問梅詩社。

重九日招陶舄薌觀察樑何一山舍人盧立峯侍御毓嵩吴崧甫侍讀鍾駿馬吉人比部學易曹艮甫比部吴清如舍人齋中翫菊舄薌艮甫兩君先成詩餘一闋以詩奉酬

羣仙玉佩戲神洲，滿眼風光到九秋。海上濤聲驚斷夢，燈前花影寫新愁。飛章幾度馳寒驛，吹笛何人倚戍樓。坐客漫勞鄉思切，捷書應已過蘇州。坐中皆吴人。

感懷四首

治安疏上意如何，欲點黄金并塞河。菱楮幣輕泉府匱，芙蓉花爛盜糧多。南荒萬里通交阯，名將千秋憶伏波。一炬華陽成恨事，刑書緩鑄悔蹉跎。

落伽山翠對蛟門，萬丈鯨波海氣昏。驚見布帆飛鸛雀，頓教茅舍散雞豚。炎天水漲無深島，小邑時平少列屯。聞道嗸鴻滿中澤，恨無黄鵠翅高翻。

緑楊城郭是蘇州，羅綺山川秉燭遊。驛馬渡江傳警報，樓船横海話新愁。早聞犀甲揚兵氣，更盼魚符出勝謀。暮雨瀟瀟聽不得，阿儂齊唱大刀頭。

聖主懷柔法網寬，天閼容爾叩長安。共言卉服招攜便，不道珠崖罷擊難。蜃氣噓空情本幻，颶風吹浪聽猶寒。南征鼙鼓春來急，千里牙旗渡急灘。

易州懷古

匹馬蕭蕭易水寒，當年擊筑怒衝冠。虎狼一入生還少，壯士何曾負子丹。

匕首真能陷祖龍，函關豈失舊時雄。爰知博浪沙中事，未遇圯橋黄石公。

辛丑歲暮家鐵珊叔有書問訊寄答

爆竹聲中寄尺書，開緘應在試燈初。十年青瑣縈鄉夢，兩樹碧梧懷故居。余所居碧梧廬，叔嘗過訪，談藝竟日。烽火幾時消斥堠，衡廬還欲問樵漁。喜聞大阮清狂甚，南圃他年共荷鉏。

出西門 壬寅

出西門，單騎奔。追兵至，烟塵昏。問君胡爲棄甲歸。上慚滄浪之天，下顧黄口小兒。噫！誰令甬東星散城烏啼，蛟鯨據窟海水飛。司寇執法，孰云其非。朔風何烈烈，馬嘶聲嗚咽。長安市上走檻車，悔不陣前噴熱血。

白頭吟弔裕魯山制府謙殉節〔一〕

和如朱絃琴，靳如玉勒驂。聞君有他心，口中石闕銜。今日海壖邊，明旦郡城裏。呼君君不來，馬嘶聲欲死。我命良可輕，賀君得獨生。顧此黄口兒，我死中心悲。鴉啼何啞啞，鶴唳何哀哀。丈夫圖報國，何用偷生爲？

【校記】

〔一〕詩題，道光本《松風閣詩鈔》作『白頭吟』。

題唐李少溫書縉雲縣城隍廟碑

城隍之神載祀典，佑我下民神丕顯。有司致祝宜申虔，水旱祈禱風雲轉。縉雲大旱乾元年，山谿水涸井無泉。五日不雨將焚廟，陽冰禱語何忿悁。有司愚戇神不怒，神鑒有司爲民故。及期四境霑甘霖，吏人耆老皆歡心。乃卜山巔改祠廟，酒醴牲牢勤賽報。泐碑紀事令何賢，愷悌君子神所勞。

我所思七章聞上海、鎮江告警，吳人避難作

我所思兮江之潯，欲往從之江水深。側身南望不得渡，黃鵠高飛歸故林。嗟我人兮不如鳥，鄉關千里催人老。

有弟有弟守家山，耕田讀書三十年。抗心希古任所尚，欲與嵇阮相追攀。里門夜呼寇將至，圖書滿屋起長嘆。何時把臂堯峯麓，與爾閉門食虀粥。

出門三千六百日，同氣四人喪其一。有姊少年守苦節，今兹垂老兼多疾。兒孫扶掖入山去，溽暑茅檐忍飢渴。我聞此語淚霑衣，籃輿江上歸未歸。

有兒三十守墳墓，五月移家向瓜步。蜃氣吹腥不可居，甓社茫茫布帆渡。羈旅重煩賢主人，祠堂薙草結比鄰。又驚風鶴萑苻澤，何處江湖卜安宅。

一女無夫誓守貞，一女早嫁從吾甥。伶仃弱歲喪阿母，阿耶遠去宦鳳城。十年不見心常苦，今夜月明在何所。

弱齡相伴兄之女，寡鵠翻飛去湘渚。早知故里無一椽，託迹金陵非鄉土。秋風起兮露爲霜，江洲潮落蒹葭蒼。尺書不到今三月，仰視浮雲天一方。

我所思兮葑溪塘，百年喬木陰清蒼。聚族五世環其旁，與我父兄子孫行。先疇無恙敝廬在，得毋薪木多摧傷。飛鴻嘹唳東南翔，覽衣中夜心徬徨。

梁吉甫樞部書來知將由吴歸閩詩以寄懷

又聞平子賦歸田，千里郵書意惘然。欲向山中課耕牧，可憐海上滿風烟。側身天地迂儒淚，極目江湖估客船。何日蕭齋共樽酒，重將書畫了因緣。

壬寅重九偕吴補之比部光業陳子鶴冏卿程容伯比部恭壽聶雨帆儀部澐朱鐵琴銓部憲曾遊西山寶藏寺爲登高之會

重陽卻喜無風雨，嶺上僧寮著屐尋。蜃市初聞消幻相，龍山聊爾發清吟。時海氛初息，同人始得閒暇。三年曾共題苔壁，六逸重來話竹林。閩嶠有人成獨往，定逢佳節憶登臨。己亥九日，林岵瞻比部招遊此地，今岵瞻已假歸莆田。

聞慰高自揚州還家

閉戶沈吟已寡歡，況聞風鶴警無端。貧餘不識吾廬愛〔一〕，客裏方知故土安〔二〕。秋盡濤聲恬海溢，雁來霜氣壓江干。扁舟歸到葑溪畔，籬下黃花應未殘。

【校記】

〔一〕『愛』，道光本《松風閣詩鈔》作『好』。

〔二〕『知』，道光本《松風閣詩鈔》作『思』。

松風閣詩鈔卷八　竹西集

古今體詩六十七首

聞蟬有感癸卯

千林寂寞薰風裏，新蟬一聲差可喜。無何散作亂蟬聲，十十五五嘶不已。豈有朱絃疏越音，但覺箏琶聒人耳。初聞新蟬清我心，亂蟬使我躁心起。立言自古嘲雷同，何況言官論國是。

七月望後提調繙繹生童登明遠樓口占

百尺高樓暮靄連，憑欄好趁晚晴天。凌雲誰種千尋木，樓前槐樹一株，甚高。撲地猶虛萬竈烟。應試止四百餘人。西北諸山環帝極，春秋佳日集羣賢。風簷翦燭尋常事，回首曾經十七年。余困春闈日久，自嘉慶己卯至道光乙未共閱十七年。

星齋抱恙三月得題畫詩一卷見示因題

因病得閒殊不惡，坡公妙悟幾人知。與君已似三秋別，貺我新吟一卷詩。王宰山川題勝蹟，仲姬蘭竹寫生枝。夫人亦工繪事。邇來疥壁愁余甚，海上方壺引夢思。

秋闈校射

聖世揆文兼奮武，鷹揚秋宴三年舉。京畿疆域古幽州，壯士能彎十石弩。簡鍊應思儲將才〔一〕，豈徒有力誇如虎。翻身躍馬如游龍，魚貫連翩飛白羽。更看步射志穿楊，序賓以賢以不侮。挽弓掇石意氣豪，隻手持刀背面舞。猛士從來守四方，眼中千人皆勁旅。頻年江海修邊防，爪牙之臣整戎伍。帝心宵旰求干城，每思將帥聽鼙鼓。

【校記】

〔一〕『鍊』，道光本《松風閣詩鈔》作『練』。

輓相國王文恪公

氣象巖巖泰華岑，十年樞院感情深。薦賢夙抱匡時願，折獄常存愛物心。科第無緣稱弟子，余丙戌禮闈受知於公，旋以額溢見遺，公嘗惜之。文章有幸遇知音。比歲科場每命擬作，文成輒加獎許。秋風瓠子功成後，噩夢傳來痛不禁。公持節中州，督工事竣，回京病卒。

送楊雪茱光祿慶琛致仕歸里二首

千里歸鴻度遠岑，斷雲一片寫愁心。江湖浩蕩閒蹤寄，蘆荻蒼茫秋氣深。日下鸞羣縈舊夢，天邊鶴羽弄清音。鼇峯頂上重回首，烟樹迷離思不禁。

偶從勛寺託苔岑，朝罷論詩愜素心。三月同官情不淺，一編問世念俱深。方看槐棘垂濃蔭，忽聽松篁送好音。此後鎬京歌飲福，鳧鷖莊誦思難禁。

神倉納穀歌

一夫不耕或受飢，重農貴粟良法垂。我朝務本邁前古，親耕帝耤勤四推。三王九卿踵相接，至尊乃御觀耕臺。均田納禾時不害，黃雲被隴歌樂歲。或逢水旱穀不登，蠲租頒賑神哉沛。以茲勤恤迓天和，秷秸千倉儲不匱。馨香至治感神明，五風十雨歡皇情。自今以始歲其有，大田之稼如坻京。

立春日偕京兆尹李僡恭進春山寶座甲辰〔一〕

土牛送寒氣，句芒祀大神，迎春東郊萬象新。皇畿調玉燭，八埏蒙景福。風雨以時，五穀以熟。曰臣京兆尹與丞，跪進春山玉陛登。如山之壽兮，如日之升。如春之煦物，以宥我羣生。羣生熙熙，出作而入息，天子乘春布闓澤。

【校記】

〔一〕詩題，道光本《松風閣詩鈔》作『甲辰立春日偕京兆尹李僡恭進春山寶座作』。

短歌行

對酒當歌，我懷如何？顧瞻周道，心如枕戈。一解。昔有蚩尤，銅頭鐵額。涿鹿興師，軒轅克敵。二解。積惡不滅，須之以時。茫茫天道，豈曰無知。三解。黿鼉橫海，鼓浪千里。涸之水濱，其患乃已。四解。千夫一心，其利斷金。若歲大旱，用此作霖。五解。

題吳梅村畫山水和周容齋農部爾墉韻

易代名人盡達官，未堪學步是邯鄲。可憐烏帽黄塵客，遺老山林冷眼看。
瑟瑟疏林秋氣清，差差遠岫晚烟平。茅堂自有高人在，坐看閒雲腳下生。
桂樹連蜷山氣收，誰招宋玉賦悲秋。一朝詩史公評在，不礙文章第一流。
遺恨未曾辭祭酒，詩人兩字墓旁碑。一錢不值傷心甚，腸斷千秋絶命詞。

孟夏初吉行常雩禮聖駕齋宿隨扈侍班恭紀〔一〕

鳳樓初日曉鐘聲，砥路無塵翠輦行。蔀屋豐年關國計，大田甘雨軫皇情。朝儀肅穆鴛班集，天仗森嚴豹尾輕。觀象正符龍見候，西山一抹濕雲生。時方小旱，是日濃陰密布〔二〕。

【校記】

〔一〕詩題，道光本《松風閣詩鈔》作『聖駕齋宿雩壇恭紀』。

〔二〕自注，道光本《松風閣詩鈔》無。

馴象

錦裝馴象屹生風，萬里梯航桂海通。荒徼貢來仙仗外，奚官豢向帝城中。玉河浴後英姿爽，翠輦馱時細步工。愛爾有牙曾不噬，故宜龜鶴壽年同。

丹青行贈奉宸苑沈供奉振麟

沈郎與我同鄉縣，廿年供奉南薰殿。閒來不使硯田荒，夢裏曾驚筆花燦。當年西域擒渠魁，大將成功紀八戰。渾河浪險戮鯨鯢，冰嶺風高度鵝鸛。羽書奏捷頌神武，犀甲凱歸樂清晏。銘功鐵蓋威棱昭，繪像紫光神采焕。君時抽毫寫戰圖，山川咫尺風雲變。矗立龍蛇玉帳旗，横飛鷹隼青莖箭。將軍參贊皆人豪，英姿一一開生面。更畫午門受俘儀，千官劍佩矜雄盼。至尊臨御鳳樓高，雉尾雲移仰天半。圖成鐫板賜近臣，曹霸丹青人共羨。時平不復狀褒公，筆妙還能學韓幹。葡萄歲歲貢天閑，慣寫龍駒擘東絹。霜蹏歷塊籋浮雲，紫鬣嘶風流血汗。内府瑤箋别樣裝，翰林金管親題讚。全家託迹傍御園，終年待詔依香案。何能屢貌尋常人，佳士相逢差不倦。爲余曾寫《早朝圖》，羊燈貂服趨平旦。微雲藹藹籠槐棘，曉月纖纖隱宫觀。今屆天中賜葛辰，殷勤贈我齊紈扇。寒梅壓雪一枝斜，修竹淩冬數竿健。卽看餘技已超羣，多感深情留把玩。炎洲瘴癘未全消，欲送清風揮赤岸。

讀從曾祖秋士先生詩卽傚其體

吾宗高士推隆池，隆池山人諱年，前明隱逸。後有竹里老人堪繼之。七世從祖貽令公諱行先。秋士去今不百年，嵚崎磊落致與古人齊。其心不可一世若將浼，壁立千仞俯視青雲低。空桑之琴不惜鍾期死，渥洼之駿不受九方知。涼涼乎高哉！曾點狂，原憲貧，被褐懷玉遊乎聖人門。松筠有節兮杞梓有文，曠百世兮垂清芬。豈知夫秋風窮巷朝不食，夕不食，志士多苦辛。彼闤闠城内鳴鐘列鼎，已逐飄風急雨，奄忽埃塵。涼涼乎高哉！其無懷葛天氏之遺民。

養魚吟

養魚水，勿太濁，濁水養魚魚不樂。養魚水，勿太清，清水養魚子不生。不清不濁魚性宜，養魚之人知不知？

榴皮仙蹟有序

世傳榴皮仙蹟云：『西鄰已富憂不足，東老雖貧樂有餘。白酒釀成緣好客，黃金散盡爲收書。』仙蹟在浙之東林山沈東老家。

西鄰富，東老貧，誰其書者回道人。榴皮埽壁字不滅，其形非篆非八分。嵚崎歷落出古致，二十八字羅星辰。至今訪道東林客，靈芝滿地神仙宅。山多產紫芝。

黄生式度應王夔堂學使之聘襄校北平有詩留別和韻贈行

頻年作客興如何，眼底千篇未覺多。黄生從余校士潞河。文向歐曾探絕業，人來燕趙聽悲歌。太行晴雪消丹嶂，易水春風漾綠波。待伴輶軒還日下，芰荷香裏此經過。約六月還京。

慰高應禮部試下第將歸適余校士潞河前來叩別信宿而去詩以勖之〔一〕

十年守墳墓，今賦鹿鳴來。幾日歸裝促，長途夏雨催。吾衰憐此別，天意老其才。莫負童年學，蟫編一一開。

【校記】

〔一〕詩題，道光本《松風閣詩鈔》上有『甲辰四月』。

春湖弟蘊煒應春官試下第南歸有詩留別和韻

人隨社燕覓巢來，飛絮漫天忽送回。眼底關河增感慨，樽前歌嘯且徘徊。青松不改淩冬節，紅杏終教傍日栽〔一〕。九陌鶯花遲兩度，重看策馬到金臺。

【校記】

〔一〕『栽』，底本作『裁』，據道光本《松風閣詩鈔》改。

淀園樞直退食之所曰七峯別墅堂曰有嘉樹軒余居其西偏已七年矣今夏屋圮於雨乃假別墅西軒以居西軒乃方悔軒比部銘彝所居也因題壁奉贈

學舍小如舟，高風似宛丘。先生古懷抱，此地久淹留。庭草秋還綠，軒窗晴更幽。我來借三宿，夜夜夢滄洲。

聞胡典齋農部歿於蘇州途次詩以哭之

相知曾幾日，一别竟千秋。翰墨堪垂久，君書學晉唐，爲同儕所推服。年華逝不留。旅魂招茂苑，鄉夢斷袁州。君袁州府萍鄉縣人也。歸櫬空江上，何人艤麥舟。

扇子湖竹枝詞十二首

春街燈火曉寒留，又見羣仙下十洲。躍鯉聲中冰乍泮，東風吹緑柳梢頭。每歲正月下園。

雨後春泉出峽聲，板橋新漲錦紋生。可人一角山如髻，倒影湖流對鏡明。

傍山樓閣對晴暉，遠樹參差緑漸肥。隔岸風光應更好，一雙燕子掠波飛。

春山雲影望模糊，極目平沙滿緑蕪。一頃清波萬楊柳，登樓人似到西湖。

漸看貼水碧田田，吹過番風四月天。侵曉湖隄來策馬，楊花如雪草如烟。

玉勒珠輪鎮日忙，幾家山墅鬬羣芳。兩三吟客來何處，大樹菴中看海棠。

亭亭翠蓋倚薰風，落日蜻蜓點水紅。忽聽輕雷催雨過，碧天無際陣雲空。

瓜皮艇子采蓮人，折得蓮花渡玉津。日暮歸來香滿袖，不知身在軟紅塵。

玉泉山下秋水清，扇子湖邊秋月明。禁苑清鐘晚來急，寒蟬時送短長聲。

昨夜濃霜染翠螺，西風拂水水增波。昏鴉繞樹秋光冷，落葉空階向晚多。
綠波漸漸結層冰，月出湖隄夜景澄。最是五更風不定，十分寒色水邊燈。
大好湖山未是家，鳳城六出早飛花。共隨仙仗回金闕，收拾行囊薄笨車。每歲十月或十一月入城。

還山吟送魏笛生觀察茂林引疾歸里

還山吟，丁沽風急秋水深，送君還山勞我心。與君相識長安道，玉署金堂置身早。忽看平子賦歸田，彈指光陰吾亦老。世間榮利如浮雲，莫誤千秋著作身。收取聲名揮手去，鴻騫鳳舉淩埃氛。布帆遙指廣陵樹，曾是當年釣游處。龍巖山下藿溪清，待君還山歌濯纓。

金臺書院課士作

春明門下人才藪，成均造士前無偶。城南隙地闢講堂，師儒裁抑斐然章。我來京兆三考校，孤陋何能益文教。眼看千里馳龍駒，早喜一斑窺隱豹。揮毫四座靜不喧，庭院日長晝閉門。恍憶春風亭畔坐，拈題經義誇紛綸。比來名場多骫法，黃金賣賦踵相接。諸生有意栽春花，先向階前埽敗葉。吳門紫陽書院有春風亭。

漢石經殘字

中郎書經勒諸石，雒陽太學空陳跡。北齊遷鄴石飄零，古文半已埋沙礫。開皇由鄴徙長安，尋逢兵燹重棄捐。唐代披榛十得一，至今千載摹本傳。其文多與今文異，執車置杖參疑義。寥寥殘字惜無多，蒐羅堪補《經籍志》。或言漢石久不存，今之所傳皆出魏。公羊篇載石礩名，因知此非伯喈隸。繹山之碑棗木翻，世間神物難久完。摩抄古思茫然積，蝌蚪千秋出孔壁。

仲冬月望吴清如舍人嘉淦蔣心香水部德馨招同人爲消寒之敘余以哈密瓜相餉清如有詩次韻奉答

凍雲遮斷遙山碧，庭樹蕭蕭帶寒色。兩三吟客方開樽，佳果輦來自絕域。三冬無雪梅不肥，賸有殘菊依疎籬。燉煌之瓜供詩料，落實聞異中原期。攜之懷袖贈所好，黃斑的的筐中提。甘寒味在酸鹹外，想與蒲萄同入塞。綠蔓曾澆疏勒泉，瓊漿欲傲蓬池會。舍人吴下詩名久，水部清詞還富有。消寒故事開吟壇，擊鉢狂歌將進酒。筵前得句燦天葩，報我何殊投木瓜。漫誇佳色邵平宅，忽馳豪興張騫槎。憶余西掖擁衾重，拜賜上方隨酪湩。樞廷每屆冬日，上賜哈密瓜、鹿尾、鹿肉、雉、魚等物。金刀剖食記年年，每懷苜蓿邊庭種。荒徼何知稼穡艱，清時屢卻珍奇貢。款關膜拜諸番奴，如飴爭食周原荼。西陲千頃出開墾，屯田萬里懷永圖。西陲新墾田凡若干頃，番民賴之。

坡公生日同人設樽爲艮甫壽

蘇公生以髯得名，其詩萬竅天風鳴。髯乎髯乎世多有，髯而詩者吾友惟曹生。曹生蹤迹半天下，名山大川腕底寫。長篇兀傲傾涪翁，小詩清奇逼東野。詩人之壽當在詩，大撓甲子非所知。今逢耳順謝賓客，稱觥相戒無華詞。君生仲冬坡生季，月同生霸三日既。艮甫十一月十九日生。不薄今人愛古人，祀坡祝君可君意。掀髯一笑詩思催，峩嵋山色横空來〔一〕。

【校記】

〔一〕『色』，道光本《松風閣詩鈔》作『翠』。

艮甫清如金心畬太史畇善馮景亭太史桂芬同集詒穀堂消寒

清如先得詩和韻

禿筆螭頭已罷簪，時余初出樞垣。草堂棋局賭山陰。掀髯一笑同搜句，把臂何時竟入林。華燭香鑪春盎盎，疎鐘寒笛夜沈沈。酒闌簷角明星斗，莫慰看雲望雪心。

炙硯和沈生際清韻

寒生水骨夜沈沈，鐵硯磨來雪色侵。古鼎輕烟槐火活，仇池暖浪墨痕深。無端煉石千秋感，依舊生花百首吟。待到晴窗揮翰便，陰寒有帖任君臨。

呵筆和錢生世銘韻

冰花初結硯池紋，禿筆僵如怯敵軍。誰向管城吹暖律，頓教文苑策奇勳。彩牋仍瀉行間露，畫本重翻腕底雲。一霎春風容易到，神龍噓氣共超羣。

歲暮懷琴涵問梅詩社〔一〕

憶昔山中居，問梅曾幾度。白髮鄉先生，皆耽林壑趣。春秋撰佳辰，花間同覓句。從容弟子行，惜哉光景遽。君既出一麾，我踏紅塵去。歲月迅如馳，春明僅一遇。君今早歸田，重尋釣遊處。我尚濫朝簪，夢想芳洲路。燕山風怒號，枯葉下庭樹。爐火撥殘灰，驚心歲云暮。遙思香雪海，花塢明連璐。羨君發清興，春暖扁舟渡。幸有紫陽翁，攜手林間步。朱蘭坡先生掌教紫陽書院。舊侶感飄零，爲弔郁玄墓。

時石琢堂、韓桂舲、吳棣華、尤春帆諸先生皆逝，舊時同社，衹琴涵暨蘭坡先生兩人而已。

【校記】

〔一〕詩題，道光本《松風閣詩鈔》作『甲辰歲暮懷琴涵問梅詩社』。

黄淡思歌乙巳

歸歸黄淡思，人言實可危。抱此耿耿心，惟有天公知。

歸歸黄淡百，故鄉去咫尺。故鄉不可居，天涯仍作客。

禽言三首〔一〕

布穀布穀。春雨如沃粱麥熟。北方足。

不如歸去。食疏衣布。欲行不行歲將暮。

於忽乎。日西徂。昔時新婦今日婆，少年不學奈老何。

【校記】

〔一〕第三首又見於道光本《澗東集》中，爲《禽言》其一，題『於忽乎』。

山水吟答江翊雲水部鴻升

畫山欲畫嵸巃之華岳，畫水欲畫浩蕩之滄洲。滄洲萬里波濤闊，華岳千仞雲烟稠。挂君高堂當臥遊，乾坤清氣胷中收。嗟哉此事稱神妙，荊關千載何悠悠。南宗董巨源，北宗李營丘。氣骨恣雄放，神韻含清幽。後來作者倪黃儔，下開文沈唐與仇。四君英俊皆吳產，予生已晚二百秋。斷縑殘墨時獲見，石田下筆尤蒼遒。少時愛摹石田畫，今茲老矣聊託豪素解煩憂。一丘一壑狀幽境，求無塵土毫端留。崑崙方壺讓能手，夢魂不到海之陬。因君索畫長篇投，令我狂吟遠眺登高樓。

丹青行贈宗山袁生崇

天下幾人畫山水，書家潑墨游戲耳。丹青之筆久不見，袁生好古猶能此。山蒼蒼，水泱泱，霞丹雲白斜陽黃。山迴露樵徑，水曲圍漁莊。古塔松頂出，小艇蘆梢藏。此中未許塵客到，只宜隱士來徜徉。山川清曠遠凡俗，佳境何由聚尺幅。川疑王宰之輞川，谷是李君之盤谷。袁生家居鐵甕城，飽看江上羣峯青。自罹兵燹出門去，流落長安以畫名。我家吳趨人物藪，卽論畫法前無偶。文沈唐仇推四賢，流傳最廣衡山叟。我愛衡山丹青筆，搜盡殘縑百無一。邇來頗復喜石田，孤邨風雨神氣全。余藏石田《孤邨風雨圖》。對君丹青詫奇絕，令我斂手心茫然。

爲汪鑑齋水部藻繪花山松徑圖并題

吳中亦有蓮花峯，巉巉秀擢青芙蓉。直上山顛尋古寺，半山隱隱聞清鐘。盤紆石磴出林表，濃陰十里環青松。喬柯夭矯倚絕壁，低枝蒼翠藏琳宮。濤聲喧空山谷應，疑挾雷雨騰蛟龍。山前一塢秀花竹，兩崖瘦削森西東。其間有徑名鳥道，勢如峽束風雲通。山陰天池更幽峭，飛瀑萬丈鳴淙淙。潛虬噴霧深潭黑，丹砂出地流泉紅。此中疑有采藥父，欲邀共訪浮丘公。紫芝可采秋谷裏，白鹿相隨雲岫中。我遊花山尚年少，今驚兩鬢如飄蓬。廿年不到白蓮社，余在問梅詩社時曾登山巔。策馬長安拋短笻。松根茯苓不得劚，烟霞空羨幽人蹤。何年身入畫圖裏，與君芒屩山間逢。

遂啓諆鼎歌并序

漢陽葉東卿先生志詵得古鼎於關中岐山縣城北之桀湯邨土中，審爲周宣王時物，因輦置江中金山，以配焦山周鼎，徵詩紀事。

古人作鼎紀功德，壽如金石傳無極。遂啓諆鼎古不聞，岐山城北今始出。兩耳三足完且堅，饕餮文環潤如漆。其高二尺强四分，其徑尺九量繩直。以權準兩重幾何，三千六百三十一。腹中古篆十二行，百卅四字銘其側。曰王在周之邵宫，十有三年正月吉。丁亥乃格於宣榭，侑祝從王廟門入。啓諆帥師我武揚，册命功臣史載筆。博伐玁狁洛之陽，折首六百執五十。錫之乘馬彤矢張，朱黄轡旗加攸勒。利用征伐享祀宜，子孫永寶銘詞畢。觀茲篆法類籀文，測算甲子窮奇扐。年推乙酉本竹書，丁亥爰知是八日。周宣中興歌《出車》，元戎十乘威九域。方叔召虎壯其猷，啓謀功烈何無述。應與岐陽石鼓文，千秋疑信雅詩逸。快哉此鼎出荒原，鐫文未使土花蝕。陳列几案光熊熊，摩挲點畫狀嶷嶷。歐公集古金石富，先生博物古鼎得。乃知物常聚所好，天工呵護非人力。無專之鼎鎮焦山，周宣時物今無匹。此鼎置之浮玉巔，兩峯相望江南北。漂流百戰幸同存，頡頏千載非孤立。寶氣應干牛斗邊，雙虹夜夜清波吸。

題九世從祖隆池山人年書白樂天池上篇

有明一代傳隱逸，山人高節居其一。見《明史·隱逸傳》。鶴書屢卻當路徵，豈惟翰墨工無匹。書此樂天《池上篇》，故紙流落三百年。信哉通神貴瘦硬，巖巖酷似顔平原。當時爭購山人書，盛名籍籍傾三吳。弇州題詩珍什襲，名流鑒別知非虚。此卷爲王弇州屬書，後有弇州詩并題跋。齊名衹有文徵仲，山人手蹟世尤重。平生不輕爲人書，殘縑落落朝陽鳳。又聞山人之終先自知，炷香測晷果如期。西州石折文翁瘄，算數豈等景純推。樊籠不久棲鸞鶴，雲霄一舉窮遐邈。誰向隆池訪故廬，欲尋古墓寒山麓。

燕山八景

居庸疊翠

千里龍蟠擁帝京，蠵蝓山色插天橫。於今絕塞巡黃幄，終古雄關護紫荊。佳氣葱葱連北極，仙雲藹藹接東瀛。九邊要地歸馮翊，四海爲家詠太平。

玉泉趵突

晴空飛瀑灑恩波，襟帶離宮入御河。抱甕曾澆溫室樹，穿渠好溉玉山禾。跳珠錯落雲霄罕，觸石琤瑽雜佩珂。直擬銀潢天上瀉，濟南一勺笑盈科。

太液秋風

玉鏡波涵太液池，祥風京國早秋時。荷心仙露分金掌，柳外輕陰鎖翠眉。鋪錦漫賡唐代曲，飛雲合唱漢宮詞。盤雕翮健清霜下，習戰昆明試水嬉。

瓊島春陰

瓊島雲歸深復深，羣仙樓閣冪春陰〔一〕。翾飛乳燕迷華棟，澀語新鶯隔上林。一角烟中看黛濕，數聲花外聽鐘沈。籠將清淺蓬萊水，不受紅塵一點侵。

【校記】

〔一〕「冪」，道光本《松風閣詩鈔》作「貯」。

薊門烟樹

獨客登樓望薊門，迷離一色接平原。春深緑樹依官堠，日出青烟散古屯。代馬來時森朔氣，塞鴻歸處鎖霜痕。杈枒常帶風雲勢，指點盤龍第幾村。

西山晴雪

羣山掉尾太行東，作臂神京氣象雄。半嶺寒光浮雪白，六街春色壓塵紅。仙人琪樹當空見，王母瑤臺入望中。此地清涼勝江左，石泉連竹翠巖通。

盧溝曉月

長橋北走跨桑乾，曉月明沙一據鞍。燈影送殘千里夢，鈴聲訴盡五更寒。虹梁蹋處梯雲上，玉鏡飛來撥霧看。到此征塵應撲盡，春明門下辨朝餐。

金臺夕照

黄金市駿築高臺，弔古登臨暮色開。樂毅二城虚霸業，昭王千古枉憐才。無邊落木樓頭下，不盡寒雲易水來。獨有酒徒還擊筑，歌呼燕市一傾杯。

同里陳子寬司馬同哲屬題重臺桂圖圖係令兄詠齋觀察所作，僧童心畫

天香吹下廣寒宫，及第花開第一叢。乾隆己丑，詠齋先生廷對第一，先有重臺桂之瑞。恰與吾家芝草瑞，並傳佳話遍吴中。雍正丙午，吾家香橼樹下産靈芝，明年先曾祖尚書公以第一人及第。鉏雲小築葑溪濱，共指君家説遠鄰。吾家鉏雲園花木頗盛。惜少童心留畫本，平泉草木記難真。

杏樓出守潯州假歸吴門戲作揚子秋帆圖以贈

兩點金焦在眼前，紅塵有夢落江天。一麾衣錦人爭羡，記否同舟廿七年。己卯春官試，杏樓同舟。

殘菊

盆菊栽來忽已殘，花容憔悴倚闌干。未堪詩酒娱清宴，賸有冰霜閱歲寒。孤負籬邊陶令賞，沈吟江畔楚人餐。燈前瘦影描難似，留與山齋話古歡。

松風閣詩鈔卷九　硯北集

古今體詩五十六首

芝軒相國有元旦詠菊詩奉和元韻丙午

秋菊經冬花未殘，欲同梅萼破春寒。皤皤黃髮潞公壽，落落金英楚客餐。賴有東風容爾傲，何能老圃徧人看。自從一別柴桑徑，四度窗前白玉盤。

題宋趙忠簡鼎忠正德文集

炎宋失汴京，倉皇出南渡。建業復臨安，車駕頻移駐。金兵渡河來，淮泗叛劉豫。中原暗烟塵，長江幾難據。趙公真宰相，胷中羅武庫。一言決親征，再駕勤鑾輅。遂定偏安局，中興延國祚。樞密兼平章，明良慶遭遇。君臣相得時，奚啻腹心布。未幾聽讒言，貶置潮陽路。復移吉陽軍，憤懣騎箕去。公在吉陽軍不食而死，臨終自書銘旌，云：『身騎箕尾歸天上，氣作山河壯本朝。』朝廷能任賢，所患在朝暮。斥公是何心，欲堅和議故。靦顔忘父仇，姦檜得阿附。南朝兩忠簡，一宗忠簡公澤。皆爲執政誤。豈惟岳忠武，三字寃難訴。騎驢湖上人，心知國有蠹。寥廓羨鴻飛，聊免弋人慕。自來治國家，端賴臣工助。其原在君心，忠佞皆無預。

白頭翁

斜日晶簾上玉鉤，梨花院落聽啁啾。羽儀莫似冰銜冷，世上三公重黑頭。

惜春鳥

嬌鳥枝頭弄巧聲，風吹紅雨滿春城。山中花果人爭摘，負爾殷勤絮語情。鳥聲曰莫摘花果。

反舌

啄木畫符能辟蠹，鳲鳩拂羽解催耕。笑他反舌渾無賴，學得如簧百種聲。

伯勞

桑林一鳥喚淒迷，招得殘魂車蓋栖。自古男兒憐後婦，伯勞休向阿耶啼。

天上何所有

天上何所有，桂樹生廣寒。托根雲霄際，千載枝葉完。吳剛爾何人，持斧來斫之。似聞丁丁聲，桂影終不虧。諒抱堅貞性，天公豈有私。豫章蔭十畝，謂當金石壽。木魅穴其心，摧折樵夫手。惜哉摧爲薪，不復見輪囷。若留枯槎根，還達斗牛津。

分詠盤中食物得紫菜

海苔誠有類，沙際疊如茵。帶日輝珊網，隨潮襯錦鱗。鮫綃紋共細，蟬翼割初勻。任爾瀛洲產，酸鹹世味均。

題唐六如畫南柯醉臥圖卽用自題原韻

杈枒古樹罩空庭，有客酣眠枕酒瓶。夢裏何人知是夢，醒來還恐未全醒。

盲騰一醉臥空庭，席有蓑衣枕有瓶。塵海功名心已斷，南柯不到不須醒。

附録　原作

偕曹艮甫比部楙堅校定亡友王井叔嗣雅堂遺詩刊成志感

平生詩友誰最親，井叔而外少其人。數年講貫共晨夕，所學微異同一源。我時挾策志干祿，雖慕風雅用力分。君獨專精攻六義，健筆欲掃千人軍。陸機作賦年二十，君如其年詩不羣。盛名籍籍滿吳下，曹艮甫吳清如朱酉生沈閏生潘功甫韋君繡倫。詩壇旗鼓各相敵，我亦執鞭趨後塵。南園草緑踏青至，敲碁飲酒笑語溫。有時冒雨君訪我，有時衝雪我詣君。裁詩刻燭忘寒暑，歸途烟月迷黄昏。春明我偕計吏去，君亦作客邗江濱。隻雁關山愁弔影，飄蓬原野悲無根。扁舟渡江歌將母，巫陽下召歸其魂。是時君年二十八，九月八日歲甲申。劉綱去後婦相繼，下無黄口家無田。七旬老母撫棺哭，行路聞之涕淚潸。嗚呼君才阨若此，令我搔首呼蒼天。風花瞥眼幾寒燠，我時方壯今華顛。蒐緝遺詩付鋟版，寸心欲向千秋傳。嗚呼君詩雖洵美，假年當更精且醇。若使君手自編定，琢磨鎔冶金玉堅。我今才薄難爲役，憑臆去取恐未安。商榷幸有君畏友艮甫，儻無餘憾銜黄泉。我詩當年乞君序，君詩今亦綴我文。我文猶未盡我意，更以韻語書其端。

送吳主事嘉淦典試蜀中

霏屑清詞下筆神，冰壺朗照絕纖塵。鳳池愧我推前輩，鸞掖如君有幾人。洗眼嵋山千歲雪，醉心錦水萬花春。杜陵芳躅草堂古，待把茱萸一問津。

蛙聲

不見水田處，空聞兩部喧。炎蒸忘北地，雨過憶南園。靜躁非關汝，官私總不煩。燈前欹枕聽，催夢到江邨。

讀葦間叔父遺詩盛稱梁家園風景清幽每攜客游覽時乾隆六十年前事也今遊其地已成穢區感而有作

我居此地已八年，不聞左右有林泉。前賢探幽每到此，招邀詩客停吟鞭。詩中盛稱壽佛寺，喬木蒼秀依梁園。小橋流水抱曲徑，清磬一聲心曠然。今來此地一憑眺，寺門古樹寒鴉噪。荊榛深處號穢區，佳客尋芳豈肯到。滄浪清濁孺子知，修士立身當鑒茲。剗削不逢柳子厚，何來愚谷更愚池。

若溪歿將一年其兄遣子迎柩南歸詩以哀之

憶我識王郎，藥階珥筆始。樞院復同曹，相隨廿年矣。食必與同饌，書必與共几。其外樸無文，其中瀊而理。詩才平子工，酒德伯倫美。黔陝再持衡，甄拔多佳士。清切依綸扉，名位方日起。何圖鵩鳥翔，遽兆賈生死。五十竟無兒，承祧還有待。長女吾子婦，其餘皆稚齒。哀哀撤瑟時，後事孰經紀。孤櫬託招提，忽忽星霜改。丹旐有人迎，兄弟子猶子。卜以季夏辰，艤舟歸故里。相送鳳城闉，死生別乃已。惻愴結衷腸，作詩當銘誄。何日西湖濱，奠君一杯水。

和艮甫見贈作奉酬

水犀魯縞不同科，援古方今竟若何。漫擬清風刪汰甚，須知三百已嫌多。原作有『比似清風客已多』之句，黃魯直自號清風客，手定詩三百八篇。

豪宕詩沿玉局風，西臺計日控花驄。蠻溪瘴嶺身都到，未許遊山讓謝公。艮甫遊滇、蜀、粵東，所著《曇雲閣詩集》，多遊覽山川，摹寫奇境之作。

詩境恢恢藉博聞，胷羅萬卷筆超羣。嘔心長爪囊中句，喟我難爲玄晏文。時余序井叔遺詩刊行。

三徑風流去不還，感蔣澹懷。奇才到死不曾豩。中年各抱黃壚感，君與澹懷友善，刊其遺詩行世。爲弔詩魂望故山。

余以泥金扇贈吉甫吉甫爲書史晨後碑仍以贈余賦謝

吳工製此聚頭扇，髹漆其骨金其面。攜來燕市拂清風，重之不啻如束絹。我持相贈非索書，君書報我情有餘。史晨饗碑漢筆法，點畫遒勁姿敷腴。君於分書久深造，十年前已窺堂奧。有鄰擇木不復生，墨卿伊君秉綬未谷桂君馥差同調。秦漢殘碑我舊藏，平生學篆隸未遑。臨摹到今始有志，老年筆力嗟頹唐。乃知習藝貴年少，小能綴文老更蒼。斑鬢不堪問新業，但溫舊學期無荒。

猛虎行

可飲田家瓦缶樽，不願瓊瑤無當卮。瓊瑤豈不貴，無當將何施？一解。飢食一升粟，聊用果吾腹。采芝服食可延年，木菌如芝中有毒。二解。肩負千金行百里，子來分任我心喜。誰知顛蹶草間死，子誠仕人兮惜非壯士。三解。南山烈烈，飄風怒號。虎豹鬬兮熊羆咆，懷賁育兮我心勞。四解。

夏日澄懷園訪何根雲太常桂清

仙山樓閣何岧嶢，玉皇案吏居逍遥。澄懷之園饒水木，芰荷香裏過虹橋。太常供奉南齋久，掞天才藻鄒枚手。閉門終日嗜揮毫，愛客連番替呼酒。求書索飲來盤桓，况有園林供静觀。嘉蔬乍剪瓊瑶圃，游鱗初落珊瑚竿。豈惟清談佳興劇，更因飽飫老饕歡。憶昔我居七峯墅，步屧君聯曲江侣。往余在園直，君每偕張小浦同年步行過訪。江東三載閲星霜，冀北幾人話風雨。小浦視學江蘇，今三年矣。卽今玉尺待君持，太史輶軒四出時。好趁新涼數相見，行看一别三秋期。

會稽宗滌樓農部稷辰於其鄉館建正氣閣祀越中先賢之忠烈者凡若干人有紀事詩見示奉酬

天目挺神秀，屹然南戒宗。磅礴聳會稽，屏翰諸州雄。地靈人物盛，理學開儒風。俗美質强毅，時危肯效忠。勝國當末造，倪施芳烈同。倪文正元璐、施忠介邦曜。周文忠，鳳翔劉忠端及祁忠惠余忠節，煌，碧血灑江東。後有張忠節焜芳，族沒洪濤中。實皆此邦彦，思建回天功。良由風化美，豈曰山川鍾。我朝勵臣節，表揚存大公。一字榮衮繡，千秋激愚蒙。風聲所鼓動，無私如化工。君今修祀事，肸蠁幽冥通。扶持在名教，非獨桑梓恭。我吴周忠介，至今祠宇崇。生民有懿好，不殊五尺童。况集青雲彦，遥寄尚友衷。秋雯開傑閣，焚香薦晚菘。恍見諸英魄，乘雲下蒼穹。

螢火示祖賢祖彝

銀蟾韜素輝，繁星炳光曜。蚖膏已成燼，螢火虛庭照。斤斤雖小明，猶勝幽室誚。不然終夜求，何能辨奧窔。觀物可悟人，破愚在受教。莫輕一得知，才識因之劭。

獨漉篇

獨漉水中泥，水深沒我足。沒足何傷兮，我行郤曲。一解。孟施非必勝，北宮不目逃。屈伸從所尚，二子皆人豪。二解。勇者招尤兮，懦者受侮。我思古人兮，柔亦不茹，剛亦不吐。三解。犬嗥於室，叱之則逸。從而抶之，乃奔乃齕。四解。鬼嘯於梁，聽之無傷。從而祝之，乃立於堂。五解。我覯之子，玉佩瓊琚。芻蕘可獻，舉此一隅。六解。

采芝行贈義烏朱介泉翁標

義陽朱翁年七十，白鬚未半朱顏酡。平生導引資服食，肯令歲月空蹉跎。早歲滇池依花縣，點蒼山麓庭幃戀。歸到吳門作寓公，春花秋月幾回換。壯士腰間繡寶刀，尚餘肝膽向人豪。身行萬里惜馬足，心輕一第如鴻毛。不愁結客黄金盡，祇恐求仙青鬢凋。賃廡梁鴻忽已老，浮家范蠡曾見招。逃名未掃行雲迹，諸侯爭聘虛前席。聞道淮南桂樹秋，囊書仍作天涯客。青山如畫送扁舟，鶴市人歸謝遠遊。從此采芝尋四皓，白雲天際共悠悠。

秋夜懷介堂

長安今夜月，應共故鄉明。歷歷征鴻影，蕭蕭落木聲。山中謝逋客，天上識君平。千里滄江路，臨風無限情。

題艮甫曇雲閣詩集

下筆挾奇氣，颯然風雨來。山川滿眼底，弔古心悠哉。落落辭芸館，遲遲到柏臺。陰何去千載，與我撥殘灰。

招振山弟蘊策應京兆試不果寄懷一首

坐對秋風感髩毛，半生辛苦嘆吾曹。鹿城細雨連雙屐，甓社驚波共一舠。辛卯秋偕余南下，舟行高寶湖，極風波之險。二頃未荒嗟穀賤，十年不見使心勞。挂帆仍向白門去，日暮金臺燕雀高。

孤雲篇寄懷袁韻亭師寶樹

孤雲曳晴空，文采一何綺。飄搖離巖岫，清影照潭水。淵明對此感貧士，我對孤雲思我袁夫子。單寒其族誰堪依，行年四十三喪妻，筆耕而食子女嘗啼飢。或居葑溪之陋巷，或居齊女門前荒涼寂寞無人蹊。阨窮而不憫，勁節淩清秋。書如文待詔，詩似高青丘。芒鞋布襪山間遊，推敲一字郊島心肝摎。秀才挾策三十載，博士一官不可求。袁夫子，問年六十六，未脱齒牙未眵目。幽蘭獨秀在空谷，喬松耐寒姿沃沃。別來坐嘆光陰速，何時相遇湖山曲。山高水長秋氣清，我詩蒼涼激楚聲。孤雲天半爲我停，浮空藹藹若有情。雲兮莫逐飄風散，待我支硎鄧尉百尺蒼厓畔。

檢閲亡友沈師竹茂才林所臨甎塔銘志感

瘦沈吾同塾，躬耕在硯田。挑鐙共遥夜，撤瑟感青年。書本率更摹，銘因敬客傳。春風吹葑水，墓草又芊芊。

拂蠅

蒼蠅雖可憎，不點玉壺冰。奈何紛啖食，滿几列羶腥。此地多可欲，安能避營營。呼僮拂蠅去，旋復薨薨聲。悟斯由自召，澹泊衆忘情。一朝虚其室，但覺清風生。蠅來不須拂，何況本無蠅。

燒蝨

炎天豹腳蝨，黑暗吮人血。勢衆不可揮，火攻堪翦滅。或言蝨害小，非比蛇與蠍。胡不相寬容，至煩一炬烈。豈知幺麽族，災乃肌膚切。未聞縱姦民，而云不嗜殺。今宵斗帳清，解衣但捫蝨。無力驅豺狼，聊此懲饕飧。

秋暑用轆轤體

暑威如酷吏，一去民氣蘇。奈何行復止，不使清風噓。葛衣晨更著，蒲簟夕仍鋪。知有甘霖到，雷聲鼓太虛。

詠金錢花

黄花朵朵樣如錢，野菊籬邊共鬬妍。雙陸輸餘梁掾借，五銖夢裏鄭公傳。貧家種此愁無地，廉吏看時信有天。聞道玉山金粟滿，抛殘萬斛到霜前。

題唐六如畫桃花源圖

世間豈有桃花源，誰從物外起田園。淵明遭亂思避世，造此奇境爲寓言。右丞題詩最清絕，六如作畫今無匹。春水瀰瀰紅艇移，春雲靄靄青峯出。桃花萬樹夾江津，咫尺仙源隔俗塵。張果自言生堯世，太元何必無秦人。六如家住桃花塢，埋骨花間覆香土。至今拱木亂鴉啼，闔閭城畔吹紅雨。

有木十六章

有木以聖名，食之令人智。醴泉沃其根，丹砂布其地。曠世偶挺生，蔚作神州瑞。姬墓産靈蓍，孔庭植古檜。此木共千秋，淳風開八會。

有木名風聲，傳自東方朔。昔在縉雲時，蓊鬱生阿閣。或如琴瑟響，或如金革作。聲音別文武，休咎占榮落。恍與格人遊，不待元龜灼。

有木名爲桑，其實堪療飢。葉肥飼春蠶，吐成機上絲。上者爲黼黻，下者作裳衣。其功在萬世，直與五穀齊。東夷貢吉貝，西戎獻織皮。何如素絲美，藻火虞廷施。

有木以貞名，亦號冬青樹。凌寒葉不凋，巖壑飽霜露。開徧青白花，纍纍子無數。實秉少陰精，如士守寒素。保兹介石心，落落歲云暮。桃李倚東風，只爲繁華誤。

有木名射干，寸莖茁鷲嶺。甘露流其根，丹霞染其頂。良由所處高，何曾百尺挺。君子貴自立，失足常自警。就士慎交遊，擇鄰爭處境。三復孫卿言，令人發猛省。

有木名松柏，天生棟梁材。任土曾作貢，夏殷並樹之。茯苓結蟠根，鸞鳳棲高枝。獨抱堅貞性，詎憂斧斤施。幸勿摧爲薪，終當露瑰奇。

有木名梧桐，龍門聳百尺。特立山崖中，秉性自孤直。伯牙裁爲琴，鏗鏘和金石。中天奏《簫韶》，雲間翔鳳翮。惜哉先秋凋，未堪雪霜積。賈生豈無才，顔淵終有德。樗栲永其年，令人長太息。

有木名如何，其實形如棗。食之得地仙，三光同不老。我懷命名意，憂心何懆懆。初筮未堪從，三思以爲寶。鹵莽實多愆，從容乃中道。不曰如之何，聖賢亦難保。

有木名無憂，初植纔盈把。俄見質輪囷，枝葉蔽九野。合歡芘其根，萱草榮其下。欲呼岐山聖，移種酆京社。奈何石頭城，自比無憂者。三閣逞荒淫，六宮傷風雅。不見《關雎》詩，寤寐憂心寫。

有木名楊柳，嬝娜風烟中。栽傍靈和殿，眠起多丰容。攀條贈行客，縷縷芳情濃。柔姿弄春靄，弱質零秋風。取材成桮棬，不堪大匠逢。槎枒水濱臥，蟻穴中心空。

有木名爲桂，味辛長百藥。宗生皋塗山，霜天葉不落。雜樹不得參，何況穀木惡。滿山播芳烈，二氣無舛錯。將才比孫吳，相業似伊霍。猛力甦沈疴，匡時有勇畧。

有木以强名，方寸繫巨石。縋之入海中，浮如挂帆席。堪逐鵾鵬遊，不患鮫龍得。我聞弱水頭，愁煞乘槎客。有舟强若此，何殊翅生腋。我欲攜斧斤，採之傲松柏。

有木以檀名，古稱爲善木。其質重而堅，取材中車輻。別種制良弓，九合緄縢束。眷言武備修，樹此十年足。檏樕非真材，相似亦可蓄。作歌告山虞，佇立望空谷。

有木名無患，密葉相對生。作器能辟惡，焚之香氣清。神巫裁作棒，殺鬼驅六丁。鍾馗能啖鬼，其神久不靈。揶揄敢作祟，嘯梁多怪聲。人烟滿城邑，忽見燐火青。我欲祓不祥，持棒中宵行。

有木名返魂，香聞數百里。玉釜煮其根，金丹未堪擬。死者得復生，生者長不死。邪術始黃巾，流傳殊未已。殺人亦無數，蒿目觀前史。安得返魂香，千秋拯赤子。

有木以模名，四時色皆正。惟生周公冢，不與凡木競。有楷植孔林，千秋枝葉盛。製杖扶顛危，內含金石性。榮哉此二木，托根依古聖。貝多來西域，如樂分雅鄭。

邨塾

大寒雞嘑早，家貧兒子好。所見無異物，鉏犂及灑掃。日出抱書來，出塾送歸鳥。問童何所求，文字粗通曉。禮義可守身，力耕以終老。誰家紈袴子，聰明矜少小。嗜欲紛相攻，廉隅不可保。蹉跎久無成，門戶嗟潦倒。

瘦馬

日暮宿荒驛，瘦馬嚙殘芻。峻嶒支病骨，力弱不勝車。比年海波清，官程無羽書。驛卒縱侵尅，棧豆幾無餘。哀鳴羈櫪下，俯首行長塗。躑躅郵亭路，馬質何嘗駑。

病鶴

庭中有白鶴，毛羽何蕭索。顧影臨清池，徐步依叢薄。鎩翮已多年，無心慕寥廓。雖云難奮飛，幸此免繒繳。婆娑蒼苔徑，風月滿丘壑。仙骨願長生，惜少淮南藥。

再題嗣雅堂詩鈔

商畧新詩到幾篇，寢門慟哭菊花前。井叔以重九前一日卒。名山事業堪千古，文字因緣盡十年。齊物原知生有數，多才畢竟損其天。歸鴻夢斷江湖影，廿四虹橋起暮烟。井叔時從揚州遊幕歸。

漢鏡歌

此鏡購之二十有四年，長安市上幾貫青銅錢。其文二十有八字，分書宛轉鏡背鐫。良工刻畫致精巧，東京筆法神氣全。方之古碑有如益州刺史北海相，鸞軒鶴翥妙入秋毫顛。又如巴里坤勒裴岑紀功石，磨崖巉絶筆勢凌雲烟。蠶絲一縷横空盤，六鈞之弩人傳觀。環以海馬葡萄紋，精光黯黯輕且堅。有時可使卓爾立，車輪轆轆几上旋。平時韞匵等美玉，偶然出匣碧盞青燈前。我聞照膽照心經百鍊，奈此模糊不堪照人面。寶貴徒因時代遥，古人白髮對蕭蕭。流落千秋塵不漸，當筵猶足爲君豪。嗟哉玩物先儒戒，嗜古亦是三生債。金石紛紛考訂家，各書所見何能備。琱戈象尊不可逢，摩抄古物心忡忡。

松風閣詩鈔卷十　乘軺集

古今體詩六十一首

丙午八月視學閩省留别同鄉諸友

抽毫樞院幾星霜，纔得拚閒話故鄉。甲辰、乙巳俱偕諸同人爲消寒之集。仙嶠壯遊情自快，清樽别意與之長。有人試院扃門緊，不見秋山策馬忙。一山、心畬皆在秋闈，未及話别。今夕夢隨南雁去，滄浪亭畔柳條黄。

良鄉行館贈周晴溪明府昕

相逢曾記落花天，己卯春官試，始與晴溪相遇京師。客館青燈别幾年。雉堞參差臨屋背，雁聲嘹唳到霜前。初停車馬勞人慰，喜聽絃歌邑宰賢。我趁秋風渡揚子，家書爲向惠山傳。君家無錫。

涿州曉發

曉來山氣清，初日照高城。旅客關河思，田家刈穫情。寒林飛鳥散，霜徑隻驢行。獨鹿西峯景，蒼蒼馬首迎。

新城即景

風勁日將暮，田家猶未休。秋禾知已穫，扶犁行隴頭。稚子村中來，驅歸三兩牛。及時當種麥，遲恐霜雪稠。我行未即次，悵望前路修。長天雲欲暝，宿鳥平林投。

白溝河道中

陸行見帆影，南客心悠哉。我欲渡河去，深秋鴻雁來。乘楂淩海國，弭棹倚江隈。此日燕南道，紅塵馬首開。

行至德州祖芬自武城來迎詩以勖之

佐邑絃歌地，所司汝念哉。環濠三里近，轉漕萬檣來。孔道難爲役，卑官易見才。餘風文學尚，懷古仰澹臺。

長清行館望崮山

崮山聳當戶，攢石千百拳。石罅無雜樹，青松繞山巔。特立勢磊落，槎枒根鬱盤。山行得奇境，坐令眼界寬。來程已偪仄，去路復巑岏。眷念乘車客，轉側不得安。行役信勞苦，況茲風日寒。山僧茅菴在，鳴鐘方午餐。

行至齊河陳慈圃廉使慶偕前來話別越日至泰安卻柬

九皋一鶴振清聲，早識三霄聽更明。世上廉泉能有幾，山中芳杜不忘情。秋宵翦燭郵亭話，曉露沾衣從騎行。今日馬頭瞻岱岳，頻年嵐翠映雙旌。君三至岱。

初八日至泰安法敬堂太守豐阿姜玉溪明府宮綬訂次日爲登高之敘詩以卻之

岱岳當前正重九，殷勤地主約登高。攜筇豈不風流慕，駐馬其如供億勞。日觀記曾攀葛上，海天敢詡泛槎豪。雞鳴長揖郵亭下，落帽風寒首重搔。

泰安懷胡實甫歸德

憶昔同登岱岳巔，籃輿縹緲入雲烟。庚辰應春官試，偕實甫遊岱。高巖二月飛殘雪，幽澗千尋響碧泉。攜客尋山虛此日，呼兒策馬話當年。時六兒來高隨侍同行。宋州太守今春別，寄與新詩應黯然。

重九日由泰安至新泰度嶺作

重陽無雨亦無風，百里經行赤日中。滿地流泉人迹少，摩天高嶺馬蹄通。孤村大樹秋還緑，峭壁斜暉晚更紅。屈指陸程今過半，鄉心遥寄菊花叢。

由新泰至嶶陽遇雨

秋陰漠漠羃山莊，澗水聲中夢亦涼。片石橋攲徒涉穩，隻輪車重手推忙。飄來細雨微塵淨，行過清溪晚芰香。隱約人家烟樹裏，僕夫遥指是嶶陽。

蒙陰攝令朱子湘源來謁知爲故友月帆明府瀾之弟詩以志感

蒙陰道上雨絲絲，傾蓋相逢慰我思。三十年間懷故友，二千里外結新知。西泠宿草元方杳，東國分符季重遲。喜見棣華還競秀，令兄瀚二泉任江蘇令。盼君名上御屏時。

十二日宿青駝寺

落日青駝寺，征鞍喜暫停。嫩寒凋樹綠，微雪破山青。凜冽秋將盡，崎嶇路已經。來朝渡沂水，照見髮星星。

由郯城至峒峿

已入江南境，秋深氣候和。晴波流碧藻，宿雨洗青螺。村樹初收柹，田家早刈禾。行行鄉思切，歸計感蹉跎。

桃源雨中

秋雨桃源路，濃陰掃不開。白沙雙鷺立，紅樹一村來。車繞清溪曲，人喧午夢回。馬嘶泥滑滑，驛路破蒼苔。

桃源旅次晤芝孫叔

久作淮南客，相逢鬢點霜。家山千里遠，愁緒百端長。歸計同難卜，生涯各一方。且乘官舫去，騎鶴問仙鄉。同至揚州。

清河舟次晤霽峯兄

垂老思鄉切，中途喜見兄。依人終下策，有子望成名。綠酒殷勤酌，蒼顏歲月更。他鄉逢舊雨，適館記彭城。

清江贈顔敘五觀察以燠

金聲劍氣與軒昂，西塞從戎著裲襠。五鳳樓頭同橐筆，七峯墅裏記聯牀。敘五與余同值内閣，後又共在樞廷二年。朝來淮北西風緊，秋盡江南水驛長。彈指六年光景换，離情又綰柳條黄。

清江舟次知鳳高姪秋闈中式詩以志喜

少小能詩長更才，秋風剛賦《鹿鳴》來。漫誇王謝門材盛，須念高曾世德培。紫燕嘶風辭苜蓿，青鸞拂羽向蓬萊。淮南落木家千里，喜見賢書倦眼開。

露筋祠

古廟荒烟合，門臨萬頃波。依人慚魯婦，抱父憶曹娥。庭際榮貞木，牆頭暗女蘿。我來秋浪闊，不見滿池荷。

揚州謁芸臺相國

父執今誰在，山中老相臣。賢書周甲子，仙籙守庚申。寂寞黄扉迹，從容白社身。頻年違杖履，一笑又江濱。

渡江懷三兒祖芬武城

十四年前渡揚子，乘風與汝共江船。兒童驚見波濤闊，弟妹方同枕席眠。驛路星霜催我老，巨川舟楫讓人賢。天涯回首離愁結，北固秋高起暮烟。

鎮江舟次外孫汪兆圻隨其父曜炳甥來迎詩以志喜

憶我辭家日，謂甥誠可妻。燕婉曾幾時，生兒年十四。謂當迎外祖，隨父扁舟至。生小性聰明，言能讀《禮記》。汝母爲我女，祖母爲我妹。傳語各平安，從容可人意。我久宦京華，日月感逾邁。昔入少年場，今看推老輩。客囊無長物，贈以容刀佩。别我隨父歸，倚閭母心慰。

鎮江府學謁蔣塵緣師景曾不遇

渡江趨絳帳，問字溯前遊。岸柳餘青眼，汀蘆感白頭。應門惟五尺，返轡待三秋。來日胥江上，還乘訪戴舟。

自渡江日遇順風連日皆東風舟行甚遲

天假半帆風，送余揚子東。已爲江左客，計日故鄉中。

喜見來帆順，遲行我亦安。東南風力緩，終勝住江干。憶壬辰北行，江口守風三日。

常州贈桂星垣太守文耀

校射憶同堂，西風點筆忙。癸卯十月，余充順天武鄉試校射，星垣時爲監試御史。每嗔金勒緩，還喜角弓强。

贈策憐君別，分符莅我鄉。江南來話舊，相問有賢王。是科，肅親王爲監射，今年相見園廷，猶殷殷以星垣爲念。

奔牛鎮喜仲弟至

去家百餘里，絡繹故人來。蒼老驚吾弟，空山歲月催。著書生眼纈，譜曲鬭心裁。把酒滄江上，紅塵首重回。

西山祭先塋

鮓溪門外片帆開，子弟相從祭墓來。一別家山幾寒暑，重尋舊徑長莓苔。已虛捧檄毛生願，多愧題橋司馬才。手植松楸濃蔭滿，九天雨露受滋培。時先嚴初受二品贈。

還家與諸弟山房夜飲

別時送我到江干，乘傳歸來共一餐。籬畔短松纔出屋，塾中童子已高冠。相逢故里情何限，信宿山齋夢亦安。此去篷窗看畫景，霜楓早染滿林丹。

杭州夜飲吳殅舫學使鍾駿齋中

好風吹我到臨安，落木蕭蕭水驛寒。短棹頻年遊屐斷，高齋今夕故人歡。荔枝風味談猶快，君曾視學閩省。蒓菜鄉心願暫完。重過吳門懷大阮，故山香雪有誰看。昔侍棣華令叔於問梅詩社，今過吳門，愴焉有感。

子陵釣臺

巖巖磐石枕江邊，想見披裘坐釣年。高節能忘天子貴，盛名還賴故人傳。三篙碧漲濃春釀，兩岸青山送客船。到此紅塵消欲盡，淮陰回首渺雲烟。

過烏石灘

兩山束如門，中流一灘水。水面浪層層，水中石齒齒。下止數尺深，懼石齧船底。篙師并力撐，雜遝喧聲起。逆流遇順風，拮据還若此。倘逢石尤阻，日暮泊中沚。搖櫓羨來船，輕如杭一葦。

江山船竹枝詞八首

鳳山門外水連天，好趁東風早放船。幾日身行圖畫裏，篷窗一枕小遊仙。

霜晨水色碧於油，想見春深鴨綠浮。兩岸青山圍畫舫，富陽城郭水西頭。

嚴陵臺下白魚肥，桐子山頭桑葉稀。一陣寒雲飄細雨，舟人齊著紫棱衣。

邪許篙師度急灘，一川碎石水漫漫。水清見底深三尺，不怕風波只怕乾。

石塘洪底石磐陀，未許輕舟月下過。行到蘭溪船便穩，樓臺十里映晴波。

霜葉山頭漸染丹，西風一夜送新寒。渚花汀草多情甚，留與篷窗醉客看。

鷺鷥灘畔水粼粼，行客看山過富春。聞說龍遊溪更窄，蓬萊清淺幾千春。

曈曨放棹浪潺潺，落日停舟水一灣。共說江山名自古，行行卻不到江山。至江山縣，須換小舟而入。

夜泊羅埠不寐枕上口占

冬暖北風至，打窗寒雨聲。急湍舟不定，孤客夢常驚。歲晚添愁思，天涯問遠程。聞雞中夜起，回首憶春明。

遠行篇

山行偏涉水，肩輿彳亍深澗裏。水行若登山，篙師叫號上石灘。行四千里匝兩月，一身常在山水窟。山水糾紛眉欲攢，黄塵翻使羨長安。揚鞭九陌平如砥，不識人間行路難。

龍游曉發

船到龍游水漸平，曉風吹送一帆輕。蒼茫烟樹人家遠，漁浦天寒聞雁聲。

遇蔡劬菴太史念慈典試福建回京託寄家書

伯勞東去燕西飛，相遇江干舊釣磯。劬菴，浙人。君過蘇州應暫泊，家書聊與附鴻翬。

湖鎮卽景

日暮桐江路，清波鏡一奩。危橋還有石，古塔欲無尖。灘過風初定，帆收雨乍霑。篷窗開四面，殘月照纖纖。

舟中晚眺與喬仙姪孚甲聯句

斜日川塗暝，詠莪。扁舟渡口歸。遠山雲絮擁，喬仙。急水雪花飛。江靜魚鱗躍，詠莪。村寒木葉稀。喬仙。萬松蒼翠裏，燈火透林霏。詠莪。

將至衢州作

浮江艇子一鴻毛，行過龍游水漸高。山色乍添終夜雨，灘聲如吼萬松濤。崎嶇慣歷渾忘倦，汗漫初游欲告勞。閩嶠雲深容我住，仙霞嶺畔謫仙遭。聞李鐵梅閣學在浦城相待。

由西安渡江至江山縣

陸行無百里，喚渡又乘船。日色雲陰駮，溪聲石罅穿。轉輪看水碓，種麥墾山田。報賽豐年景，迎神到嶺邊。

度窑嶺作

鷲嶺盤紆客乍登，三峯南去路如繩。江郎有三峯，名三片石。冬山蒼翠渾疑夏，溪水潺湲不見冰。蘿壁穿雲開絶境，稻畦因澗築連塍。斜陽欲墮天逾暖，嵐氣濛濛帶霧蒸。

度仙霞嶺禱於山巔神廟

千盤石磴擁高樓，覽勝應躋最上頭。閩越山川秦絶塞，松篁古廟漢亭侯。三年考校祈神鑒，九郡文章給我求。聞道先儒崇理學，願偕多士勵前修。

楓嶺

夜寒風急曉霜輕，薄霧霏霏鷲嶺横。染出楓林丹萬樹，越山幽秀勝天平。吳中天平山楓葉最佳。門前烏柏野人家，誤認寒梅竹外斜。鄧尉風光千里夢，劇憐舊侶獨看花。謂琴涵觀察。

曉發石陂驛

侵曉石陂路，風聲木葉乾。白雲停一塢，紅日隱三竿。樵唱聞山徑，漁歌下急湍。板橋人迹少，霜重怯新寒。南方氣暖，時將冬至，始見濃霜。

馬嵐卽景

落葉已如許，泉聲還滿山。化機原不息，天道若循環。幽境畫難肖，勞人心亦閒。古碑應可讀，下馬剔苔斑。

建陽懷古

建溪古驛暮烟橫，岡嶺迴環碧繞城。欲向考亭尋故址，偶來閩嶠發幽情。社倉良法思前哲，試院遺風迪後生。聞說景賢文學盛，要將月旦示公評。縣有景賢書院，朱子裔孫多肄業焉。余因行程悤促，留題觀風。

建溪行館遇大霧行至南嶺作

朝來寒霧重，忽失窗中山。行行三十里，始見扶桑暾。石徑芒屨滑，僕夫走逡巡。日暮逾南嶺，楓葉隨鴉翻。冬序已將半，南方氣猶溫。狐裘虛在篋，魯酒不待醇。念此征途遠，舟車歷艱辛。雲衢何寥廓，越鳥求其羣。行盡斗牛野，回看析木津。

北津道中觀舟行

日高霧氣散，水上烟濛濛。白雲蔽青山，隱約三兩峯。溪流時激壯，清響攙松風。扁舟下灘去，屈曲如游龍。捩柁避危石，瞬息山千重。嗟彼上水船，咿嗄各西東。日行數十里，泊舟當下春。憶余桐江路，淹滯感萍蹤。陸行今十日，臨流對征篷。勞生事行役，翹首羨飛鴻。

水碓

轉如轆轤捷，機如桔橰巧。旋運借天功，人力所施少。飛瀑下危灘，臨流茅屋小。屋中機械藏，舂穀家家飽。一夫抵萬牛，利用誠可寶。何物堪同功，火井思蜀道。

水口舟次

山行無路復乘舟，獨客篷窗景最幽。落日千家燈影亂，平江一枕櫓聲柔。憶從跨馬辭京國，喜見抽帆到海陬。三斗紅塵今撲盡，秋光已逐水東流。

洪山橋

江程盡處鎖虹橋，地接榕城十里遥。船似蜻蜓飛款款，人如鴻雁路迢迢。羣山黛色迷寒霧，大海琴聲雜暮潮。早識此邦文物盛，漫抛鉛槧負乘軺。

松風閣詩鈔卷十一　問心集　古今體詩九十三首

問心堂課士口占丙午

乘傳居然到海濱，三年校士始今辰。潞河春雨懷前度，甲辰春，至通州試順天二十二州縣童生。閩嶠秋風感夙因。先伯父少司寇公曾典試閩中。傳世文章千古事，及時桃李一番新。敢誇老眼明如鏡，慣作門前鵠立人。

登浮青閣

朝來高閣一憑欄，城市居然眼界寬。門外潮聲喧萬弩，簾前山翠擁千盤。人如賓雁憐孤影，天似秋陰送薄寒。卻喜移家雲水窟，舟車歷盡夢魂安。

題劉玉坡制府韻珂自立圖公撫浙時作

盤錯保危城，窮黎萬戶復得生。精誠感海若，驚濤一夜皆歸壑。問公致治何由神？己欲立兮兼立人。昔公撫浙爲眾母，去思之碑在人口。禦災捍患獨立而不懼，排雲披腹擎天手。歲月兮駸駸，白髮兮相侵。展畫圖於閩嶠，想見錢塘江畔焚香清。夜悄乎憂深，豈有青衫朱履飄飄焉，如漫叟之入山林。蓋可繪者巖巖之貌，而不可繪者蹇蹇之心。

歲云暮矣喜黃生至

喜拂征衣送臘前，爲言風雪滿山川。昔從王粲登樓賦，兩如曾應王菱堂學使之聘，襄校順天。今共袁安對榻眠。與袁宗山同居小嶙峋館。峻阪馬蹄何蹀躞，舊巢燕羽自蹁躚。南方冬日梅花發，漫詠金臺《炙硯》篇。

甲辰冬，與沈棟泉、錢警齋詠《炙硯》、《呵筆》等詩。

題江弢叔湜立馬雪中看嶽色圖

嶽色撐空碧落高，衝寒何處醉葡萄。凍雲深壑泉聲澀，禿樹歸鴉雪意豪。詩骨崚嶒鏖白戰，名場蹀躞戀青袍。殘冬又作三山客，欲向滄洲釣六鼇。

登三百三十三士亭望城外諸山亭在署中，爲大興朱竺君學使建。亭前環立三百三十三石，皆其所得士購而持贈，並各鐫其名焉

空亭突兀帶斜陽，瘦石嶙峋碧繞廊。環列兒孫皆下拜，不知誰是丈人行。
廿四龍鱗般若臺，千秋未盡沒蒿萊。空懷筆虎增惆悵，何日巖前剔紫苔。
華巖秀色冠三山，只有風雲自往還。三十六奇探不得，蜃樓咫尺幾人攀。
聞道城東有鼓山，城中遙望好烟鬟。高僧刺血書經卷，喝水巖前晝閉關。

送鄭夢白中丞祖琛赴粵西任四首丁未

相逢曾幾日，彈指卽天涯。甘荔未成實，幽蘭初試花。我行先作別，君住本無家。極目灕江路，飛飛雁影斜。
苕溪好風土，山水藹清暉。毓秀人文盛，匡時傑士稀。先生敦古義，獨出赴重圍。嘆息曹江畔，蕭條遊子衣。寧波告警，時公告養在籍，慨然赴軍中籌畫守禦。
越石同袍久，玉坡制府在浙時，卽與公共事。彭宣贈紵新。行行一揮手，寂寂各傷神。桂樹好留蔭，柳條

方弄春。甌閩山萬疊，還望馬蹄塵。風流承夾漈，鸞鳳嘆無儔。獨種菩提樹，同移般若舟。公著《戒鬬說》，又與潘功甫舍人同撰《勸濟溺文》刊本，屬余於按試時散給生童。畫圖披谷口，公有《小谷口畫圖》六十幅。旌旆代南州。與徐松龕中丞對調。莫惜關山遠，郵筒好唱酬。

題楊雪椒光禄慶琛松陰飼鶴圖

名山無雜木，百尺老龍鱗。瘦影翔孤鶴，高齋伴主人。芝田如可種，秫圃未全貧。策杖烟霞裏，梅花耀古春。

潘功甫舍人屬題武夷九曲圖雜書八絕卽以寄懷

先生示我《九曲圖》，來尋漁仲山之隅。舍人屬余攜至閩中，并乞鄭夢白中丞題。斯人已向桂林去，行過武夷看不殊。夢白移節粵西，路過武夷。

考亭講院荒烟中，一語維持賴鄭公。建陽考亭書院將廢，予言於夢白，延廣文主講。我過建溪欲相訪，獨愁此意無人同。夢白本欲振興考亭，今惜已調撫粵西。

人溺誰能如己溺，菩提種子世間稀。功甫因閩浙多溺女，特著《勸濟溺說》，屬余攜入閩中勸導。夢白又綴一文，余加一示，同付刊本，攜至按試各郡，散給士子。香醪萬斛醍醐潤，獨飲其如酒力微。

黃塵紫陌感華顛，來訪名山有夙緣。記否白門同策蹇，少年意氣渺雲烟。功甫與余同試白門，騎驢入太平門，各振策爭先，迄今已三十二年前事矣。

無田不退笑東坡，仲蔚蒿廬竟若何。天際閒雲爭出岫，人間幾見雨滂沱。

未有名山藏著作，何能竹帛紀功名。紛紛擾擾知何意，孤負清鐘午夜聲。

偶因拜墓入家山，歷歷當年路往還。去冬余道出家園，入山掃墓五日。訪到山僧多物化，空留茅屋在人間。

秋蜩不食須脫蛻，春蠶欲眠待吐絲。楊柳未黃桑未落，絲成蛻盡定何時。

仲弟從余至閩仲春試延平竣事卽由建寧歸里送別二首

雁羽分飛十四年，暫遊閩嶠對牀眠。吾生最寡唯兄弟，客裏相依到海天。遙遡家風思述者，每論往事各淒然。依依楊柳勞人感，博得名山記一篇。

鬢齡孤露並堪憐，弱蔓成陰自有天。門祚未衰吾獨幸，父書能讀汝唯賢。別來梧院容顏老，舊居碧梧廬。偶到榕城去住便。白髮蕭疎情尚壯，慣攜琴劍度山川。

建郡試院作

閩山萬疊削芙蓉，覽勝來登第一峯。三月韶光開試院，千秋理學仰儒宗。郡爲朱子講學處。松筠晚歲姿還秀，甌邑馮正炳六十遊庠。喬梓聯柯蔭更濃。張逢年及其子冠英同登。今日簪花傳韻事，長安陌上盼相逢。

得仲弟書知已度仙霞嶺

別我山千疊，飄然歸故鄉。早梅曾共賞，甘荔未同嘗。度嶺日將暮，遊湖春正長。光陰一彈指，去去臥漁莊。

建寧贈陳雲門總鎮述祖

曾向吳門作寓公，相逢兩度建溪東。當年海角馳戎馬，君曾任定海鎮。此日山堂射畫熊。儒將風流清望重，勳臣閥閱賜階崇。與君閒話蘇臺景，柳色金閶在眼中。

鵝洋口占

日高曉霧未全收，茅屋巖前景最幽。正月桃花紅滿樹，人間自有越春秋。

建溪水閣卽次和兩如延平登大觀樓韻

閩山三月天多雨，門外時聞吠蛤聲。人靜始知湍水急，霧收纔覺遠峯明。春禽嚦嚦如迎客，嘉樹葱葱半繞城。行過虹橋灘漸穩，白沙深處一舟横。

由麻沙至邵武書所見

清谿深處有人家，結伴攜筐去采茶。行過長橋都不見，滿山開遍刺桐花。
大麥已收秧已插，農家暫得幾時閒。稻田十日苦無雨，水碓吸泉灌一山。
榕樹蟠拏蔭一村，枝垂到地又成根。包羅山石渾無數，松柏孤高莫共論。

初夏邵武試院作

不須登眺有高樓，靜坐軒窗景倍幽。亞字闌干人倚處，一庭細雨似蘇州。酴醿如雪柳如絲，已及長安芍藥時。秋盡冬來花不斷，東君無令定花期。

觀瀑

山行逢雨後，竟日聽流泉。激石雷聲壯，懸崖雪色鮮。歸墟終到海，潤物本從天。倘使歌雲漢，何能及我田。

將至汀州宿石牛塘行館作

烟巒疊疊路迢迢，雨後春泉走怒潮。一穴如臍山頂墓，連甍似翼澗中橋。道旁人語煩重譯，屋後禽聲徹永宵。好趁新晴度溪去，穿林未惜馬蹄遙。

盤蛇逕曲澗聲長，行過前岡繞後岡。雲擁千鬟新雨到，風來四面野花香。引泉別嶺看連竹，眠犢前村罷插秧。未及黃梅先溽暑，亭亭荷蓋滿芳塘。

汀州試院玉衡堂獨坐口占

虛堂延佇久，幽景畫難如。雨後看山近，風前覺樹疎。屐聲聞斷續，吟韻出紆徐。童冠春風裏，何人會起予。

汀州玉衡堂雨中看山作

白雲滃然起，忽失牆頭山。微風吹細雨，濛濛天地間。潤物固可喜，恆雨亦爲愆。剛柔得中道，造化始無偏。堂前俊髦士，如木待澤然。誘之以古訓，恂恂樂我寬。豈無稂與莠，尚煩鉏且刪。雨止日光烈，山色連青天。

龍巖道中

峯轉人烟密，彎環路欲迷。梯田横樹杪，水碓傍花蹊。榕老一村庇，山深百鳥啼。肩輿行得得，坐看夕陽西。

歷試各郡新進弟子員多以其母苦節請褒者感而有作

先儒垂禮教，遺澤到于今。閩爲宋大儒講學之地。問俗乘驄馬，褒賢重士林。孤兒數行淚，慈母卅年心。動我蒿莪感，空懷陟屺吟。先慈棄世九年，余始遊庠。

汀州校射屢過蒼玉洞未及題詩行至龍巖勝于蒼玉洞者不少徘徊奇景爰記一章柬汀州太守李竹朋同年佐賢

汀州蒼玉洞，石笏撐青天。峆岈勢空曠，樓閣森其間。老樹臥洞口，下臨急水湍。湍中多白石，突起爲層巒。造化毓靈秀，水清石不頑。羨彼好事者，留名鑿其巔。悔余當鞅掌，未及題詩鐫。及行龍巖路，石洞如屋然。晴晝滃雲氣，滿屋飛寒泉。其石峭而潤，奇狀非一端。或蹲如伏虎，或翥如鷲鸞。或芒如劍戟，或立如衣冠。或下垂如釣，或旁架如椽。天工弄神斧，斲削出大觀。我行六七日，惝怳如遊仙。乃知蒼玉洞，窺豹止一斑。有奇不獨賞，寄書李青蓮。

詠佛手柑

南天候常暖，花多香氣失。惟有秋蘭花，一朵香滿室。更有佛手柑，其香與蘭別。蘭香幽而静，佛手濃且烈。江南秋爽時，木樨差堪匹。此果洵美矣，稱名則何説。良因金色臂，曾聞《梵經》述。合掌與摩胷，肇錫歸之佛。自闢洪荒來，此果生南土。當時未有佛，佛手名非古。

萬松關

蒼翠入雲間，層巒繞一關。更無人到處，只有鳥飛還。峻坂經千折，荒村雜百蠻。惟餘高曠意，回首出塵寰。

九月望日由泉州至永春塗中秋風大作計自首春按試迄今寒暑已更巡閱倥傯於士習曾無裨益良用自愧各郡司鐸惟興化莆田仙遊及漳之南靖訓課尤勤士林嚮慕喟然有作非獨嘉此數人亦將以勵其餘也

閩南九月時，吟蟬猶未歇。暑氣今初降，秋風爽肌骨。陟山喜雲開，穿林看泉出。莫嘲張蓋遊，境清神自逸。我行始孟陬，我歸在陽月。征塗歷寒暑，駐馬搜篇帙。雞鳴肅衣冠，何異趨朝日。駪駪敢云勞，諄諄誨常切。此邦多俊髦，文行兼華實。聞風能起予，從善勇無匹。覩此怡我心，相長本儒術。余以先嚴所輯《廿二史感應錄》暨潘功甫舍人撰《勸濟溺女文》、鄭夢白中丞撰《戒鬬說》並余自刊《惜字果報錄》等書散給生童，有邵武優生廖天衢、汀州優生馮安邦俱願重刊，以廣流傳。上杭紳士有願振興育嬰堂者，泉州貢生陳黛青願將《戒鬬》、《濟溺》二書遍傳鄉里，以資化導，其餘諸生呈所刊勸善之書求作序文者不少。豈無陷愚蒙，舞文干法律。獄訟及錙銖，爭鬬起豪忽。褫鞶及施楚，不恤申韓筆。揚波不撤薪，止沸何能必。良慚學校司，無功笑迂拙。漳州生童舞弊，懲治數人，各郡生員因案革衿戒飭者已四十餘人之多。嗟彼廣文官，科名皆甲乙。寂寞守青氈，蹉跎垂白髮。朽索馭奔馬，安能救顛蹶。就中誰最豪，南靖推人傑。教諭劉宗成。興化三黌宮，青雲器宏達。詩禮振綱維，才俊歸識拔。善誘會以文，潛心入理窟。彬彬絃誦人，薰德芝蘭室。束身如圭璋，何肯使玷缺。安得秉鐸才，皆如此矻矻。使者坐論文，無爲事苛察。

大鵬山

大鵬如欲翥，回顧永春城。度嶺看逾肖，摩天勢不平。飛泉含雨氣，灌木起秋聲。不盡登臨興，山前暮靄横。

興化試院對菊書懷

山水致清曠，其如鞅掌人。四時花迭秀，把玩辜芳辰。首春事行役，初涉延平津。始見桃李郁，尋看荷芰新。秋蘭馥龍巖，丹桂榮永春。迨兹孟冬月，閩嶠將周巡。駐馬梅峯下，黄菊綻霜晨。空庭列盆盎，層疊山嶙峋。開軒日晤對，瀟灑超風塵。愛此供詩料，不辭酌酒頻。舟車行暫息，花木情相親。但驚歲月改，孑立天涯身。親交渺難卽，我懷向誰陳。

先君子輯廿二史感應録夢白中丞重刊於粵西以廣流傳并撰序言寄示賦此志感

王化明賞罰，儒功歸勸懲。陶淑在當世，千載聞之興。悠悠古簡冊，傳紀非無徵。綴筆事採擇，清濁分渭涇。勸戒師古訓，剴切同箴銘。鑿楹得是書，垂老愈服膺。既欲持自鑑，還用貽友朋。去年忝使節，攜此閩山行。公移粵西去，持贈有餘情。比聞付剞劂，流傳廣殺青。更煩玄晏筆，敘述爲光榮。所欽同善意，豈唯感垂名。小子濫掄才，無術陶羣英。一編本家訓，啓迪資儀型。余刊于閩，以給士子。爾來《戒鬬說》，亦遍漳泉汀。夢白撰《戒鬬說》，屬余散給各郡生童。薄俗驟難易，公願則已宏。粵西風淳樸，施化或易承。殷勤勸開墾，會見鄭渠成。下除民疾苦，上作帝股肱。佇投榕門集，官箴傾耳聽。公至粵西，因多曠土，作《勸墾說》，又刊陳文恭公《在官法戒錄》等書，將以見貽。

十月五日興化試院憶去年今日西山掃墓

十月蕉林絡緯啼，梅峯頂上草萋萋。驚飆昨夜吹窗急，木葉紛紛墜碧溪。
江南已過木樨時，搖落山容瘦更奇。拜墓悤悤今一載，驚心歲月去如馳。

哀周蓉初比部同年昇

弱齡登甲科，壯歲仕郎官。蹉跎行半百，野鵩來無端。良農早刈穫，釜米不及餐。辛勤苦手足，與子同一嘆。下無黄口兒，寡鶴聞哀彈。想當捐棄日，行路爲辛酸。況我同袍久，天涯涕汍瀾。

百一詩

束髮慕古哲，伏陛吐忠肝。自矜康濟略，所恨非言官。蹉跎老將至，儼戴觸邪冠。寂寂無封事，緘默以自安。民生與國計，痛癢豈不關。建言誠易耳，得人良獨難。徒懷素餐恥，焚香詠《伐檀》。

榕城歲暮偶成

南方氣不齊，寒暖四時迷。每見花冬發，時聞鳥夜啼。終朝窗黯黯，送臘草萋萋。所幸無霜雪，巡檐手杖藜。

題弢叔集道堂詩卷

奧窔昌黎句，嶔崟山谷詩。兩賢生異代，隻手在今兹。刮目三年學，傾心一字師。夢中誰授筆，使爾露瑰奇。

題黄蘅洲太守慶安二硯圖戊申

十硯飄零存二硯，蘅洲曾伯祖莘田大令藏古硯十，名其居曰十硯齋。今蘅洲於山東得其一，河南得其一。搜羅早已遍鄉關。不圖江左留其一，更借軺車爲送還。余三十年前在家得十硯齋硯，今以贈蘅洲，亦異時佳話也。

三年水部舊同曹，海上相逢感二毛。可惜風吹雲出岫，未容共聽《鬱輪袍》。時蘅洲將出山。

衡山手筆《早朝詩》，盡是昇平雅頌詞。一卷感君持贈意，豸冠歸去傍丹墀。蘅洲以文待詔書《早朝詩卷》爲報。

白鶴嶺

素聞白鶴高，到此乃直下。始知此山巔，卻爲羅源借。羅源似平衍，其高實堪詫。今從千丈落，盡日不得罷。俯視海中島，肙岃如筆架。放眼滄洲寬，聳身雲霧駕。泠泠御風行，飄飄若羽化。短吟紀壯遊，何必尋嵩崋。

白石渡海汊

下流卽滄海，今東兩崖間。波浪亦已猛，無風行尚安。焚香告海神，我來自雲端。此去仍天半，豈知行路難。更聞飛鸞渡，洪流湧急灘。我行不到彼，涉此水一彎。布帆好相送，春光龍首山。

先慈諱日福寧試院感懷

半生祭奠在天涯，海角行臺詎是家。四十九年駒過隙，孤兒兩髩點霜華。

蘭陔堂裏殯宫安，白髮重幃血淚彈。先慈殯於蘭陔草堂，時祖慈尚在。三尺兒童知底事，麻衣空對素帷寒。

扁舟移櫬到堯峯，十里横塘飽朔風。十二月安葬，是日大風。賴有鴒原諸父在，替呼畚鍤夕陽中。蘊章乘舟後至，伯父秋岳公、叔父竹坡公先已送柩入穴，俟蘊章至，祭奠後卽封壙。

列鼎何如負米年，青燈獨夜淚潸然。委蛇九棘終何補，惆悵家山未表阡。

仲春至霞浦寒甚口占示同行諸子

南方氣候暖，三冬始著棉。蠅蚊時聚閧，狐貉常棄捐。二月戒行李，單袷堪禦寒。誰知龍首畔，凜冽如幽燕。北風吹麥隴，冷雨灑梅田。春寒砭肌骨，安得酒如泉。良因濱東海，又處山之巔。其外無屏蔽，東南水連天。地勢踞高峻，腳下生雲烟。十日九陰霾，非爲時序愆。風霜吾久歷，念兹諸少年。相從到海角，號寒實可憐。

霞浦八景

龍首鍾靈

山形宛如龍，曲抱霞浦郭。卻似安公騎，揚鬐望碧落。

馬鞍獻秀

走馬海東天，何人遺此鞍。女媧來煉石，下馬便乘鸞。

白巖溪水

巖泉流百道，奔注玆溪中。秋夜月明處，練光如白虹。

赤岸石橋

斷岸垂虹亙，碧波橋下明。四山霞彩起，疑傍赤城行。

南禪佛刹

層巖路紆曲，古刹現南禪。縹緲諸天近，鐘聲聞隔烟。

後港漁舟

曲港可垂綸，漁舟泊烟際。日暮秋風生，中流自搖曳。

松山戍角

萬松圍一山，赤埴化爲綠。卓哉古賢哲，所至美風俗。

梅嶺郵亭

梅嶺花如雪，停鞭玩早春。故鄉千里遠，折此贈何人。

桐山四景福鼎縣

石湖春漲

石湖在吾郡，此地亦同名。春水碧如此，懷哉范致能。

蓮花曙月

太華峯移此，倚天削不成。月明山夜碧，一杵梵鐘聲。

玉塘秋色

玉塘横十畝，秋色滿漁莊。白露零豐草，霏霏秔稻香。

雙髻凌雲

仙姝留髻影，蒼翠壓人寰。跨虎歸真去，何時還故山。

寧川二景

鶴嶺停雲

白鶴翥雙翼，矯如謝籠樊。惜無王喬侶，控此登天門。

飛鸞湧月

飛鸞仙蹟杳，海角夜通潮。乘月中流渡，如聞吹玉簫。

石堂六景寧德縣

翠屏霽雪

千林雪初霽，遍地森琪花。曲曲翠屏路，欲尋樵子家。

石屋朝雲

滃然雲氣出，石屋青濛濛。千載題詩客，吾懷韓信同。元人。

笑天獅子

唐山色堆藍，兀立如獅子。萬里出函關，誰能維縶此。

蛟潭浸月

九曲唐溪水，當年起老蛟。空潭留月影，珠彩散溪坳。

文峯卓筆

東海爲硯池，山雲作潑墨。巨靈來書空，負以大鵬翼。

棋盤仙蹟

昔聞爛柯山，觀棋更時代。今見此山中，仙蹤無定在。

壽寧四景

爐峯宿靄

雲氣裊爐烟，青峯高接天。潯陽泊舟客，到此重留連。

仙嶺石乳

萬仞攀仙嶺，明珠走玉盤。爲嘗清冽味，芒屩上層巒。

仙橋臥象

巨石形如象，臨流長鼻垂。浮虹通絶澗，還憶渡河時。

七星長橋

一澗急湍瀉，驚心待渡人。鼉梁横十丈，莫復問迷津。

霞浦試院雨中看山作

北方氣暖雨將至，捲地風來天豁霽。閩南風作霖雨隨，晴望山頭朝霧蔽。山川亦各有性情，海角自與中原異。如人欲泄心鬱陶，或託歌嘯或流涕。千山磅礴鎮東海，磊落頗得畸人致。吾生自覺患平庸，喜借峯巒益奇氣。僝僽未耐霧露侵，豪情仍向烟霞寄。東有太姥西武夷，芒鞋一兩平生思。

龍首山中看雲起

白氣蒸萬壑，須臾遮一山。空中飄細雨，雨歇雲上天。前山忽平頭，後山忽削肩。深谷漫如海，不辨水與烟。惟聞潺潺聲，知是橋下泉。行人屢相失，飛鳥時來穿。東嶺日光漏，西巖仍黯然。午風吹漸散，松篁露鮮妍。行行望村落，還在有無間。

登龍首山望海樓作柬莊衛生太守受祺

昨披《太姥圖》，羣峯蔽虧天模糊。福鼎生員陳九苞畫。今登龍首山，飄飄身墜滄洲間。升高望海雙眸豁，但見帆檣遠天末。縹緲蓬萊不可求，鯨魚跋浪使人愁。行盡千山忽無地，莽莽乾坤古今思。我聞海上多神仙，摩霄峯頭曾鍊丹。容成一去幾千歲，葛翁躡屩登其巔。山高水深人迹絕，時有白鶴飛翩躚。篆文六字尋不得，明珠閟采藏驪淵。唯聽萬松嶺畔濤聲急，鳳笙龍管吹嘈雜。豪氣猶勝酒百觴，鄉心莫問雲千疊。太守毘陵我故人，相逢海角更相親。來朝揮手度嶺去，嶺上鶯啼時暮春。

觀耕山田作

海濱斥鹵多山田，層層直上山之巔。最高灌溉待時雨，下者鱗次承流泉。春耕人在白雲裏，秋穫擔從黃葉邊。生齒日繁地力盡，手足不惜胝與胼。田磽還幸賦稅薄，終歲八口衣食完。邇來白鏹價增倍，一兩兩貫青銅錢。糶米得錢錢有幾，市鏹竭蹶輸在官。圜法久廢錢不鑄，民間日用常缺然。仰觀耕作坐太息，朝廷立法原從寬。

度白鶴嶺避雨作

濃雲蔽山頂，人向雲中行。匝地作水色，空中聞雷聲。風吹急雨至，旅客心怦怦。半嶺喬木下，三弓地卻平。停車看雨過，始見羣山青。因思去年夏，冒雨遵長汀。今值載陽候，淒淒雨復零。危磴陟百級，僕夫足凌兢。旦夕眺東海，行役勞吾生。

松風閣詩鈔卷十二　問心集　古今體詩一百十二首

贈王生叔蘭道徵二首

四十博一衿，同儕推老宿。莫耶新發硎，管城豈云秃。低頭理殘編，志不存干禄。三山文獻徵，磊磊滿君腹。鍵戶且著書，出遊常秉燭。懷哉遯世蹤，幽蘭在空谷。

幽蘭洵美矣，何如秔稻香。刈穫足民食，粢盛供帝倉。爲功在斯世，豈獨予情芳。且讀有用書，來日今猶長。學成識俱進，再問名山藏。余亦老鉛槧，相長期無荒。

春夜山中作

閩嶠春三月，亂蟲啼滿山。非蟬亦非蟀，聒耳聲譁然。良因地氣暖，草木常滋繁。冰霜終歲少，蠕動全其天。惟人少閉藏，精華盡洩宣。苟無修養術，安得齊彭籛。

題楊雪茱光祿柳港歸漁圖

伊人本是釣鼇手，一笠歸來五柳居。早識直鉤無用處，閒遊濠上爲觀魚。

居然青箬綠蓑衣，勛寺肩隨舊夢非。難得天涯重結侶，每因索句叩苔扉。

綠楊如霧水如烟，花嶼漁莊別有天。釣雪舟中詩意冷，楊誠齋故事。家風好託畫圖傳。

鰣魚新詠和偏遲，君有新詩，尚未和答。想見珊竿入手時。我憶石湖垂釣處，秋風鱸膾季鷹思。

閩南夏日口占三首

石瘦人同瘦，閩人面多瘦削。魚奇蟹亦奇。魚奇形甚多，海蟹形亦異於常蟹。惟當烹雀舌，勺水掬清池。惟茶尚可飲，庭中亭泉亦清冽。

落葉半庭長夏，夏間樹多落葉。好花不斷三冬。羣木四時蒼翠，後凋何必青松。

濃霧一天蒸日出，清風幾陣雨隨來。深宵擁絮朝披葛，十二時中四序催。

鱟魚

鱟魚十二足，其尾長於身。蹣跚形似鼊，負雄游海濱。魚子堪作醬，鱻美調甘辛。一朝入漁網，溉釜同凡鱗。

食荔支有懷仲弟

荔支兩度熟，未與子同啗。虚此閩山行，口腹抱餘憾。憶看烏柏株，燦燦依野店。疑是嶺頭梅，芳意春前占。共嗟風景殊，歲月去如帆去聲。我在烟嵐中，終日操鉛槧。遥念蘇臺人，楷杷應屬饜。

鳥啼

風雨萬山深，鳥啼無好音。鶯歌《玉階怨》，燕語《白頭吟》。寒意春尤冽，嵐光晝半陰。清聲蘇病骨，海鶴下遥岑。

荔支全韻詩有序

庭前荔支初熟，偶閲蔡君謨帖，作斷句三十首。

扶荔名高漢代宫，獻來南越翠犀同。懷柔雄畧推隆準，賜與葡萄蜀錦紅。

天寶珍奇比正供，星馳南海驛千重。長生殿裏題新曲，一騎傳來報許封。

君謨《荔譜》品無雙，紫號陳家緑號江。今日講堂留一樹，離離幾顆傍榕窗。

上林幾見種離支，無當應教比玉巵。劍閣雲深巴峽遠，蜀川風味馬卿知。

西域蒲桃魏帝譏，北方佳果比應稀。貢裁七郡東京事，豈料唐家有貴妃。

王逸朝霞擬不如，稚圭星映漫修書。張梨梁柿都無色，中令才華合賦渠。

萬樹玲瓏色點朱，忠州白傅繪成圖。終憐蜀棧長安遠，香味三朝已盡無。

雲巖一角紫雲犁，四郡名殊費品題。溉到溫泉應更美，道山合與鳳岡齊。

白曬紅漿未是佳，蜜封應共橘逾淮。遠人漬酒經年美，甘液何如摘半厓。

一枝紅鹽破瓊瑰，欲傲楊家别種梅。百顆投來方大理，游藍未許盛名推。

古寺虎斑未足珍，牛心二寸味超倫。丁香大蔕都稱異，不負梯山遠宦人。

東山十里爛紅雲，玳瑁硫黄香色分。别有一株名朴㭟，蒲桃抽朵穗紛紛。

蚶殼深渠遍一村，龍牙無核倚重門。漿多味淡偏蠲渴，爲有流泉灌樹根。

真珠圓白氣如蘭，纖小還同玉粒餐。更有瑯琊佳種在，好將十八女郎看。

梗似枇杷出火山，何年移植萬松關。別詩麗色釵頭飾，共說將軍五代間。

雙髻峩峩並蔕蓮，流芬千里到漳泉。中元紅荔甘尤烈，待拂秋風火欲然。

紫綺仙人下玉霄，瓊漿寶甕挹朝朝。縱然畫出真仙骨，齒頰清芬未易描。

橘柚荊揚貢厥包，中天閩越尚橧巢。漢唐而後輿圖廓，千載仙霞詠樂郊。

莫返童顏白髮搔，摘來仙果咽瓊膏。擣將萬顆成甘餌，我欲滄洲釣巨鼇。

南北村前曳杖過，垂黃綴紫看如何。絳襦仙子來何暮，玉笛吹殘越客歌。

閩南風味好相誇，九曲峯頭鳳餅茶。佳果還堪超越蜀，龍巖鬬美素心花。

虬珠冰繭總難方，卻似寒梅帶雪嘗。仙蛻天然芳竟體，未容林下麝焚香。

鶴頂流丹樹樹明，筠籃山徑有人行。渾疑兔杵玄霜乞，一夢高寒到水晶。

枝頭漸漸落繁星，多謝冬郎兩眼青。留得雙株橫浦岸，好吟連理倚江亭。

酡顏一笑冷如冰，證果西來赤腳僧。個裏甜酸君自識，品評何必判三乘。

海上仙人白玉樓，絳綃披處不禁秋。人間自有長生藥，悔煞蟠桃曼倩偷。

褦襶何勞瓜鎮心，底須止渴問梅林。好將冰玉南豐句，寫出高寒白雪吟。

嘗慣酸辛不耐甘，仲翔夢裏咽爻三。一官已斷蓴鱸想，玉局深情戀嶺南。

虛堂避暑日垂簾，飽啗冰丸酸更甜。聞說莆田栽更好，要將白玉糝紅鹽。

釣雪書來遲復函，連朝餐玉逞清饞。荔支合補詩全韻，好乞誠齋爲削劖。

竹溪夜泊

冠蓋郵亭笑語溫，我來重唱出西門。波心雲影綺羅裂，山下泉聲鼓角喧。上水船難爭下水，秋原草卻似春原。舟車三載今過半，來歲寒梅問故園。

久雨初晴延平試院有懷仲弟暨楊與山吳門

新晴樓閣薄寒侵，劍水重來思不禁。日出虛窗馳野馬，秋深老樹喚山禽。簿書不擾閒官慮，文字難知作者心。苦憶舊遊星散後，吳天迢遞雁書沈。

先考諱日建寧試院感懷

老去思親更可悲，兒今斑白復何爲。天涯祭奠半生事，故國松楸千里思。廟勒鼎鐘非我望，書傳閩粵有人知。府君著《感應錄》章既刊于閩，鄭夢白中丞又刊于粵西。歐公表墓將何待，不辱其先論定時。

竹朋同年見示近作題贈三首

憶昔長安住，門前轍迹稀。偶然相過訪，默爾各忘機。榕嶠一麾到，柯亭三載違。文人皆慕李，況我別依依。

見善如不及，聖言豈我欺。今君多善政，輿頌清且慈。爲邦其庶矣，於物皆孩之。吾復何所獻，心迹山神知。

肩輿行萬嶺，衰颯一腐儒。堪笑已盲學，何能人破愚。捫心才既竭，滕口道終迂。絳帳慚非分，編摩庶自娛。

再至考亭祀朱子作

建陽城抱萬山青，理學餘風溯考亭。楊李墓祠同不改，元明兵燹幾曾經。我來兩度邀神貺，公去千秋有德馨。師弟一門絃誦盛，好將詩禮繼前型。新設經蒙學館，卽以朱氏生員爲塾師。

建陽嘉禾朱子墓前亭堂再燬於火前漳州府鶴田方公寶慶募貲重建喜而有作

昔賢祠宇委埃塵，卜築今看丹雘新。俎豆已隨顏學孔，文公於國朝升列十哲之次。輔車豈比越同秦。墓前負土三千士，碑側題名五百人。漳郡官紳士子捐貲者五百餘人。共仰師資涵教澤，海濱鄒魯俗原淳。

龍巖除夕二首

閩南已過三除夕，翦燭虛窗手一編。慣與賓朋談日下，憐無兒女話樽前。撥開雲霧天將半，踏遍崎嶇路幾千。午夜聽鐘懷禁籞，不知身在萬山巔。

爆竹聲中夢早朝，銅龍初闢景清寥。羊燈忽見移三殿，鳳竹微聞奏《九韶》。日出丹墀排玉仗，香騰金鼎傍珠杓。山城譙鼓催人醒，星斗闌干望紫霄。

石鐘巖和豉叔

石洞如張唇，石牙垂數尺。猛獸方欲噬，怒氣塡胷臆。我行出其下，日暗天昏黑。彳亍臨深淵，蟠蛇路偪仄。頑獷徒生憎，峯巒非秀特。胡爲洪濛初，天公費雕刻。我欲呼愚公，移之北海北。

挽舟嶺和弢叔

鷲嶺起千盤，人如飛鳥度。行行到峯巔，峯迴復有路。筍輿力已疲，西巖日將暮。不見有山村，山中滿雲樹。

己酉龍巖元旦盆蘭盛開

閩嶠春光早，幽蘭歲首開。閒吟虚室裏，時有暗香來。淑氣回新柳，芳心逗古梅。何如移九畹，試院滿庭栽。

閩中春初水仙桃蘭桂菊並開

閩南海角冬常溫，四時嘉卉榮初春。水仙本是凌寒種，桃花穠豔開芳辰。香蘭宜夏桂馥秋，黄菊霜中蕊始繁。茲何競秀韶光轉，四序遷流渾不辨。變幻誰知造化心，搜羅欲盡巖溪選。如呼漢魏六朝唐宋諸名賢，晤對一堂忘歲年。或摛經師之博奥，或效騷客之芊緜。或遊文章之林府，或談道學之淵源。嶔崎磊落各異致，千秋把臂敦古歡。我因看花發奇思，惜哉今人不見古人事。

按試漳郡送萬葵田觀察奉諱旋里

惜昔長安道，諫臺聞直聲。乘軺莅閩嶠，杯酒餘歡情。龍溪今再至，衰絰話班荊。惻惻悲風木，丹旐故鄉行。故鄉章江路，千里計郵程。山行雲霧濕，水宿風濤驚。辛苦事遊宦，祿養慰平生。今抱鮮民痛，遄歸窀穸營。孝思已無忝，願復繹忠經。國計方紓策，求賢勞聖明。佇看雲出岫，和氣甘霖蒸。策馬到金臺，相期寒暑更。吾師山谷叟，謂樹齋師。冷落草玄亭。詩篇徒滿篋，楚粵路縱橫。托君淩風翰，達我區區誠。何時還日下，及此未衰齡。

南郡

南郡新年曳袷衣，晴窗展卷趁斜暉。海濱地轉韶光早，日下書傳世事稀。老去不堪遊五岳，病餘還欲候三微。茶鐺藥裹常相伴，歷盡秋冬春又歸。

泉州府學聽講書作

爭講孝哉閔子騫，良知不昧秉於天。佩牛勸後民風改，害馬除餘士習賢。前中丞夢白鄭公撰《戒鬬說》，余攜至各處散給生童，幾及萬卷。今有南安生員王昌南勸止鄰右戒鬬，年餘無事，余手書此聯獎之。只許揮毫文作戰，未妨讓畔硯爲田。鼠牙雀角何多事，熟讀風詩《行露》篇。

曉發泉州

又賦駪征戴曉星，溫陵城外草青青。漫天雲起山容變，卷地風來海氣腥。萬壑泉聲新舊雨，三春柳色短長亭。川塗滿眼勞人思，落日榕村車暫停。

聞蛙

泉州正月亂蛙聲，已似江南大雨行。破寂居然來兩部，攪愁不覺到三更。每懷時序無停轍，漫說官私有異情。迴憶南園聽雜沓，滿窗梧影一燈明。

喜慰高來高至

病裏思鄉白髮侵，雁行入戶慰余心。三年已作無家別，千里同歌遊子吟。白鶴峯頭春雨滿，烏龍江上暮潮深。翦燈閒話家園景，臥聽清風送遠林。

四月四日送黄兩如式度蓉生傳驌袁宗山崇江跋叔湜從子喬仙孚甲歸里

作客三年久，崎嶇歷盡時。方舟歸故里，春雨灑江湄。匣劍風雲氣，囊琴山水思。《鹿鳴》賡雅什，千里慰心期。

亨泉在福州試院池中，天旱不涸

池中有泉池水平，昔人曾以亨爲名。静深有似川流德，化機妙與時偕行。悟茲爲學貴有本，功同疏瀹闢虛靈。源頭不窒至以洊，四海未到科先盈。

雨歇懷弢叔喬仙

雨歇天復晴，室虛客初去。懷哉兩少年，危灘擊楫渡。涉世多憂虞，求名聽時數。浩歌還故鄉，足歷千山路。

題王月船刺史光鍔太姥山紀遊詩

別有神仙骨，名山借一枝。峨嵋縈舊夢，太姥紀新詩。翰墨緣非淺，功名數未奇。萑苻空大澤，不負擁旌麾。

弢叔諸友登舟七日水急不得進仍泊洪山橋朱友松逢慶宋少圃柏齡往尋之貺以食品

登舟今七日，仍復泊榕郵。市遠餐無味，橋低浪欲吞。有人尋泛宅，高詠出西門。吳越三千里，何時返故園。

四月十四日登烏石山詣道山觀

何處神仙宅，我來訪道山。路隨青嶂曲，門帶白雲關。香火緣非淺，輿徒意亦閒。當年齋醮地，回首葑溪灣。

烏石山麓晚眺

烏石千盤峻，閒遊陟此坡。深叢花氣少，怪鳥幻聲多。城市腥魚蛤，山邨暗薜蘿。我來尋古寺，落日照青莎。

偕林編修春溥謁城南朱子祠

考亭廟貌遍閩山，香火城南地本閒。欲自元明溯南宋，不分濂洛更秦關。微茫心學千秋寄，區別歧途二氏間。九頓峯前祠墓古，白雲深處願躋攀。

蔣心香水部同年寄示歲暮見懷之作奉答

別來詩思豔於花，閉閣焚香想八叉。斗酒百篇誰學步，長城五字已名家。文場跌宕年方少，郎署蹉跎鬢未華。卻喜冷官無一事，折梅還欲寄天涯。

聞胡實甫希周太守移家徽州

年來燕羽嘆差池，一別金臺歲月馳。范子五湖歸隱處，宋都六鷁退飛時。君由歸德守左遷回里。抽身宦海須仙骨，策馬荒山繫夢思。余與君兩度同上春官。何日相逢樽酒會，爲談三十六峯奇。

挽何一山侍御同年

與君同上木蘭舟，燕羽分飛不自由。道院聽鐘忘歲月，君寓圓通道院最久，余亦曾同居。直廬橐筆幾春秋。後與君同值樞垣數載。西風匹馬成詩讖，君爲諸生時嘗夢得一詩，云：『第一才名第一仙，聲華堪並李青蓮。世人莫笑詩腸瘦，匹馬西風落照前。』後以庶吉士散館，上親擢第一，尋以大考詩句微疵，改官中書，視學四川，始嘆夢中詩若有前定也。南浦清樽話別愁。惆悵雁書傳海嶠，蓉城已識曼卿游。余在閩得陳子鶴侍郎書，知君辭世，逾月始得君手書，蓋歿前一日作也，字畫工秀，不異平時。

齋中讀書作十一首

少小讀《論語》，兼誦朱子注。剖析在微茫，心知善惡路。壯而失其守，皆爲嗜欲誤。理豈反不明，明而自欺故。須下堅定力，庶不窘吾步。

去聖日以遠，百家多辨才。功利與刑名，滔滔放厥詞。末流爲二氏，高明乃慕之。昌黎原性道，毒霧明朝曦。紫陽釋《論》、《孟》，大旱見雲霓。於茲五百載，天地生光輝。奈何不師古，觸處歧途迷。

秦燔經籍廢，掇拾在先儒。存者十之一，堪破後人愚。或以口相授，繼乃筆諸書。或傳蝌斗字，聱牙千載餘。豈無襲譌謬，大意終不殊。奈何不信古，憑臆改其初。駕彼後生駒，而云能識塗。

賢愚皆好奇，古書率多僞。三墳既可造，九丘何難志。嗟彼崑崙山，何人至其地。徒侈域外觀，空談皇古事。讀者亂聰明，作者矜才智。我欲驅羽陵，萬蠹食其字。

相如淩雲筆，探原本楚《騷》。始闢詞章門，侈豔以爲豪。沿流及六代，鄭衛聲浮囂。卓哉韓吏部，一抉如怒潮。百家避其鋭，六籍掇其膏。我讀《南海碑》，雄傑西京朝。華實春秋并，奇偶陰陽交。笙簧間鐘鼓，鼎鼒先陶匏。執一非至道，虚僞漫相高。

沱潛雖末派，可以達江漢。艤舟汙池中，終身尺土畔。小學先愛敬，力行思過半。嗟哉飣餖儒，徒使聰明亂。更有浮誇子，沈溺攻詞翰。老矣竟無成，庸夫同一嘆。

窮鄉有鬬者，里正親見之。何來儒冠人，傳聞多異詞。邑宰好風雅，竟不儒冠疑。曲直判然定，安用里正爲。斷獄盡如此，難免行路嗤。況生秦漢後，遥溯商周時。

古人知行並，子路恐有聞。今人但求知，躬行不復論。名理競探賾，履蹈祟率真。自命爲曠達，欲叩玄妙門。白首了無得，終與庸碌羣。求知不求行，遺憾在人倫。

少小耽丘壑，苦吟常閉關。頗慕道家術，静虚心自安。中歲游京國，求名良獨難。蹉跎人海内，五十猶卑官。《書》因教子讀，《詩》以寫憂傳。垂老尚盲學，矻矻耕硯田。難免後生笑，無聞又幾年。

躬耕闤闠城，自謂當終老。一朝辭故園，結綬長安道。十載傍綸扉，人羡此官好。自念性疎野，每計抽簪早。九遷感知遇，捐軀圖結草。乘軺閩嶠行，教學心渺渺。教士兼淑身，詩書開素抱。

詩書理三載，髦士列門牆。束脩雖至薄，卻之弗令將。購書以爲贄，一笑受而藏。因此投滿篋，五車富青箱。閩中多先哲，理學尊紫陽。延平開先路，西山附後行。匡時邵武李，殉節漳浦黄。我朝安溪叟，羣經費評量。各有專家集，輕舟壓歸裝。留貽子孫讀，我老視茫茫。

閏四月中旬大雨四晝夜作

雷聲若崩山，雨注如狂瀾。言更四晦明，雨止日色殷。衢巷通舟楫，城堞棲人烟。昏墊須臾耳，水退民卽安。歸墟大海近，積潦非所患。但當憂雲漢，熯我高岡田。

題補石亭即三百三十有三士亭

牆外諸峯積翠分，空亭日日眺斜曛。秋風石上縈青蔓，春雨池中起白雲。海岳拜餘尊丈號，初平叱後化羊羣。笥河往事存詩卷，贗本流傳不逮聞。朱竹君先生作《三百三十三士亭圖》，前賢題詠甚多。後爲某公以摹本易之，復有并易摹本以去者，而此圖遂無足觀矣。

贈林生聰彝

少小從阿翁，跨馬出西域。崎嶇歷八城，屯田費擘畫。尊人少穆先生奉命經理西口外屯田，生實從焉。能說山川勢，兼聞防禦策。歸來弄柔翰，流譽文場特。作賦士衡儔，請纓終軍敵。文武用皆宜，儒冠豈易得。

歲試福州陳生廷穀年十五首先完卷文理清暢遂拔之科試時林生佑曾年十二詩賦嫻熟梁生鳳翔年十四文才清俊皆取入學以詩勖之

陳生走筆下水船，二千人中首一篇。林生弱歲工詞賦，梁生文藝亦粹然。三生皆以年少異，毋乃山川鍾秀氣。願生還將鐵硯磨，經濟文章儒者事。堪驚歲月去如馳，少年不學老將至。

王生叔蘭感余知遇倩其友寫榕陰問字圖索題圖中兩人之貌皆未似也聊記一篇

我本慚識字，感君來問津。圖中蒼髯者，先生何許人。青衿旁侍立，亦未肖其真。聊借詩畫筆，敘此平生親。何必求其似，阿堵更傳神。

蠹魚

文字生涯墨客同，芸香辟處去悤悤。曾窺壁簡千秋上，半葬秦灰一炬中。腹有詩書痕未化，函非金石路終通。可能三食神仙字，脈望如環照碧空。

寄祖賢祖彝兩兒二首

讀書尋淵藪，庶可博其趣。覩記豈不勞，書紳終有數。譬如窮巷士，貴識康莊路。日益在新知，仍勿忘其故。

作文以明理，理足文不羣。語出必心撰，仍不殊衆云。但求快於己，無取悦於人。己快人自悦，一理原無分。

少時得林吉人書樂毅曹娥二帖今攜入閩思泐石以公諸閩士而閩石粗疎無能摹泐因仍藏之并繫以詩

濯濯逋仙筆，藏之卅四年。今還閩海畔，欲借石工傳。手拙難爲役，心摹體尚全。千山重遍歷，書簏飽風烟。

齒落

我來閩南落三齒，老境何爲至於此。天下無如喫飯難，珍饈膾炙無論矣。牡牙牝齒三十二，年未六十脱其四。戒得當從血氣衰，毋乃天公儆饕意。辟穀何能事赤松，采芝欲問商山翁。陋巷一瓢如可飲，啓期三樂吾與同。

振山弟有詩寄懷奉答二首

卜宅三遷後，浩然歸故居。烏棲枝未定，鸜啄稻無餘。老去田廬重，貧來骨肉疎。吾鄉好山水，何處學樵漁。

故園曾共讀，爾幼我成童。燕雁分飛久，江湖涉險同。辛卯年事。名場終不偶，詩句尚能工。仲氏今聯榻，壺天舊夢通。昔與仲弟同居大儒巷，堂名詩酒壺天。

聞臺灣徐樹人觀察宗幹考校生童釐剔積弊威聲肅然文風丕振作此寄懷

海澨修文教，翻然陋習除。仁流千里外，威震百蠻餘。下士慚懷璧，邊甿樂荷鉏。感君多雅化，爲寄數行書。

懷沈生際清吳門

跌宕文場二十年，近知匏繫莳江邊。一肩寒意撐詩骨，八口歡心屬硯田。燕市曾同元白巷，春風又上孝廉船。寄言賃廡吴門客，待我清樽餞臘前。

牡榕

雌榕雖不材，其蔭垂數畝。猶堪庇行人，避暑清風受。牡榕勢参天，不與牝爲偶。炎天落葉多，赤曦明當牖。於世竟無功，頑姿終易朽。上愧楩枏材，下慚松柏壽。并無雌榕德，孤直曾何取。胡爲植我庭，汛掃不除垢。甘荔減清芬，幽蘭緘笑口。鬼車多怪聲，倚汝爲淵藪。我欲尋斧斤，梯牆一揮手。

哭袁韻亭師

青氊至老不憂貧，硯作良田筆作耕。化雨一庭書帶草，余兄弟子姪多從游。秋風幾度石頭城。零篇蕭瑟師東野，遺墨蒼涼似率更。嘆息漚波翁已去，問津無路感吾生。

題故友杜拙齋摹漢碑

籀李忽云渺，中郎妙八分。小冠吾畏友，健筆獨超羣。戩壁摩崖異，春蛇秋蚓紛。小樓今在否，東郭弔斜曛。

樟木爲匣以貯筆可辟蠹既銘之矣復系以詩

爲愛管城子，人傳辟蠹方。不須牀翠石，聊用櫝香樟。皇象新硎發，羲之退筆藏。分書銘字勒，古器儼同行。

題王奕龍畫松鼠

寓屬甚微耳，琅琊繪事神。迴頭如攫果，睜目似窺人。葉暗半藏尾，樹高時聳身。化鴽無爾分，常此抱輪困。

題金蕅農宗墉桃花燕子圖

江南春景畫中詩，竹外嬌紅半折枝。雛燕出巢初學語，午風庭院晝長時。
妙擬南田粉本開，一雙燕子掠波來。鳥能歌舞花能笑，疑自仙源問渡回。

夏日敬業齋偶興

薰風微扇午晴初，又見榕陰雨點疎。別院藥爐烹鶴蝨，荒廚瓦釜膾烏魚。遏雲誰弄桓伊笛，浮海欣傳魯仲書。便覺心清塵夢少，詩魔酒魘一齊除。

池上納涼

閩山地卑濕，暑氣逼新晴。薄暮海風至，空庭池水清。微涼蘇病骨，散步適閒情。補石亭邊路，芒鞵竹杖輕。

自删歸樸龕稿寄岵叔

享帚嘲難解，留皮志可憐。且論今日事，詎望後人傳。茂苑清鐙下，榕城落葉前。一腔蕭瑟意，匏落感中年。

寄董琴涵

膠西稱病久，寂寞故園中。老去心逾壯，興來詩更工。丹丘懷葛令，白社慕山翁。鄧尉梅花發，天涯有夢通。

題錢獻之篆周武王十七銘

斯冰久不作，點畫嗟模糊。郭生夢英後，掇拾有凡夫。寒山趙宧光。十蘭獻之號最後起，磅礴勢縈紆。晚年折右肱，乃以左手書。倔强摹鐘鼎，沈雄態不殊。書此《十七銘》，緬想鎬京初。既狀鵲頭聳，復如蛟腳舒。風流追李監，絶學傳吾徒。

讀嘉定錢竹汀詹事遺書

百家相沿襲，沸如金在鎔。流傳本一物，新異出良工。崑山《日知錄》，自比採山銅。朝華謝已披，夕秀舒青紅。辨論一名物，探從萬卷中。詹事昌經學，化雨霑江東。潛研窺根柢，十駕駭博通。式闡先儒奥，私淑欽古風。

受業蔣彬尉校字

松風閣詩鈔卷十三　朝天集

古今體詩六十四首

友清軒南牆外古松康熙初學使沈心齋閣部涵所植也臨行舉酒酹之

虬柯枕頹垣，參天勢孤直。傳自康熙年，學使沈公植。沈公來閩南，孑然靡家室。使車遠巡行，留守蒼頭一。穎士僕可人，種松自怡悦。公歸開笑顔，擘窠遂奮筆。友清名其軒，跋語詳年月。迄今留蒼翠，百尺標勁節。夭矯蛟龍形，盤坳魑魅穴。我亦孑身來，三載勞行役。歸時軒中坐，濤聲奏琴瑟。頓忘羈孤意，自覺形神適。念公培俊髦，去思人不釋。烏石建專祠，俎豆宫牆側。有如此貞松，青雲千丈拔。自慚樗櫟材，未有後凋質。觀物慕古人，舉觴與君别。

裕集菴將軍瑞劉玉坡制府韻珂徐松龕中丞繼畬黄莘農學使贊湯東紫來副統純陳慈圃方伯慶偕尚志齋阿本戴淳夫嘉穀兩觀察送至郵亭留别一首

久處何知樂，將離倍黯然。門前鬧車馬，眼底滿山川。寒意生天末，歸心寄日邊。仙霞今在望，孤客已三年。

水口舟次留别諸生作

三年閩嶠賦駪征，千里輶軒返帝京。翦燭連宵終有别，歸裝萬卷卻非輕。他鄉秋盡衣還薄，此地山多水自清。一片冰心誰可示，照人明鏡屬羣英。

古田郎次知史穆堂主試甫行役夫未還留待一宿

水行駕舟楫，陸行乘車馬。惟有山行難，擔荷視多寡。役夫去復來，躑躅行其野。昨日送前使，今日迎來者。嶺頭人未歸，信宿青山下。

夜宿清風嶺懷鄭生守孟陳生隅廷

日暮清風嶺，長空細雨催。澗深横署彴，村遠見樓臺。旅館孤蹤寄，鄉書驛使來。榕城歸路近，應已挂帆回。

宿金沙驛

寒雲初漏日，傍午駐金沙。已過葫蘆谷，聊停薄笨車。路長宜小憇，客久慣如家。莫嘆秋光晚，籬邊有菊花。

延平留别胡懷荘太守同年并寄李竹朋汀州

一塔凌空入望遥，千家烟火起山腰。劍津秋盡波聲急，三十舟横鎖作橋。
屏障樓臺誇樂天，全家終日住山顛。丹梯百級青雲上，只恐高寒妒列仙。
畫戟三秋駐劍津，天涯作别客愁新。同年半在長安道，閩嶠論交有幾人。
韶光過眼等雲烟，一度相逢又一年。更憶題詩蒼玉洞，九龍山下有龍眠。

過李延平祠

理學淵源出豫章，龜山弟子幾升堂。百年私淑從明道，千載薪傳屬紫陽。劍浦山川今不改，考亭祠宇遠相望。我來三過門前路，未及停車薦一觴。

建寧留别嘉應溪太守恒

相逢幾度换星霜，今日溪頭别意長。多士淳風容我拙，大儒世澤待君昌。考亭書院義學及紫霞洲義學諸善舉，皆賴嘉君主持。三年商畧開鄉學，九頓迴環起墓堂。嘉禾里九頓峯下朱子墓堂去年重建，亦賴嘉君主其事。尚有紫霞餘事在，替籌久計費評量。紫霞洲義學規條未定，囑嘉君裁酌，并刊《徵信録》以垂永久。

紫霞洲義學生徒遠迎城外遂同謁朱子祠留别賢裔朱茂才振鐸

紫陽家塾盛英才，童冠將迎出郭來。墓舍新看依澗築，祠堂早爲畫沙開。千秋俎豆儒林表，奕代衣冠世澤恢。此後無教絃誦輟，溪邊臨别又裴回。

停車八仙塘

嵐光水色繞孤村，斜日停車傍寺門。雨後秋山蒸霧氣，燒餘衰草蝕霜痕。沙洲船泊櫓聲歇，鷲嶺人稀鳥語喧。行過板橋紅樹外，一川碎石野泉吞。

葉坊曉發

已過建安邑，羣山秀色饒。淺灘横水碓，老樹枕虹橋。閩地行將半，吴儂遠見招。考亭髦士集，話別訂來朝。

建陽留别考亭書院山長賴遜齋廷燮并在院生徒

善誘紫陽裔，三年絳帳開。山川增秀氣，童冠起羣才。先哲家風振，師儒化雨培。諸生憐我别，他日或重來。

日午至白槎塘

肩輿得得趁新晴，曉霧開時野徑明。樵響依稀山漸遠，灘聲斷續水初平。南來秋浪三篙漲，東去孤帆一葉輕。計我行程及千里，半途回首望榕城。

賴遜齋廣文言新城陳碩士先生視學閩南曾延師主講考亭督課朱子後裔三載今余重整考亭喜與先生先後同心因紀以詩

新城吾及見，醇粹古文家。月旦公評協，春風後進加。名山開講席，遺墨重籠紗。永春州試院有先生手書楹聯。幸步前賢躅，亭環問字車。

李延平後裔南平李映星真西山後裔浦城真應元兩秀才先後來迎作别

儒宗閩嶠盛，後起況多才。祠墓青衿守，詩書素業恢。深情留我别，倦眼爲君開。尚有豫章裔，兩生何未來。羅豫章後，兩生亦余所得士。

重書朱子墓道碑敬誌一絕

斷碣千秋沒草萊，祠堂築後表阡來。大書徽國文公墓，堪傲陽冰般若臺。

建陽雲谷爲朱子集注處諸生請書五字泐石因誌二絶

雲谷茅菴故址荒，人傳朱子讀書堂。廿篇《論語》微言在，半部還教治具張。

前賢芳躅繫人思，絶業相傳百世師。塞斷歧途歸正路，千秋名教賴扶持。

馬嵐遇驛使郵書陳慈圃方伯

客行何處報平安，鎮日巉巖絶壁看。暫聚年華如暫别，君於癸卯歲陳臬山東，與余别三年，丁未春與余同官閩嶠，迄今亦三年。兼人才畧稱兼官，君時兼權臬篆。道逢驛使裁書急，車至京門送臘殘。已荷主恩歸省墓，故鄉聊可作盤桓。余請假省墓，是日奉旨允准。

懷廖生天衢

廖生不得志，鬱鬱住榕城。好語神仙事，會無仕宦情。三年空説項，五十未成名。生優於行，以文中疵句不得貢成均爲惜。適館知何地，愁爲俗眼輕。

由馬嵐至象口作

馬嵐象口路迢迢，落葉秋風氣泬寥。破浪一帆移小艇，緣溪九折架危橋。層樓角斷山雲出，老樹心空野火燒。歸鳥投林天欲暮，郵籤細數石陂遥。

麻源卽次

山行曉霧濕冥濛，十里初看旭日紅。對面青山無睡態，可人緑樹傲秋風。板橋斷水舟横渡，茆店臨流屋駕空。倦客投來營一飯，停車旅館太悤悤。

夕陽寺

鷲嶺參天古寺開，停車嶺畔一裴回。山僧煮茗炊黄葉，吟客題詩掃緑苔。澗底波聲浮舴艋，峯凹雲氣擁樓臺。九湫指點前程遠，落日歸鴉暮色催。

仙霞嶺懷仲弟暨楊與山袁宗山

仙霞一度已三年，予季相隨對榻眠。千里長途無倦客，連朝旅館有賓筵。建溪作別孤懷壯，仲弟次年春相別於建郡，與山亦抱病歸。閩嶠重周歸計便。嶺上獨看烏柏白，又逢霜信到南天。

度嶺感懷

乘軺三載久，歸計竟無聊。書簏添千卷，冰銜博一條。名山容暫住，厚祿惜虛邀。便欲趨丹陛，工虞答聖朝。

楓嶺入浙江境

山行十日過楓嶺，已到衢州第一程。千朵青芙將踏遍，便移烏榜聽灘聲。

江郎石

江山山上江郎石，矗立三峯黛色寒。去日分明來莫辨，此峯只合向南看。

衢州訪林錦堂總戎方標

彭城茂苑家千里，君家徐州。客路相逢意倍親。幾日盼過楓樹嶺，微霜喜及菊花辰。齋中菊花方盛開。
茶香酒熟堪留客，橘緑橙黄總可人。此去似聞灘水淺，悤悤鼓枻問前津。

登舟示慰高祖壽作

來時賓從盡還鄉，喜汝相隨驛路長。待過家園仍作别，杏花風裏束輕裝。
前年從我渡江來，今到閩山去復回。曾啖荔枝三百顆，秋風同眺越王臺。
書聲燈影繞虚廊，問字肩隨韡雅堂。仄嶺危灘都歷遍，閒來未使硯田荒。
帶郭田多浸北流，大江南去已無秋。哀鴻滿澤難安集，千畝虚稱萬戶侯。

馬家塔阻淺

錚錚石上聽篙聲，淺瀨舟如陸地行。卻憶來時三日雨，東風吹送一帆輕。

過龍游作

一川秋水碧於油，兩岸平沙起小洲。山色漸微灘漸遠，櫓聲鴉軋過龍游。

淺灘

淺灘多阻舟，淺人多懷憂。不見江河深，艨艟輕一漚。

將至蘭谿懷家喬仙江弢叔吳門

一灘初過碧溪平，兩岸微聞欸乃聲。漁浦風寒征雁急，沙洲日冷曉霜清。舟中聯句懷前度，來時與喬仙姪聯句。馬上看山記遠程。弢叔有《立馬雪中看嶽色圖》，在山左時作。此去吳門重話舊，侵尋歲序又將更。

白鳥

白鳥掠波飛，清光照素翬。莫翔潢池畔，對影是耶非。

紅葉

閩嶠無霜信，三冬綠滿林。今行過瀫水，絢染碧山岑。

扁柏曉發

歷盡重灘鄉思催，舟人夜語片帆開。今朝枕畔波聲緩，已趁東風過釣臺。

富陽遇雨

山行十六日，微陰未零雨。泛舟過富陽，風雨停柔櫓。碧漲隨潮生，瀰瀰平江渚。遙憶灘上船，無復聲邪許。鎮日挂帆行，中流自容與。

杭州舟次有感贈吴甄甫中丞文鎔

東南水患甚於今，蒿目時艱淚滿襟。鴻雁不堪愁裏聽，成句。湖山誰向酒邊尋。毁家紓難名臣業，後樂先憂古哲心。聞道江淮秋漲盛，幾人高臥在山林。

贈汪衡甫方伯本銓

年來蹤跡半相同，忽聽旬宣到浙東。旌旆凌雲浮畫鷁，江湖滿地集嗸鴻。清遊未暇追蘇子，荒政猶堪繼范公。今日水天閒話處，何殊射圃夕陽中。淀園射圃爲同人退直游息處。

灾民嘆

去年江北遭玄冥，千里但見羣山青。今年水灾連楚浙，三吴窪下無畦町。已看鱗介游阡陌，更見街衢渡舟楫。崩牆塌屋人呼號，斗米青錢六七百。民生墊隘愁淫霖，人溺己溺禹稷心。此時經畫在守土，鄉黨分憂情亦苦。楚蜀由来富稻粱，大商販米下連檣。霑匄吴皖及西浙，居人隔歲藏餘糧。楚今告災資蜀米，蜀商不復南來矣。痛癢相關浙與閩，臺灣航海千艘輕。告糴一呼二十萬，浙民何幸聊其生。吳儂與浙爲唇齒，松江海舶常通市。餘波及晉終式微，汎舟自雍亦勞止。更從何處導來源，不耕之土幾千里。聞道閩山薯可食，年年乍浦來海客。胡不早市爲雜糧，此是古人救荒策。

西山省墓書懷

廿載京華客，春秋感露霜。銜恩來拜墓，奉使偶還鄉。蒙恩賞假二十日省墓。已見童孫輩，曾無大父行。殷勤增馬鬣，篛艇繞横塘。

官瀆省墓示大宗從孫來保

先人曾卜牛眠地，此日新增馬鬣封。喬木蕭森逾十世，層巒杳靄度千重。天涯霜露遲歸客，故里烝嘗屬大宗。今歲墓田無稻穫，還攜酒食遠相從。

還家偕董琴涵致祭問梅詩社諸先生

憶入問梅社，乙酉孟夏初。實始從季父，葦間公。招邀賦印須。策杖尋巖穴，艤舟涉川塗。吟咏各適性，篇章足破愚。涪翁詩初唱，黃蕘圃先生。延之輪共扶。尤春樊先生。方平及曼卿，張蒔塘、石竹堂兩先生。

相約期不渝。閒情寄豪素，涸迹親樵漁。有詩須共賞，有酒常相呼。空山鳴老鶴，笑余一匹雛。飲啄芝田側，奮飛詎南圖。後有韓擇木，歸田老尚書。韓桂舲先生。清才吳季重，亦返承明廬。吴棣華先生。寓公紫陽叟，絳帳開三吳。涇縣朱蘭坡先生主講正誼書院。河陽時一至，蹤遠情不疎。潘理齋先生亦偶至問梅社。春雨肥筍蕨，秋風美蓴鱸。撫時慕儔侶，相過爲歡娛。膠西獨後至，旋綰滇南符。余亦濫朝籍，京門三載餘。種梅當百集，觴詠惜未俱。桂舲先生築種梅書屋落成，適逢詩社第一百集，有詩記事。時琴涵在滇，余在京。歸來各無恙，所痛大阮徂。余辛卯假歸，季父已逝。家山改寒燠，迫促歌驪駒。贈言記分韻，七字離懷攄。壬辰秋復入都，諸先生餞别於花間草堂，以『佩聲歸到鳳池頭』七字分韻。登高躡虎阜，别緒何紛如。余又邀諸先生於九日至虎阜登高。去鄉十四載，閩南乘使車。三秋當瓜代，四牡還故居。歲月感悤遽，壯夫今白鬚。眷言諸老宿，奄忽歸黄壚。經師亦老病，去去黄山隅。蘭坡先生年逾八十，已歸故里。惟餘下帷客，碩果推鄉閭。相别亦云久，相對蹤非孤。先輩今渺矣，儀型與俗殊。名宦肅祠廟，蒔塘先生祀浙中名宦。鄉賢崇楷模。理齋先生祀吾郡鄉賢。豈徒尚風雅，德業稱簪裾。名山藏著作，里社尊師儒。詩書啓後嗣，彬雅皆吾徒。臨風奠清醑，胡爲重欷歔。

北行至犇牛夜泊感懷

前年到犇牛，予季扁舟至。相見訝老蒼，相别年十四。倏更寒暑三，泊舟重此地。憶昨胥江濱，樽酒添離思。好事有冬郎，攜具招羣季。韓小舲呼舟攜樽餞别。夕陽忽在山，擊楫東西逝。省墓還家園，未了生平事。此別知何年，重逢良宴會。短晷迫殘冬，長途嗟憔悴。竊祿濫朝簪，何能戀親愛。來朝挂帆行，潮上寒江大。

新豐夜雨

南風吹送雨瀟瀟，日暮江干長暗潮。已別家園三百里，篷窗燈火照清宵。
我欲乘風渡揚子，偏逢寒雨阻丹徒。來朝登陸尋銀蒜，蓑笠江頭野艇呼。

里門訪潘功甫未見而手書三至舟中尋繹寄懷一首

世上未有如公冷，其心則冷其腸熱。救荒不惜千黃金，人飢我飢溺我溺。手書勗我致治方，我無言責官不當。讀書有得贈良友，美哉此意何敢忘。人生百年幾相見，咫尺胡爲阻覿面。我亦有懷欲自陳，無緣倏已辭鄉縣。

自丹徒陸行至瀼灣泊舟風雪不得渡江揚州吴紅生太守葆晉遣使來迎詩以代柬

陸行踰鐵甕，泊舟到江干。江干三日風，白雪飛漫漫。引領望瓜步，遠若蓬萊山。行役已勞苦，況復逼歲闌。篷窗人寂坐，目送江潮寒。邗上有故人，遣使申舊歡。慰余離羣感，忘此行路難。旦夕渡江去，樽酒話長安。

雪中望金山與慰高聯句

東風吹我度江城，浮玉山頭積雪明。古塔埋雲沈磬響，詠莪。歸帆喧浦聽潮聲。紛紛移種琪花遍，慰高。片片飛來鶴羽輕。此境高寒人迹少，中泠應比舊時清。詠莪。

揚州舟次題樹齋師如此江山圖師遊焦山作

往來南北幾春秋，如此江山我未遊。昨日東風吹白雪，便辭鐵甕到揚州。

報國丹忱去不忘，蹉跎怕點鬢絲霜。壯遊千里吟情劇，楚粵山川入錦囊。師有《楚遊草》、《粵遊草》。

日下曾陪杖履遊，霜天一別幾春秋。重逢積雪寒江畔，猶喜相看未白頭。

揚州訪吳西穀少京兆清鵬讀所著笏菴詩鈔追懷令兄小穀太守清皋時小穀歿纔三月

塤篪雅奏譜鈞天，壇坫春明二十年。老病今難勝再拜，新詩還復出千篇。鴒原餘痛君誰遣，駒隙浮生我亦憐。昨過西湖懷故友，王郎若溪冢上草芊芊。

寶應阻冰陸行至清江浦登舟

憶昔遭喪去，堅冰歲暮時。茅菴名一粟，己巳十二月遭遠峯兄喪，由清江甥館奔歸，適遇堅冰，舍舟登陸，過寶應，住一粟菴。藜飯度重陂。乘傳逢寒雪，停舟更水湄。白頭增感慨，景物嘆頻移。

弭棹到江隈，驚心歲月催。茭隄變陂澤，茅舍漸樓臺。白髮來何遽，紅顏去不回。廿年三過此，感舊使心哀。

清江浦有感

鳳皇臺上憶吹簫，四十年來景寂寥。此地悲歡曾幾度，昔時朋輩每相招。扁舟獨往心常苦，舊夢難尋境已遥。重訪銜齋人不見，一抔黄土傍虹橋。

郯城微雪

適館郯城畔，驚心臘已殘。撫時懷耿耿，飛雪路漫漫。鴻雁新聲苦，河渠上策難。往來車馬客，高臥慕袁安。

蘭山夜雨

殘冬暖氣生，細雨滴簷聲。五夜愁無寐，千山我欲行。空庭嘶老馬，野柝數寒更。明日青駝寺，巉巖第一程。

輓圃香弟蘊柯

伯仲齊年先弱一，大宗門祚少良圖。弟與其兄辰同歲生，辰幼殤，故弟爲大宗。傳家科第終虛願，世業田園半就蕪。去日樽前增老態，歸時帳下泣遺孤。敲棋對酒懷陳事，太息鉏雲家園名此樂無。

庚戌正月五日到京復命召見奉三無私殿即拜兼權刑部侍郎之命翌日又奉命辦理昌西陵工程恭紀

持節歸來謁帝閽，敬承清問念黎元。時蘇、浙水災。居廬頓覺容顔悴，時居皇太后喪未及匝月。前席重聆訓諭溫。闔嶠三年慙報稱，秋官五聽拜新恩。鳩工本是司空職，度地庀材相隰原。

松風閣詩鈔卷十四　金井集

古今體詩四十五首

潘補之舍人希甫春闈迴避詩以慰之

虹光劍氣那能平，百戰終當一矢爭。定作咸豐年進士，生憐桃李滿春城。

愁余老大詠槐黃，銀海生花點筆忙。藥省替人誰寂寞，蹉跎斑鬢有潘郎。

錢伯瑜中丞囑繪金臺話別圖卽題一首

剪燭西窗又十年，縞衣相見扇湖邊。蒼顏白髮都非昔，綠水青山別有天。安撫單車曾著績，聖明側席正求賢。如何出岫雲歸去，飛絮金臺情黯然。

偕魏麗泉大司馬元烺全小汀少司寇慶入闈考試教習和聚奎堂壁間王衷白先生韻

鎖院春歸綠意深，高樓古樹舊登臨。明遠樓前古槐一株，余任京兆丞時曾陪卓海帆相國登臨吟詠。當年校士從京兆，此日論文共翰林。展卷一燈人寂寂，閉門三宿雨沈沈。朝廷特重經師職，鑒別何堪負夙心。教習皆爲咸安各學師。

題安溪李師村明府景韓定海送行圖

海邦賢宰有清聲，臨別攀轅父老情。雉堞山光開萬戶，蛟門潮氣送雙旌。傳家經術餘風遠，及物仁心惠政成。讀畫如披循吏傳，他年青史定垂名。

送選拔朝考下第諸生回里

金自九州貢，錢因萬選難。囊書辭故里，躡屩去長安。鸞鳳栖無定，雲霄路尚寬。《鹿鳴》來歲詠，重見我心歡。

初秋夜坐金井梧桐室作

微涼燈火近，旅館欲黄昏。日落雞栖樹，月高犬吠門。鄰稀煩夜柝，地僻似孤村。古井人來汲，時聞笑語喧。

送崇安彭生希宣回閩

宗派西江共，淵源異地親。余與生皆祖籍江西。芝蘭森秀采，珪璧重儒珍。惜别山川迥，題詩翰墨新。武夷探九曲，還欲訪斯人。

白雲亭詠懷

折獄期無枉，烹魚詠釜鬵。況逢恩赦日，應體聖人心。廊鶴無虚警，林鴞有好音。寄言司法者，無爲重沉吟。

送陳子鶴尚書告養歸里

綸閣辭歸作散仙，移家船放菊花前。同堂判牘無多日，與同刑部凡五月。對案揮毫記十年。同直樞廬十載。得路驊騮馳峻阪，忘機鷗鷺戀江天。版輿何處娱晨夕，楊柳金閶鎖暮烟。聞先至蘇州。

宗工化雨遍東吴，詞賦曾叨賞鑒殊。吾師雪香先生視學江蘇，甲戌春藴章以詩賦受知，蒙許翰苑才。翰苑賜袍虚厚望，樞廬聽漏老吾徒。駑駘十舍追龍馬，燕雀三霄侣鳳雛。共沐國恩遷秩早，排閶披腹願非孤。

天涯我亦倦遊人，歸計蹉跎白髮新。垂老何時圖報國，羨君此去爲娱親。漫誇世閥多才子，只頌熙朝有諍臣。況詠《伐檀》廉節著，璇題四字炳星辰。上年蒙賜『清正良臣』四字匾額。

一鞭遥指水雲鄉，吴越山川道路長。自有詩篇繼臨海，元詩人臨海陳剛中有《玉堂》等集。豈惟爵里似漁洋。王漁洋，山東新城人，世稱新城尚書。今君籍隸江西新城。言歸重訪釣遊伴，未識來從政事堂。衣服斑連萊子態，肩隨還欲訂元方。令兄少拙觀察關中。

新秋淀園寓齋

馬蹄彳亍繞城隈，行到湖邊古寺開。高樹蟬聲隨雨歇，疏簾花影傍人來。池荷摇落催黄葉，庭石斒斕繡緑苔。侵曉翦燈看封事，不聞宣召飽餐回。

送吳補之學士光業歸里

秋風木葉下蕭蕭，倦客投簪泛畫橈。長我一年應異席，思君千里始今朝。宣房舊事猶彪炳，君前在東河隨王文恪相國治河有功。樞院朋儕半寂寥。聞說元龍豪氣減，扁舟共趁暮江潮。與子鶴尚書先後同歸。

送吳清如農部歸里

季重才高詩思清，頡頏七子早知名。鳳池別後推前輩，烏榜歸來少宦情。已有青箱藏著作，何妨白眼傲公卿。家山正好評風月，吳下吟壇待主盟。問梅詩社漸歸零落，待君振之。

八月十七日奉命戮湖南逆賊於市

地本獠獞雜，年饑起亂民。渠魁非有勇，薄俗不安貧。烽火連山谷，鯨鯢困水濱。縱教車裂徇，難謝粵黔人。李逆擾至廣西、貴州。

夜宿淀園寓館

一夢蕭條旅館空，夜深人靜扇湖東。孤燈欲滅閃如電，野柝將殘淒入風。繞砌蛩聲秋寂歷，當窗花影月朦朧。披衣待漏趨朝去，萬壽山頭旭日紅。

送馬燕郊釗周仲建士鍵家籥九姪鳳高下第南歸

濟濟金門彥，青雲路未通。迴車望南極，旅館正西風。屭贔三千里，棋輸一局中。退飛渾不倦，豈爲羨冥鴻。

九月十八日護送宣宗成皇帝梓宮奉移慕陵行至半壁店恭紀一首

雨露深仁配彼天，攀髯慟哭鼎湖前。責躬遺詔垂千古，育物辰謨紀卅年。雷電頓收星皎皎，是日雷電大作，旋卽風掃雲開，豁然晴霽。旌旗前導路平平。百靈呵護昭休應，孺慕宸衷懍奉先。

二十三日奉命恭詣慕陵祭告山神禮成恭紀

尺地皆皇土，羣神盡帝臣。敢教魑魅舞，奚待醴牢陳。聖孝明禋格，山靈肹蠁申。瘞埋尊九拜，吉壤奠千春。

十月朔夜宿内閣追懷丁卯橋泰陶星江惟煇吴小穀清皋王若溪積順諸同直

藥階一别幾春秋，襆被重來憶舊游。似水年華增感慨，昔時朋輩想風流。孤燈影裏懷陳事，落葉聲中惹客愁。賸有梁鴻還賃廡，烏嘑霜冷思悠悠。當時同直存者惟梁吉甫居憂，僑寓吴門。

十月初二日上御紫光閣閲武進士馬步射侍班恭紀

星斗闌干出禁中，平明高閣日曈曨。虹橋警蹕嘶天馬，御苑張侯射晝熊。黄幄開時迎曉旭，金錞和處控晨風。遥知題柱需才急，瘴雨蠻烟路未通。時粤東西小醜未殄，羽書時至。

雪後大風過盧溝橋

風饕雪虐古幽州，策馬春明記舊游。鞅掌黄塵今最甚，一年七度過盧溝。

南方嫌暑北嫌寒，天養衰年亦大難。橋下清波今凍合，照人皺面鏡同看。

涿州旅次憶去年除夕宿此寄示慰高

漫河風雪十分寒，去臘漫河遇雪，至涿州始晴。與爾同歌《行路難》。賴有細侯來夜話，郭忠山刺史。旅筵除夕燭花殘。

重過樓桑歲又寒，秋風爾已去長安。邗江冰雪來時見，此去蒲帆路自寬。

蹉跎强仕感華年，王路馳驅緩著鞭。跋涉不虚干禄願，儒林末秩重前賢。丙戌年余得教官石琢堂師贈詩，有『一官尚喜在儒林』之句，今慰高考取學正而歸，亦喜不外儒林也。

聞説吴儂又告飢，蘇家二頃僅餔糜。敲門更恐催租劇，風雨重陽攪我思。

十月二十日恭詣西陵查工過易州召棠書院有感柬恆宜亭少司寇春

甘棠芨憩慕前賢，旅館重來記十年。庚子十一月隨扈西陵，隨隆雲章大司農赴易州讞獄，同事爲李雲舫主政、恆宜亭觀察。讞獄當時隨豹仗，庀材此日到龍泉。慕陵地名龍泉峪。陳兵粵海吹鐃冷，次年雲章先生參贊粵東軍務，卒於粵。治粟邗江解組便。雲舫旋任漕帥，未幾罷官。只有蘇公同執法，宜亭今任少司寇，余亦兼權是職。白雲亭上話纏綿。

涿州贈郭忠山刺史寶勳

坐領名州近帝京，往來幾度蓋頻傾。已慚綸閣推前輩，君在内閣，余忝爲前輩。況辱萊衣作後生。令嗣問業於余。除夕賓筵縈舊夢，去冬自閩還京，在涿州度歲。霜辰挈榼感今情。桃園咫尺誰堪問，定有鄉心系錦城。

題丁南羽畫十八羅漢像

南羽畫羅漢，一一形俶儻。白描筆更工，丹青何足倣。長老十八人，或坐或俛仰。或舉足並行，或凝神遐想。或中臂擎塔，或垂眉拄杖。或龍見虎馴，或扇攜帚享。肉袒起恭敬，白佛乃合掌。幻相詑通神，濡毫愜幽賞。釋典入中原，像設流傳廣。縑素寫真形，萬里傳惝怳。寥寥武梁祠，圖繪聖賢象。

待雪懷顧杏樓太守潯州

望歲愁冬暖，雲濃雪欲來。閉門炊活火，擁絮酌深杯。粵嶺烽烟暗，燕山節候催。無緣逢驛使，遙寄一枝梅。

得夢白書

多病臨戎幄，衰年入瘴鄉。主恩猶未報，壯志詎能忘。蔓草除難盡，空拳撤更張。雁書來萬里，中夜起徬徨。

喜雪

庭樹靜無風，寒燈明一穗。兒童排闥來，喧言雪花大。索米住長安，喜見豐年瑞。痛飲柏葉尊，薄醉擁衾睡。

夜意

樓外鐘聲斷續，窗前月色朦朧。半甌香稻浮綠，一粟燈花綻紅。

歲暮懷江㕎叔里居

白雪光中逼歲闌，故園高臥十分寒。閒鷗有夢還鄉穩，獨鶴無栖得食難。不見軒車過陋巷，曾攜書劍度危灘。何時重與論經詁，更似閩山舊日歡。

雪後望月

雪月夜交輝，寒光入素幃。樓高千尺迥，人定一爐圍。皓羽渾無色，紅塵靜不飛。推窗遥望處，歷歷眾星稀。

十二月望後因病乞假五日

休沐旬剛半，端居觀我生。微痾勞暫息，垂老歲將更。有道終危行，無才少宦情。東南頻水患，幾輩困躬耕。

在閩得武夷九曲圖周翼亭經畫也宗山爲摹一卷筆更超脱因題卷後

我行至麻沙，武夷近百里。慮煩供億勞，欲行還復止。閩人贈此圖，烟雲收尺咫。攜之到燕臺，什襲珍包匭。袁生畫筆工，揮毫得神似。更無斧鑿痕，如青出藍矣。勝境惜未躋，臥游亦可喜。獨往待何時，身在紅塵裏。

輓董琴涵觀察

憶昔問梅社，追步諸名宿。我年稱最少，君才尤卓犖。游覽選佳辰，旗鼓詩壇角。君旋莅點蒼，劇郡銅符握。余亦濫朝簪，槖筆趨東閣。長安曾一遇，尊酒歡然足。移節五羊城，瓊雷浮海舳。鹺政久云疲，攝官土復沃。萬里正恬波，忽憶東籬菊。鶴市歸杜門，鱣堂還善俗。君本富詞章，桑梓情尤篤。陶成吾黨才，經畫司城粟。九邑嘆鴻㬢，萬口逃魚腹。矜式在羣倫，高義恥君獨。鄉間得一賢，芘蔭及空谷。猶憶閩南歸，家園古歡續。拜跪已難勝，笑語還相勖。相見曾幾時，相别又何促。風花瞥眼過，門庭降災鵩。燕吳路迢迢，千里登高目。終孤會葬情，徒慟寢門哭。壽考且康安，已備人間福。逝矣我何悲，流譽千秋馥。有時返故鄉，宿草青山麓。當與諸先生，詩社同尸祝。

堂花四詠

牡丹

富貴何嫌早，先春已著花。未堪張翠幄，只合護窗紗。雪夜蒸濃露，霜天落片霞。十分顏色好，不照野人家。

長春

乞得仙家種，韶光終未闌。春來先弄態，老去更還丹。磬口舍冬雪，檀心破曉寒。黄羅憐袂薄，莫漫倚欄杆。

紅梅

脱盡高寒相，强爲時世粧。占春空有色，出窖恨無香。玉女酡顔換，瓊樓紫貝裝。如何抱仙骨，浪入綺羅鄉。

碧桃

頃刻花開處，三千一實時。何因芳訊早，只怨暖風遲。青鳥栖雙翼，藍泉溉滿枝。最宜春夜宴，秉燭照華姿。